普通高等教育“新工科”系列规划教材
暨智能制造领域人才培养“十三五”规划教材

机械原理教程

杨家军　程远雄　主　编

杨家军　程远雄　许剑峰
毛宽民　冯丹凤　刘伦洪　编

华中科技大学出版社
中国·武汉

内容简介

本书以机械类专业的学生为对象，着重培养学生的创新能力、机械系统方案设计能力；以机构系统运动方案设计为主线，重点讨论连杆机构、齿轮机构、凸轮机构、间歇机构等常用机构设计的一般规律和方法。将设计基本知识、基本理论和设计方法有机地融合，进行教学边界再设计，加强创新思维和工程设计能力的训练，通过理论与实践有机的联系，为机械产品设计提供必要的基础知识与方法。

本书可作为高等学校机械类专业机械原理课程的基础教材，可供高等学校有关专业的师生和企业工程技术人员参考。

本书提供了丰富的与课程有关的数字资源（PPT、视频、动画等），读者扫描二维码即可阅读数字资源，方便读者更好地学习这门课程。

图书在版编目(CIP)数据

机械原理教程/杨家军，程远雄主编. —武汉：华中科技大学出版社，2019.7(2023.8 重印)
普通高等教育"新工科"系列规划教材暨智能制造领域人才培养"十三五"规划教材
ISBN 978-7-5680-5431-7

Ⅰ.①机…　Ⅱ.①杨…　②程…　Ⅲ.①机构学-高等学校-教材　Ⅳ.①TH111

中国版本图书馆 CIP 数据核字(2019)第 144473 号

机械原理教程
Jixie Yuanli Jiaocheng

杨家军　程远雄　主编

策划编辑：万亚军
责任编辑：程　青
封面设计：原色设计
责任校对：张会军
责任监印：周治超
出版发行：华中科技大学出版社(中国·武汉)　　电话：(027)81321913
　　　　　武汉市东湖新技术开发区华工科技园　　邮编：430223
录　　排：武汉三月禾文化传播有限公司
印　　刷：武汉科源印刷设计有限公司
开　　本：710mm×1000mm　1/16
印　　张：16.5
字　　数：303 千字
版　　次：2023 年 8 月第 1 版第 3 次印刷
定　　价：39.80 元

前　　言

机械原理是一门介绍各类机械产品中常用机构设计的基本知识、基本理论和基本方法的重要技术基础课程。机构在产品设计中占有很重要的位置，是整个产品构成中一个不可缺少的部分。它与产品设计有着不可分割的内在联系，与构成产品的各种要素有着千丝万缕的联系，直接影响产品的功能、形态等最基本的要素。机构除了直接满足和达到产品的基本功能外，还对改善和扩展产品功能起到显著的作用。

为了适应“新工科”教学改革的需求，本书针对21世纪科学技术的发展，针对现代机电产品设计中对具有创新精神人才的需要，针对机械类各专业对现代机械设计中机构设计与选型方面的要求，培养学生创新意识和工程设计能力，从提高学生创新设计能力入手，加强工程设计和实践内容，注重设计技能的基本训练，由专业教育转向通识教育，拓宽学生知识面，全面提高学生的综合素质。在教学体系与内容上进行系统改革，从整个机械系统着眼，着重培养学生创新设计能力，不仅向学生介绍机械设计的基本原理与方法，还通过对工程实际设计中问题的剖析，提高学生独立工作和解决实际问题的能力。在教学体系和教学内容上，进行教学边界再设计，注重激发学生的求知欲望，调动学习的积极性，开阔思路，让学生了解更多更新的机械设计理论和技术。在内容取舍上，注意先进性与实用性、知识面的广阔性；在内容编排上，遵从由浅入深的认识规律，采取突出重点、照顾知识面的原则，注意共性与特性的分析，将设计内容和设计方法有机融合，加强学生机构设计的训练。从而既能使学生掌握本课程的核心内容，又有利于培养学生创新意识和工程设计能力。

为了突出机械产品中常用机构设计的一般规律，给学生以清晰的设计思路，而又不失本课程的结构特点，全书采用文字、图表及图文对照的形式，文字叙述力求简明、通俗。

参加本书编写的有杨家军(绪论，第 4、8 章)、程远雄(第 2、4 章)、许剑峰(第 1、8 章)、毛宽民(第 6、7 章)、冯丹风(第 5 章)、刘伦洪(第 3 章)，全书由杨家军和程远雄主编。

本书在编写过程中，得到了华中科技大学机械设计与汽车工程系相关教师的热情鼓励与大力支持，他们对本书提出了许多宝贵的意见和建议；在本书出版过程中，华中科技大学出版社的领导和编辑给予了很大的支持与帮助，并付出了辛勤劳动。编者在此谨向他们表示真挚的谢意！

由于编者水平有限，本书错误和不当之处在所难免，恳请各方面专家和广大读者批评指正。

编　者

2018 年 12 月

目　　录

绪论 ………………………………………………………………………………… (1)
0.1　机械原理与产品创新设计 ……………………………………………… (1)
0.2　机械系统 ………………………………………………………………… (9)
0.3　机械的组成 …………………………………………………………… (12)
第1章　平面机构具有确定运动的条件及其自由度 …………………… (21)
1.1　平面机构具有确定运动的条件 ……………………………………… (21)
1.2　平面机构自由度的计算举例 ………………………………………… (26)
第2章　平面连杆机构 …………………………………………………… (31)
2.1　平面四杆机构的特点与基本类型 …………………………………… (31)
2.2　平面四杆机构设计中的共性问题 …………………………………… (37)
2.3　平面四杆机构的设计 ………………………………………………… (45)
第3章　凸轮机构 ………………………………………………………… (66)
3.1　凸轮机构的组成及其分类 …………………………………………… (66)
3.2　从动件常用的运动规律 ……………………………………………… (71)
3.3　盘形凸轮机构基本尺寸的确定 ……………………………………… (79)
3.4　盘形凸轮机构设计 …………………………………………………… (84)
第4章　齿轮机构 ……………………………………………………… (112)
4.1　齿轮机构的类型和特点 ……………………………………………… (112)
4.2　渐开线直齿圆柱齿轮机构 …………………………………………… (113)
4.3　渐开线斜齿圆柱齿轮机构 …………………………………………… (139)
4.4　直齿锥齿轮机构 ……………………………………………………… (148)
4.5　其他齿轮机构简介 …………………………………………………… (153)
第5章　齿轮系 ………………………………………………………… (160)
5.1　定轴齿轮系的传动比计算 …………………………………………… (160)

5.2 周转齿轮系的传动比计算 …………………………………… (162)
5.3 复合齿轮系的传动比计算 …………………………………… (165)
5.4 齿轮系的应用 …………………………………… (168)
5.5 新型的行星传动简介 …………………………………… (173)
第 6 章 间歇运动机构 …………………………………… (189)
6.1 槽轮机构 …………………………………… (189)
6.2 棘轮机构 …………………………………… (193)
6.3 不完全齿轮机构 …………………………………… (197)
6.4 凸轮式间歇运动机构 …………………………………… (199)
第 7 章 其他常用机构 …………………………………… (201)
7.1 广义机构 …………………………………… (201)
7.2 螺旋机构 …………………………………… (210)
7.3 万向联轴节 …………………………………… (212)
第 8 章 机构创新设计 …………………………………… (216)
8.1 功能原理设计 …………………………………… (216)
8.2 机构选型 …………………………………… (221)
8.3 机构创新设计 …………………………………… (225)
8.4 机构的运动协调性设计 …………………………………… (242)
综合复习题 …………………………………… (249)
模拟试题 …………………………………… (251)
参考文献 …………………………………… (256)

绪　论

0.1　机械原理与产品创新设计

0.1.1　机械原理与创新思维

机械原理课程是高等学校工科有关专业一门重要的技术基础课，主要研究机械产品的共性问题及进行机械系统运动方案设计。通过学习常用机构设计的基本知识、基本理论和基本方法，掌握机构的特性以及它们之间的共性，在智能机械设计中可达到举一反三的效果，进行新产品开发设计。

机构在产品设计中占有很重要的位置，是整个产品构成中一个不可缺少的部分。它与产品设计有着不可分割的内在联系，与构成产品的各种要素有着千丝万缕的联系，直接影响产品的功能、形态等最基本的要素，机构除了直接满足和达到产品的基本功能外，还对改善和扩展产品功能起到显著的作用。

许多生活用品都用到了机构，如椅子增加了升降机构以后，可根据需要随意调整高度，增加使用的舒适度。家具或其他一些物品采用了折叠机构后，就可增加使用的弹性，扩大使用的范围，使原来的产品功能得到扩展和延伸。公共汽车上的机械开门装置（见图 0-1(a)）和窗户的开启装置采用了曲柄滑块机构，使结构简单，动作更可靠。台灯（见图 0-1(b)）应用了平行四边形机构，能屈能伸，即使高度改变了，反光罩与工作面仍能始终保持水平状态，这种结构的运动特点是其两曲柄可以相同的角速度同向转动，而连杆做平移运动，在日常的产品设计中有许多产品也采用了这种机构，如折叠椅（见图 0-1(c)）应用了该机构实现折叠的功能。

机器人中也用到了机构，机器人由操作机（机械本体）、控制器、伺服驱动系统和检测传感装置构成，是一种仿人操作、自动控制、可重复编程、能在三维空间完成各种作业的机电一体化自动化生产设备，特别适合于多品种、变批量的柔性生产。它对稳定、提高产品质量，提高生产效率，改善劳动条件和产品的快速更新换代起着十分重要的作用。机器人在汽车、摩托车、电子、家电、医院、家庭、石化等行业取得了良好的社会效益和经济效益。如在轿车厂使用点焊机器人（见图 0-2）焊接轿车前、后风窗洞，左、右侧围门洞，三角窗洞，提高了轿车焊装技术水平及焊接质量。

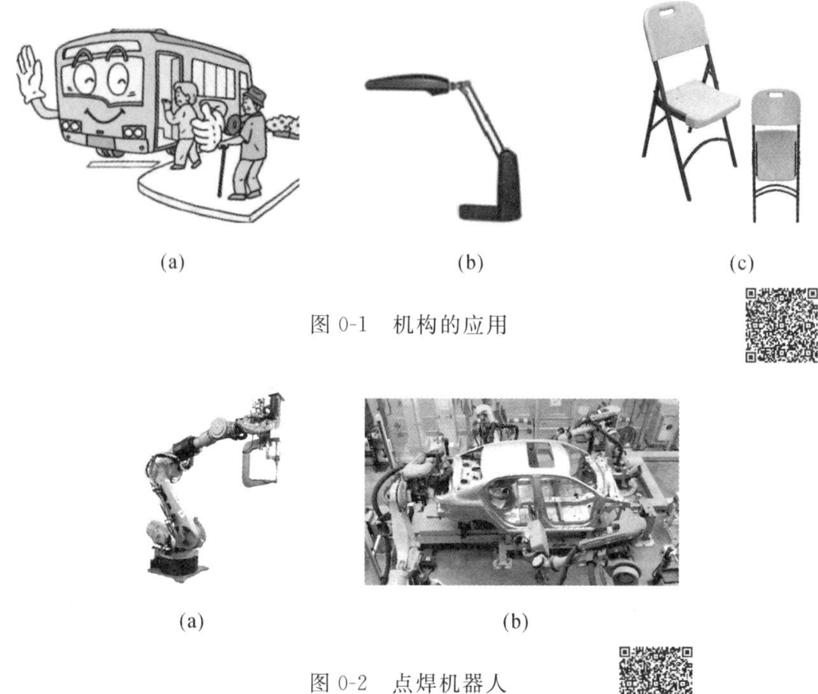

(a)　(b)　(c)

图 0-1　机构的应用

(a)　(b)

图 0-2　点焊机器人

由于机构是由各种构件组成的，构件的组合形式必然会影响产品的基本结构，从而最终影响产品的外部形态。即使使用了同一种机构，产品的形态也会有许多变化，因而衍生出结构和形态各异的新产品，并给新产品设计带来设计灵感。

产品设计中许多问题其实并不难解决，难的是如何走进思维的新区，有时候，仅仅换了一下思路，眼前就豁然开朗。如图 0-3(a)所示的半轮自行车能骑吗？可以利用机械原理知识突破思维定势，就能实现在平地面上骑行(见图 0-3(b))。

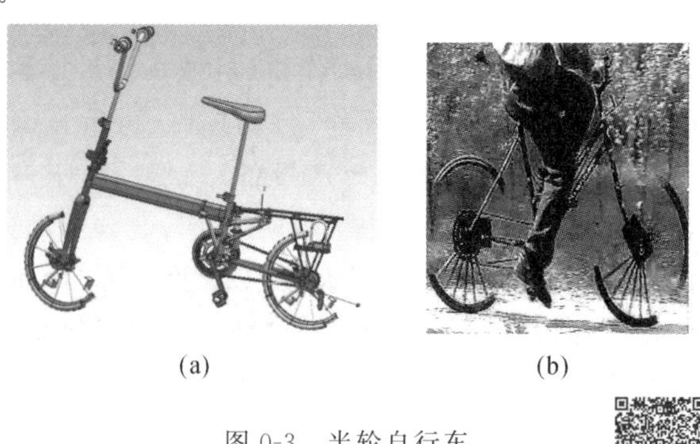

(a)　(b)

图 0-3　半轮自行车

人们在产品设计中容易犯思维复杂化的毛病，总是习惯将问题不知不觉地表述为“难”题，这不仅是一个表达习惯，更是一种心理暗示。当解决某一问题时，很容易一开始就将问题想得特别复杂，从而忽略了最简单的解决之道，而当遇到困难时，又可能失去信心，加大问题的解决难度，从而恶性循环。如图 0-4(a)所示的方轮自行车能在地面上平稳地骑吗？此时需要将复杂的问题简单化，分析轮子与地面的关系，就能获得正确的答案(见图 0-4(b))。

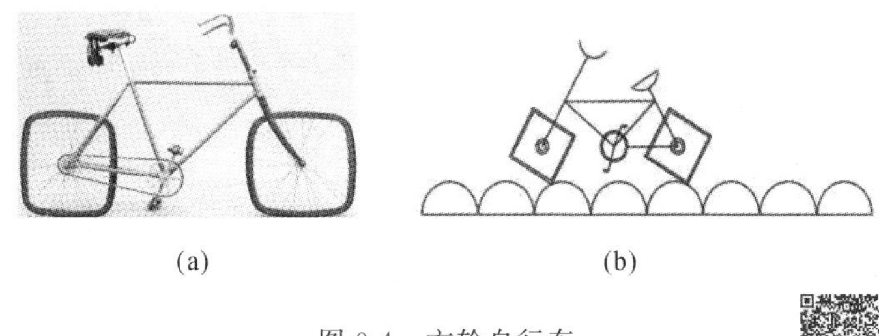

(a)　(b)

图 0-4　方轮自行车

思维定势就是按照积累的思维活动经验教训和已有的思维规律，在反复使用中所形成的比较稳定的、定型化了的思维。

如图 0-5 所示，图中的两条竖线看起来似乎是向外弯曲的，但实际上它们是互相平行的。这种错觉被称为发散线条错觉，放射线的存在歪曲了人对线条和形状的感知，要实现这种错觉，两条直线和背景中的斜线的交角必须小于 90°。这幅图正是利用了思维定势来达到预期的效果。

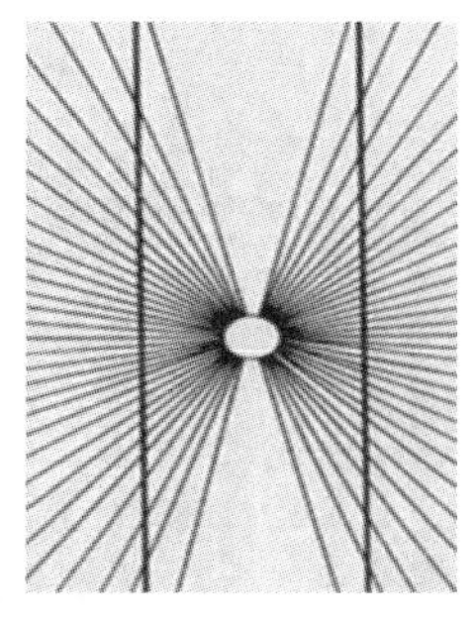

图 0-5　互相平行的线

思维定势是一种按常规方法处理问题的思维方式。它可以省去许多摸索、试探的步骤，缩短思考时间，提高效率。在问题解决过程中，思维定势的作用是：根据面临的问题联想起已经解决的类似的问题，将新问题的特征与旧问题的特征进行比较，抓住新旧问题的共同特征，将已有的知识和经验与当前问题情境建立联系，利用处理过类似问题的知识和经验处理新问题，或把新问题转化成一个已解决的熟悉的问题，从而为新问题的解决做好积极的心理准备。但是思维定势容易养成一种呆板、机械、千篇一律的思维习惯。当新旧问题形似质异时，思维定势往往会使解题者步入误区。当一个问题的条件发生质的变化时，思维定势会使解题者墨守成规，难以涌出新思维，做出新决策。

通常用砂轮截断角钢，但这会打磨掉许多钢材。如果要求打磨掉的缝隙只有0.3 mm，采用常规逻辑思维的方法，就需要像刮胡刀片一样薄的砂轮，且其必须异常坚硬，还不易碎裂，显然找不着制作这种砂轮的材料。有何良策？一位发明家在柔软的圆形尼龙布上，涂上打磨材料，制作成尼龙布砂轮（见图 0-6），并固定在手钻上，按下开关，尼龙布砂轮便以 3000 r/min 的速度飞快地旋转起来，柔软的尼龙布，就像东北二人转所用的手帕一样，被甩开成为一个圆盘。这种尼龙布砂轮能锯开坚硬的角钢吗？出人意料，仅用 10 s，角钢就被切入 7～8 cm 深，缝隙只有 0.3 mm 宽。停钻后，把尼龙布一卷就可以收入工具盒中。

我们通常所说的“触类旁通”，是不是也是一种创造性思维方法？这其实是侧向思维。侧向思维是把注意力引向外部其他领域和事物，从而受到启示，找到超出限定条件之外的新思路，实质上是一种联想思维。手压手电筒（见图 0-7）是通过切割磁力场产生感应电流，然后输出到 LED 灯泡，使 LED 灯泡发光。手压手电筒都有一按柄，通过塑料齿轮带动铜丝线圈内磁性飞轮高速旋转，从而实现切割磁力场的效果，如何通过风力发电（见图 0-8）联想到采用何种机构满足手压手电筒设计的要求呢？

图 0-6　尼龙布砂轮

图 0-7　手压手电筒

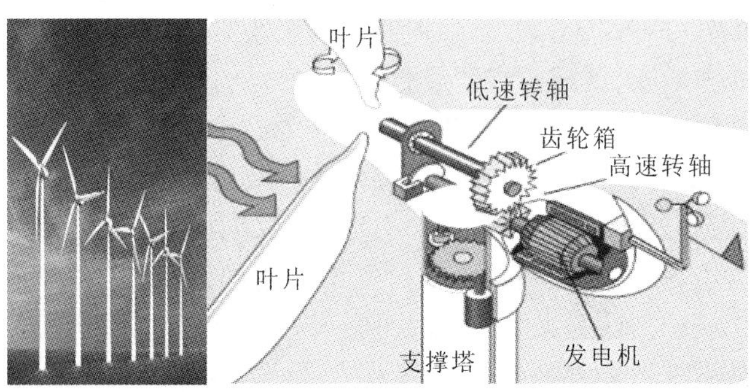

图 0-8　风力发电

逆向思维是把对象的整体、部分或性能颠倒过来，包括上下颠倒、内外颠倒、性质颠倒、因果颠倒等。例如，有一条小木船排水量为 5 t，把 6 t 重的巨石加到船上，船的浮力不够，都会沉入水中。怎么办呢？巨石载船。通常是船载石头，石头怎么能载船呢？利用颠倒思维法，让巨石载船：把巨石吊在船底，由于巨石在水中受到水的浮力，抵消了巨石的部分重量，因此可以用较小排水量的木船将系在船底水中的巨石拖走。

因此，认识对象、研究问题要从多角度、多方位、多层次、多学科、多手段去考虑，而不只限于一个方面、一个答案。扩展思维视角，变顺着想为倒着想，从事物的对立面出发去想，把复杂问题转化为简单问题，把生疏的问题转换成熟悉的问题，把不能办到的事情转化为可以办到的事情，把直接变为间接，有意识地抛开头脑中思考类似问题所形成的思维程序和模式，敢于开发新思路，只有不断突破思维定势，超越自我，才会有所突破，有所创新。如图 0-9 所示，潜艇在发射鱼雷或导弹的时候，为防止海水涌进潜艇内，科学家是如何在设计时，采用变顺着想为倒着想，从事物的对立面出发去想的方法来满足潜艇在发射鱼雷时具有严密的防水性呢？

图 0-9　潜艇发射鱼雷

0.1.2　机械原理与产品创新设计

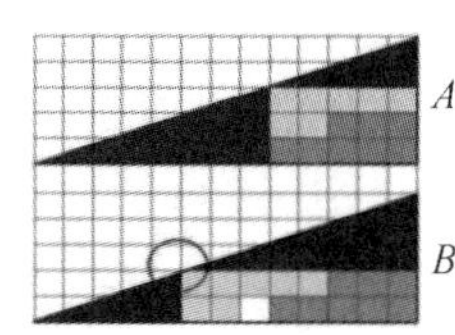

图 0-10　三角形的启示

将图 0-10 上面三角形 A 的四个图形，形状大小不变重新排列成下面的三角形 B，三角形 B 中多了个空缺，是何原因？机械原理课程学习机械的共性问题，掌握机械的组成原理及基本机构的特点，该图对在产品创新设计中应用机械原理的知识有何启示？

产品设计是将创新构思转化为有竞争力的产品的一个创新过程。因此，设计是产品制造的前提和基础。现代产品设计是一个多学科交融的综合性问题。

所谓设计，指根据使用要求确定产品应具备的功能，构思产品的工作原理、总体布局、运动方式、力和能量的传递方式、结构形式、产品形状，以及色彩、材质、工艺、人机工程等事项，并转化为工程描述（图纸、设计文件等），以此作为制造的依据。机械原理的知识将为产品创新设计提供途径。

机械设计具有约束性、多解性、相对性的特征。现代设计方法运用科学知识求得技术问题的解决方案，并在给定的材料、技术、经济、社会、环境等约束条件下对该解决方案进行优化。其中，计算机辅助设计和计算机辅助制造是指产品设计和制造技术人员在计算机系统的支持下，根据产品设计和制造流程进行设计和制造的一项技术，也是人类智慧与系统中的硬件和软件功能的巧妙结合。设计人员要紧扣时代脉搏，大力加强产品的数字化设计，大力加强产品的信息化开发，采用最新的产品设计方法与理念，大力加强新产品自主研发能力，不仅仅停留在产品小修小改上，而是放眼市场，开发能更好地满足客户需求的新产品。

产品开发与科学进步和社会需求的发展密切相关。科学技术和社会需求相互影响，新的科技产品创造了新的需求，市场需求的变化不断促使企业开发新的产品。现代产品的主要特点为个性化、美学化、高效节能化、高质量化、绿色化。

新产品是指在产品结构、性能、材质、技术特征等某一方面或几个方面有显著改进、提高或个性化的产品，凡是能给用户带来某种新的满足、新的利益的产品，都可称为新产品。新产品从创新程度分类有全新产品、换代产品、改进产品。创新程度高的产品在开发过程中需要投资的时间、人力和资金数量大，但收益大、市场风险大。创新程度低的产品开发风险小、投资少，但容易被竞争对手模仿，难以获得超额利润。

新产品开发策略根据研制主体的不同可以分为以下几种。

(1) 自行开发：指企业独立进行新产品的研制工作。其特征是需要企业具备较强的开发设计能力，利于培养和增强企业自身的技术创新能力。

(2) 引进开发：指从企业外部引进成熟的产品和制造工艺。其特征是开发周期短、风险小、能够迅速提高企业的生产技术水平。但其过度依赖引进技术，不利于培养企业自身的技术创新能力。

(3) 自主开发和联合开发。自主开发特征是开发投资大、风险大、知识产权和收益全归企业，联合开发特征是投资少、风险小、开发周期短、收益各方享有、知识产权分散。根据开发项目的规模和企业技术开发能力的大小，一般小型的开发项目适宜自主开发，大型项目的开发适宜采用联合开发的形式。

新产品开发主要寻求创意，创意是指开发新产品的构思、设想，机构的变异设计将为新产品设计提供方法。用户是寻求新产品创意的一个最佳来源，用户的愿望和要求是开发新产品的起点和归宿，他们的创意往往最有生命力，在此基础上开发的新产品成功率最高；科研机构和大学的新发明、新技术，也是产生新产品构思的重要来源；从竞争对手的新产品中可了解新的设想方案，从报刊信息媒体中也可以寻找到许多重要的情报和创意灵感。

0.1.3 机械设计的一般过程

设计是人类改造自然的基本活动之一，设计是复杂的思维过程，设计过程蕴含着创新和发明。设计的目的是将预定的目标，经过一系列规划与分析决策，产生一定的信息(文字、数据、图形)，并通过制造，使设计成为产品，造福人类。机械设计的最终目的是为市场提供优质高效、价廉物美的机械产品，在市场竞争中取得优势、赢得用户，并取得较好的经济效益。

机械设计有以下三类不同的设计。

(1) 开发性设计　在工作原理、结构等完全未知的情况下，应用成熟的科学技术或经过实验证明可行的新技术，设计以往没有的新型机械。这是一种完全创新的设计。

(2) 适应性设计　在原理方案基本保持不变的前提下，对产品做局部的变更或设计一个新部件，使机械产品在质和量方面更能满足使用要求。

(3) 变型设计　在工作原理和功能结构都不变的情况下，变更现有产品的结构配置和尺寸，使之适应更多的容量要求。这里的容量含义很广，如功率、转矩、加工对象的尺寸、传动比范围等等。

在机械产品设计中，开发性设计十分重要。即使进行适应性设计和变型设计，也应在创新上下功夫。创新可以使开发性设计、适应性设计和变型设计别具一格，从而提高产品的工作性能。产品设计主要内容如下。

1) 系统功能设计

一项产品的推出总是以社会需求为前提，或为满足社会生产活动的需要，或为满足人们生活的需要，没有需求就没有市场，产品也就失去了存在的价值和依据。所谓需求，就是对功能的需求。

根据价值工程原理，产品的价值常用产品的总功能与成本之比来衡量。为了提高产品的价值，一般可以采取增加功能、成本不变，功能不变、降低成本，增加一些成本以换取更多的功能，减少一些功能以使成本较大幅度地降低，增加功能、降低成本等措施。显然，增加功能、降低成本的措施是较理想的，但也是最困难的，通常，随着功能的增加，产品的成本也会随之上升。

2) 可靠性设计

可靠性是衡量系统质量的一个重要指标。所谓可靠性，指系统在规定的条件下和规定的时间内完成规定功能的能力。规定功能的丧失称为失效，对于可修复的系统，其失效也称故障。可靠性技术是研究系统发生故障或失效的原因及预防措施的一门技术。

机械系统工作时，由于各种原因难免发生故障或失效，在研究和设计阶段对可能发生的故障或失效进行预测和分析，掌握其原因，并采取相应的预防措施，则系统的故障率或失效率将会减小，可靠性也随之提高。

机械设计是指规划和设计实现预期功能的新机械或改进原有机械的性能。设计机械应满足的基本要求是在满足预期功能的前提下，性能好、效率高、成本低，在预定使用期限内安全可靠、操作方便、维修简单和造型美观等。

在明确设计要求之后，机械设计包括以下主要内容：确定机械的工作原理，选择合适的机构；拟定设计方案；进行运动分析和动力分析，计算作用在各构件上的载荷；进行零部件工作能力计算、总体设计和结构设计。一部机器的诞生，从认识到某种需要、萌生设计念头、明确设计要求开始，经过设计、制造、鉴定阶段到产品定型，是一个复杂细致的过程。

产品设计主要过程如下所述。

1）产品规划

对产品开发中的重大问题要进行技术、经济、社会各方面条件的详细分析，对开发可能性进行综合研究，提出可行性报告，其内容主要有：

（1）产品开发的必要性，市场需求预测；

（2）有关产品的国内外水平和发展趋势；

（3）预期达到的最低目标和最高目标，包括设计水平、技术水平、经济效益、社会效益等；

（4）提出设计、工艺等方面需要解决的关键问题；

（5）现有条件下开发的可能性及准备采取的措施；

（6）预算投资费用及项目的进度、期限。

2）方案设计

需求是以产品的功能来体现的，功能与产品设计的关系是因果关系，但又不是一一对应的。体现同一功能的产品可以有多种多样的工作原理。方案设计就是在功能分析的基础上，通过创新构思、搜索探求、优化筛选取得较理想的工作原理方案。

对于机械产品来说，机械系统方案设计的主要内容如下。

（1）根据产品的要求，在功能分析和工作原理确定的基础上进行工艺动作构思和工艺动作分解，确定执行构件所要完成的运动。

（2）采用机构选型、组合的方法，初步拟定各执行构件动作相互协调配合的运动循环图，进行机械运动方案的设计（即机构系统的型综合和数综合）。

3）总体设计与结构设计

将机械的构型构思和机械系统运动方案简图具体转化为机器及其零部件的合理结构。也就是要完成机械产品的总体设计、部件设计和零件设计，完成全部生产图纸并编制设计说明书等有关技术文件。

总体设计必须要有全局观念，不仅要考虑机械本身的内部因素，还应满足总功能、人机工程、造型美学、包装和运输等各种外部因素，按照简单、合理、经济的原则妥善地确定机械中各零部件之间的相对位置和运动关系。总体布置时一般先布置执行系统，然后再布置传动系统、操纵系统及支承形式等，通常都是从粗到细，从简到繁，需要反复多次才能确定。

结构设计时要求零件、部件设计满足机械的功能要求，零件的结构形状要便于制造加工，常用零件尽可能标准化、通用化、系列化。结构设计时一般先由总装草图分拆成部件、零件草图，经审核无误后，再由零件工作图、部件图绘制出总装图。再进行机械的动力设计，确定作用在机械系统各构件上的载荷，并进行机械的功率和能量计算。机械动力设计的内容包括根据功能关系，建立系统运动方程式，确定真实运动、速度波动的调节和机械的平衡等。最后还要编制技术文件，如设计说明书，标准件、外购件明细表，备件、专用工具明细表等。

4）改进设计

根据样机性能测试数据、用户使用以及在鉴定中所暴露的各种问题，进一步做出相应的技术完善工作，以确保产品的设计质量。这一阶段是设计过程不可分割的一部分，通过这一阶段的工作，可以进一步提高产品的性能、可靠性和经济性，使产品更具生命力。

以上设计过程的各个阶段是相互联系、相互依赖的，有时还要反复进行。经过不断修改与完善，才能获得较好的设计。

0.2　机械系统

由若干机械装置组成的一个特定系统，称为机械系统。如图 0-11 所示的服务机器人和 3D 打印机都是由若干装置、部件和零件组成的两种功能和构造各异的机械系统。它们是一个由确定的质量、刚度和阻尼的物体组成的并能完成特定功能的系统。机械零件和构件是组成机械系统的基本要素，它们为完成一定的功能相互联系而分别组成了各个子系统。

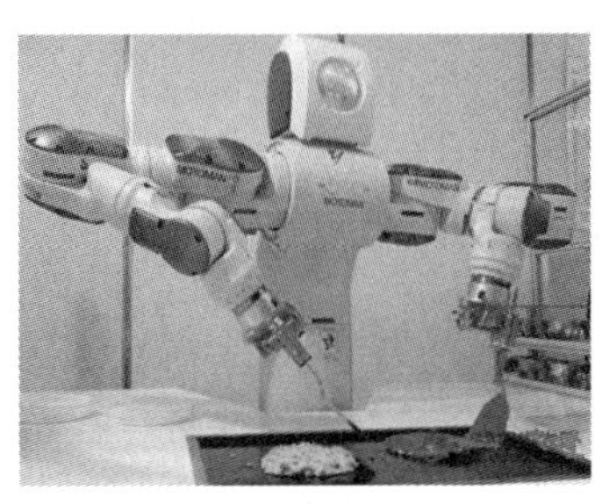

(a) 服务机器人

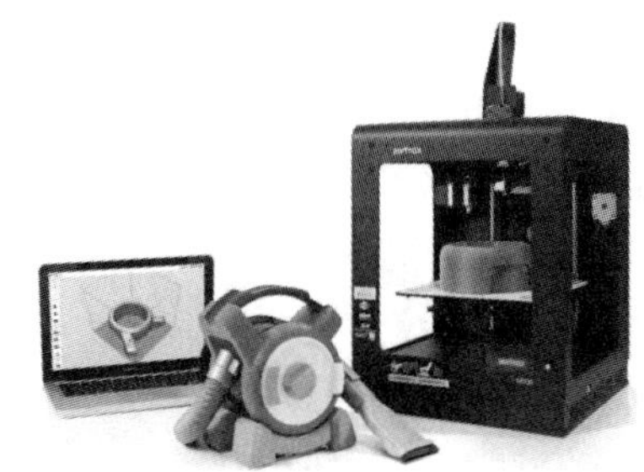

(b) 3D打印机

图 0-11　机械系统

0.2.1　机械系统的组成

现代机械种类繁多，结构也愈来愈复杂。但从实现系统功能的角度看，机械系统主要由动力系统、传动系统、执行系统、操纵系统及控制系统等子系统组成。每个子系统又可根据需要往下分解为更小的子系统。

1. 动力系统

动力系统包括动力机及其配套装置，是机械系统工作的动力源。按能量转换性质的不同，有把自然界的能源（一次能源）转变为机械能的机械，如内燃机、汽轮机、水轮机等动力机；把二次能源（如电能、液能、气能）转变为机械能的机械，如液压电马达、气动马达等动力机。动力机输出的运动通常为转动，而且转速较高。选择动力机时，应全面考虑执行系统的运动和工作载荷、机械系统的使用环境和工况以及工作载荷的机械特性等要求，使系统既有良好的动态性能，又有较好的经济性。

2. 传动系统

传动系统是把动力机的动力和运动传递给执行系统的中间装置。传动系统有下列主要功能。

（1）减速或增速　降低或升高动力机的速度，以适应执行系统工作的需要。

（2）变速　当用动力机进行变速不经济、不可能或不能满足要求时，通过传动系统实行变速（有级或无级），以满足执行系统多种速度的要求。

（3）改变运动规律或形式　把动力机输出的均匀、连续、旋转的运动转变为按某种规律变化的旋转或非旋转、连续或间歇的运动，或改变运动方向，以满足执行系统的运动要求。

（4）传递动力　把动力机输出的动力传递给执行系统，供给执行系统完成预定任务所需的转矩或力。

如果动力机的工作性能完全符合执行系统工作的要求，传动系统可省略，将动力机与执行系统直接连接。

3. 执行系统

执行系统包括机械的执行机构和执行构件，它是利用机械能来改变作业对象的性质、状态、形状或位置，或对作业对象进行检测、度量等，以进行生产或达到其他预定要求的装置。不同的功能要求，对运动和工作载荷的机械特性要求也不相同，因而各种机械的执行系统不同。执行系统通常处在机械系统的末端，直接与作业对象接触，是机械系统的主要输出系统。因此，执行系统工作性能的好坏，将直接影响整个系统的性能。执行系统除应满足强度、刚度、寿命等要求外,还应充分注意其运动精度和动力学特性等要求。

4. 操纵系统和控制系统

操纵系统和控制系统都是为了使动力系统、传动系统、执行系统彼此协调运行,并准确可靠地完成整机功能而设置的。二者的主要区别是:操纵系统一般是指通过人工操作来实现启动、离合、制动、变速、换向等要求的装置;控制系统是指通过人工操作或测量元件获得的控制信号,经由控制器,使控制对象改变工作参数或运行状态而实现上述要求的装置,如伺服机构、自动控制装置等。良好的控制系统可以使机械处于最佳运行状态,提高其运行稳定性和可靠性,并有较好的经济性。

此外,根据机械系统的功能要求,还可有润滑、计数、行走、转向等系统。

0.2.2 智能机械

智能机械设计技术是机械、电子、计算机、自动控制与人工智能等技术有机结合的一门复合技术,是自动化领域中机械技术与电子技术有机结合而产生的新技术,是在信息论、控制论和系统论基础上建立起来的一门应用技术。

智能机械是由若干具有特定功能的机械和电子要素组成的有机整体,能够满足人们的使用要求(目的功能)。根据不同的使用目的,要求系统能对输入的物质、能量和信息(即工业三大要素)进行某种处理,输出所需要的物质、能量和信息。智能机械由动力系统、驱动系统、机械系统、传感系统、控制系统五个要素组成。它们的功能相应为提供动力、运动传递、完成规定动作、信号检测和进行控制,其中机械系统为主体结构。

在工程技术和科学的发展过程中,智能机械起着极其重要的作用。它除了在宇宙飞船、导弹制导和飞机驾驶系统等领域中获得广泛应用外,在冶金、电力、化工、炼油等生产部门也起着重要的作用,目前它已成为现代机器制造业和电子化机械产品十分重要且不可缺少的组成部分。

智能机械典型产品为机器人,如图 0-12 所示的工业机器人是面向工业领域的多关节机械手或多自由度的机器装置,它能自动执行工作,是靠自身动力和控制能力来实现各种功能的一种机器。它可以接受人类指挥,也可以按照预先编排的程序运行,现代的工业机器人还可以根据人工智能制定的规范行动。

如图 0-13 所示的家庭服务机器人是为人类服务的特种机器人,能够代替人完成家庭服务工作,它包括行进装置、感知装置、接收装置、发送装置、控制装置、执行装置、存储装置、交互装置等;感知装置将在家庭居住环境内感知到的信息传送给控制装置,执行装置根据控制装置指令做出响应,可完成防盗监测、安全检查、清洁卫生、物品搬运、家电控制,以及家庭娱乐、病况监视、儿童教育、

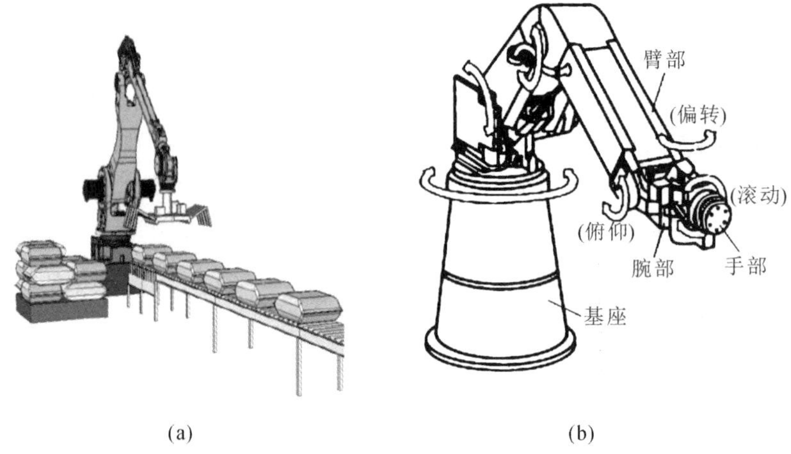

(a)　　(b)

图 0-12　工业机器人

报时催醒、家用统计等工作。

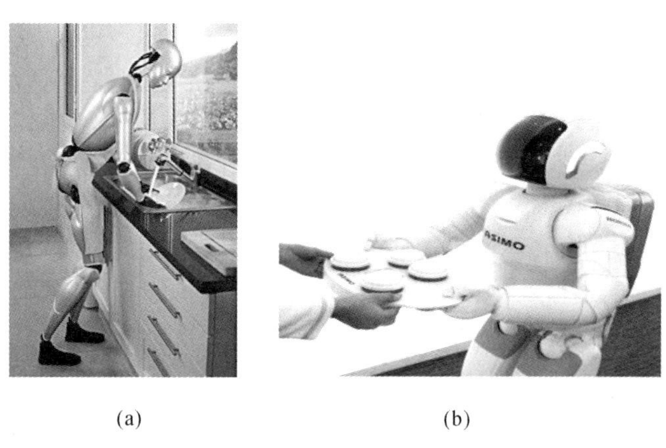

(a)　　(b)

图 0-13　家庭服务机器人

0.3　机械的组成

0.3.1　机械的组成

人类通过长期生产实践创造了机器，并使其不断发展形成当今多种多样的类型。在现代生产和日常生活中，机器已成为代替或减轻人类劳动、提高劳动生产率的主要手段。使用机器的水平是衡量一个国家现代化程度的重要标志。

机器是执行机械运动的装置，用来变换或传递能量、物料、信息。凡将其他形式的能量变换为机械能的机器称为原动机，如内燃机、电动机（分别将热能和电能变换为机械能）等都是原动机。凡利用机械能去变换或传递能量、物料、信息的机器称为工作机，如发电机（机械能变换为电能）、起重机（传递物料）、金属切削机床（变换物料外形）、录音机（变换和传递信息）等都属于工作机。

如图 0-14(a)所示的我国研制的月球车和如图 0-14(b)所示的 3D 打印机的主体部分都是由许多运动构件组成的。用来传递运动和力，有一个构件为机架，用构件间能够相对运动的连接方式组成的构件系统称为机构。在一般情况下，为了传递运动和力，机构各构件间应具有确定的相对运动。

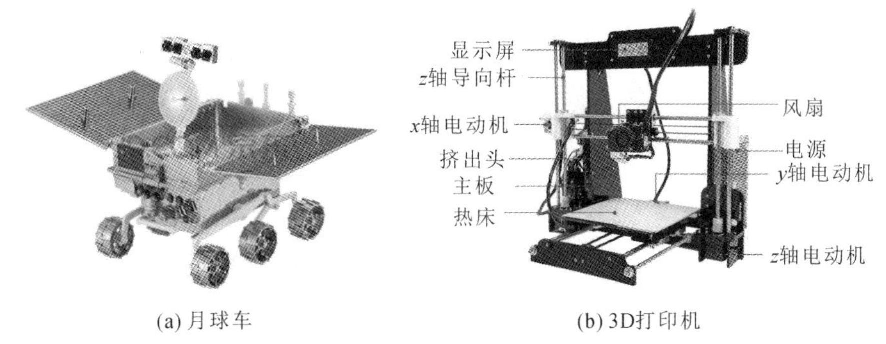

(a) 月球车　(b) 3D打印机

图 0-14　月球车和 3D 打印机

机器的主体部分是由机构组成的。一部机器可以包含一个或若干个机构，例如鼓风机和电动机只包含一个机构，而内燃机则包含曲柄滑块机构、凸轮机构、齿轮机构等若干个机构。机器中最常用的机构有连杆机构、凸轮机构、齿轮机构、轮系和间歇运动机构等。

就功能而言，一般机器包含四个基本组成部分：动力部分、传动部分、控制部分、执行部分。动力部分可采用人力、畜力、风力、液力、电力、热力、磁力、压缩空气等作动力源，其中利用电力和热力的原动机（电动机和内燃机）使用最广。传动部分和执行部分由各种机构组成，是机器的主体。控制部分包括各种控制机构（如内燃机中的凸轮机构）、电气装置、计算机和液压系统、气压系统等。

机构与机器的区别在于：机构只是一个构件系统，而机器除构件系统之外还包含电气、液压等其他装置；机构只用于传递运动和力，机器除传递运动和力之外，还应当具有变换或传递能量、物料、信息的功能。但是，在研究构件的运动和受力情况时，机器与机构之间并无区别。习惯上用“机械”一词作为机器和机构的总称。

构件是运动的单元。它可以是单一的整体，也可以是由几个零件组成的刚性结构。如图 0-15(b)所示的内燃机的连杆，它由连杆体 1、螺栓 2、螺母 3、开口销 4、连杆盖 5、轴瓦 6 和轴套 7 等零件组成。这些零件刚性地连接在一起，作为一个整体进行运动，各零件之间没有相对运动。因此，从运动的角度看，构件是运动的基本单元，机构是由若干个构件组成的。零件是制造的单元，机械中的零件可以分为两类：一类称为通用零件，它在各种机械中都能见到，如齿轮、螺钉、轴、弹簧等；另一类称为专用零件，它只出现于某些机械之中，如汽轮机的叶片、内燃机的活塞等。

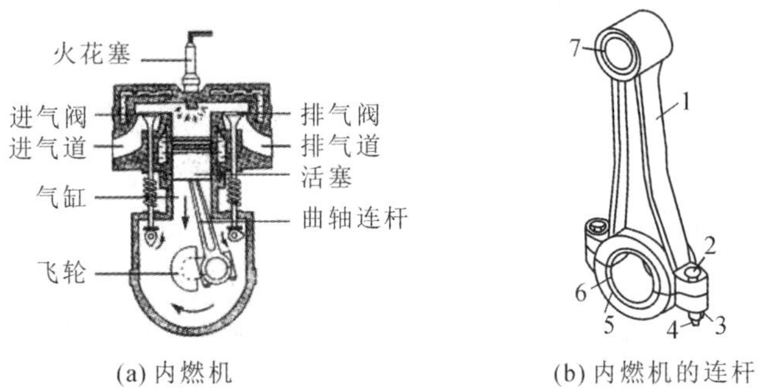

(a) 内燃机　　(b) 内燃机的连杆

图 0-15　内燃机与连杆

1—连杆体；2—螺栓；3—螺母；4—开口销；5—连杆盖；6—轴瓦；7—轴套

机构是一个构件系统。为了传递运动和力，机构各构件之间应具有确定的相对运动，但任意拼凑的构件系统不一定能发生相对运动，即使能够运动，也不一定具有确定的相对运动。讨论机构满足什么条件，构件间才具有确定的相对运动，对于分析现有机构或设计新机构都是很重要的。

在研究机械工作特性和运动情况时，常常需要了解两个回转件间的角速比、直移构件的运动速度或某些点的速度变化规律，因而有必要对机构进行速度分析。

所有构件都在相互平行的平面内运动的机构称为平面机构，否则称为空间机构。目前工程中常见的机构大多属于平面机构。

0.3.2　运动副及其分类

一个做平面运动的自由构件具有三个独立运动。如图 0-16 所示，在坐标系中，构件可随其上任一点 A 沿 x 轴、y 轴方向移动和绕点 A 转动。这种相对参考系构件所具有的独立运动称为构件的自由度。所以一个做平面运动的自由构件有三个自由度。

机构是由许多构件组成的。机构的每个构件都以一定的方式与某些构件相互连接。这种连接不是固定连接,而是能产生一定相对运动的连接。这种使两构件直接接触并能产主一定相对运动的连接称为运动副。例如轴与轴承的连接、活塞与气缸的连接、传动齿轮两个轮齿之间的连接等都构成运动副。构件组成运动副后,其独立运动受到约束,自由度便随之减少。

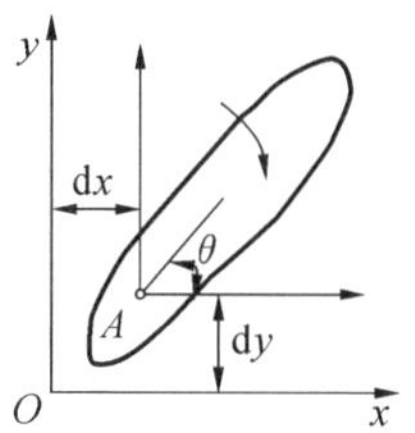

图 0-16　平面运动刚体的自由构件

两构件组成的运动副,不外乎通过点、线或面的接触来实现。按照接触特性,通常把运动副分为低副、高副、空间运动副三类。

1）低副

两构件通过面接触组成的运动副称为低副,平面机构中的低副有转动副和移动副两种。

(1) 若组成运动副的两个构件只能在一个平面内相对转动,这种运动副称为转动副,如图0-17(a)所示。

(2) 若组成运动副的两个构件只能沿某一轴线相对移动,这种运动副称为移动副,如图 0-17(b)所示。

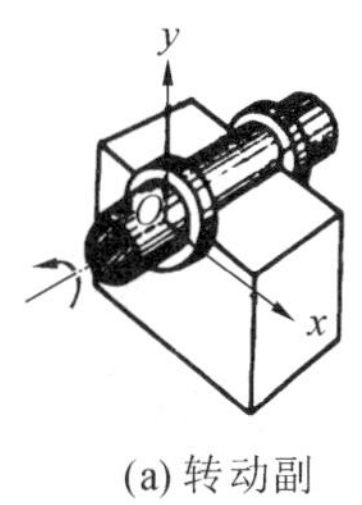

(a) 转动副

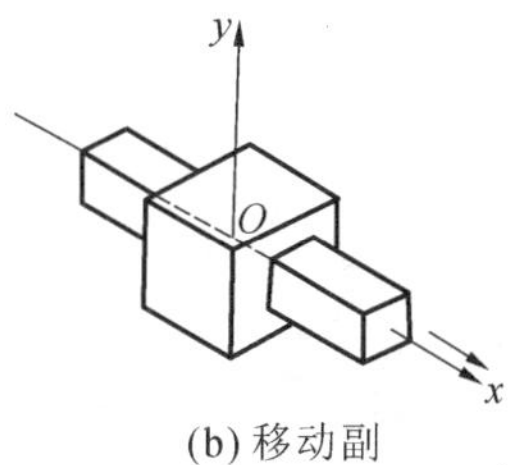

(b) 移动副

图 0-17　低副

2）高副

两构件通过点或线接触组成的运动副称为高副。图 0-18(a)中的凸轮 1 与从动件 2、图 0-18(b)中的轮齿 1 与轮齿 2 分别在接触处 A 组成高副,组成平面高副两构件间的相对运动是沿接触点公切线 t-t 方向的相对移动和在平面内的相对转动。

3）空间运动副

除上述平面运动副之外,机械中还经常见到如图 0-19 所示的球面副,常用

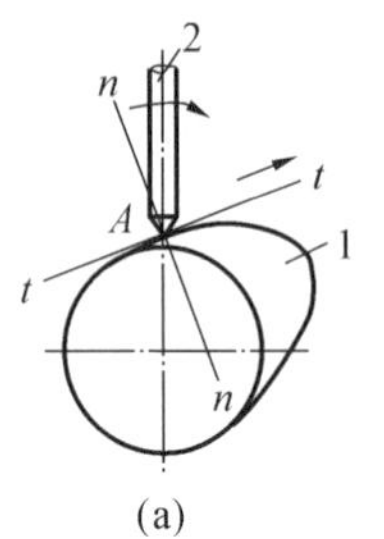

(a)

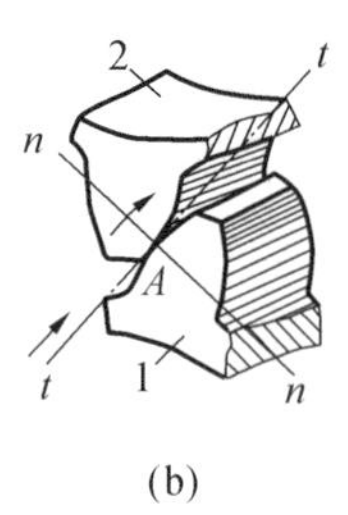

(b)

图 0-18　高副

于机器人的关节机构，图 0-20 所示的螺旋副，常用于机床刀架传动机构。这些运动副两构件间的相对运动是空间运动，故属于空间运动副，空间运动副已超出本章讨论的范围，故不赘述。

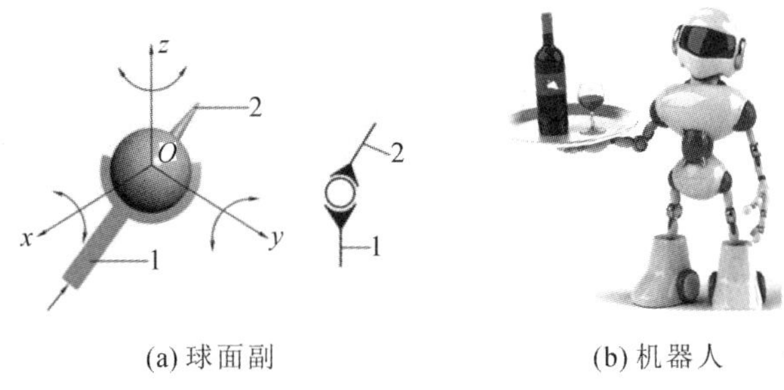

(a) 球面副　　(b) 机器人

图 0-19　球面副

(a) 螺旋副

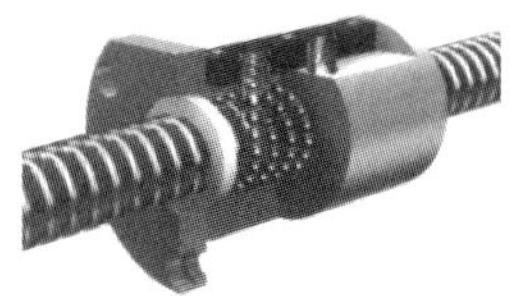

(b) 滚珠丝杠

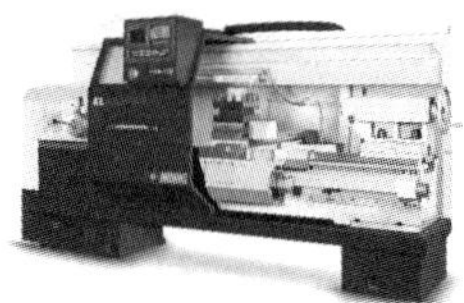

(c) 机床

图 0-20　螺旋副

0.3.3　机构运动简图

在进行机构运动分析和设计时，需应用机构运动简图简明而准确地描述机构中各构件的相对运动关系。机构中各构件的运动是由机构原动件的运动规律及各运动副的类型和机构的运动学尺寸决定的，而与构件的外形、断面形状和尺寸以及运动副的具体构造（如用滚动轴承或滑动轴承构成转动副）等因素无关。在研究机构运动时，为简明起见，可撇开那些与运动无关的因素，采用各种简单的符号和线条分别表示不同类型的运动副和相应构件，这种表示机构各构件间相对运动的图形，称为机构运动简图。表示平面机构的机构运动简图称为平面机构运动简图，如果只是为了表明机构的结构状况，不按比例绘制简图，这种图为机构示意图。

机构运动简图常用的符号如表 0-1 所示。

表 0-1　运动副、构件的表示符号

名称		符号	名称	符号
移动副	两运动构件	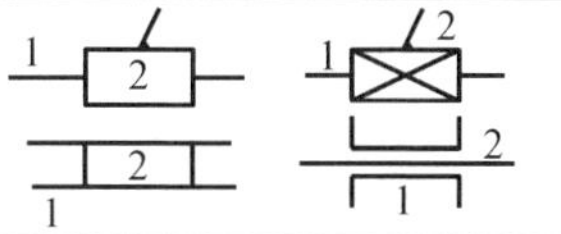	齿轮传动	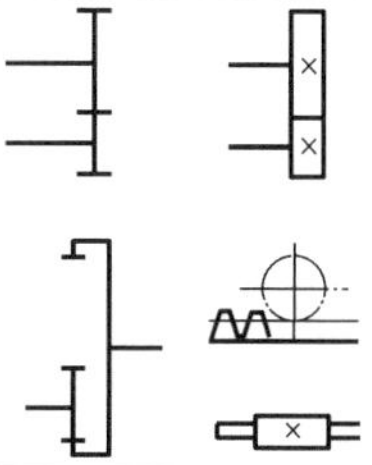
	一构件固定	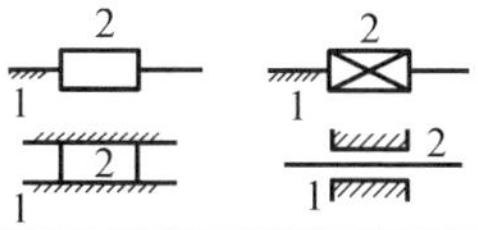		
转动副	两运动构件	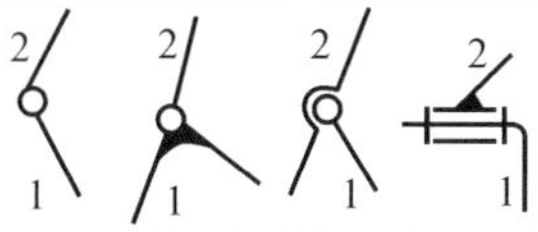	蜗轮蜗杆传动	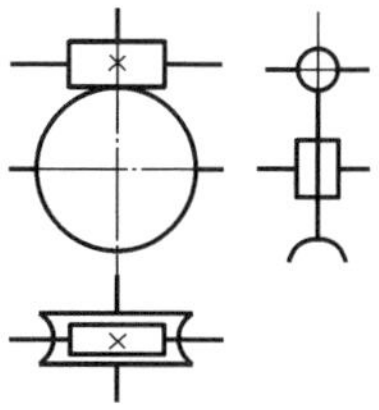
	一构件固定	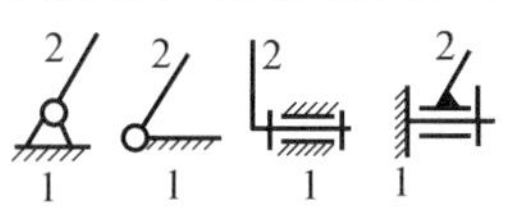		
两副元素构件		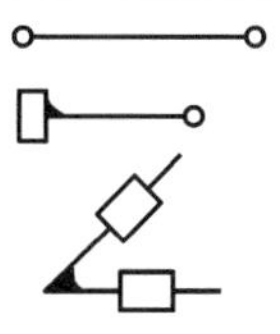	锥齿轮传动	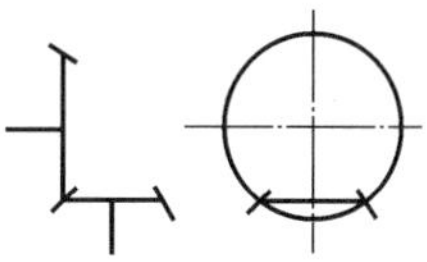
三副元素构件		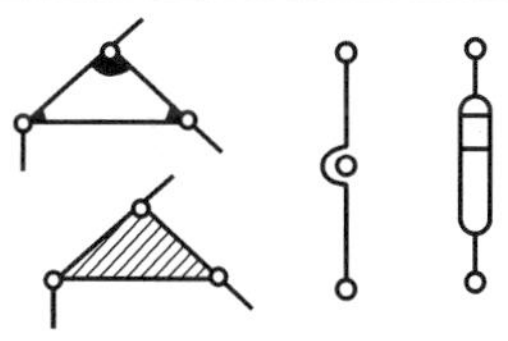	链传动	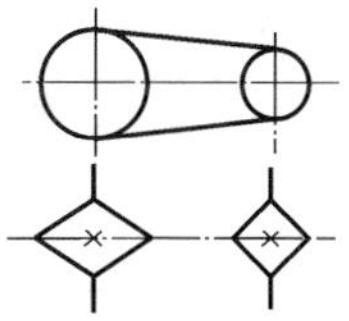
带传动		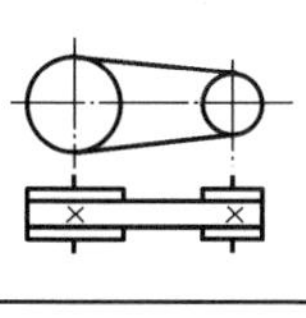	联轴器	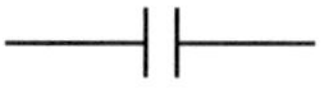

机构运动简图与原机械具有完全相同的运动特性，可用于机构的运动和力的分析。

绘制机构运动简图的一般步骤如下。

(1) 分清机械动作原理、组成情况和运动情况,确定其组成的各构件,确定机架、原动件和从动件。

(2) 沿着运动传递线路,逐一分析每两个构件间的相对运动的性质,以确定运动副的类型和数目。

(3) 恰当地选择投影面。一般选择平行于机构中多数构件的运动平面作为投影面。

(4) 选定适当的比例尺 μ_L= 实际长度(m)/图示长度(mm),定出各运动副的相对位置并用规定符号将它们表示出来,用直线或曲线把同一构件上的各运动副元素连接起来。

【例 0-1】 试绘制如图 0-21(a)所示的颚式破碎机的机构运动简图。

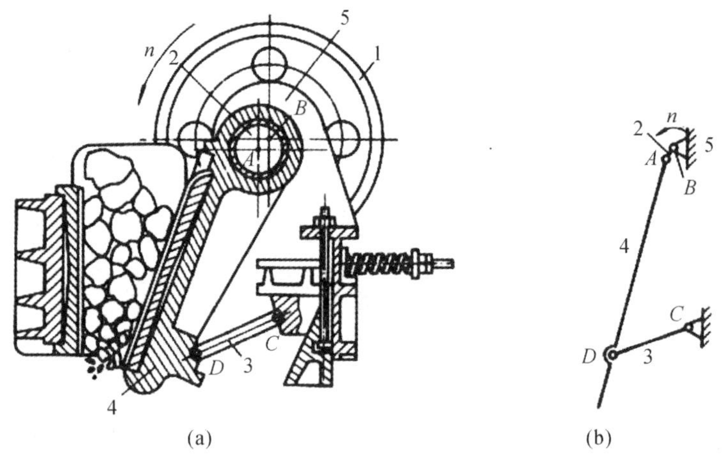

图 0-21　颚式破碎机

1—轮;2—偏心轴;3—肘板;4—动颚;5—机架

【解】 颚式破碎机的主体机构是由机架 5、偏心轴(曲轴)2 、肘板 3、动颚 4 四个构件通过转动副连接组成的。偏心轴 2 是原动件,肘板 3 和动颚 4 都是从动件。当偏心轴 2 在与它固连的轮 1 的驱动下绕轴线 B 转动时,驱使动颚 4 做平面运动,从而将矿石轧碎。

偏心轴 2 与机架 5、偏心轴 2 与动颚 4、动颚 4 与肘板 3、肘板 3 与机架 5 之间的相对运动都是转动。因此,机构中的四个构件组成了四个转动副。

选定适当的比例尺 μ_L,先画出偏心轴 2 与机架 5 组成的转动副中心 B;再按 C 与 B 的相对位置,画出肘板 3 与机架 5 组成的转动副中心 C;而后画出偏心轴 2 与动颚 4 组成的转动副中心 A,A 是偏心轴 2 的几何形心,它与转动副中心 B 之间的距离称为偏距,用线段 AB 表示;随后分别以 A、C 为圆心,以线段

AD、CD 为半径，画弧得构件 3 和构件 4 组成的转动副中心 D 的位置；最后用构件和运动副的规定符号相连，即绘出该机构的机构运动简图，如图 0-21(b)所示。

习　题

0-1　试分析如题 0-1 图所示的能挤水的拖把采用了哪些创新思维。

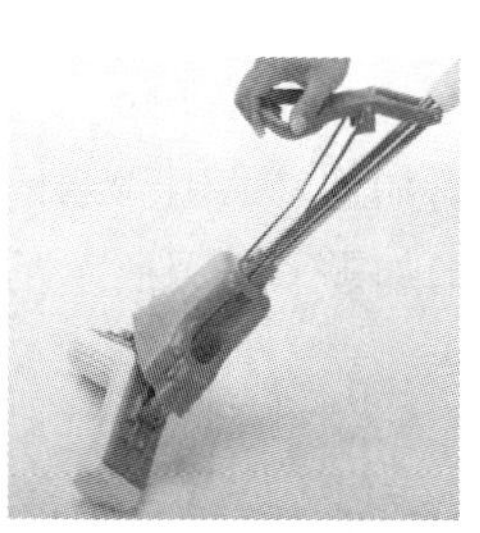

题 0-1 图　挤水拖把

0-2　试从产品的工作原理、总体布局、运动方式、力和能量的传递方式、结构形式、产品形状，以及色彩、材质、工艺、人机工程等方面简述如题 0-2 图所示的穿鞋自行车的设计理念。

0-3　分析并指出如题 0-3 图所示的洗衣机的动力系统、传动系统、执行系统。

题 0-2 图　穿鞋自行车

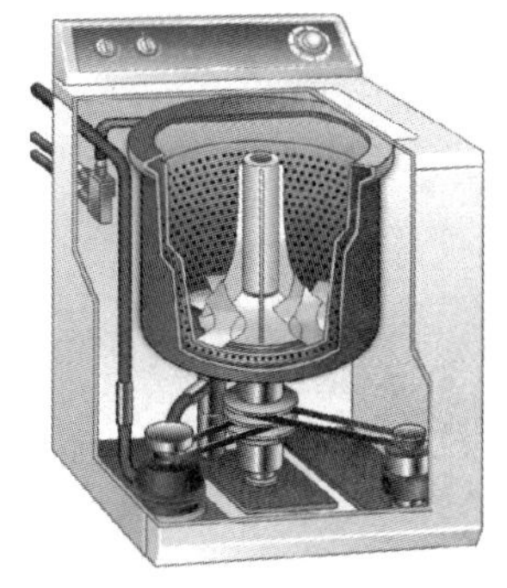

题 0-3 图　洗衣机

0-4　分析如题 0-4 图所示的自行车的组成，试列举图中自行车的零件和构件。自行车踏脚处的轴是高副还是低副？

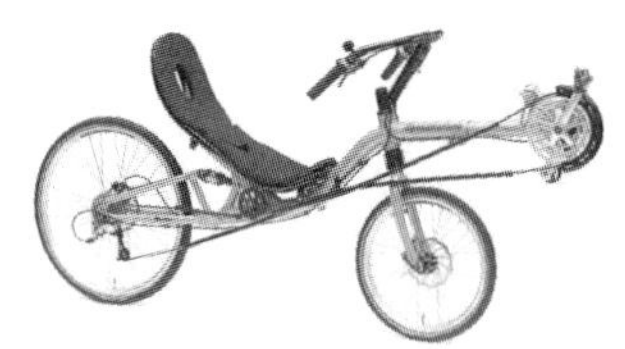

题 0-4 图　自行车

0-5　试画出如题 0-5 图所示的内燃机的机构运动简图。

0-6　试画出如题 0-6 图所示的压片机的机构运动简图。

题 0-5 图　内燃机

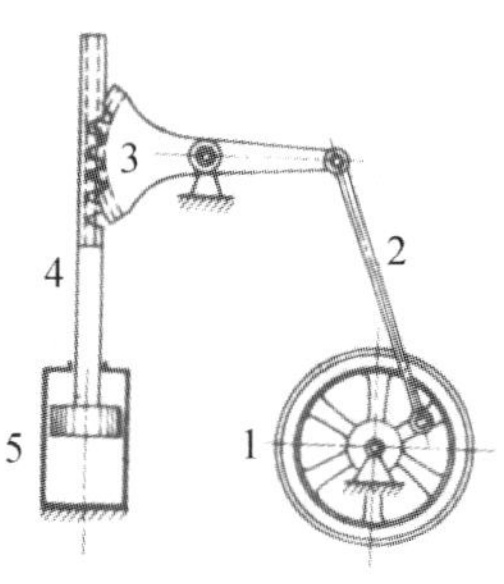

题 0-6 图　压片机

第1章　平面机构具有确定运动的条件及其自由度

1.1　平面机构具有确定运动的条件

1.1.1　机构具有确定运动的条件

机构是用来传递运动和力的构件系统，因而一般应使机构中各构件具有确定运动，以下具体讨论平面机构具有确定运动的条件。

首先，机构应具有可动性，其可动性用自由度来度量。机构的自由度是指机构中各活动构件相对于机架所具有的独立运动的数目，标示为 F。考察图1-1所示的几个例子。图 1-1(a)有 4 个构件，对于构件 1 角位移 φ_1 的每一个给定值，构件 2、3 便随之有一个确定的对应位置，故角位移 φ_1 可取为系统的独立运动参数，且独立的运动参数仅有一个，即 $F=1$。对图 1-1(b)进行类似的分析，易知其 $F=2$。在图 1-1(c)、1-1(d)所示的系统中，若忽略构件的弹性，其构件显然没有相对运动的可能，图 1-1(c)、1-1(d)所示分别为静定和超静定结构，其 $F\leqslant 0$。因此机构自由度必须大于零才有相对运动的可能。

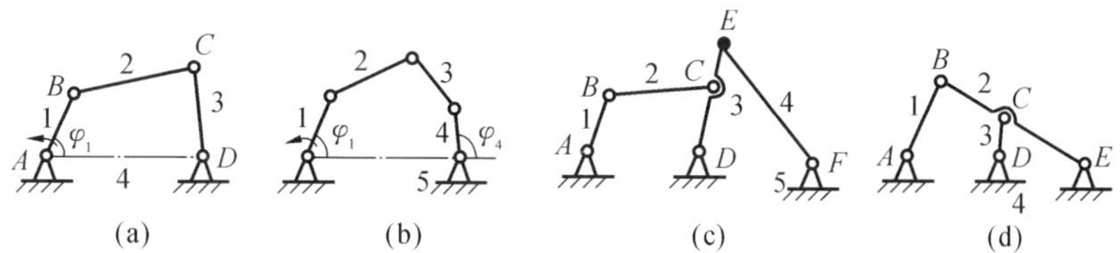

图 1-1　机构自由度的物理意义

另外，机构原动件的数目必须等于机构自由度数目。图 1-1(a)中若取构件 1 为原动件，输入的运动规律 $\varphi_1=\varphi_1(t)$，即原动件的数目与 F 相等，均为 1，此时构件 2、3 便随之获得确定的运动，说明该机构的运动可以从原动件正确地传递到构件 2 和 3 上；若在该机构中同时给定两个构件作为原动件，如给定构件 1 和构件 3 为原动件，即原动件的数目大于 $F(=1)$，这时构件 2 势必既要处于由原动件 1 的参变量 φ_1 所决定的位置，又要随构件 3 的独立运动规律而运动，这显然将导致机构要么被卡死要么遭损坏。如图 1-1(b)所示系统，$F=2$，若仅取构件 1 为原动件，即原动件的数目小于 F，对应 $\varphi_1=\varphi_1(t)$ 角位移规律的每一个 φ_1 值，构件 2、3、4 的运动并不能确定。由此可见，当原动件的数目小于机构自由度数目时，机构运动具有不确定性。

这里必须指出，只有原动件才具有独立的输入运动，通常每个原动件只有一个独立运动。

综上所述，机构具有确定运动的条件是：① 机构自由度必须大于零；② 机构原动件的数目必须等于机构自由度数目。

因此，判断机构是否具有确定运动的关键在于正确计算其自由度。

1.1.2　平面机构的自由度的计算

1. 平面自由构件的自由度

一个做平面运动的自由构件具有三个独立运动。如图 1-2 所示，在与构件 1 固连的 Oxy 平面坐标系中，当构件 2 与构件 1 毫无联系时，它可以随其上任一点 A 沿 x、y 轴移动和绕 A 点转动。构件所具有的这种独立运动称为构件的自由度。所以一个做平面运动的自由构件有三个自由度。

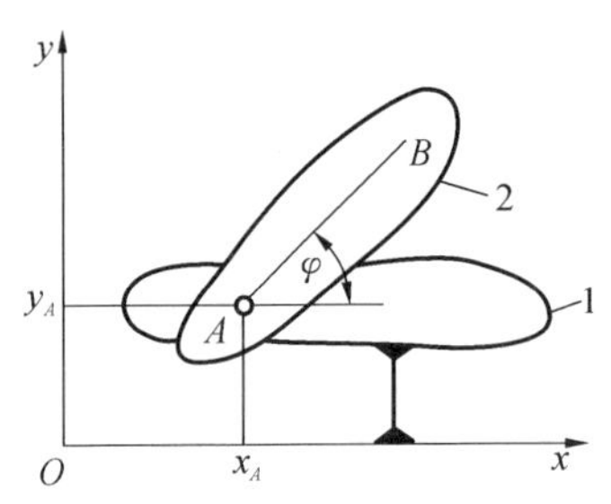

图 1-2　运动副对构件的约束

2. 运动副对构件的约束

当两个构件以某种方式组成运动副之后，它们的相对运动就受到约束，自由度随之减少。不同种类的运动副引入的约束不同，所保留的自由度也不同。如图 1-2 所示，当构件 2 和构件 1 在 A 点形成转动副后，构件 2 相对构件 1 就只剩下绕 A 点转动的自由度了，约束了两个移动自由度；而移动副（图 0-17(b)）约束了沿一个轴方向的移动和在平面内的转动两个自由度，只保留沿另一个轴方向移动的自由度；如图 0-18(b)、(c)所示的凸轮副和齿轮副，其两构件具有绕接触点相对转动和沿接触点公切线 t-t 方向相对移动两个自由度，约束了沿接触点公法线 n-n 方向移动的自由度。由此可见，在平面机构中，每个低副产生两个约束，使构件失去两个自由度；每个高副产生一个约束，使构件失去一个自由度。

3. 平面机构的自由度计算方法

在一个平面机构中，若有 N 个构件，除去机架外，其余应为活动构件总数，即活动构件总数 $n=N-1$。这些活动构件在未组成运动副之前，其自由度总数为 $3n$，当它们用运动副连接起来组成机构之后，机构中各构件具有的自由度数目就减少了。若在平面机构中低副的数目为 P_L 个，高副的数目为 P_H 个，则机构中全部运动副所引入的约束总数为 $2P_L+P_H$。因此，活动构件的自由度总数减去运动副引入的约束总数就是该机构的自由度，用 F 表示，即

$$F = 3n - 2P_L - P_H \tag{1-1}$$

这就是计算平面机构自由度的公式。由此公式可知，机构自由度取决于活动构件的个数以及运动副的性质(低副或高副)和个数。

现在来计算如图 1-1(a)所示的四杆机构自由度，该机构的 $n=3$，$P_L=4$，$P_H=0$，由式(1-1)可得

$$F = 3n - 2P_L - P_H = 3\times3 - 2\times4 - 0 = 1$$

由此可知，该机构具有一个自由度。

在如图 1-1(b)所示的五杆机构中，$n=4$，$P_L=5$ ，$P_H=0$，由式(1-1)可得

$$F = 3n - 2P_L - P_H = 3\times4 - 2\times5 - 0 = 2$$

由此可知，该机构具有两个自由度。

而如图 1-1(c)所示的系统，其 $F=3n-2P_L-P_H=3\times2-2\times3-0=0$，即其自由度等于零。这样，它的各构件之间不可能产生相对运动。

综上所述，式(1-1)可方便地用来计算机构的自由度。

1.1.3　计算机构自由度时应注意的问题

在应用式(1-1)计算机构自由度时，常会遇到以下问题，应特别注意。

1. 复合铰链

如图 1-3(a)所示六杆机构中，有 3 个构件在 C 处组成轴线重合的两个转动副，如果不加以分析，往往容易把它看成 1 个转动副。这 3 个构件的连接关系如图 1-3(b)所示，从图中可以清楚地看出，3 个构件组成 2 个转动副。这种由 3 个或 3 个以上构件组成轴线重合的转动副称为复合铰链。一般由 m 个构件组成的复合铰链应含有$(m-1)$个转动副。

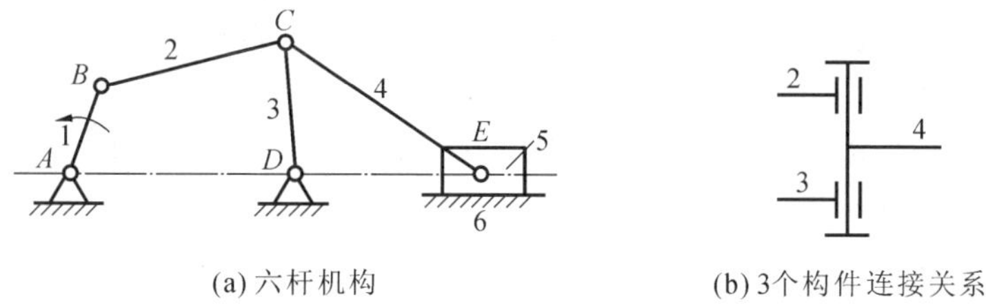

(a) 六杆机构　　(b) 3个构件连接关系

图 1-3　复合铰链

该机构的自由度：$F=3n-2P_L-P_H=3\times5-2\times7-0=1$。

又如图 1-4 所示的压缩机机构中，应特别注意分析 C 处有几个运动副。通过分析，不难知道，在此处连接的 5 个构件之间，组成了 2 个转动副，2 个移动

副;而在 E 处连接的 4 个构件之间组成了 2 个移动副和 1 个转动副。故在该机构中,$n=7$,$P_L=10$,$P_H=0$,$F=3\times7-2\times10-0=1$。

2. 局部自由度(多余自由度)

如图 1-5(a)所示的凸轮机构,当凸轮 2 绕 A 轴转动时,凸轮将通过滚子 4 迫使推杆 3 在固定导路中做往复运动,显然该机构的自由度为 1。但按式(1-1)计算机构自由度时,由 $n=3$,$P_L=3$,$P_H=1$,得到 $F=3\times3-2\times3-1=2$,与实际不符。其原因在于滚子 4 绕其自身轴线转动的快慢并不影响整个机构的运动。设想将滚子 4 与推杆 3 焊接在一起 (见图 1-5(b)),机构的运动输入输出关系并不改变。这种不影响整个机构运动关系的个别构件所具有的独立自由度,称为局部自由度或多余自由度。在计算机构自由度时,应将它除去。于是,可按公式求得此机构的自由度为 $F=3\times2-2\times2-1=1$。

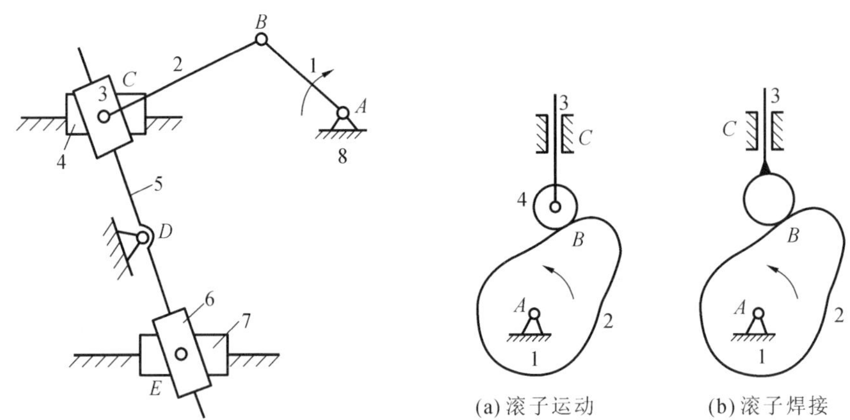

图 1-4　压缩机机构

图 1-5　凸轮机构中的局部自由度

局部自由度虽然不影响整个机构的运动,但滚子可使高副接触处的滑动摩擦变成滚动摩擦,减小磨损,所以实际机构中常有局部自由度出现。

3. 虚约束

机构中的约束有些往往是重复的。这些重复的约束对构件间的相对运动不起独立的限制作用,称为虚约束或消极约束。在计算机构自由度时应把它们全部除去。如图 1-6 所示的机车车轮联动机构,按式(1-1)计算,其自由度为 $F=3\times4-2\times6-0=0$。但实际上,采用此种机构传动的机车车轮在机车运行过程中飞快旋转。究其原因,就是此机构中存在对运动不起约束作用的虚约束部分,即构件 3 引入的转动副 E、F 构成的虚约束。如果把它们除去,则该机构的自由度为 $F=3\times3-2\times4-0=1$。这样,就与实际符合了。由此可见,判断机构是否存在虚约束是十分重要的。常见的虚约束发生在以下一些场合。

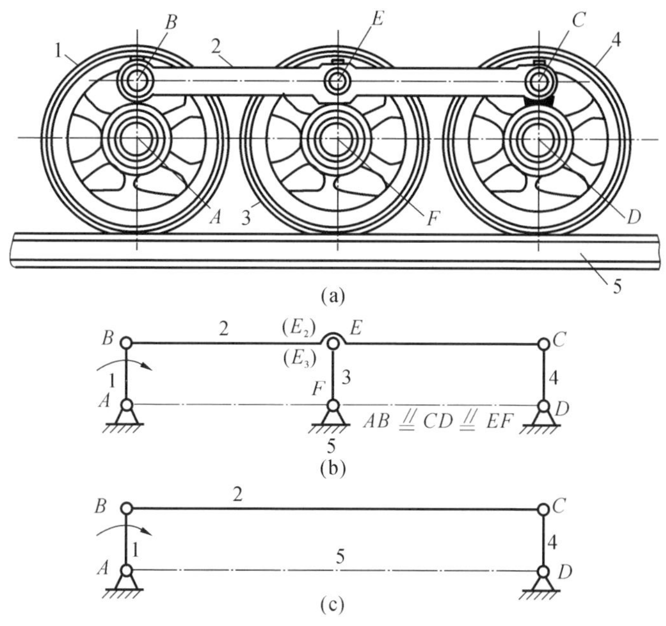

图 1-6　机车车轮联动机构

(1) 机构中连接构件和被连接构件上的连接点的轨迹重合，如图 1-6 所示的车轮联动机构中的 E 点。用拆副法把 E 处的转动副拆开来可以看到，因为 $AB \mathbin{\underline{\mathbin{/\!/}}} CD \mathbin{\underline{\mathbin{/\!/}}} EF$，故当杆 AB 绕点 A 做圆周运动时，杆 BC 做平动，即杆 BC 上的各点均做半径为 AB 的圆周运动，其上的点 E_2 也不例外，即点 E_2 做以点 F 为圆心、AB 长为半径的圆周运动；而构件 3 上的点 E_3 的轨迹显然也是以点 F 为圆心、AB 长为半径的圆，即两者轨迹重合，因而增加了构件 3 及转动副 E、F 以后，并不影响机构的自由度。故在计算机构自由度时，应将构件 3 及转动副 E、F 除去。注意：若不满足 AB、EF、CD 平行且相等的条件，则杆 EF 为真实约束，机构将不能运动。

(2) 两构件在两处或两处以上形成多个运动副，这种重复运动副将引入虚约束，如图 1-7(a)所示的 D 处或 E 处，图 1-7(b)所示的 A 处或 C 处和 B 处或 D 处。

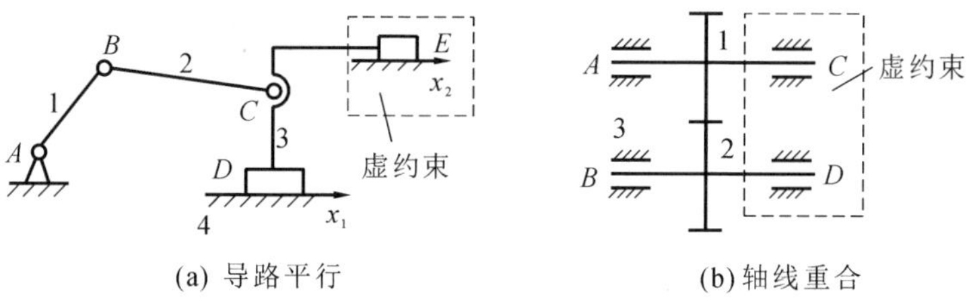

图 1-7　重复运动副

(3) 对机构运动的作用与其他部分重复的 $F=-1$ 的对称部分存在虚约束。图 1-8 所示的机构左右结构对称,其对称部分如构件 2、3、7 及其运动副将引入 $F=-1$ 的虚约束,机构的自由度计算时应先将其除去再进行。

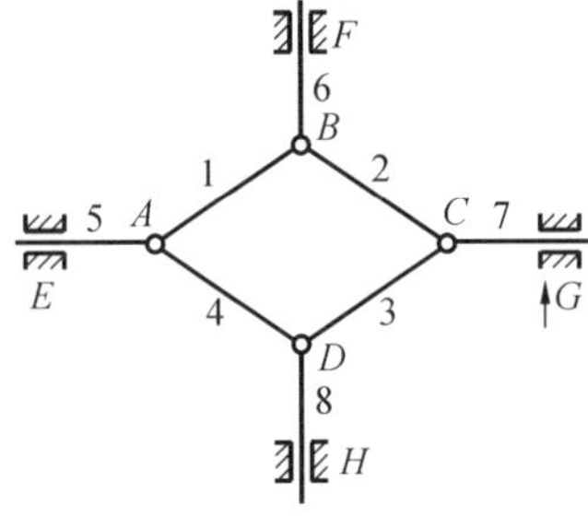

图 1-8　存在虚约束的对称结构

应当指出的是:从机构运动的观点分析,机构的虚约束是多余的,但从增加构件的刚度和改善机构的受力条件来说却是有益的。此外,当机构具有虚约束时,通常对机构中零件的加工和机构的装配条件等要求较高,以满足特定的几何条件;否则,会使虚约束转化成真实约束而使机构不能运动。

1.2　平面机构自由度的计算举例

【例 1-1】　计算如图 1-9 所示机构的自由度,并判定其是否具有确定的运动(图中标有箭头的构件为原动件)。机构中若有局部自由度和虚约束,需具体指出。

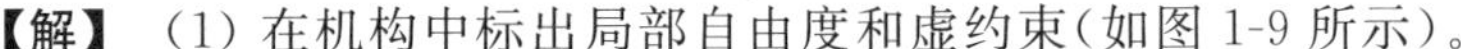

【解】　(1) 在机构中标出局部自由度和虚约束(如图 1-9 所示)。

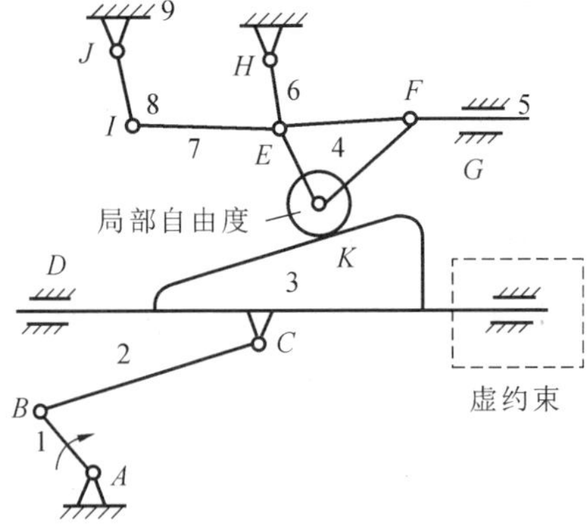

图 1-9　例 1-1 图

(2) 对构件进行编号，确定活动构件数，得 $n=8$。

(3) 给运动副编号，并区分运动副类型和数目，注意到 E 处为复合铰链，故 $P_L=11$，$P_H=1$。

(4) 由式(1-1)计算得机构的自由度

$$F = 3n - 2P_L - P_H = 3\times 8 - 2\times 11 - 1 = 1$$

(5) 由于机构原动件为 1，与自由度数相同，故知机构具有确定的运动。

【例 1-2】 计算如图 1-10 所示机构的自由度，若有局部自由度和虚约束，需具体指出。

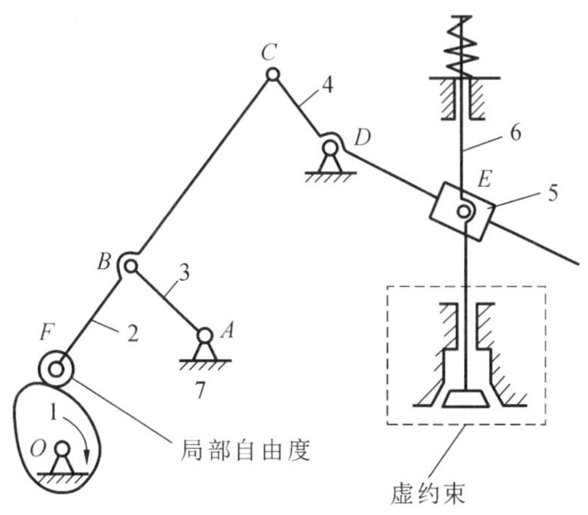

图 1-10　例 1-2 图

【解】 滚子为一具有局部自由度的构件，计算机构自由度时，应将其看成与构件 2 相固连的刚体。气门杆 6 与机架 7 组成两个移动副，其中一个为重复运动副，是虚约束。局部自由度和虚约束如图所示。

该机构共有 6 个活动构件(弹簧不算机构中的基本构件)，所以 $n=6$，$P_L=8$，$P_H=1$，故由式(1-1)得

$$F = 3n - 2P_L - P_H = 3\times 6 - 2\times 8 - 1 = 1$$

所以该机构自由度为 1。

【例 1-3】 如图 1-11 所示为一简易冲床的初拟设计方案。设计者的思路是：动力由齿轮 1 输入，使轴 A 连续回转；而固装在轴 A 上的凸轮 2 与杠杆 3 组成的凸轮机构将使冲头 4 上下运动以达到冲压的目的。试：(1)绘出其机构运动简图；(2)分析其运动是否确定，并提出修改措施。

【解】 (1) 机构运动简图如图 1-12 所示。

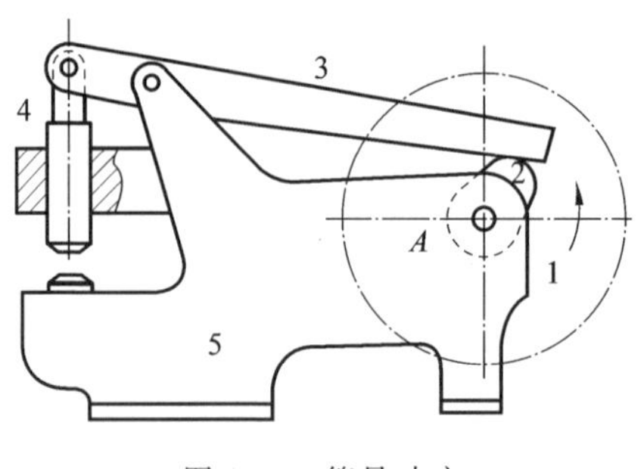

图 1-11　简易冲床

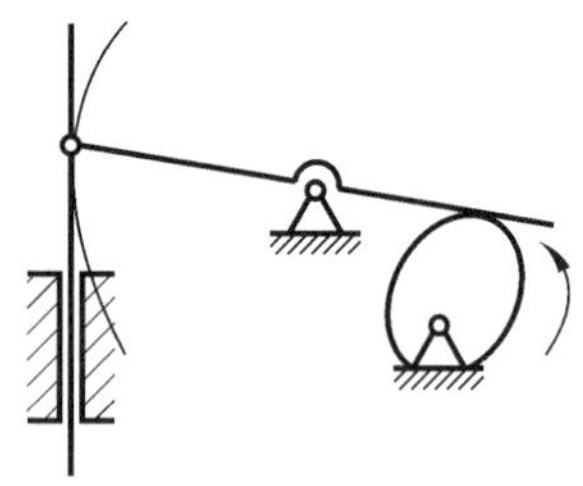
图 1-12　机构运动简图

(2) 原机构自由度 $F=3\times3-2\times4-1=0$，不合理，可改为如图 1-13(a)、(b)、(c)所示的三种机构中任意一种。

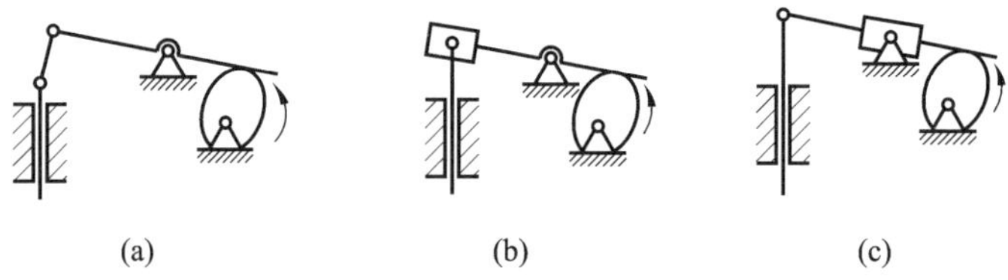

图 1-13　修改后机构运动简图

【例 1-4】 试计算如图 1-14 所示凸轮-连杆组合机构的自由度。

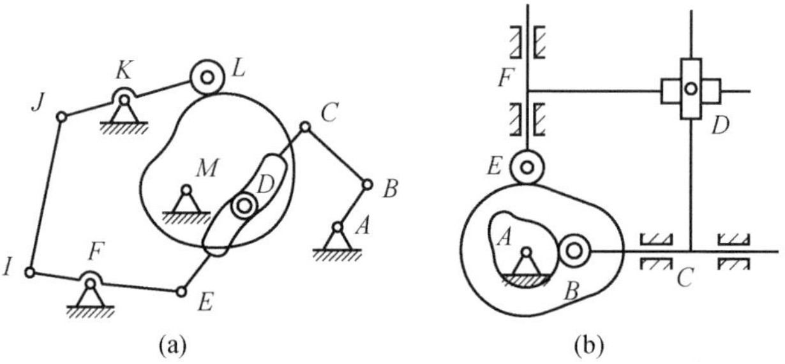

图 1-14　凸轮-连杆组合机构

【解】 图 1-14(a)中，$n=7$，$P_L=9$，$P_H=2$，$F=3\times7-2\times9-2=1$，L 处存在局部自由度，D 处存在虚约束。

图 1-14(b)中，$n=5$，$P_L=6$，$P_H=2$，$F=3\times5-2\times6-2=1$，E、B 处存在局部自由度，F、C 处存在虚约束。

习　题

1-1　试计算如题 1-1 图所示机构的自由度。若有局部自由度和虚约束需指出。

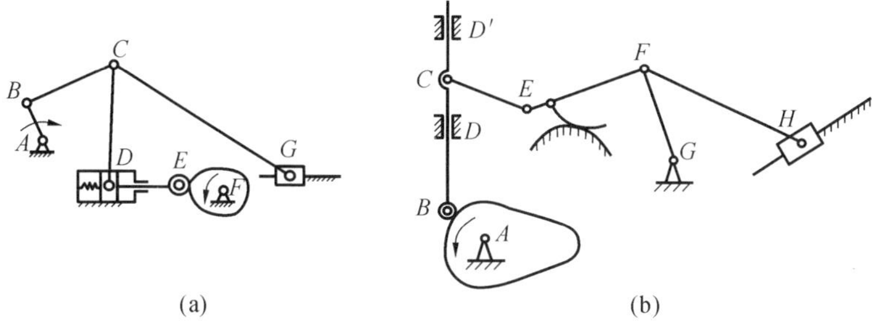

题 1-1 图

1-2　试计算如题 1-2 图所示机构的自由度,并判断其是否具有确定的运动(标有箭头的构件为原动件)。若有局部自由度和虚约束须指出。

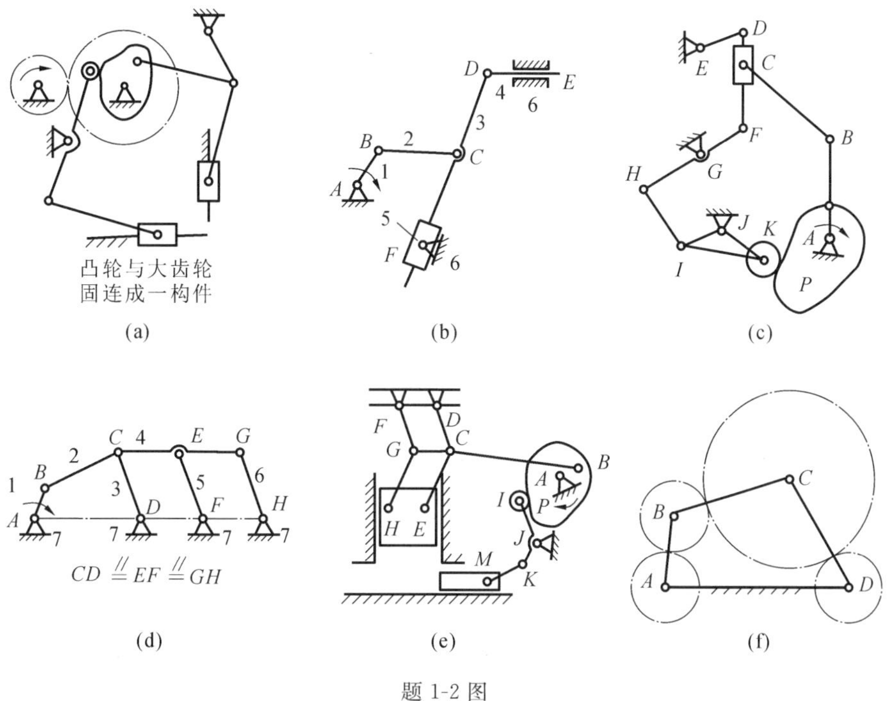

题 1-2 图

1-3　验算如题 1-3 图所示机构能否运动,如果能运动,看运动是否具有确定性,如无确定运动,请给出具有确定运动的修改办法。

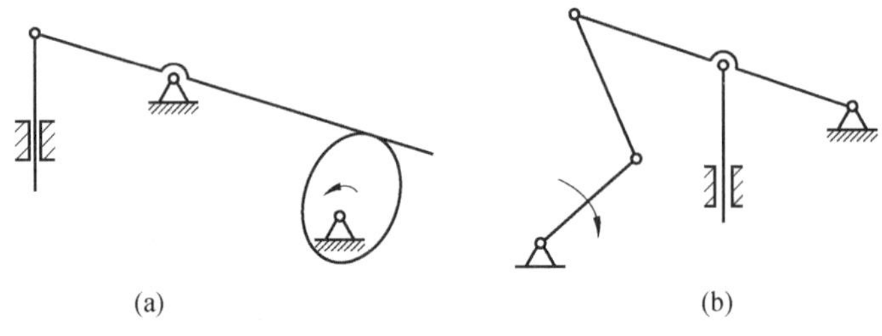

题 1-3 图

1-4 计算如题 1-4 图所示机构自由度,并说明注意事项。

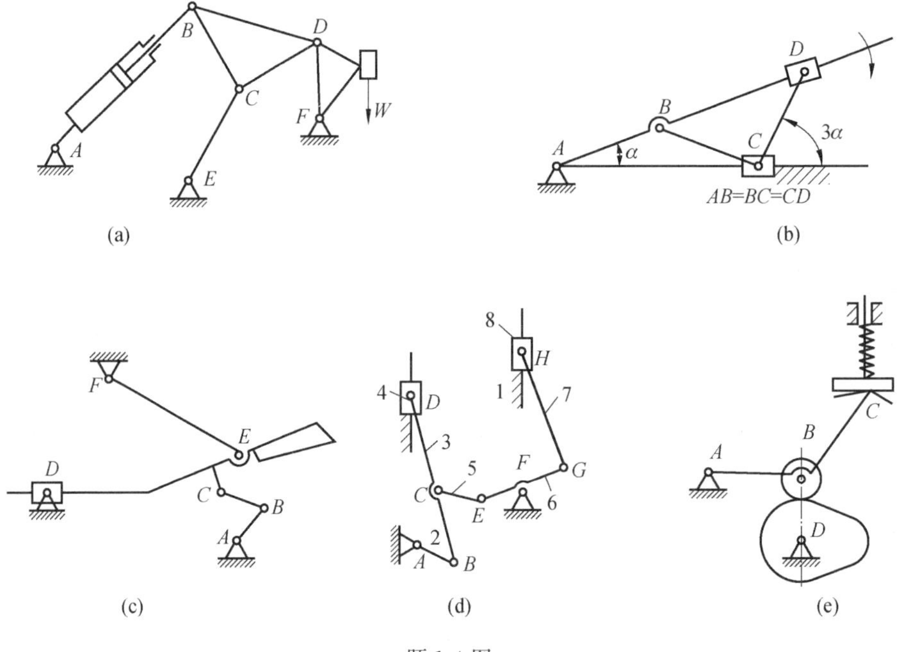

题 1-4 图

第 2 章　平面连杆机构

2.1　平面四杆机构的特点与基本类型

若干构件全部由低副连接而成的平面机构，称为平面连杆机构，又称为平面低副机构。

平面连杆机构中的构件，在绘制机构运动简图时，可抽象成为杆，故平面连杆机构中的构件常简称为杆，并以机构中所含杆的数目而命名为四杆机构、六杆机构等。闭环平面连杆机构中，四杆机构是构件数最少的一种，其应用最为广泛，同时它又是构成和研究其他平面连杆机构的基础。本章将主要讨论平面四杆机构及其运动设计问题。

平面连杆机构能够满足实现某些运动轨迹及运动规律的设计要求；其构件多为杆状，可用于远距离的运动和动力的传递；其运动副元素一般为圆柱面或平面，制造方便，易于保证所要求的运动副元素间的配合精度，且接触压强小，便于润滑，不易磨损，适于传递较大动力，因此广泛应用于各种机械和仪表中。平面连杆机构在设计及应用中也存在缺点：其做变速运动的构件惯性力及惯性力矩难以完全平衡；较难精确实现预期的运动规律的要求；设计方法也较复杂。这些缺点限制了连杆机构在高速和有较高精度要求的条件下的应用。近年来，随着计算机技术和各种现代设计方法的发展和应用，这些限制因素在很大程度上得以改善，有效扩大了连杆机构的应用范围。

2.1.1　平面四杆机构的基本形式

所有运动副均为转动副的四杆机构称为铰链四杆机构，它是平面四杆机构的基本形式。如图 2-1 所示为一铰链四杆机构，在此机构中，构件 4 为机架，与机架以运动副相连的构件 1 和 3 称为连架杆。在连架杆中，能绕其轴线回转 360°的构件称为曲柄；仅能绕其轴线往复摆动的构件称为摇杆。不与机架相连的构件（图 2-1 中构件 2）做平面复合运动，称为连杆。按照两连架杆运动形式的不同，可将铰链四杆机构分为以下三种类型。

1. 曲柄摇杆机构

在四杆机构的两连架杆中，若一个为曲柄，而另一个为摇杆，则此四杆机构称为曲柄摇杆机构，如图 2-1 所示即为一曲柄摇杆机构。如图 2-2 所示的雷达天线机构利用了曲柄摇杆机构调节天线的俯仰角，其杆 AB 为曲柄，杆 CD 为摇杆。

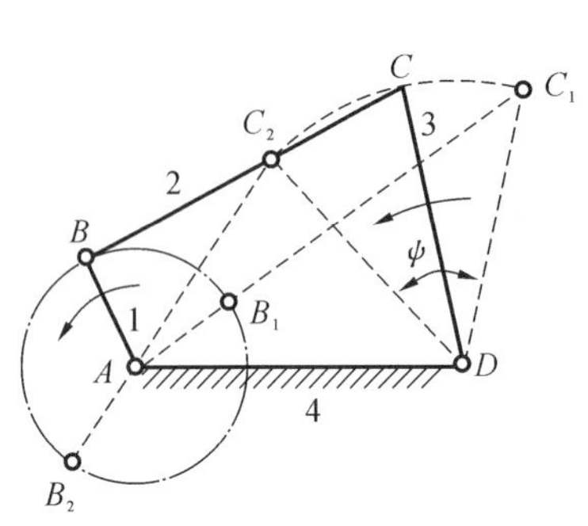

图 2-1　平面四杆机构

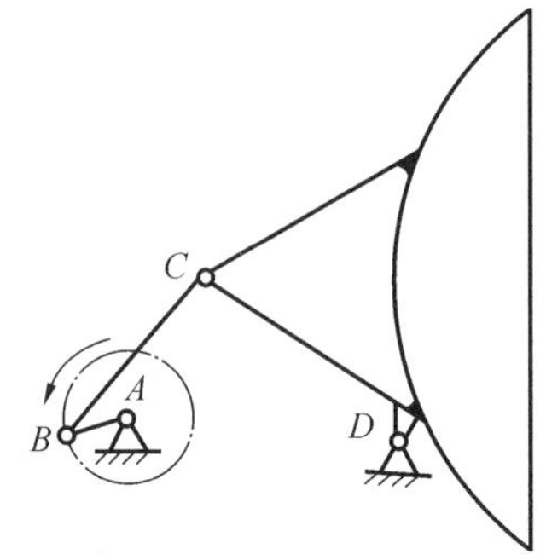

图 2-2　雷达天线机构

2. 双曲柄机构

若四杆机构的两连架杆均为曲柄，则此四杆机构称为双曲柄机构。如图 2-3所示的惯性筛中的四杆机构 $ABCD$ 即为双曲柄机构。当曲柄 2 等速回转时，另一曲柄 4 做变速回转，使筛子具有所需的加速度，利用加速度所产生的惯性力，使大小不同的颗粒在筛上做往复运动的过程中达到筛选的目的。在双曲柄机构中，若两组对边的构件长度相等，则可得到如图 2-4 所示的平行四边形机构，由于这种机构两连架杆的运动完全相同，故连杆始终做平动，它的应用很广。如图 2-5 所示的摄影车的升降机构，它利用平行四边形机构连杆始终做平动的特点，使与连杆固结在一起的座椅始终保持水平位置，其升降高度的变化也是通过采用两套平行四边形机构来实现的。如图 2-6 所示的天平，它能保证天平盘 1、2 始终处于水平位置。

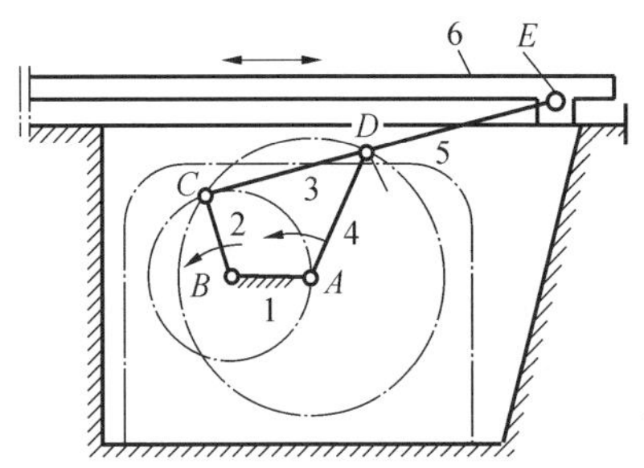

图 2-3　惯性筛双曲柄机构

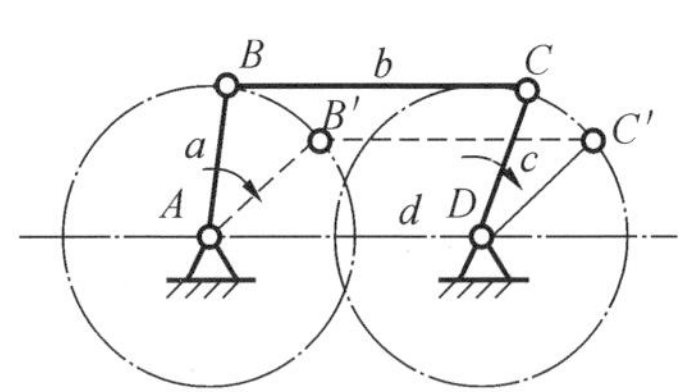

图 2-4　平行四边形机构

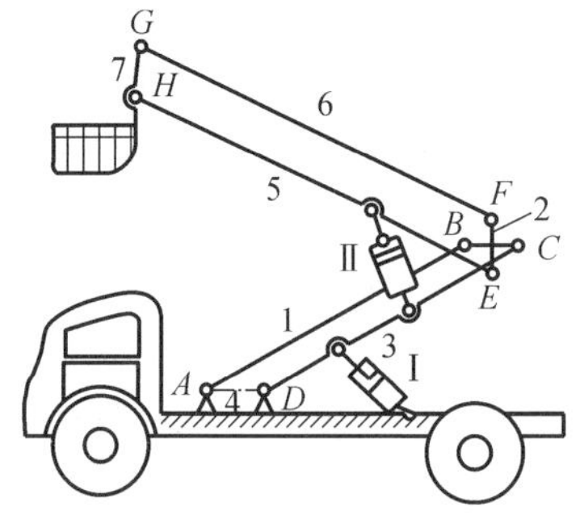

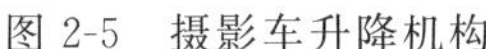
图 2-5　摄影车升降机构

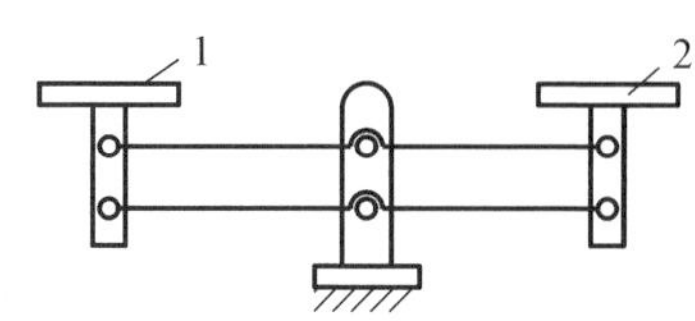

图 2-6　天平

3. 双摇杆机构

若四杆机构的两连架杆均为摇杆，则此四杆机构称为双摇杆机构。如图2-7所示的摇头风扇传动机构。电动机安装在摇杆 4 上，铰链 A 处装有一个与连杆 1 固连成一体的蜗轮，并与电动机轴上的蜗杆相啮合。电动机转动时，蜗杆和蜗轮迫使连杆 1 绕点 A 做整周运动，从而使连架杆 2 和 4 往复摆动，实现风扇摇头的目的。如图 2-8 所示的鹤式起重机也为双摇杆机构的应用实例。当摇杆 AB 摆动时，另一摇杆 CD 随之摆动，可使吊在连杆上点 E 处的重物 Q 近似沿水平直线移动。

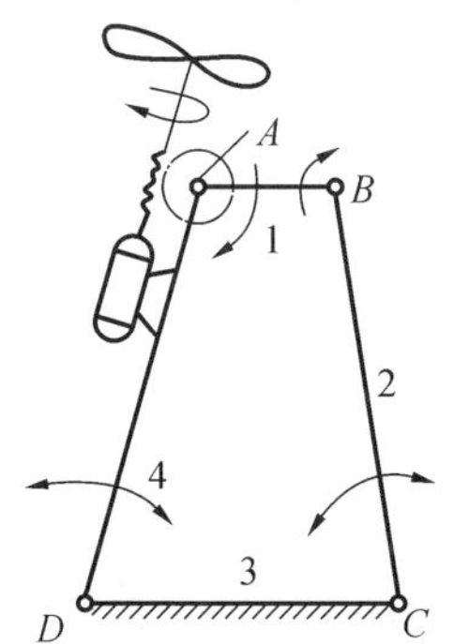

图 2-7　摇头风扇传动机构

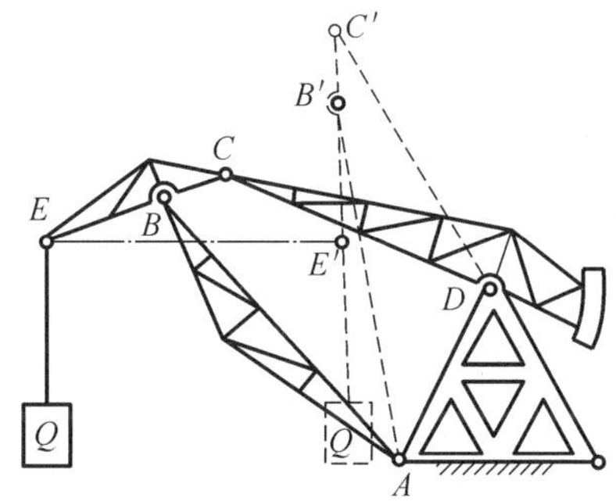

图 2-8　鹤式起重机

2.1.2　平面四杆机构的演变

1. 转动副转化成移动副

除上述铰链四杆机构以外，还有其他形式的四杆机构，如图 2-9(d)所示的曲柄滑块机构，这些含有滑块的四杆机构均可看成由上述铰链四杆机构演变而成的。以下用图 2-9 来说明转动副转化成移动副的方法。

在图 2-9 (a)所示的曲柄摇杆机构中，摇杆 3 上点 C 的运动轨迹是以 D 为圆心，以摇杆长度 l_{CD} 为半径所作的圆弧。若将它改为图 2-9(b)所示的形式，则机构的运动特性完全一样。若此弧形槽的半径增至无穷大(即点 D 在无穷远处)，则弧形槽变成直槽，转动副也就转化成移动副，此时构件 3 也就由摇杆变成了滑块。这样，铰链四杆机构就演变成如图 2-9(c)所示的滑块机构。该机构中的滑块 3 上的转动副中心在定参考系中的移动方位线不通过连架杆 1 的回转中心，称为偏置滑块机构。图 2-9(c)中 e 为连架杆的回转中心至滑块上的转动副中心的移动方位线的垂直距离，称为偏距。在图 2-9(d)所示的机构中，滑块上的转动副中心的移动方位线通过曲柄的回转中心，称这种滑块机构为对心滑块机构。

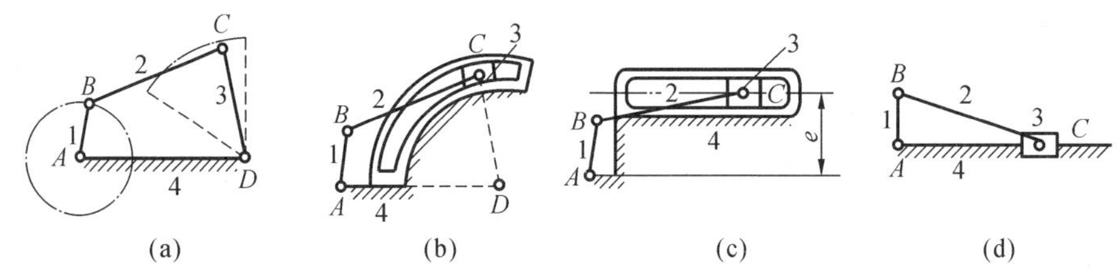

图 2-9　转动副转化成移动副

在图 2-9(c)所示的曲柄滑块机构的基础上再进行类似演变，可得到几种具有双移动副的四杆机构。如将点 A 移至无穷远处，则转动副 A 演变成移动副，得到如图 2-10(a)所示的双滑块机构；也可将构件 2 与构件 3 之间的转动副 C 变成移动副，得到如图 2-10(b)所示的曲柄移动导杆机构(又称正弦机构)；若将转动副 B 变成移动副，则可得到如图 2-10(c)所示的正切机构。

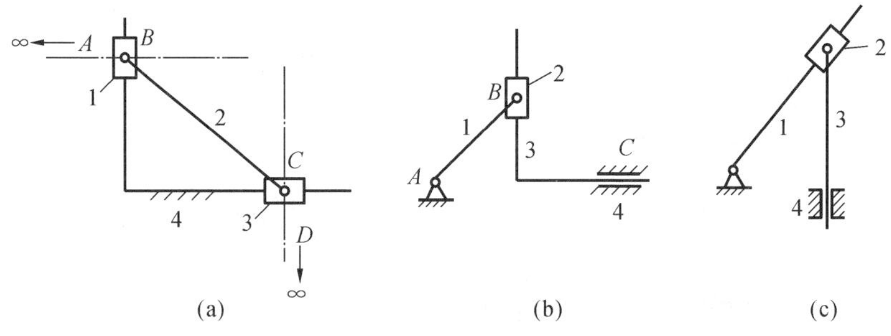

图 2-10　含有两个移动副的四杆机构

2. 取不同构件为机架

低副机构具有运动可逆性，即无论哪一个构件为机架，机构中各构件间的相对运动不变。但选取不同构件为机架时，却可得到不同形式的机构。这种采用不同构件为机架的方式称为机构的倒置。

图 2-11 所示为以曲柄摇杆机构、曲柄滑块机构、曲柄移动导杆机构为基础，进行倒置变换，分别得到双曲柄机构、曲柄摇杆机构、双摇杆机构；曲柄转动导杆机构、曲柄摇块机构、定块机构；双转块机构、双滑块机构、摆动导杆滑块机构等。

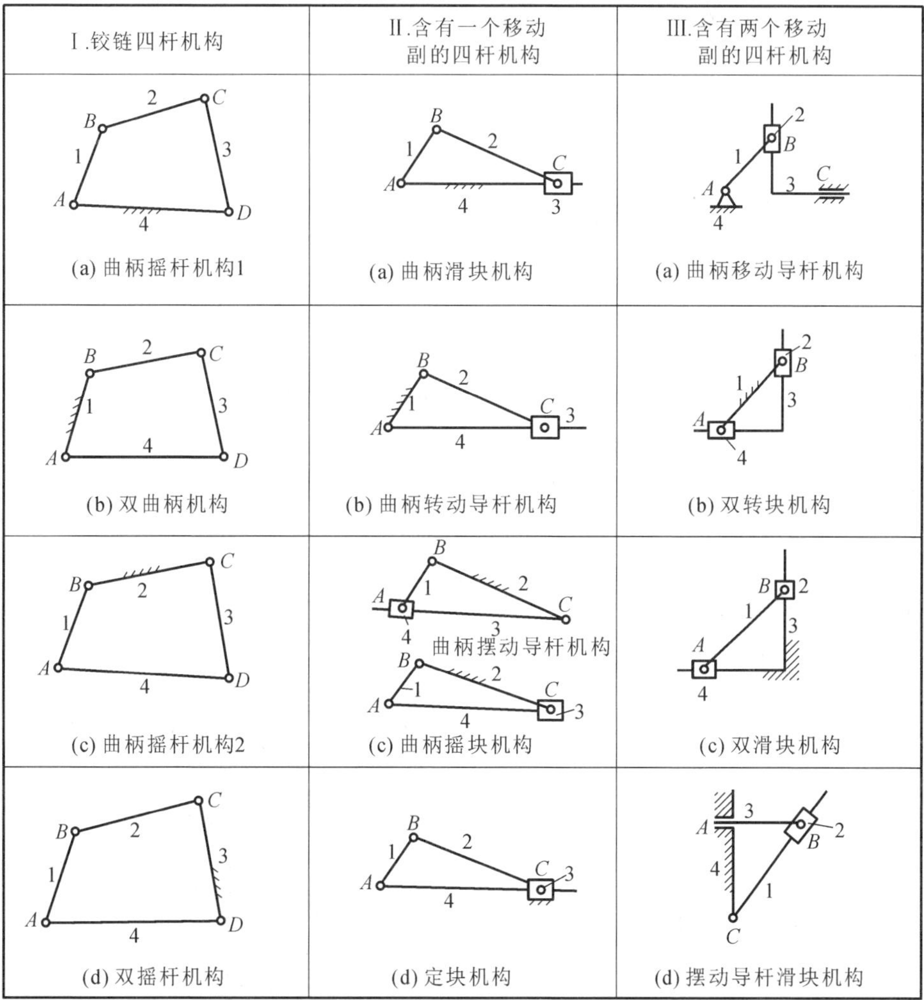

图 2-11　取不同构件为机架时机构的演化

图 2-12 所示的自卸货车的翻斗运动机构就是摇块机构的应用实例。图 2-13所示的手摇唧筒则为定块机构的应用实例。

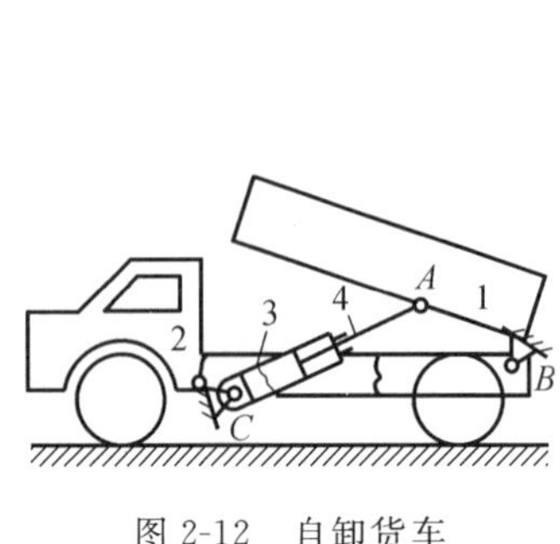

图 2-12　自卸货车

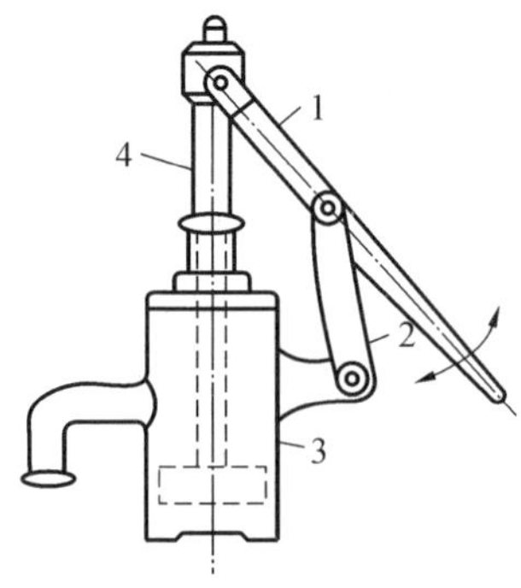

图 2-13　手摇唧筒

3. 扩大转动副

在图 2-14(a)所示曲柄滑块机构中，如曲柄 1 的长度 R 较小，且小于两转动副半径之和(r_A+r_B)时，结构上已不可能再安装曲柄，此时可将曲柄销 B 的半径 r_B 扩大，使 $r_B>R$，这时曲柄 1 变为一个几何中心在 B 点而转动中心在 A 点的圆盘，如图 2-14(b)所示。此时曲柄 1 称为偏心轮，AB 称为偏距 e，并以它代表曲柄长度 R。同样，在图 2-14(c)所示的曲柄摇杆机构中，如将转动副 B 的半径逐渐扩大至超过曲柄的长度，则得到图 2-14(d)所示的机构，这种曲柄为偏心轮的机构称为偏心轮机构。这种机构广泛应用于曲柄销承受较大冲击载荷或曲柄长度较短的机械(如冲床、剪床、破碎机等)中。

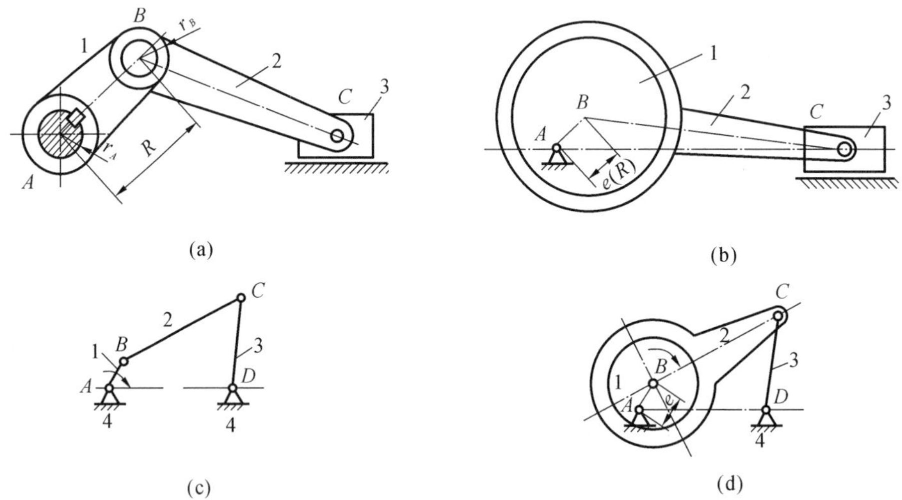

图 2-14　偏心轮机构

另外，在各种机械中经常采用的多杆机构，也可以看成由若干个四杆机构组合扩展而成的。如图 2-3 所示的惯性筛机构为六杆机构，可看成由双曲柄机构 $ABCD$ 和偏置曲柄滑块机构 ADE 串联组合而成。

综上所述，曲柄摇杆机构是平面连杆机构的最基本形式，其他类型的连杆机构可看成以其为基础，通过各种演化和组合扩展等方法得到的。这一结论反映了各种平面连杆机构所存在的内在联系，也为用类比、联想及组合扩展等方法分析和设计平面四杆机构提供了依据，因此平面四杆机构基本形式是研究和应用连杆机构的重要基础。以下讨论平面四杆机构设计中的一些共性问题。

2.2　平面四杆机构设计中的共性问题

要设计出性能优良的平面四杆机构，应对其运动特性和传力效果做深入分析。

2.2.1　平面四杆机构存在曲柄的条件

在工程实际中，用于驱动机构运动的原动件通常是做整周转动的(如电动机、内燃机等)，因此，要求机构的主动件也能做整周转动，即希望主动件是曲柄。下面首先讨论铰链四杆机构曲柄存在的条件。

如图 2-15 所示，设铰链四杆机构的各杆 1、2、3、4 的长度分别为 a、b、c、d，杆 4 为机架，杆 1 和杆 3 为连架杆。当 $a<d$ 时，由前面曲柄定义可知，若杆 1 为曲柄，它必能绕铰链 A 相对机架做整周转动，这就必须使铰链 B 能转过 B_2 点(距离 D 点最远)和 B_1 点(距离 D 点最近)两个特殊位置，此时，杆 1 和杆 4 共线。反之，只要杆 1 能通过与机架两次共线的位置，则杆 1 必为曲柄。

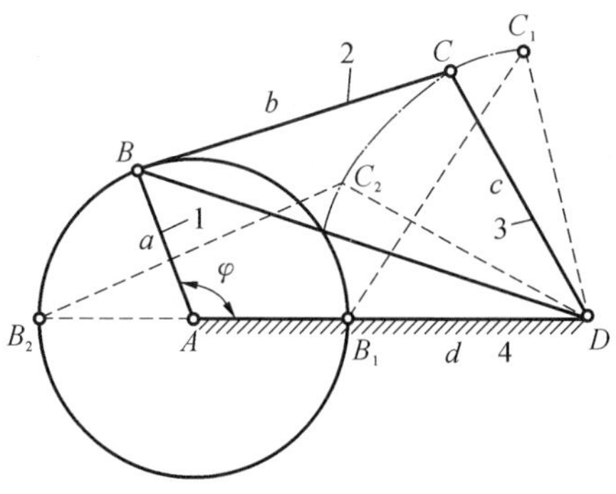

图 2-15　平面四杆机构存在曲柄的条件

由$\triangle B_2C_2D$,可得

$$a+d\leqslant b+c \tag{2-1}$$

由$\triangle B_1C_1D$,可得

$$b\leqslant(d-a)+c$$

或

$$c\leqslant(d-a)+b$$

即

$$a+b\leqslant d+c \tag{2-2}$$

和

$$a+c\leqslant d+b \tag{2-3}$$

将式(2-1)、式(2-2)和式(2-3)分别两两相加,可得

$$a\leqslant c,\quad a\leqslant b,\quad a\leqslant d \tag{2-4}$$

即杆 AB 为最短杆。

若 $d<a$,则做同样分析可得

$$d\leqslant a,\quad d\leqslant b,\quad d\leqslant c \tag{2-5}$$

分析以上各不等式,可以得出平面铰链四杆机构存在曲柄的条件是:

(1) 连架杆与机架中必有一杆为四杆机构中的最短杆;

(2) 最短杆与最长杆的杆长之和应小于或等于其余两杆的杆长之和(通常称此条件为杆长和条件)。

上述条件表明:当四杆机构各杆的长度满足杆长和条件时,其最短杆与相邻两构件分别组成的两转动副都是能做整周转动的“周转副”,而四杆机构的其他两转动副都不是“周转副”,即只能是“摆动副”。

在 2.1.2 节中,曾讨论过以曲柄摇杆机构为基础选取不同构件为机架,可得到不同形式的铰链四杆机构。现根据上述讨论,可更明确地将 2.1.2 节所得到的结论叙述如下。

(1) 在铰链四杆机构中,如果最短杆与最长杆的长度之和小于或等于其他两杆长度之和,且:① 以最短杆的相邻构件为机架,则最短杆为曲柄,另一连架杆为摇杆,即该机构为曲柄摇杆机构;② 以最短杆为机架,则两连架杆均为曲柄,即该机构为双曲柄机构;③ 以最短杆的对边构件为机架,则无曲柄存在,即该机构为双摇杆机构。

(2) 在铰链四杆机构中,如果最短杆与最长杆的长度之和大于其他两杆长度之和,则不论选定哪一个构件为机架,均无曲柄存在,即该机构只能是双摇杆机构。

应当指出的是,在运用上述结论判断铰链四杆机构的类型时,还应注意四

个构件组成封闭多边形的条件，即最长杆的杆长应小于其他三杆长度之和。

对于图 2-16(a)中所示的滑块机构，可得到杆 AB 成为曲柄的条件是：① a 为最短杆；② $a+e\leqslant b$。

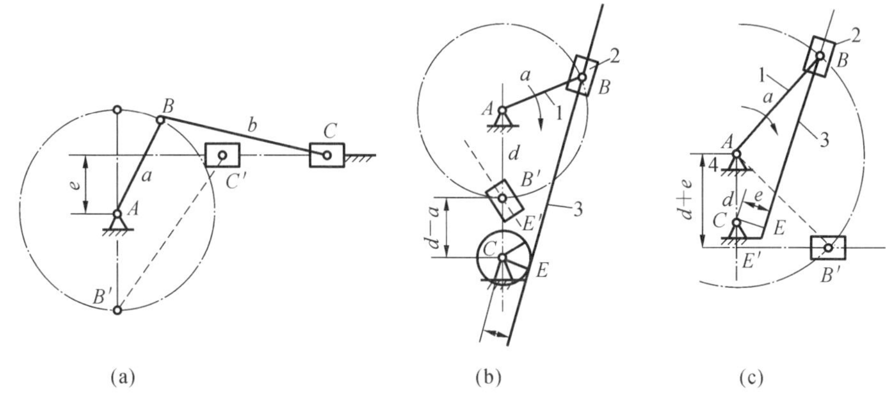

图 2-16　其他四杆机构存在曲柄的条件

对于图 2-16(b)所示的导杆机构，可得到杆 AB 成为曲柄的条件：① a 为最短杆；② $a+e\leqslant d$，这种机构称为曲柄摆动导杆机构。图 2-16(c)中，d 为最短杆，且满足 $d+e\leqslant a$，则该机构称为曲柄转动导杆机构。

2.2.2　平面四杆机构输出件的急回特性

如图 2-17 所示的曲柄摇杆机构中，当曲柄 AB 为原动件并做等速转动时，摇杆 CD 为从动件并做往复变速摆动。曲柄在回转一周的过程中，与连杆 BC 有两次共线，这时摇杆 CD 分别位于两个极限位置 C_1D 和 C_2D。当曲柄 AB 从位置 AB_1 顺时针转过 φ_1 角到达位置 AB_2 时，摇杆自位置 C_1D 摆动至 C_2D，设其所需时间为 t_1，则点 C 的平均速度为 $v_1=\overset{\frown}{C_1C_2}/t_1$，当曲柄 AB 从位置 AB_2 再顺时针转过 φ_2 角回到位置 AB_1 时，摇杆自位置 C_2D 摆回至 C_1D，设其所需时间为 t_2，则点 C 的平均速度为 $v_2=\overset{\frown}{C_2C_1}/t_2$。由图可以看出，曲柄相应的两个转角 φ_1 和 φ_2 分别为

$$\varphi_1=180^\circ+\theta,\quad \varphi_2=180^\circ-\theta$$

显然

$$\varphi_1>\varphi_2$$

式中，θ 为摇杆处于两极限位置时对应的曲柄位置线所夹的锐角，称为极位夹角。

根据 $\varphi=\omega t$ 可知 $t_1>t_2$，故有 $v_1<v_2$。由此可知，当曲柄等速转动时，摇杆

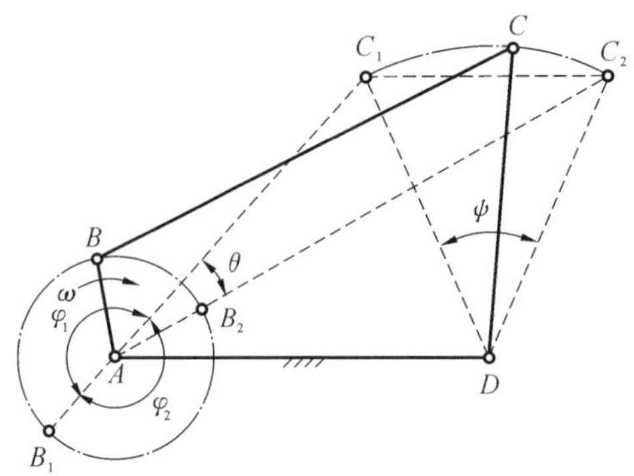

图 2-17　曲柄摇杆机构的急回特性

来回摆动的平均速度不同，一快一慢。有些机器（例如刨床），要求从动件工作行程的速度低一些（以便提高加工质量），而为了提高机械的生产效率，要求返回行程的速度高一些。即应使机构的慢速运动的行程为工作行程，而快速运动的行程为空回行程，这种运动特性称为摇杆的急回特性。

为了表明急回运动的特征，引入机构输出件的行程速度变化系数 k。k 的值为空回行程和工作行程的平均速度 v_2 与 v_1 的比值，即

$$k=\frac{v_2}{v_1}=\frac{\widehat{C_2C_1}/t_2}{\widehat{C_1C_2}/t_1}=\frac{t_1}{t_2}=\frac{\varphi_1}{\varphi_2}=\frac{180^\circ+\theta}{180^\circ-\theta} \tag{2-6}$$

或

$$\theta=180^\circ\frac{k-1}{k+1} \tag{2-7}$$

综上所述，平面四杆机构具有急回特性的条件是：

(1) 原动件做等角速度整周转动；

(2) 输出件具有正、反行程的往复运动；

(3) 极位夹角 $\theta>0^\circ$。

用类似分析方法可以看到，图 2-18(a)所示的偏置曲柄滑块机构和图 2-18(b)所示的导杆机构的极位夹角 $\theta>0^\circ$，故均具有急回运动特性，且曲柄摆动导杆机构中还存在极位夹角与导杆摆幅相等的特点，即 $\theta=\psi$。

2.2.3　平面四杆机构的传动角和死点

1. 压力角和传动角的概念

如图 2-19(a)所示的铰链四杆机构，构件 AB 为主动构件，构件 CD 为输出构件。若不考虑构件的重力、惯性力和运动副中的摩擦力等影响，则主动构件

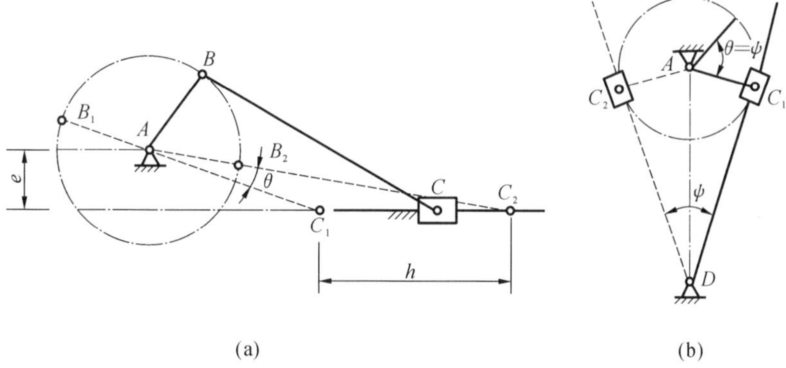

(a)　　　　(b)

图 2-18　其他四杆机构的极位夹角

AB 上的驱动力通过连杆 BC 传给输出构件 CD 的力 $\boldsymbol{F}$ 是沿 BC 方向作用的。现将力 $\boldsymbol{F}$ 分解为两个分力：沿着受力点 C 的速度 $\boldsymbol{v}_C$ 方向的分力 $\boldsymbol{F}_1$ 和垂直于 $\boldsymbol{v}_C$ 方向的分力 $\boldsymbol{F}_2$。设力 $\boldsymbol{F}$ 与速度 $\boldsymbol{v}_C$ 方向之间的锐角为 α，则

$$F_1 = F\cos\alpha, \quad F_2 = F\sin\alpha$$

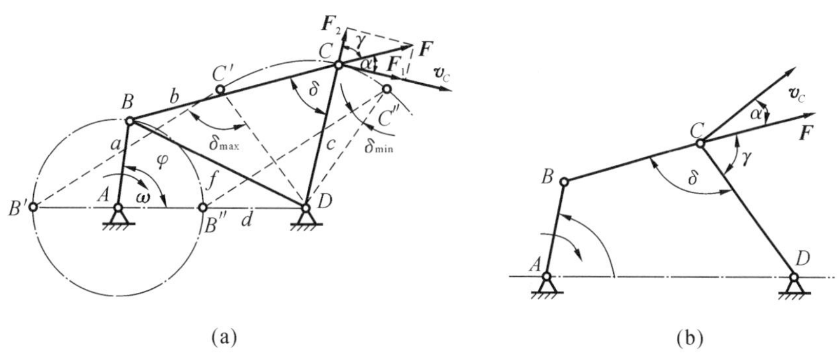

(a)　　　　(b)

图 2-19　机构的压力角与传动角

其中，沿 $\boldsymbol{v}_C$ 方向的分力 $\boldsymbol{F}_1$ 是使输出构件转动的有效分力，对从动件产生有效转动力矩；而 $\boldsymbol{F}_2$ 则是仅仅在转动副 D 中产生附加径向压力的分力，它只能增加摩擦力矩，而无助于输出构件的转动，因而是有害分力。为使机构传力效果良好，显然应使 $\boldsymbol{F}_1$ 愈大愈好，因而理想情况是 $\alpha=0°$，最坏的情况是 $\alpha=90°$。由此可知，在力 $\boldsymbol{F}$ 一定的条件下，$\boldsymbol{F}_1$、$\boldsymbol{F}_2$ 的大小完全取决于角 α。角 α 的大小决定四杆机构的传力效果，是一个很重要的参数，一般称角 α 为机构的压力角。

根据以上讨论，可给出机构压力角 α 的定义：在不计摩擦力、惯性力和重力的条件下，机构中驱使输出构件运动的力的方向线与输出构件上受力点的速度

方向间所夹的锐角称为压力角。在连杆机构中，为了应用方便，也常用压力角 α 的余角 γ（见图 2-19(a)、(b)）来表征其传力特性，一般称之为传动角。显然，γ 的值愈大愈好，理想的情况是 $\gamma=90°$，最坏的情况是 $\gamma=0°$。

为了保证机构的传力效果，应限制机构的压力角的最大值 α_{max} 或传动角的最小值 γ_{min} 在某一范围内。目前对于机构（特别是传递动力的机构）的传动角或压力角做了以下限定：

$$\gamma_{min} \geqslant [\gamma] \quad \text{或} \quad \alpha_{max} \leqslant [\alpha]$$

式中，$[\gamma]$、$[\alpha]$ 分别为许用传动角与许用压力角。一般机械中，推荐 $[\gamma]=30°\sim60°$，对于高速和大功率机械，$[\gamma]$ 应取较大值。

为了提高机械的传动效率，对于一些承受短暂高峰载荷的机构，应使其在具有最小传动角的位置时，刚好处于工作阻力较小（或等于零）的空回行程中。

2. 最小传动角的确定

对已设计好的平面四杆机构，应校核其压力角或传动角，以确定该机构的传力特性。为此，必须找到机构在一个运动循环中出现最小传动角（或最大压力角）的位置及大小。现以图 2-19 所示的曲柄摇杆机构为例，讨论最小传动角的问题。由图 2-19 可知，当 BC 与 CD 的内夹角 δ 为锐角时，$\gamma=\delta$；当 δ 为钝角时，γ 应为 δ 的补角，即有 $\gamma=180°-\delta$（见图 2-19(b)）。故当 δ 在最小值或最大值的位置时，有可能出现传动角的最小值。

在图 2-19(a)中，令 BD 的长度为 f，由△ABD 和△BCD 可知

$$f^2 = a^2 + d^2 - 2ad\cos\varphi, \quad f^2 = b^2 + c^2 - 2bc\cos\delta$$

解以上二式可得

$$\delta = \arccos\frac{b^2 + c^2 - a^2 - d^2 + 2ad\cos\varphi}{2bc} \tag{2-8}$$

由上式可知：

(1) 当 $\varphi=0°$，即 AB 与机架 AD 重叠共线时，得到 δ 的最小值为

$$\delta_{min} = \arccos\frac{b^2 + c^2 - (d-a)^2}{2bc} \tag{2-9}$$

(2) 当 $\varphi=180°$，即 AB 与机架 AD 拉直共线时，得到 δ 的最大值为

$$\delta_{max} = \arccos\frac{b^2 + c^2 - (d+a)^2}{2bc} \tag{2-10}$$

故可求得

$$\gamma_{min} = \mathrm{Min}\{\delta_{min}, 180° - \delta_{max}\}$$

同样也可由几何法，直接作图画出 AB 与机架 AD 共线的两个位置 $AB'C'D$ 和 $AB''C''D$，继而得到 γ_{min} 的值。

对于图 2-20 所示的偏置曲柄滑块机构，当曲柄为主动件，滑块为从动件

时，由

$$\cos\gamma = \frac{a\sin\varphi + e}{b} \tag{2-11a}$$

可知：当 $\varphi = 90°$时，可得

$$\gamma_{\min} = \arccos\frac{a + e}{b} \tag{2-11b}$$

根据四杆机构的演化方法，曲柄滑块机构可视为由曲柄摇杆机构演化而成。所以，曲柄与机架的共线位置应为曲柄垂直于滑块导路线的位置，故 $\gamma_{\min}$必然出现在 $\varphi = 90°$时的位置。

为使机构具有最小传动角的瞬时位置能处于机构的非工作行程中，对于图 2-20 所示的偏置曲柄滑块机构，应注意滑块的偏置方位、工作行程方向与曲柄转向的正确配合。例如，若滑块偏于曲柄回转中心的下方，且滑块向右运动为工作行程，则曲柄的转向应该是逆时针的；反之，若滑块向左运动为工作行程，则曲柄的转向应该是顺时针的。这样也可以同时保证输出件滑块具有良好的传力性能。在设计偏置曲柄滑块机构时，可采用下述方法判别偏置方位是否合理：过曲柄回转中心 A 作滑块上铰链中心 C 的移动方位线的垂线，将其垂足 E 视为曲柄上的一点，当 v_E与滑块的工作行程方向一致时，说明主动件曲柄的转向以及滑块的偏置方位选择是正确的，否则应重新设计。

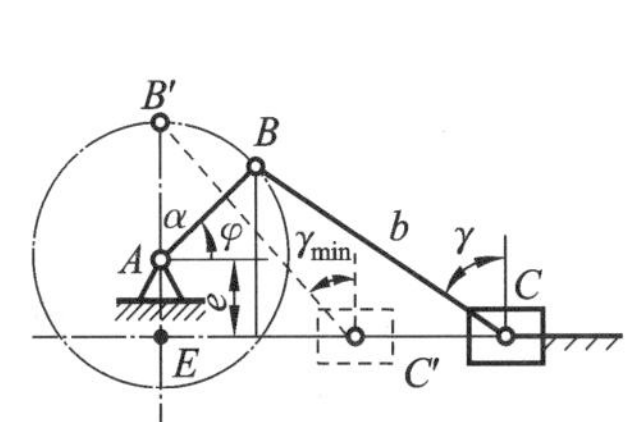

图 2-20　偏置曲柄滑块机构的传动角

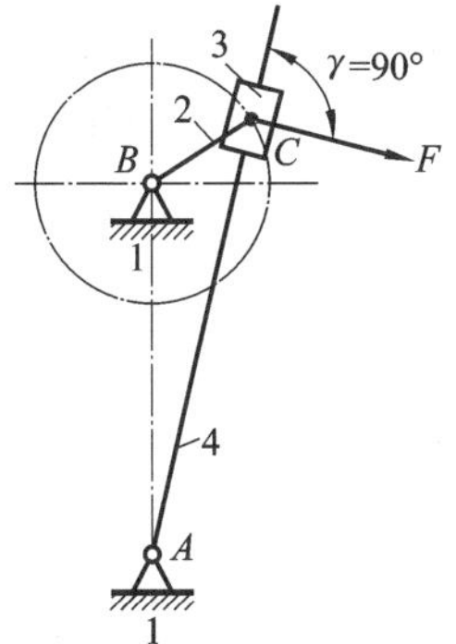

图 2-21　导杆机构的传动角

对于图 2-21 所示的导杆机构，因滑块作用在导杆上的力始终垂直于导杆，而导杆上任何受力点的速度也总是垂直于导杆，故这类导杆机构的压力角始终等于 0°，即传动角始终等于 90°。

3. 机构的“死点”位置

由上述可知，在不计构件的重力、惯性力和运动副中的摩擦阻力的条件下，当机构处于传动角 $\gamma = 0°$（或压力角 $\alpha = 90°$）的位置时，推动输出件的力 F 的有

效分力 F_1 等于零。因此,无论机构主动件上的驱动力或驱动力矩有多大,均不能使机构运动,这个位置称为“死点”位置。如图 2-22 所示的缝纫机机构,主动件是摇杆(踏板)CD,输出件是曲柄 AB。从图 2-22(b)可知,当曲柄与连杆共线时,$\gamma=0°$,主动件摇杆给输出件曲柄的力将沿着曲柄的方向,不能产生使曲柄转动的有效力矩,当然也就无法驱使机构运动。

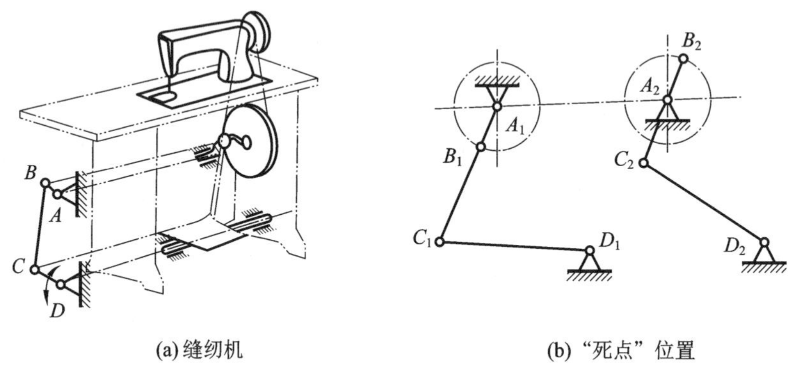

(a) 缝纫机　　(b) “死点” 位置

图 2-22　缝纫机机构

对于传动机构,机构具有“死点”位置是不利的,应该采取措施使机构顺利通过“死点”位置。对于连续运转的机构,可利用机构的惯性来通过“死点”位置。例如,上述的缝纫机就是借助带轮(即曲柄)的惯性通过“死点”位置的。

机构的“死点”位置并非总是起消极作用的。在工程实践中,不少场合要利用“死点”位置来满足一定的工作要求。例如,图 2-23 所示的钻床上夹紧工件的快速夹具,就是利用“死点”位置夹紧工件的一个例子。又如,图 2-24 所示的飞机起落架机构也是利用“死点”位置进行工作的一个例子(其工作原理,读者可自行分析)。

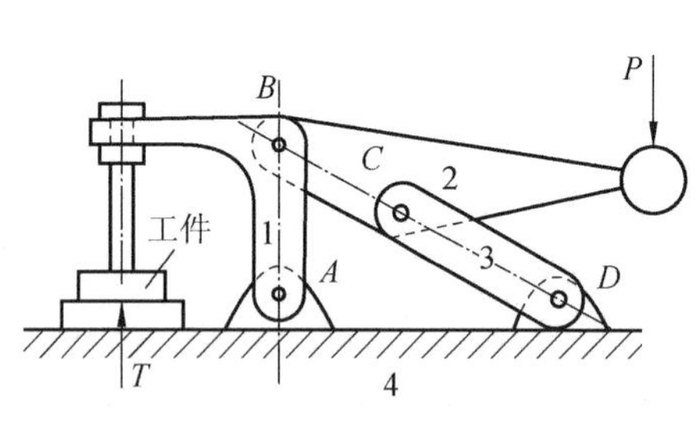

图 2-23　利用“死点”位置夹紧工件

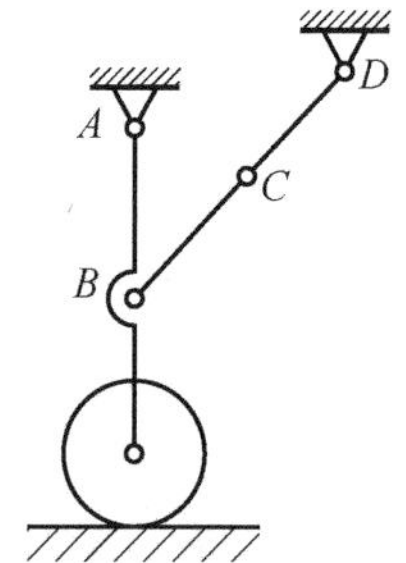

图 2-24　飞机起落架机构

2.3　平面四杆机构的设计

2.3.1　平面四杆机构设计的基本问题

平面四杆机构的运动设计，主要是根据给定的运动条件确定机构运动简图的尺寸参数。生产实践中的要求是各种各样的，给定的运动条件各不相同，设计方法也各不相同，主要有下面几类设计问题。

1. 实现刚体给定位置的设计

在这类设计问题中，要求所设计的机构能引导一个刚体顺序通过一系列给定位置。该刚体一般是机构的连杆。

如图 2-25 所示的铸造造型机的翻转机构，位置Ⅰ为砂箱在振实台上造型振实，位置Ⅱ为砂箱倒置 180°起模，这就是实现连杆两个位置的应用。又如，图 2-26 所示的自动送料机构，圆柱形工件装在料斗中，用四杆机构 A_0ABB_0 把工件一个个地分开，然后送到滑板 R 处滑下。要求连杆上的点 E 对应于输出杆的三个位置，到达给定的位置 E_1（将圆柱形工件接住）、E_2（将圆柱形工件送出并挡住料斗内其余工件）、E_3（将圆柱形工件送到料槽处）。这就是实现连杆三个位置的应用。

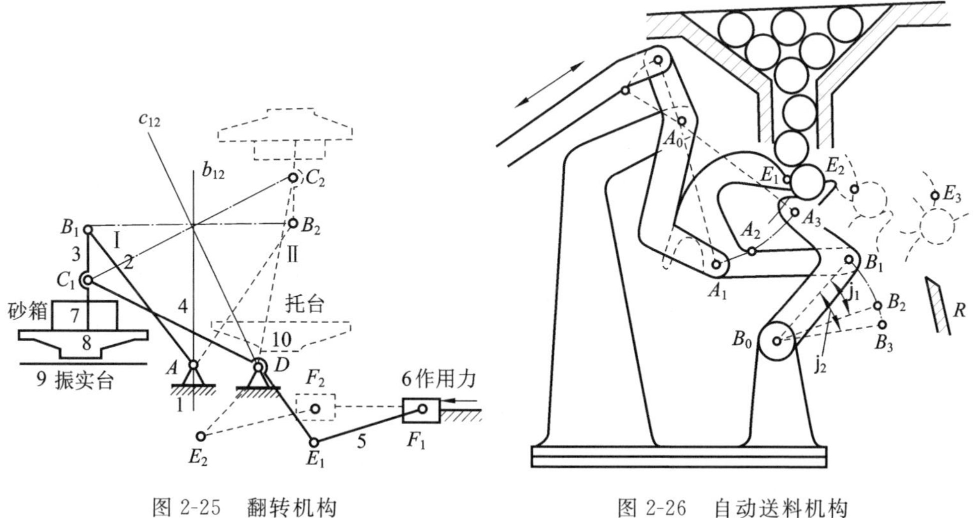

图 2-25　翻转机构　　　　图 2-26　自动送料机构

2. 实现预定运动规律的设计

在这类设计问题中，要求所设计的机构的两主、从动连架杆之间的运动关系能满足某种给定的函数关系。如实现两连架杆的对应角位移，实现输出构件的急回要求等。如图 2-27(a)所示的车门开闭机构，要求两连架杆的转角满足大小相等而转向相反的运动关系，以实现车门的开启和关闭；如图 2-27(b)所示的汽车前轮转向机构，则要求两连架杆的转角满足某种函数关系，以保证汽车转弯时各轮均处于纯滚动状态，实现顺利转向。

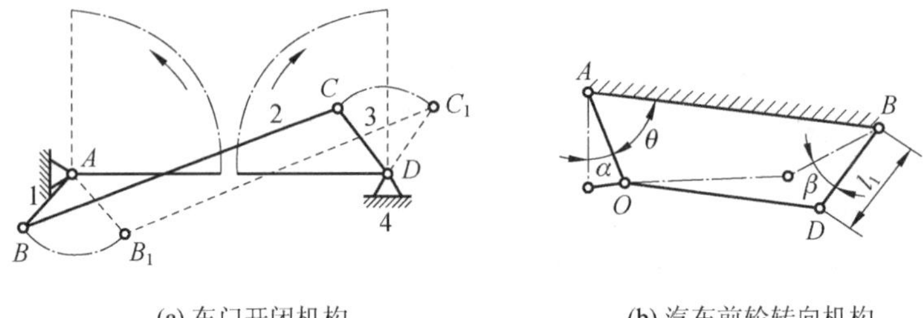

图 2-27　实现预定运动规律的机构

3. 实现预定运动轨迹的设计

在这类设计问题中，通常要求所设计的机构的连杆上某一点的轨迹，能与给定的曲线相一致，或者能依次通过给定曲线上的若干个有序的点。如图 2-28 所示的鹤式起重机机构中，当 AB 构件为原动件时，能使连杆 BC 上悬挂重物的点 E 在近似水平的直线上移动。如图 2-29 所示的搅拌机构，其连杆上某一点可以按轨迹 β-β 运动。

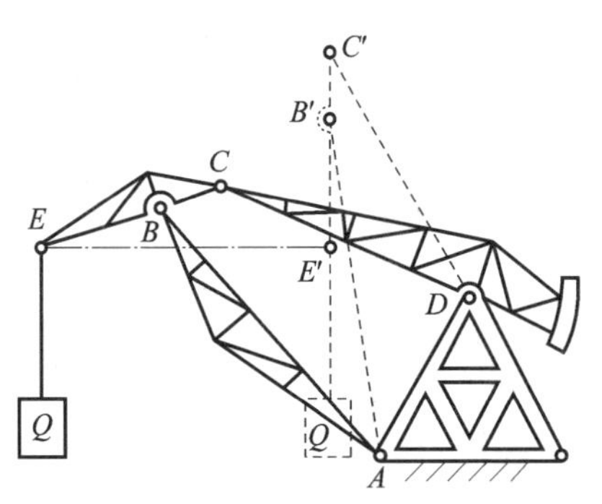

图 2-28　鹤式起重机机构

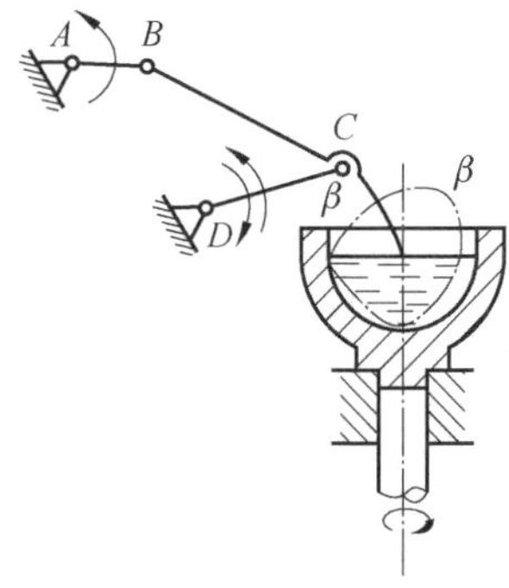

图 2-29　搅拌机构

4. 实现综合功能的机构设计

平面连杆机构可用于实现机器的某些复杂的运动功能要求。如图 2-30 所示的带钢飞剪机，是用来将连续快速运行的带钢剪切成尺寸规格一定的钢板的。根据工艺要求，该飞剪机的上、下剪刀必须连续通过确定的位置(实现连杆位置)，并使刀刃按一定轨迹运动(实现轨迹)；此外，还对上、下剪刀在剪切区段的水平分速有明确的要求。这种机构的设计问题，往往要采用现代设计方法（如优化设计方法）才能较好地解决。

在进行平面四杆机构的运动设计时，除了要考虑上述各种运动要求外，往往还有一些其他要求，如：

（1）要求某连架杆为曲柄；

（2）要求最小传动角在许用传动角范围内，即要求 $\gamma_{\min}>[\gamma]$，以保证机构有良好的传力条件；

（3）要求机构运动具有连续性条件等。

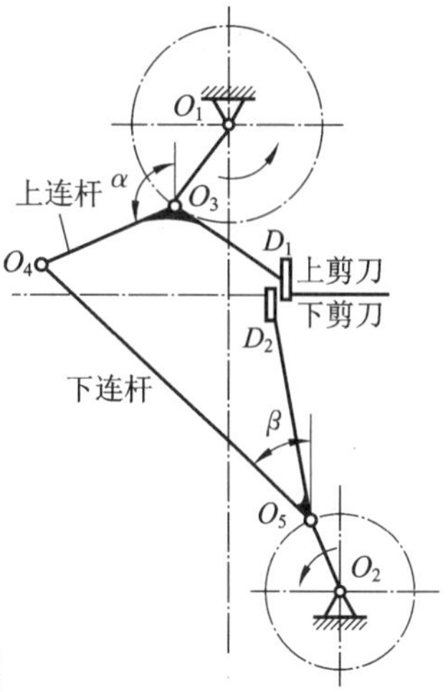

图 2-30　飞剪机剪切机构

2.3.2　平面四杆机构的设计

平面四杆机构的设计方法主要有几何法、解析法和实验法，其特点如下。

（1）几何法　根据运动几何学原理，用几何作图法求解运动参数的方法。该方法直观、方便、易懂，求解速度一般较快，但精度不高，适用于简单问题求解或对精度要求不高的问题求解。

（2）解析法　这种方法以机构参数来表达各构件间的运动函数关系，以便按给定条件求解未知数。这种方法求解精度高，能求解较复杂的问题。随着电子计算机的广泛应用，这种方法正在得到逐步推广。

（3）实验法　用作图试凑或利用各种图谱、表格及模型实验等来求得机构运动学参数。此种方法直观简单，但求解精度较低，适用于近似设计或参数预选。

下面针对几种典型的运动设计问题，叙述平面四杆机构设计的方法和步骤。

2.3.2.1　根据给定的连杆位置设计四杆机构

如图 2-31 所示，已知连杆 BC 的三个位置 B_1C_1、B_2C_2 和 B_3C_3，要设计此铰链四杆机构，可按如下方法求得：由于连杆上的铰链中心 B 和 C 分别沿某一圆弧运动，因而可分别作 B_1B_2 和 B_2B_3 以及 C_1C_2 和 C_2C_3 的垂直等分线，它们的交点 A 和 D 显然就是所求铰链四杆机构的固定铰链中心，而 AB_1C_1D 即为所求的铰链四杆机构。

由求解过程可知，给定 BC 的三个位置时，有唯一的确定解。当给定 BC 的两个位置时，只能作出 B_1B_2 和 C_1C_2 的垂直等分线，因而有无穷多个解。这时

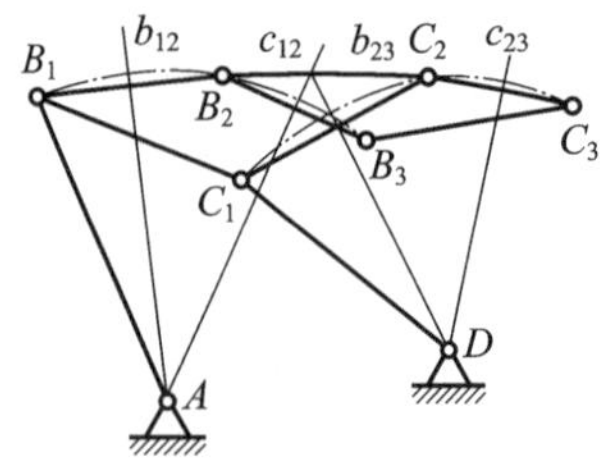

图 2-31　已知连杆位置的机构设计

往往还要根据某些附加条件，才能设计这种机构。例如图 2-25 所示的用于铸造车间的铸造造型机的翻转机构，就是利用一铰链四杆机构实现翻台的两个工作位置。当机构处于实线位置Ⅰ时，放有砂箱 7 的翻台 8 在振实台上造型振实；当活塞 6 向左推动时，通过连杆 5 使摇杆 4 摆动，将翻台与砂箱转到虚线位置Ⅱ，砂箱倒置 180°，托台 10 上升接触砂箱并起模。

设已知与翻台固连的连杆 3 的长度 l_{BC} 以及连杆要实现的两个位置 B_1C_1 及 B_2C_2，求固定铰链中心 A 和 D 的位置。设计步骤如下：

(1) 根据给定的条件，按比例绘出连杆 3 的两个位置 B_1C_1 及 B_2C_2；

(2) 分别连接 B_1 和 B_2、C_1 和 C_2，并作 B_1B_2、C_1C_2 的垂直等分线 b_{12}、c_{12}；

(3) 由于固定铰链中心 A 和 D 的位置可在 b_{12}、c_{12} 两线上任意选取，则有无穷多个解。可根据机器的合理布局及结构要求，确定机架中心 A、D 的安放位置。

(4) 连 AB_1C_1D 即得所要求的铰链四杆机构。

2.3.2.2　根据给定行程速度变化系数设计四杆机构

在设计具有急回特性的平面四杆机构时，一般是根据机械的工作性质和需要，参考机械设计手册，选定适当的行程速度变化系数 k 值，然后利用机构两极限位置的几何关系，并考虑有关附加条件，从而确定机构运动简图的运动学尺寸。下面以实例来说明其设计方法和步骤。

1. 曲柄摇杆机构

已知条件：摇杆长度 l_{CD}、摆角 ψ 及行程速度变化系数 k。

1) 设计要求

确定曲柄的固定转动中心 A 的位置，定出其他三杆的尺寸 l_{AB}、l_{BC}、l_{AD}。

2) 方法分析

根据已知条件可知，解决问题的关键是确定曲柄的固定转动中心 A 的位置，现假设该机构已求得(见图 2-32)。在此机构中，当摇杆处于两极限位置 C_1D、C_2D 时，曲柄和连杆均处于共线位置，曲柄在此两瞬时位置所夹锐角为其极位夹角 θ，所以，只要过 C_1、C_2 及 A 作一辅助圆，则辅助圆上的弧 $\overset{\frown}{C_1C_2}$ 所对的圆周角一定等于 θ。故在此辅助圆上任选一点 A，连 AC_1、AC_2，其夹角 $\angle C_1AC_2$ 必等于 θ，以辅助圆上的点作为固定铰链中心 A，均满足给定行程速度变化系数的要求。

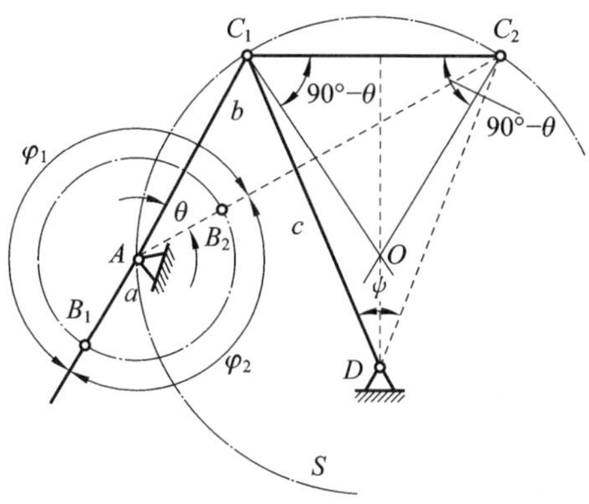

图 2-32　已知行程速度变化系数设计四杆机构

3）设计步骤

（1）由给定的行程速度变化系数 k，按式（2-7）计算出极位夹角 θ 的值，即

$$\theta = 180^\circ \frac{k-1}{k+1}$$

（2）选取适当比例尺 μ_L，取一固定铰链中心 D，并按已知摇杆长度 l_{CD} 及摆角 ψ，作出摇杆的两极限位置 C_1D、C_2D。

（3）以 C_1C_2 为底边，作两底角为（90°$-\theta$）的等腰三角形（$\triangle C_1OC_2$），其顶点 O 即为辅助圆的圆心；于是，以 O 为圆心、OC_1 为半径作辅助圆 S。

若仅需满足行程速度变化系数 k 的要求，那么在辅助圆 S 的弧$\widehat{C_1C_2}$（即弦$\overline{C_1C_2}$下面的一段长弧）上任取一点 A 均可作为曲柄的转动中心，因此有无穷多个解。但在实际机械设计中，通常还应考虑其他附加条件，如机构是否有好的传力效果（即能否保证 $\gamma_{\min} \geqslant [\gamma]$），满足给定的两固定铰链中心 D、A 间的距离等，以便恰当地选取点 A 的位置。

（4）当点 A 的位置选定后，连接 AC_1 和 AC_2，则可根据$\overline{AC_1}=\overline{BC}-\overline{AB}$、$\overline{AC_2}=\overline{BC}+\overline{AB}$的几何关系求得

$$\overline{AB} = \frac{\overline{AC_2} - \overline{AC_1}}{2}$$

$$\overline{BC} = \frac{\overline{AC_2} + \overline{AC_1}}{2}$$

于是，曲柄、连杆和机架的实际长度分别为

$$l_{AB} = \overline{AB} \cdot \mu_L, \quad l_{BC} = \overline{BC} \cdot \mu_L, \quad l_{AD} = \overline{AD} \cdot \mu_L$$

根据前面的分析可知，点 A 的位置不同，机构传动角的大小也就不同。当在辅助圆 S 上选定点 A 的位置后，需要校验最小传动角，使 $\gamma_{\min} \geqslant [\gamma]$，如果不满足要求，则应重新选取点 A 的位置，直到满足要求。

2. 曲柄滑块机构

对于图 2-18(a)所示的偏置曲柄滑块机构，若已知滑块上铰接点 C 的两个极限位置 C_1、C_2 的距离 h(行程)，偏距 e 及行程速度变化系数 k，设计此偏置曲柄滑块机构。参照曲柄摇杆机构的求解方法，容易确定出曲柄的固定转动中心 A 的位置，继而求得机构运动学尺寸。

3. 导杆机构

对于图 2-18(b)所示的曲柄摆动导杆机构，可先根据行程速度变化系数 k 计算出极位夹角 θ。注意到导杆的摆角 ψ 等于极位夹角 θ，若选定机架长度 l_{AD}，由直角三角形 ADC_1，可以算出曲柄长度 $l_{AC}=l_{AD}\sin\frac{\psi}{2}=l_{AD}\sin\frac{\theta}{2}$。

2.3.2.3　根据给定两连架杆的对应位置设计四杆机构

对于按给定两连架杆的对应位置设计四杆机构的问题，可以采用的方法很多，下面分别介绍几何法中的刚化反转法和解析法中的封闭矢量四边形投影法。

1. 刚化反转法

如图 2-33(a)所示为一铰链四杆机构，假设已确定了两连架杆的若干个对应位置。如图中第 1 和第 i 位置(分别为实线和双点画线所示)。即输入构件转角 φ_{1i}和输出构件转角 ψ_{1i}的对应位置已知，又已知 A、D 两点的位置，求点 B、C 的位置。

在图 2-33 中，如果把机构的第 i 个位置 $A_iB_iC_iD$ 看成一刚体(即刚化)，并绕点 D 转过($-\psi_{1i}$)角度(即反转)，使输出连架杆 C_iD 与 C_1D 重合(见图 2-33(b))，则机构将由位置 $A_iB_iC_iD$ 转到假想的新位置 $A'_iB'_iC'_iD$。结果原来的输出连架杆固定在原位置上而转化成机架，原来的机架和连杆变为新连架杆，而原来的输入连架杆 A_iB_i 相对于新机架变成了新连杆 $A'_iB'_i$。这样，就将实现两连架杆对应位置问题转化成实现连杆若干位置 $A'_iB'_i$($i=1,2,\cdots,n$)问题。一般将这种方法称为刚化反转法。

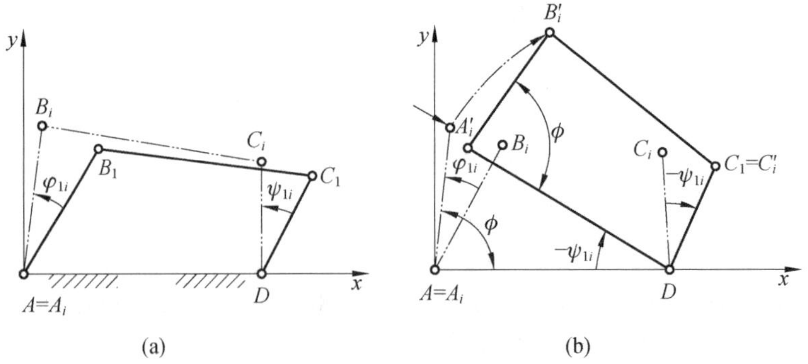

图 2-33　刚化反转法

现在来看图 2-34，设已知构件 AB 和机架 AD 的长度，要求在该四杆机构的运动过程中，构件 CD 上某一标线 DE(注意 E 不是铰链点)和构件 AB 能占据三组给定的对应位置：AB_1-DE_1，AB_2-DE_2，AB_3-DE_3(即给定三组对应转角：$\varphi_1-\psi_1$，$\varphi_2-\psi_2$，$\varphi_3-\psi_3$)，需设计此四杆机构。

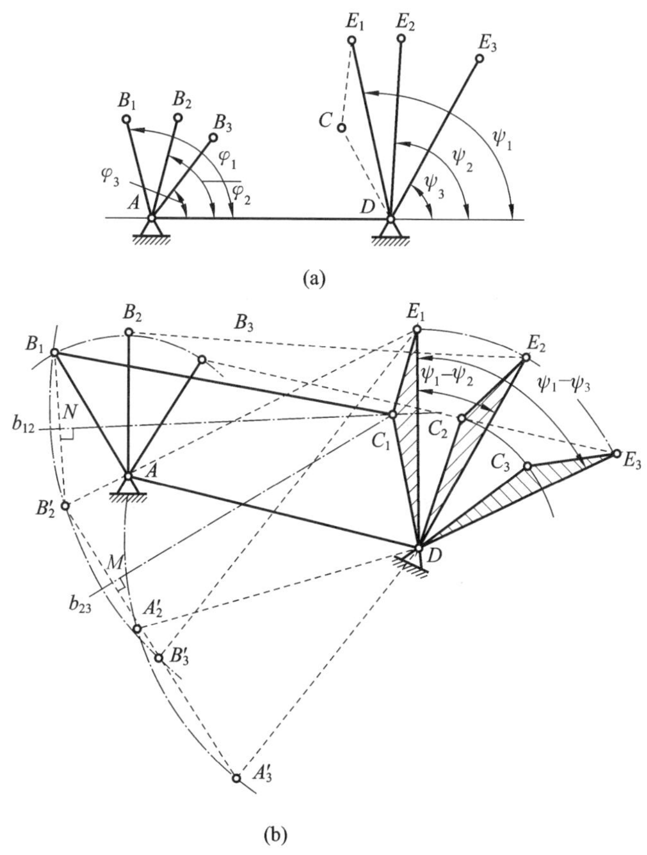

图 2-34 给定连架杆三组对应位置的设计问题

根据上述刚化反转法，可将此问题转化为以 CD 为机架、AB 为连杆的已知连杆位置的设计问题求解。为此，首先将 AB_2、AB_3 绕点 D 分别反转(即逆时针转动)($\psi_1-\psi_2$)、($\psi_1-\psi_3$)，得到 $A'_2B'_2$、$A'_3B'_3$，这样就得到了"新连杆"的三个位置：AB_1、$A'_2B'_2$、$A'_3B'_3$，然后连接 $B_1B'_2$、$B'_2B'_3$，并作其垂直平分线交于点 C_1，则 AB_1C_1D 即为所求的铰链四杆机构。

显然，也可采用类似方法求解曲柄滑块机构的有关问题。

然而，以上由几何法求解连架杆若干对应位置问题具有较大的局限性。如在上述问题模型中仅铰点 C 的位置待求而铰点 B 已给出，而更一般的情况，铰

点 B 的位置也待求时，则几何法难以求解。

针对已知两连架杆的若干对应位置设计四杆机构的问题，下面介绍一种较通用也较简单的解析求解方法——封闭矢量四边形投影法。

2. 封闭矢量四边形投影法

如图 2-35 所示的铰链四杆机构，设各构件的长度为 a、b、c、d，建立连架杆转角 φ 与 ψ 的函数关系。

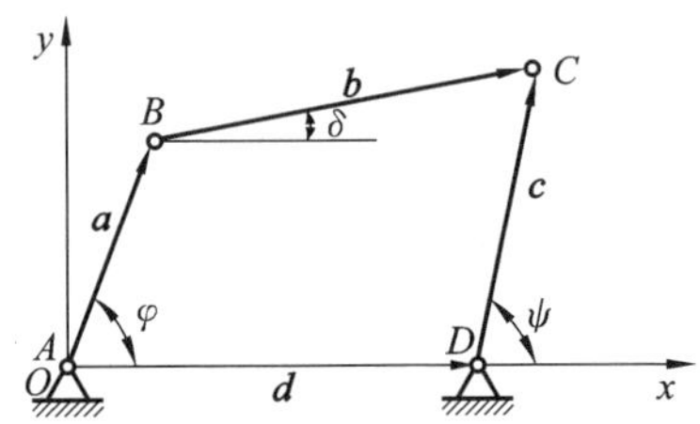

图 2-35　铰链四杆机构的封闭矢量多边形

如图所示建立直角坐标系 Oxy，取机架 AD 作为 x 轴，以向量 $\boldsymbol{a}$、$\boldsymbol{b}$、$\boldsymbol{c}$、$\boldsymbol{d}$ 表示各杆的长度和位置，各向量相对于 x 轴的夹角均沿逆时针方向度量；图中的四条边形成一封闭的四边形，所以有 $\boldsymbol{a}+\boldsymbol{b}=\boldsymbol{d}+\boldsymbol{c}$，取各向量在 x 轴和 y 轴上的投影，即可得下列关系式：

$$\left.\begin{aligned} a\cos\varphi + b\cos\delta &= d + c\cos\psi \\ a\sin\varphi + b\sin\delta &= c\sin\psi \end{aligned}\right\}$$

移项得

$$\left.\begin{aligned} b\cos\delta &= d + c\cos\psi - a\cos\varphi \\ b\sin\delta &= c\sin\psi - a\sin\varphi \end{aligned}\right\} \tag{2-12}$$

将式(2-12)中方程组等号两边平方后相加并整理得

$$\frac{a^2+c^2+d^2-b^2}{2ac} - \frac{d}{c}\cos\varphi + \frac{d}{a}\cos\psi = \cos(\varphi-\psi) \tag{2-13}$$

为简化上式，令

$$\left.\begin{aligned} R_1 &= \frac{a^2+c^2+d^2-b^2}{2ac} \\ R_2 &= \frac{d}{c} \\ R_3 &= \frac{d}{a} \end{aligned}\right\} \tag{2-14}$$

式(2-13)可改写为

$$R_1 - R_2\cos\varphi + R_3\cos\psi = \cos(\varphi-\psi) \tag{2-15}$$

式中，R_1、R_2、R_3 为表示机构尺寸参数的量，由式(2-14)有

$$\left.\begin{aligned} a &= \frac{d}{R_3} \\ c &= \frac{d}{R_2} \\ b &= \sqrt{a^2 + c^2 + d^2 - 2acR_1} \end{aligned}\right\} \tag{2-16}$$

式(2-15)即为以机构尺寸参数表示的两连架杆间运动关系的方程式,可用于求解给定连架杆对应角位置 $\varphi-\psi$ 的问题。应指出的是,机构各构件尺寸按同一比例增减时,各构件转角间的关系不变,故应用式(2-16)求各构件尺寸时,可根据机构的实际结构确定适当的机架长度 d,再由式(2-16)计算出其他构件尺寸。

3. 封闭矢量四边形投影法求解给定连架杆对应位置设计铰链四杆机构问题

如图 2-36(a)所示的平面铰链四杆机构中,若给定机架长度 d 及两连架杆上相应标线 AE 与 DF 间若干组对应角位置 $\varphi_i-\psi_i$,欲求机构构件尺寸 a、b、c 及 φ_0 和 ψ_0。首先讨论问题的求解方法。

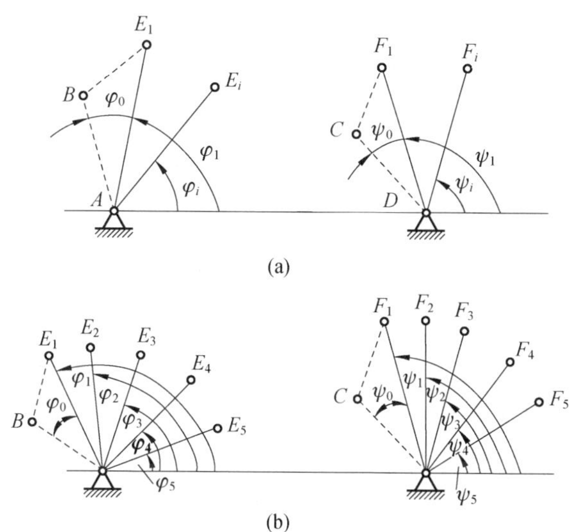

图 2-36　已知两连架杆的四组角位移

将任一组 $\varphi_i-\psi_i$ 的值代入两连架杆间运动关系方程式(2-15),得

$$R_1 - R_2\cos(\varphi_i + \varphi_0) + R_3\cos(\psi_i + \psi_0) = \cos(\varphi_i + \varphi_0 - \psi_i - \psi_0) \tag{2-17}$$

此式中含有 R_1、R_2、R_3 及 φ_0 和 ψ_0 共 5 个待求参数,则必须利用 5 组 $\varphi_i-\psi_i$ 值分别建立 5 个方程联立求解,继而由式(2-16)可得到全部欲求机构尺寸参数。根据以上讨论的结论,可对前述的问题重新进行更明确的表述如下。

如图 2-36(b)所示的平面铰链四杆机构中，已知机架长度 d 及两连架杆上相应标线 AE 与 DF 间 5 组对应角位置 $\varphi_i-\psi_i(i=1,2,\cdots,5)$，求机构构件尺寸 a、b、c 及参数 φ_0 和 ψ_0。

其设计计算的具体步骤如下。

(1) 将已知的两连架杆 5 组对应角位置 φ_1、ψ_1，φ_2、ψ_2，…，φ_5、ψ_5 分别代入式(2-17)中，得到一个以 R_1、R_2、R_3、φ_0 和 ψ_0 为未知数的 5 元非线性方程组：

$$\left.\begin{aligned}
R_1-R_2\cos(\varphi_1+\varphi_0)+R_3\cos(\psi_1+\psi_0)&=\cos(\varphi_1+\varphi_0-\psi_1-\psi_0)\\
R_1-R_2\cos(\varphi_2+\varphi_0)+R_3\cos(\psi_2+\psi_0)&=\cos(\varphi_2+\varphi_0-\psi_2-\psi_0)\\
&\vdots\\
R_1-R_2\cos(\varphi_5+\varphi_0)+R_3\cos(\psi_5+\psi_0)&=\cos(\varphi_5+\varphi_0-\psi_5-\psi_0)
\end{aligned}\right\}$$

(2) 解以上非线性方程组求出 R_1、R_2、R_3、φ_0 和 ψ_0。

(3) 按式(2-16)计算出 a、b、c 的值，如果求得的两连架杆尺寸为负值，意味着实际机构中 AB 和 DC 的方向与原假定方向相反。

由以上的求解过程可知，铰链四杆机构一般最多只能精确实现给定连架杆 5 组对应位置的设计问题。

回顾图 2-33 中用几何法求解的给定连架杆 3 组对应位置的设计问题，其同样也可由以上解析方法求解。该问题中，已知 b、d 及 $\varphi_0=0$，由式(2-16)可直接求得 R_3，故方程式(2-17)中仅含有 R_1、R_2 和 ψ_0 3 个待求参数。因此由给定的两连架杆的 3 组对应位置角，分别代入式(2-17)可建立 3 个方程，联立求解即可获得 3 个待求参数的值，再按式(2-16)计算得出机构全部机构尺寸。

综上所述，平面四杆机构能精确实现的两连架杆的对应位置数是有限的。当需要满足更多的位置(点) 要求或者要求实现一个连续函数 $\psi=\psi(\varphi)$时，则只能采用近似设计方法。在近似设计方法中，函数逼近法是比较成熟且通用性较强的方法，限于篇幅本书不做进一步说明。

2.3.2.4　按照给定的运动轨迹设计四杆机构

工程设计中，有时需要利用连杆上某点绘出的一条封闭曲线来满足设计要求。如图 2-37 所示的传送机构，工件 6 在轨道上向左步进，需实现点 E 的按虚线所示的封闭曲线运动轨迹。这就是按给定的运动轨迹设计四杆机构实例。

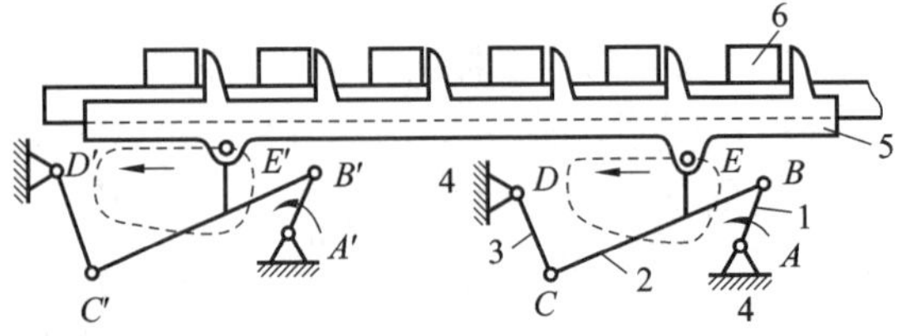

图 2-37　传送机构

如果已知运动轨迹，要求设计四杆机构，可以采用解析法和优化设计的方法，还可借助连杆曲线图谱来设计。

2.3.3　连杆机构的结构设计

为保证连杆机构完成预定的工作任务，当确定了机构的类型及运动学尺寸以后，还需合理设计机构构件的具体结构。连杆机构的结构设计应满足工艺要求，能实现预定的运动，能承受工作中连续载荷的作用，尺寸紧凑且符合整机的安装要求，易于加工与装配，而且成本低，寿命长。由于连杆机构的运动副全部是低副（即转动副和移动副），故以下主要讨论转动副和移动副以及其构件的主要结构形式及特点。

1. 转动副的主要结构形式

转动副的结构可采用滑动轴承结构，也可采用滚动轴承结构。

采用滑动轴承结构时，其特点是结构简单、体积小，且能起减振作用，但必须加工精确。因轴承间隙对构件间的运动精度影响较大，故对于运动副元素彼此做相对转动的运动副（如连杆机构的主动曲柄），建议采用滑动轴承结构。

采用滚动轴承结构时，其特点是摩擦损失小，运动副间隙小，但结构尺寸较大。对于不是做整周转动的运动副元素（如连杆和摇杆的运动副），当运动换向时会出现混合摩擦，这在载荷很大且运动频率很高时会导致磨损加剧。为了减少磨损，采用滚动轴承结构比较合适。

对于高速机器，特别是在纺织机械制造业中，经常采用滚针轴承或滚针组，其优点是结构尺寸小，能承受侧向力，而不像滑动轴承那样会发生轴承的咬住现象。

1）滑动轴承式转动副

图 2-38 表示了转动副为滑动轴承的一些结构形式例子。其中：

图 2-38(a)构件 1 与 2 用销轴 3 连接，并用螺母 4 锁住，构件 2 与销轴 3 为间隙配合；

图 2-38(b)构件 1 与销轴 3 为压紧配合，构件 2 与 3 为间隙配合，4 为轴用弹性挡圈；

图 2-38(c)构件 2 的孔内压紧配合有含油轴衬或铜轴衬 4；

图 2-38(d)偏心盘 1 紧固在轴 3 上，与连杆 2 为间隙配合。

2）滚动轴承式转动副

滚动轴承式转动副（见图 2-39）摩擦损失小，运动副间隙小，但结构尺寸较大。

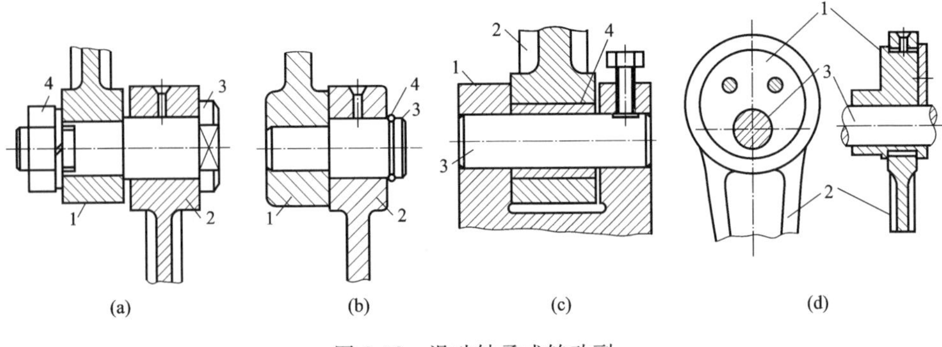

(a)　(b)　(c)　(d)

图 2-38　滑动轴承式转动副

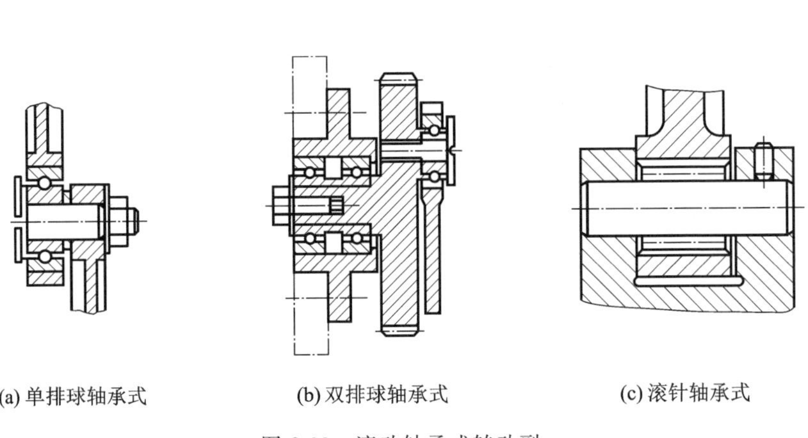

(a) 单排球轴承式　(b) 双排球轴承式　(c) 滚针轴承式

图 2-39　滚动轴承式转动副

2. 移动副的主要结构形式

常见的移动副(滑块和导路)的结构形式如表 2-1 所示。

表 2-1　移动副的主要结构形式

类　型	结构简图
T 形槽式	滑块 1 在导路 2 的 T 形槽中移动,槽与滑块的间隙由紧定螺钉 3 调节,这种结构的对中性较差,容易磨损
燕尾形槽式	滑块 1 在导路 2 的燕尾形槽中移动,松开紧定螺钉 3,并旋动调节螺钉 4,可改变 1 与 2 的间隙,这种结构的对中性较好

续表

类　　型	结构简图
圆柱形槽式	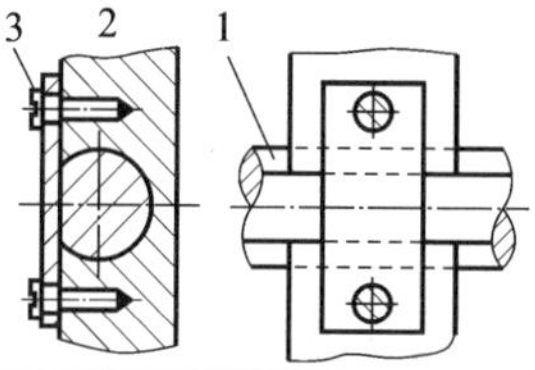 构件 1 为部分圆弧截成弦平面的细长圆柱体，并用侧板 3 限制构件 1 和导路 2 间的相对转动，只允许 1 沿轴线方向相对导路 2 移动
组合形导路	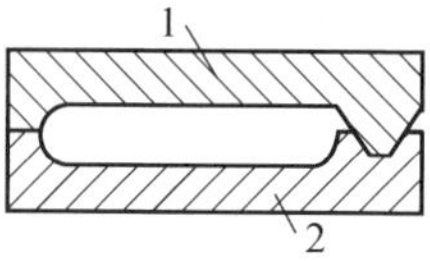 构件 1 与 2 的右端为 V 形导路，对中性较好，左端又有一平面导路，以增大承载能力，提高运动稳定性
滚动导路	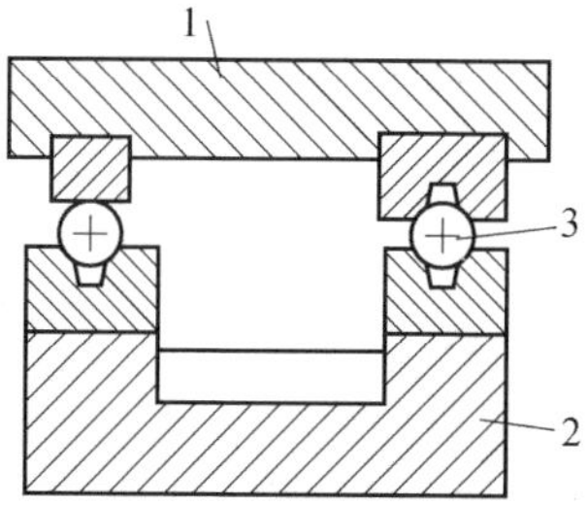 滑块 1 与导路 2 之间放置滚珠 3，可大大减小摩擦，运动轻便，导向准确，但刚度不及滑动导路
滚动组合形导路	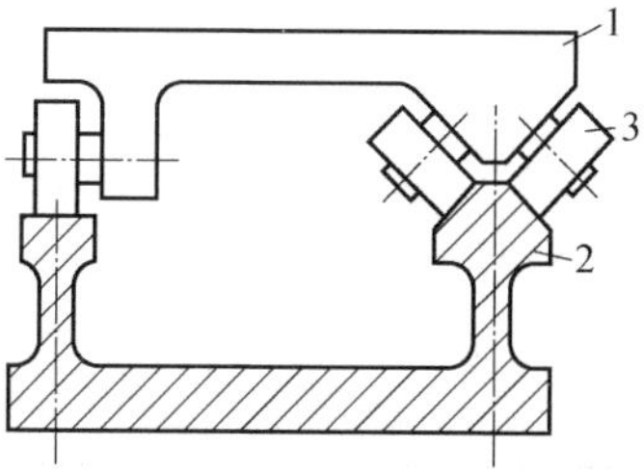 它是在组合形导路的基础上改用滚动导路，图中滚柱 3 为专用的滚动轴承

3. 具有转动副和移动副的构件结构形式

机构构件必须有尽可能简单且有利于加工装配的形状，以及符合强度要求的截面尺寸，作为一部机器或仪器基础件的机构构件还必须要有符合其使用功能要求的合理结构。

转动副轴线相对导路方向的不同位置有如图 2-40(a)、(b)、(c)、(d)和(e)所示的情况。依据移动副元素接触部位的数目和形状，大致可采用以下几种结构形式：在导杆中装滑块(见图 2-40(a))；在圆截面摆杆上装套筒，且运动副有一个接触面(见图 2-40(c)和(d))和两个接触面(见图 2-40(e))。

设计移动副时，要预先考虑运动副接触面的基本长度，以便减小歪斜的风

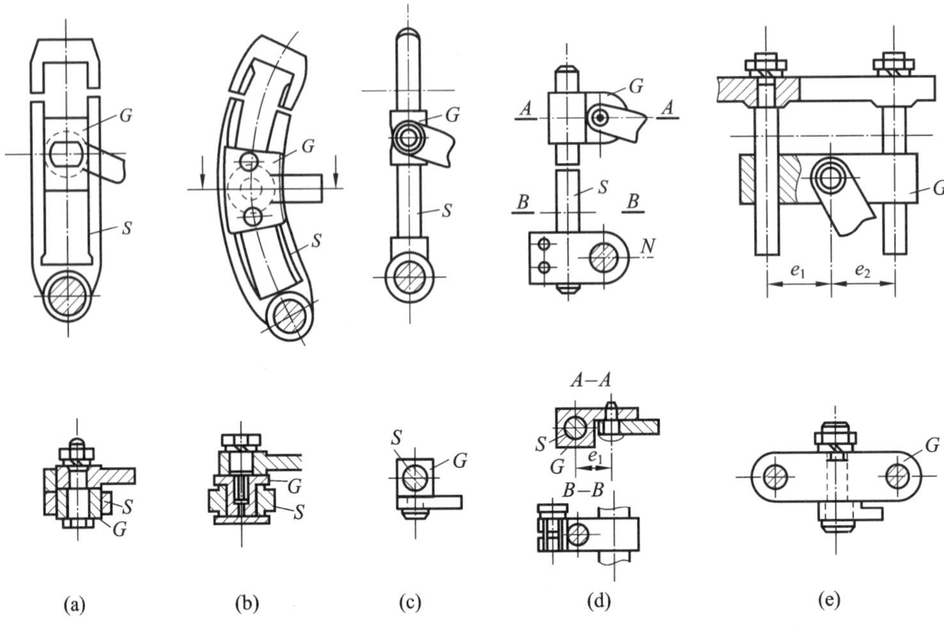

图 2-40　具有转动副和移动副的连杆机构构件

险。而具有两个移动副的机构构件，其结构形式取决于：① 与相邻构件（大多为机架）接触部位的类型和数目；② 移动副中接触部位的形式和导路方向的相对位置。

设计连杆机构构件结构时，还须考虑制造工艺性、装配、空间限制及机构调整等因素。

【例 2-1】　设计一曲柄滑块机构，已知滑块的行程速度变化系数 $k=1.5$，滑块的行程 $l_{C_1C_2}=50$ mm，导路的偏距 $e=20$ mm（见图 2-41）。

（1）求出曲柄长度 l_{AB} 和连杆长度 l_{BC}；

（2）若从动件向左为工作行程，试确定曲柄的合理转向；

（3）求出机构的最小传动角 $\gamma_{\min}$。

【解】　（1）求杆长（几何法）。

极位夹角 $\theta=180°\dfrac{k-1}{k+1}=36°$，按滑块的行程作线段 $\overline{C_1C_2}$。过点 C_1 作 $\angle OC_1C_2=90°-\theta=54°$，过点 C_2 作 $\angle OC_2C_1=90°-\theta=54°$，则得 $\overline{OC_1}$ 与 $\overline{OC_2}$ 的交点 O。以点 O 为圆心，以 $\overline{OC_1}$ 或 $\overline{OC_2}$ 为半径作圆弧，它与直线 $\overline{C_1C_2}$ 的平行线（距离为 $e=20$ mm）相交于点 A（应该有两个交点，现只取一个），即为固定铰链中心 A（见图 2-42）。

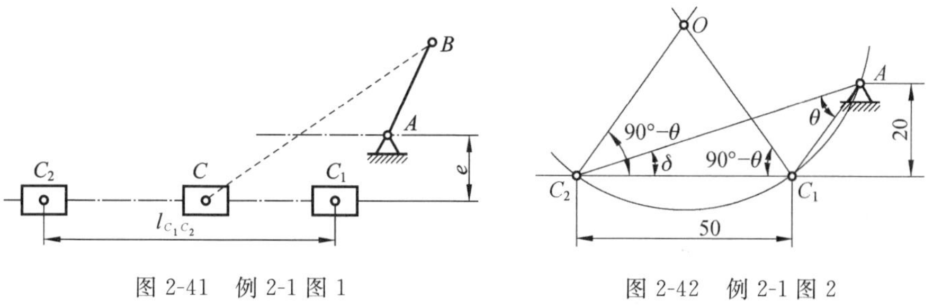

图 2-41　例 2-1 图 1　　　　图 2-42　例 2-1 图 2

根据图示几何关系并从图上量得

$$l_{AC_2} = l_{BC} + l_{AB} = 68 \text{ mm}$$

$$l_{AC_1} = l_{BC} - l_{AB} = 25 \text{ mm}$$

联解上式可得

$$l_{BC} = 46.5 \text{ mm}$$

$$l_{AB} = 21.5 \text{ mm}$$

（2）根据急回特性及最小传动角出现在回程的要求，判断出曲柄应顺时针转动。

（3）求最小传动角。

如图 2-43 所示，可求得最小传动角：因为

$$\cos\gamma_{\min} = \frac{e + l_{AB}}{l_{BC}} = \frac{21.5 + 20}{46.5} = 0.89$$

所以

$$\gamma_{\min} = 26.8°$$

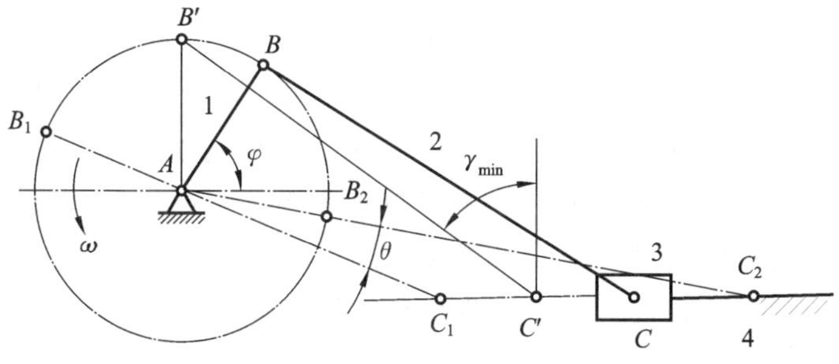

图 2-43　例 2-1 图 3

【例 2-2】　若已知所要设计的滑块机构的杆 AB 长为 l_{AB}，在图 2-44(a)中用 AB 线段代表，其绘图比例尺为 μ_L。曲柄在位置 Ⅰ 时与 x 轴的夹角为 φ_1，要求曲柄由位置 Ⅰ 顺时针方向转过角度 φ_{12} 和 φ_{13} 而到达指定位置 Ⅱ 和 Ⅲ 时，从动滑块 3 上的标线对应地由初始位置 Ⅰ′向右移动到 Ⅱ′和 Ⅲ′，其移动量为 s_{12} 和

s_{13}。试设计此滑块机构。

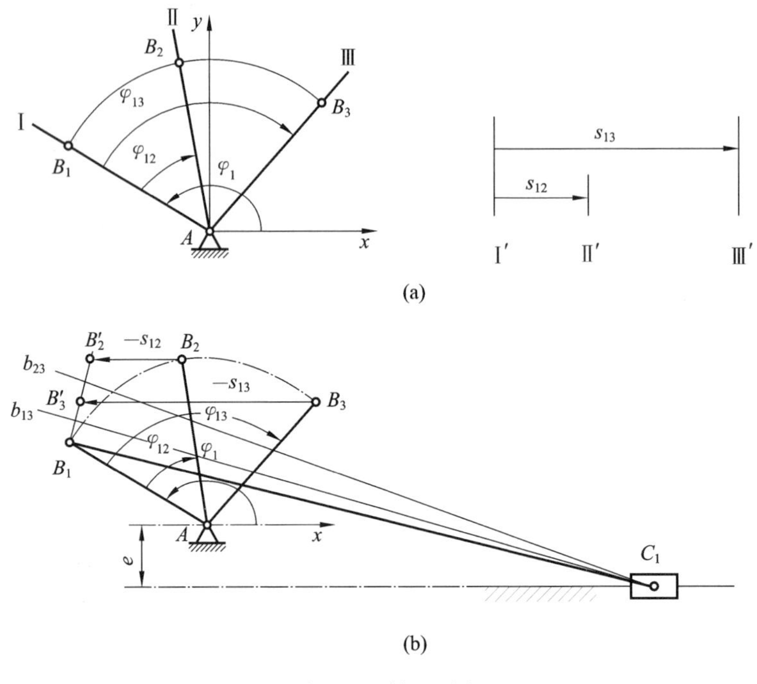

图 2-44　例 2-2 图

【解】 因为滑块机构可视为由铰链四杆机构演变而成的，故可将滑块的线位移看成其绕移动副导路线之垂线的无穷远处的点 D 转动而得。因此，刚化后的机构瞬时多边形应沿滑块的($-s$)方向平移。这样，只要过点 B_2、B_3 分别作滑块移动方位线的平行线，并截取$\overline{B_2B'_2}=-s_{12}$，$\overline{B_3B'_3}=-s_{13}$(见图 2-44(b))即可得 B'_2 和 B'_3 的位置。连$\overline{B_1B'_3}$和$\overline{B'_2B'_3}$，并分别作其垂直等分线 b_{13}和 b_{23}，则 b_{13}和 b_{23}的交点 C_1 即为机构在第一瞬时位置时连杆与滑块的铰链中心 C_1，连 B_1C_1 即为连杆的图示线段长度。其实际长度应为 $l_{BC}=\overline{B_1C_1}\mu_L$。

由图 2-44 可知，铰链点 C 的移动方位线不通过曲柄的转动中心 A，其偏距为 e，故所求机构为一偏置滑块机构。

【例 2-3】 图 2-45 所示为一物流输送的主传动机构，已知 $l_{AB}=75$ mm，$l_{DE}=100$ mm，行程速度变化系数 $k=2$，滑块 5 的行程 $H=300$ mm，试计算机构导杆的摆角，并指出在设计该机构时，当滑块导轨线位于何位置时，可使滑块在整个行程中机构的压力角最小。

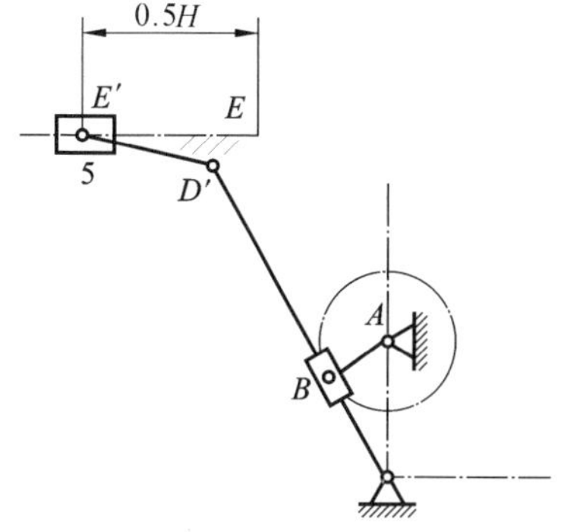

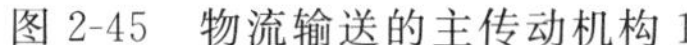
图 2-45　物流输送的主传动机构 1

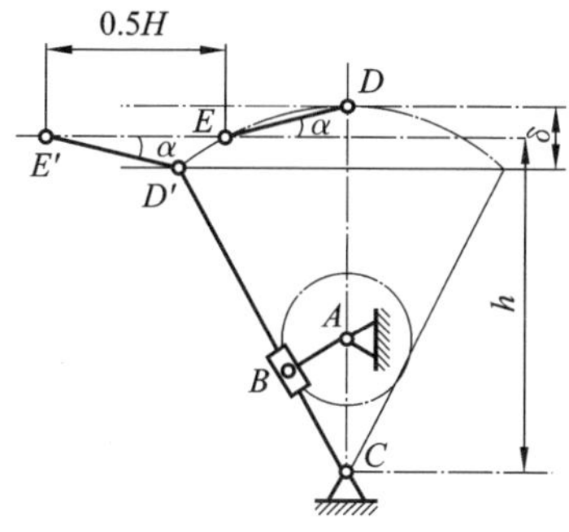

图 2-46　物流输送的主传动机构 2

【解】 由已知行程速度变化系数 $k=2$，得极位夹角 θ 为

$$\theta = 180^\circ \frac{k-1}{k+1} = 60^\circ$$

即导杆摆角 $\psi=\theta=60^\circ$

已知 $$l_{AB}=75\ \mathrm{mm},$$

则 $$l_{AC}=l_{AB}/\sin\left(\frac{\theta}{2}\right)=150\ \mathrm{mm}$$

如图 2-46 所示，要使压力角最小，须使滑块导轨线位于 D 和 D' 两位置高度中点处，此时在滑块的整个行程中机构的压力角最小。此时，压力角 $\alpha=\arcsin\left(\frac{\delta}{2}/l_{DE}\right)$。

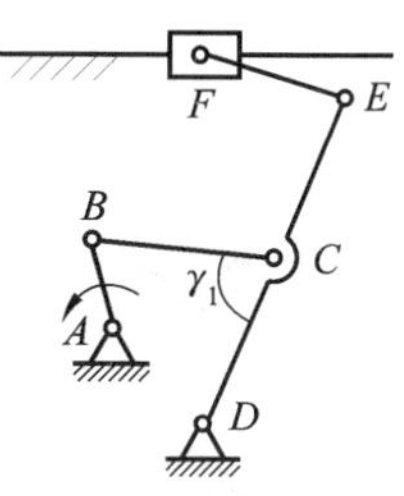

图 2-47　六杆机构

【例 2-4】 试说明图 2-47 所示六杆机构有何特点，是否存在急回特性？在何条件下图示机构存在“死点”？

【解】

(1) 有扩大行程和实现运动平稳等优点。

(2) 存在急回特性。

(3) 滑块为主动件时机构会出现“死点”。

习　　题

2-1　在题 2-1 图所示铰链四杆机构中，若各杆的长度为 $a=150$ mm，$b=500$ mm，$c=300$ mm，$d=400$ mm。试问当取杆 d 为机架时，它为何种类型的机构？

2-2　在题 2-2 图所示的铰链四杆机构中，已知 $l_{BC}=50$ mm，$l_{CD}=35$ mm，$l_{AD}=30$ mm。试问：

(1) 若此机构为曲柄摇杆机构，且杆 AB 为曲柄，l_{AB} 的最大值为多少？

(2) 若此机构为双曲柄机构，l_{AB} 的最小值为多少？

(3) 若此机构为双摇杆机构，l_{AB} 又应为多少？

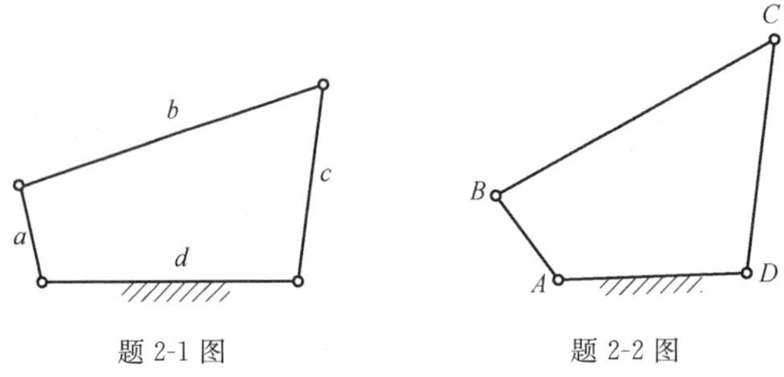

题 2-1 图　　题 2-2 图

2-3　在题 2-3 图所示的铰链四杆机构中，若已知三杆的杆长 $l_{AB}=80$ mm，$l_{BC}=150$ mm，$l_{CD}=120$ mm。试讨论：若 l_{AD} 为变值，则 l_{AD} 在何尺寸范围内，该四杆机构为双曲柄机构；l_{AD} 在何尺寸范围内，该四杆机构为曲柄摇杆机构；l_{AD} 在何尺寸范围内，该四杆机构为双摇杆机构？

2-4　题 2-4 图所示为偏置曲柄滑块机构。

(1) 判断该机构是否具有急回特性，并说明其依据；

(2) 若滑块的工作行程方向朝右，试从急回特性和压力角两个方面判断图示曲柄的转向是否正确，并说明理由。

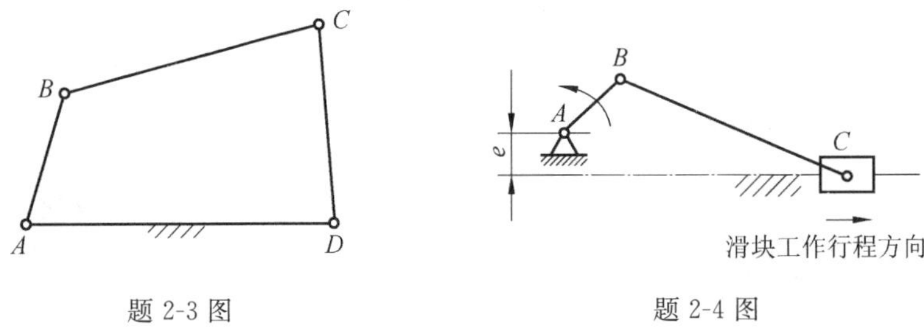

题 2-3 图　　题 2-4 图

2-5　在题 2-5 图所示的导杆机构中，已知 $l_{AB}=40$ mm，偏距 $e=10$ mm。试问：

(1) 欲使它成为曲柄摆动导杆机构，l_{AC} 的最小值可为多少？

(2) 若 l_{AB} 的值不变，但取 $e=0$，且需使机构成为曲柄转动导杆机构，l_{AC} 的最大值可为多少？

(3) 若 AB 为原动件，试比较 $e>0$ 和 $e=0$ 两种情况下的曲柄摆动导杆机构的传动角，它们是常数，还是变数？从机构的传力效果来看，这两种机构哪种较好？

2-6　题 2-6 图所示为加热炉炉门的启闭机构。已知炉门上两活动铰链的中心距为 50 mm，炉门打开后呈水平位置时，要求炉门温度较低的一面向上（如虚线所示），固定铰链中心 A、D 位于 y-y 轴线上，其相关尺寸如图所示，试设计此四杆机构。

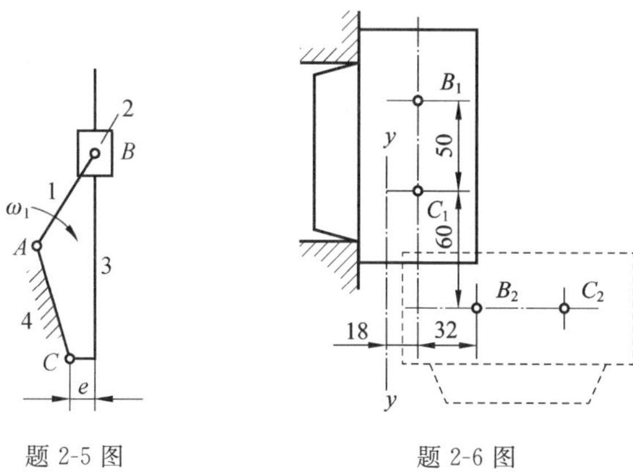

题 2-5 图　　　　题 2-6 图

2-7　如题 2-7 图所示，已知要求实现的两连架杆的 3 组对应位置：$\varphi_1=60°$，$\psi_1=30°$；$\varphi_2=90°$，$\psi_2=50°$；$\varphi_3=120°$，$\psi_3=80°$。若取 $l_{AD}=50$ mm，试用解析法设计此铰链四杆机构，并确定连架杆 AB、CD 及连杆 BC 的长度 。

2-8　试用几何法设计题 2-8 图所示的曲柄摇杆机构。已知摇杆的行程速度变化系数 $k=1$，机架长 $l_{AD}=120$ mm，曲柄长 $l_{AB}=20$ mm；且当曲柄 AB 运动到与连杆拉直共线时，曲柄 AB_2 与机架的夹角 $\varphi_1=45°$。

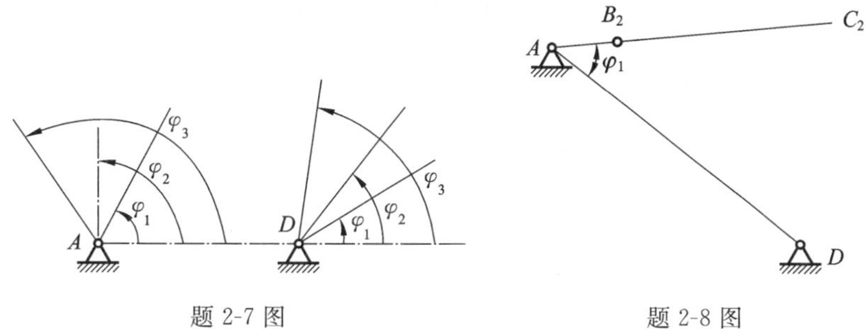

题 2-7 图　　　　题 2-8 图

2-9　设计题 2-9 图所示的曲柄滑块机构。已知滑块的行程 $h=50$ mm，向右为工作行程，偏距 $e=10$ mm，行程速度变化系数 $k=1.2$，试按 1∶1的比例用几何法求曲柄和连杆的长度，并计算其最小传动角。

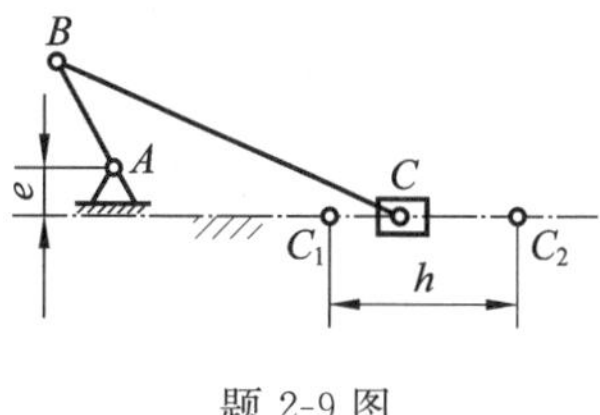

题 2-9 图

2-10　设计一导杆机构，已知机架长 $l_{AC}=$

100 mm，偏距 $e=0$，行程速度变化系数 $k=1.4$，试求曲柄的长度 l_{AB}，并确定其转动副和移动副的结构形式。

2-11　题 2-11 图所示为机床变速箱中滑移齿轮块的操纵机构。已知齿轮块的行程 $h=60$ mm，$l_{DE}=100$ mm，$l_{CD}=120$ mm，$l_{AD}=200$ mm，当齿轮块处于右端和左端时，操纵手柄 AB 分别处于水平和竖直位置(即将手柄从水平位置顺时针转 90°后的位置)，试用几何法设计此四杆机构。

2-12　题 2-12 图所示为一飞机起落架机构。实线表示飞机降落时起落架的位置，虚线表示飞机在飞行中的位置。已知 $l_{AD}=520$ mm，$l_{CD}=340$ mm，$\alpha=90°$，$\beta=60°$，$\theta=10°$，试用几何法求出构件 AB 和 BC 的长度 l_{AB} 和 l_{BC}。

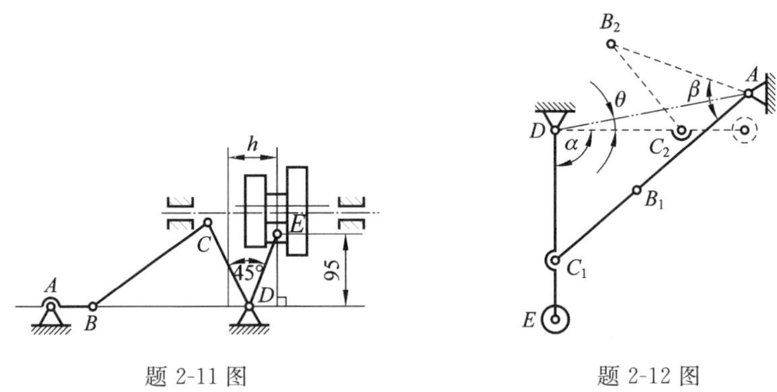

题 2-11 图　　题 2-12 图

2-13　试用几何法设计题 2-13 图所示的由曲柄摇杆机构和摇杆滑块机构串联组成的六杆机构。已知 AB 为曲柄，且为原动件。六杆机构中的曲柄摇杆机构的行程速度变化系数 $k=1$，滑块行程 $F_1F_2=300$ mm，$e=100$ mm，$x=400$ mm，摇杆的两极限位置为 DE_1 和 DE_2，$\psi_1=45°$，$\psi_2=90°$，$l_{EC}=l_{CD}$，且 A、D 在平行于滑道的一条水平线上，试求出各杆的尺寸。

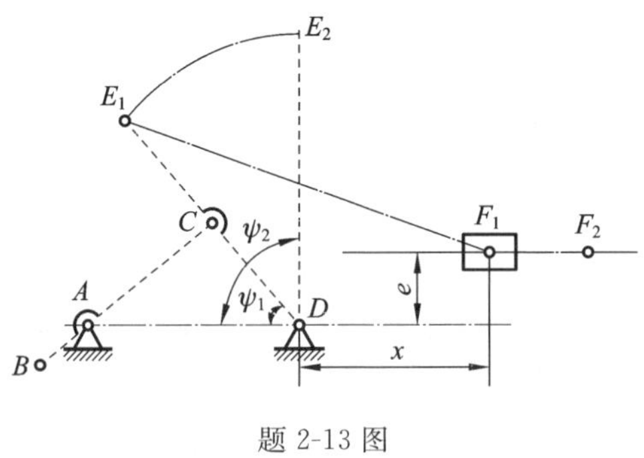

题 2-13 图

2-14　在题 2-14 图所示的六杆机构中，曲柄 O_1B 为原动件且做匀速转动，

滑块 D 为输出件，已知滑块的行程为 30 mm，其向右行程与向左行程时的平均速度之比(即行程速度变化系数)$k=3$，其余尺寸如图所示，试用几何法设计此六杆机构。

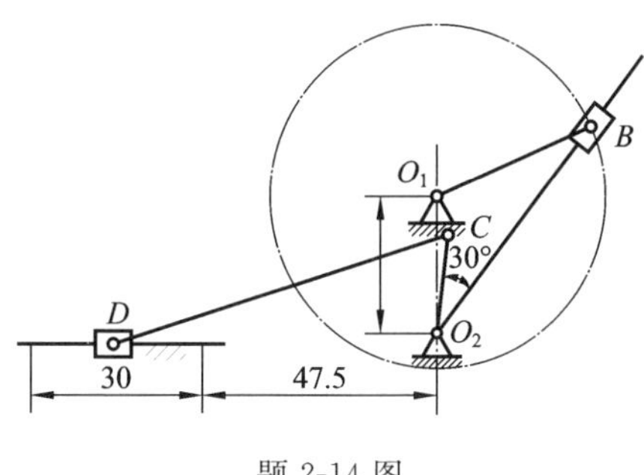

题 2-14 图

第3章　凸轮机构

3.1　凸轮机构的组成及其分类

3.1.1　凸轮机构的组成

为了说明凸轮机构的组成，先来看几个生产实例。

图 3-1 所示为内燃机配气凸轮机构。平面盘形凸轮 1 等速旋转时，其曲线轮廓通过与气阀 2 的平底接触，推动气阀 2 往复移动，使之有规律地启和闭。该机构不仅要保证进、排气阀按顺序动作，还要保证气阀具有足够的升程，而且为了得到良好的热力效应和动力条件，还对气阀运动的速度及加速度都有严格的要求，这些要求都是通过凸轮 1 的轮廓曲线来实现的。

图 3-2 所示为自动机床的进刀机构。当凸轮 1 等速回转时，其上曲线凹槽的侧面推动从动件 2 绕 O 点摆动，通过扇形齿轮和齿条带动刀架 3 运动。通常刀具的进给运动包括以下四个过程：快进行程（刀具快速接近工件）、工作行程（刀具等速运动切削工件）、快退行程（完成切削后刀具快速退回）和停留阶段（刀具复位后停留一段时间以便完成更换工件等动作）。这些复杂过程的实现，也是由凸轮 1 的轮廓曲线控制的。

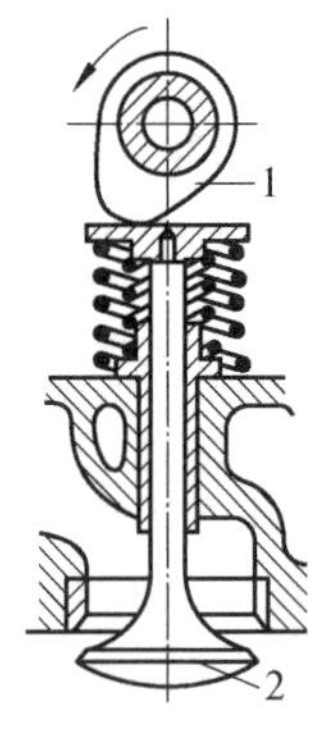

图 3-1　内燃机配气凸轮机构

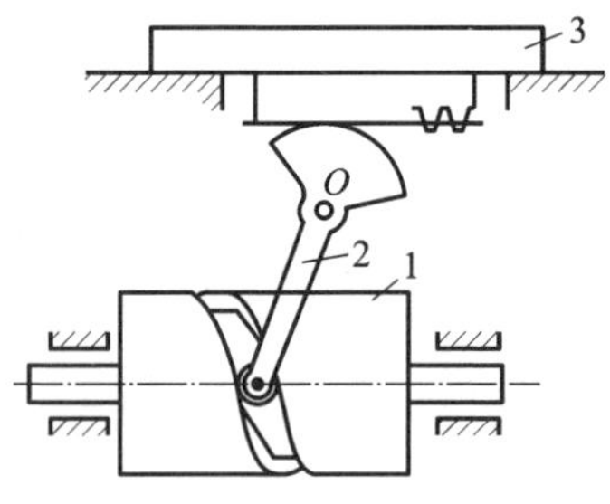

图 3-2　自动机床进刀凸轮机构

通过以上两个例子可以知道，凸轮机构中必须有一个具有曲线轮廓的构件（即凸轮），与之形成高副接触的从动件的运动规律完全是由凸轮的轮廓曲线决定的。

凸轮机构，是由凸轮 1、从动件 2 和机架 3 这三个基本构件组成的一种高副机构（见图 3-3）。凸轮通常做连续的等速转动，而从动件则在凸轮轮廓的控制下，按预定的运动规律做往复移动（见图 3-4）或摆动（见图 3-5）。以凸轮轮廓最小向径 r_b 为半径所作的圆称为凸轮的基圆。开始时从动件位于点 A（初始位置），当凸轮逆时针方向转过角度 φ 时，向径渐增的轮廓 AB 将从动件以一定的运动规律推到离凸轮中心最远的点 B'，这一过程被称为推程阶段。在此阶段，凸轮的相应转角 Φ 被称为推程运动角（注意，图 3-4 中 $\angle BOB'$ 为推程运动角，而 $\angle BOA$ 不是推程运动角）。当凸轮继续转过角度 Φ_s，从动件尖顶与凸轮上圆弧段轮廓 BC 接触时，从动件在离凸轮回转中心最远的位置停留不动，其对应的凸轮转角 Φ_s 称为远休止角。当凸轮再继续转过 Φ' 角时，从动件将沿着凸轮的 CD 段轮廓从最高位置回到最低位置，这一过程称为回程，凸轮的相应转角 Φ' 称为回程运动角。同理，当基圆上 DA 段圆弧与尖顶接触时，从动件在距凸轮回转中心最近的位置停留不动，其对应的凸轮转角 Φ'_s 称为近休止角。在推程或回程中从动件运动的最大位移称为行程，用 h 来表示。而对于摆动从动件凸轮机构，从动件摆过的最大角位移称为摆幅，用 ψ_{max} 表示。

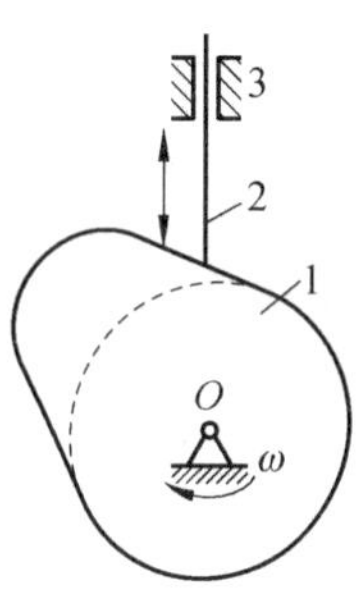

图 3-3　凸轮机构

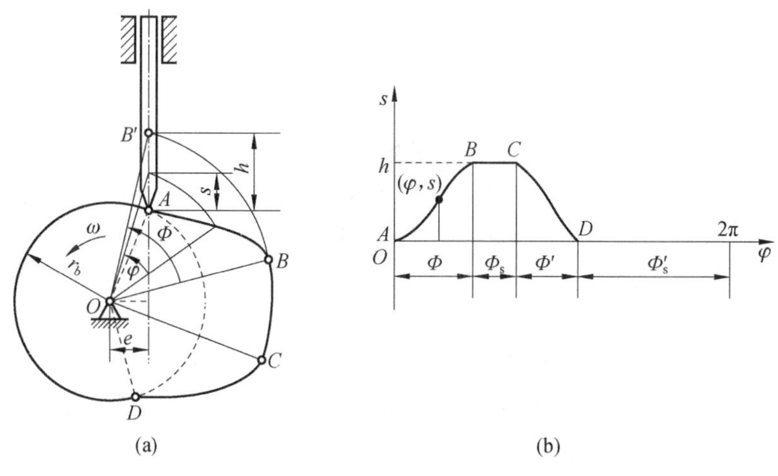

图 3-4　凸轮机构的工作原理图

从动件位移 s 与凸轮转角 φ 之间的对应关系可用图 3-4(b)所示的从动件位移线图表示：横坐标表示凸轮转角 φ，因为大多数凸轮做等角速转动，其转角

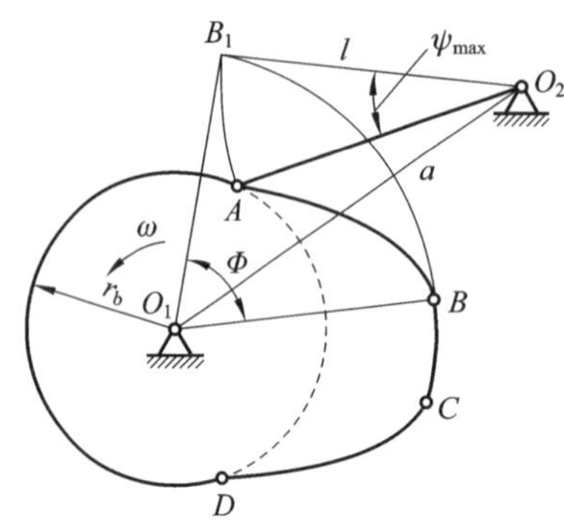

图 3-5 摆动从动件凸轮机构

和时间成正比，因此该线图横坐标也代表时间 t；线图的纵坐标表示从动件的位移 s（对于摆动从动件，凸轮机构纵坐标表示从动件的角位移 ψ）。从动件位移线图反映了从动件的位移变化规律，根据位移变化规律，还可以求出速度和加速度变化规律。从动件的位移、速度、加速度等运动量随凸轮转角变化的规律统称为从动件的运动规律。

从上面的分析可以看出，从动件的运动规律取决于凸轮的轮廓曲线形状；反过来，要想实现从动件某种运动规律，就要设计出与之对应的凸轮轮廓曲线。

3.1.2 凸轮机构的分类

1. 按凸轮的形状分（见表 3-1）

1）盘形凸轮

该凸轮是一个绕固定轴线转动，并具有变化向径的盘状构件。这种凸轮机构的凸轮与从动件相对机架做平面运动，故称为平面凸轮机构。

2)移动凸轮

凸轮相对机架做直线移动。这种凸轮可以看成回转中心在无穷远处的盘形凸轮。所以，这种凸轮机构亦称为平面凸轮机构。

3)圆柱凸轮

其轮廓曲线位于圆柱面上，并绕其轴线旋转。它可视为将移动凸轮轮廓曲线绕在圆柱体上而形成的，即在圆柱体上开曲线槽或把圆柱体的端面做成曲面形状而制成的凸轮。这种凸轮机构的凸轮与从动件的运动平面互不平行，所以是一种空间凸轮机构。

4)圆锥凸轮

圆锥凸轮的轮廓曲线位于圆锥面上，并绕其轴线旋转。这种凸轮是在圆锥体上开有曲线槽或将圆锥体的端面做成曲面形状而形成的构件。这种凸轮机构亦称为空间凸轮机构。

2. 按从动件上高副元素的几何形状分（见表 3-1）

1）尖顶从动件凸轮机构

这种凸轮机构的特点是，从动件的尖顶能与任何曲线形状的凸轮轮廓保持接触，从而能保证从动件按预定规律运动。其缺点是易磨损，故在工程实际中很少采用。

表 3-1 常用的凸轮机构类型

按凸轮的形状分	按从动件上高副元素的形状分	按从动件的运动形式分	
		移动	摆动
盘形凸轮	尖顶	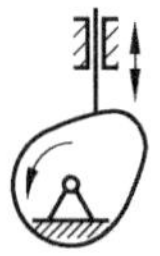	
	滚子	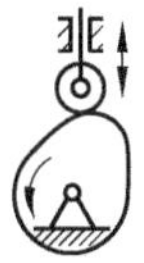	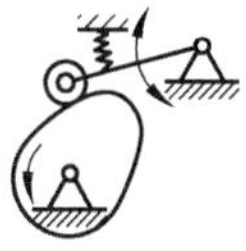
	平底	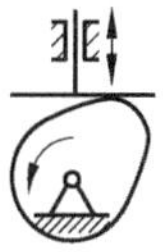	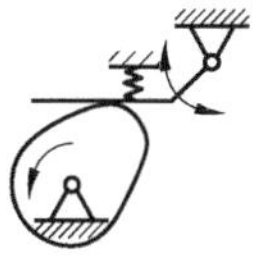
移动凸轮	滚子	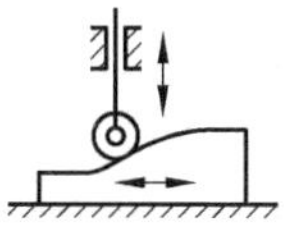	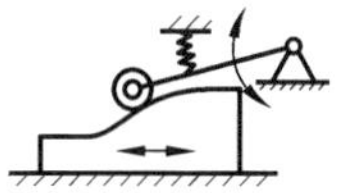
圆柱凸轮	滚子	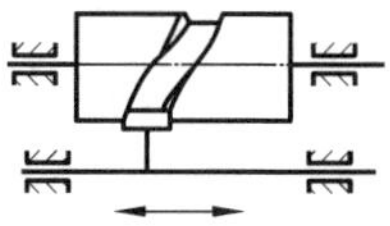	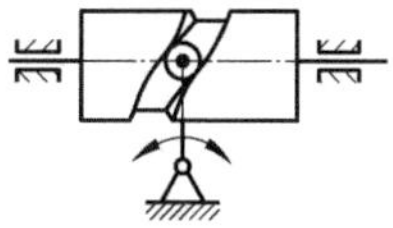
圆锥凸轮	滚子	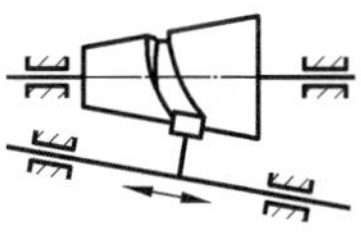	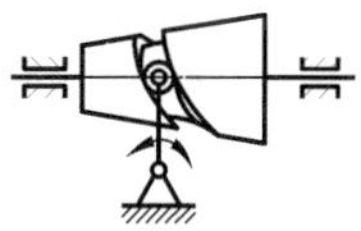

2）滚子从动件凸轮机构

这种凸轮机构的从动件端部铰接有滚子，由滚子与凸轮轮廓接触，摩擦、磨损小，应用较广泛。但从动件端部的重量较大，故这种机构不宜用于高速场合。

3）平底从动件凸轮机构

这种凸轮机构的从动件以端平面与凸轮接触。其特点是，在不计摩擦时，凸轮对从动件的作用力始终垂直于从动件的平底，故传力性能好，运动时接触处易形成润滑油膜，有利于减小摩擦和磨损。因此这种机构可用于高速场合，但不能用于有凹形轮廓的凸轮中。

应当强调指出的是，上述各种凸轮机构的从动件必须始终保持与凸轮轮廓线接触，才能保证从动件按预定规律运动。

3. 按凸轮与从动件维持接触（锁合）的方式分

1）力锁合的凸轮机构

这种凸轮机构利用从动件的重力或其他外力（如弹簧力），使从动件与凸轮始终保持接触。

2）形锁合的凸轮机构

形锁合的凸轮机构依靠高副元素本身的几何形状，使从动件与凸轮始终保持接触。常见的机构有以下几种形式（见表 3-2）。

表 3-2　几种形锁合的凸轮机构

沟槽凸轮	等宽凸轮	等径凸轮	主回凸轮
	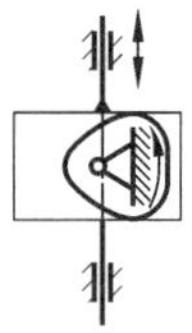	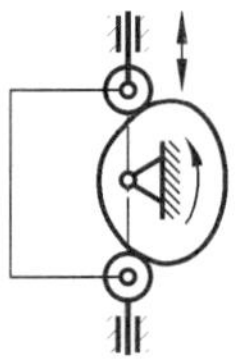	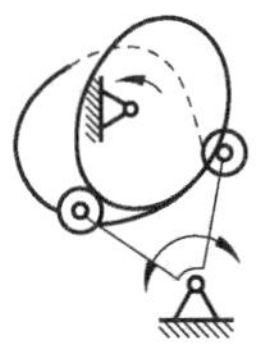

（1）沟槽凸轮机构　表 3-1 中的圆柱凸轮、圆锥凸轮和表 3-2 中的沟槽凸轮利用圆柱、圆锥、圆盘上的沟槽保证从动件的滚子与凸轮始终接触。这种锁合方式最简单，且从动件的运动规律不受限制。它的不足之处是增大了凸轮的尺寸和重量，且不能采用平底从动件。

（2）等宽、等径凸轮机构　表 3-2 中的等宽凸轮机构的从动件具有相对位置不变的两个平底，而等径凸轮机构的从动件上装有轴心相对位置不变的两个滚子，它们与凸轮轮廓同时保持接触。这种凸轮的尺寸比沟槽凸轮的小，但从动件的位移规律只能在凸轮转动 180°的范围内任意选择，而在另外 180°的范围内其轮廓曲线受两滚子中心之间的距离或两平底之间的距离不变的限制。

（3）主回凸轮机构　表 3-2 中所示的主回凸轮机构是由机架、固定在同一轴上但不在同一平面上的两个凸轮及相应的从动件所组成的，两个凸轮分别与从动件上中心位置一定的两个滚子接触，以控制从动件正、反方向运动，所以称为主回凸轮。主凸轮的轮廓可全部按给定运动规律设计，而回凸轮轮廓必须根据主凸轮轮廓和从动件上两滚子的位置确定。主回凸轮机构可用于高精度传动，但它的结构比较复杂，制造和安装精度要求较高。

4. 根据从动件的运动形式分（见表 3-1）

1）移动从动件凸轮机构

根据导路中心线和凸轮中心之间的相对位置，移动从动件盘形凸轮机构可分为以下两种。

（1）对心移动从动件盘形凸轮机构　这种凸轮机构的从动件导路中心线通过回转中心（见图 3-3）。

（2）偏置移动从动件盘形凸轮机构　这种凸轮机构的从动件导路中心线偏离凸轮中心，偏距为 e（见图 3-4）。

2）摆动从动件凸轮机构

各种不同类型的凸轮机构列在表 3-1 中。

3.1.3　凸轮机构的设计任务

为满足凸轮机构的输出件提出的运动要求、动力要求等，凸轮机构的设计大致可分为以下四步。

（1）从动件运动规律的设计　运动规律设计包括对所设计的凸轮机构输出件的运动提出的所有给定要求。例如，推程、回程运动角，远休止角，近休止角，行程、推程、回程的运动规律曲线形状，都属运动规律设计。

（2）凸轮机构基本尺寸的设计　移动从动件凸轮机构的基本尺寸有基圆半径 r_b 及偏距 e（见图 3-4），摆动从动件凸轮机构的基本尺寸包括基圆半径 r_b、凸轮转动中心到从动件摆动中心的距离 a 及摆杆长度 l（见图 3-5）。对于滚子从动件凸轮机构，还有滚子半径 r_r；而对于平底从动件凸轮机构，还要考虑平底长度 L 等。确定上述基本尺寸的准则是：机构尺寸紧凑，无运动失真及动力特性好，还要满足强度要求。

（3）凸轮机构轮廓曲线的设计　实现从动件运动规律主要依赖于凸轮轮廓曲线形状，因而轮廓曲线设计是凸轮机构设计中的重要环节。

（4）绘制凸轮机构的工作图　绘制工作图是为了加工凸轮用，主要是用于结构设计。

3.2　从动件常用的运动规律

典型的凸轮机构运动循环具有四个阶段，如图 3-6(a)所示。按照从动件在一个循环中是否需要停歇及停在何处等，可将凸轮机构从动件的位移曲线分成如下四种类型（见图 3-6）：

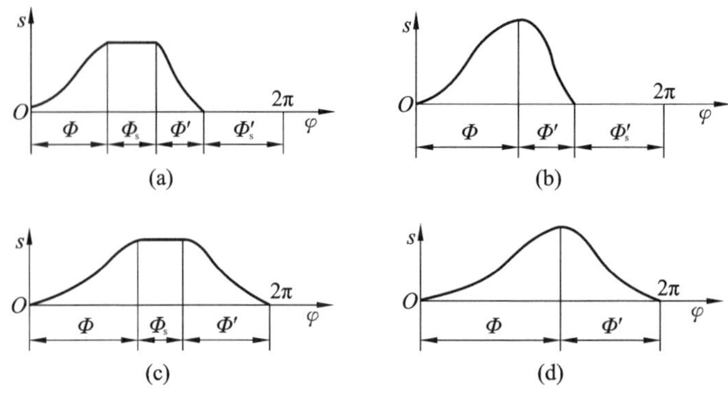

图 3-6　运动规律的类型

(1) 升-停-回-停型(RDRD 型);

(2) 升-回-停型(RRD 型);

(3) 升-停-回型(RDR 型);

(4) 升-回型(RR 型)。

凸轮机构的主动件凸轮一般做等速转动,角速度为 ω,从动件的运动规律可用几段曲线或直线组成的线图表示,也可用数学方程式表示。若从动件的位移方程为 $s=f(\varphi)$,将位移方程对时间逐次求导,即可得速度 v、加速度 a 和跃动度 j 分别为

$$\left.\begin{aligned} v &= \frac{\mathrm{d}s}{\mathrm{d}t} = \frac{\mathrm{d}s}{\mathrm{d}\varphi}\cdot\frac{\mathrm{d}\varphi}{\mathrm{d}t} = \omega\frac{\mathrm{d}s}{\mathrm{d}\varphi} \\ a &= \frac{\mathrm{d}v}{\mathrm{d}t} = \frac{\mathrm{d}v}{\mathrm{d}\varphi}\cdot\frac{\mathrm{d}\varphi}{\mathrm{d}t} = \omega^2\frac{\mathrm{d}^2 s}{\mathrm{d}\varphi^2} \\ j &= \frac{\mathrm{d}a}{\mathrm{d}t} = \frac{\mathrm{d}a}{\mathrm{d}\varphi}\cdot\frac{\mathrm{d}\varphi}{\mathrm{d}t} = \omega^3\frac{\mathrm{d}^3 s}{\mathrm{d}\varphi^3} \end{aligned}\right\} \tag{3-1}$$

以上各式中的 $\mathrm{d}s/\mathrm{d}\varphi$、$\mathrm{d}^2s/\mathrm{d}\varphi^2$、$\mathrm{d}^3s/\mathrm{d}\varphi^3$ 分别为类速度、类加速度、类跃动度。因为凸轮的角速度 ω 为常数,所以常用类速度、类加速度、类跃动度表示从动件的速度、加速度和跃动度的变化规律。

另一种情况是,先知道加速度方程 $a=f_1(\varphi)$,逐步积分可得速度方程、位移方程。本章仅就最基本 RDRD 型的运动过程,介绍几种常用的运动规律及其特点,供设计运动规律时参考。

3.2.1　基本运动规律

1. 多项式运动规律

这类运动规律的位移方程的一般形式为

$$s = c_0 + c_1\varphi + c_2\varphi^2 + c_3\varphi^3 + \cdots + c_n\varphi^n \tag{3-2}$$

式中：φ 为凸轮的转角(rad)；$c_0, c_1, c_2, \cdots, c_n$ 为 $n+1$ 个待定系数。由式(3-2)和式(3-1)可得

$$v = \omega(c_1 + 2c_2\varphi + 3c_3\varphi^2 + 4c_4\varphi^3 + \cdots + nc_n\varphi^{n-1}) \tag{3-3}$$

$$a = \omega^2(2c_2 + 6c_3\varphi + 12c_4\varphi^2 + \cdots + n(n-1)c_n\varphi^{n-2}) \tag{3-4}$$

$$j = \omega^3(6c_3 + 24c_4\varphi + \cdots + n(n-1)(n-2)c_n\varphi^{n-3}) \tag{3-5}$$

式(3-2)至式(3-5)中的 $n+1$ 个待定系数 $c_0, c_1, c_2, \cdots, c_n$ 应根据工作要求来确定，即根据位移要求、速度要求、加速度要求等来确定。现按 $n=1$、$n=2$ 和 $n \geqslant 3$ 等三种情况来讨论。

1) $n=1$ 的运动规律

由式(3-2)至式(3-4)可得

$$\left.\begin{aligned} s &= c_0 + c_1\varphi \\ v &= c_1\omega \\ a &= 0 \end{aligned}\right\} \tag{3-6}$$

由此可见，$n=1$ 的运动规律为等速运动规律。若将它用于推程阶段的全过程，则其边界条件应为 $\varphi=0, s=0; \varphi=\Phi, s=h$。由此边界条件，可求出 c_0、c_1，然后将所求得的 c_0、c_1 代入式(3-6)可得表 3-3中的推程阶段的等速运动方程式。相应的运动规律线图如图 3-7 所示。

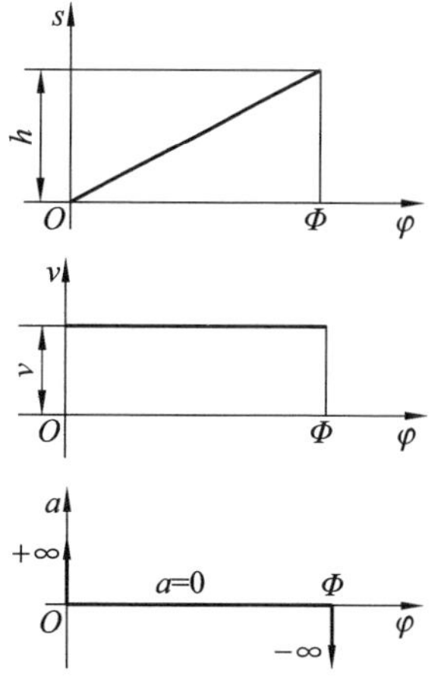

图 3-7　等速运动规律

从图 3-7 中的速度线图可以看出，从动件在运动起始位置和终止位置的瞬时速度有突变，即此两瞬时的加速度在理论上由零值突变为无穷大，惯性力也应为无穷大。实际上，由于材料具有弹性，加速度和惯性力不致达到无穷大，但仍将有强烈的冲击。这种冲击，称为刚性冲击。故这种运动规律只适用于凸轮转速很低的场合。

同理，可得回程时的运动方程式(见表 3-3)。

表 3-3　基本运动规律的运动方程式

运动类型	推　　程	回　　程
等速运动	$s=h\varphi/\Phi$ $v=h\omega/\Phi$ $a=0$	$s=h(1-\varphi/\Phi')$ $v=-h\omega/\Phi'$ $a=0$

续表

<table>
<tr><th colspan="2">运动类型</th><th>推　程</th><th>回　程</th></tr>
<tr><td rowspan="2">等加速等减速运动</td><td>等加速部分</td><td>$s=\frac{2h}{\Phi^2}\varphi^2$
$v=\frac{4h\omega}{\Phi^2}\varphi$
$a=\frac{4h}{\Phi^2}\omega^2$</td><td>$s=h-\frac{2h}{\Phi'^2}\varphi^2$
$v=-\frac{4h\omega}{\Phi'^2}\varphi$
$a=-\frac{4h}{\Phi'^2}\omega^2$</td></tr>
<tr><td>等减速部分</td><td>$s=h-\frac{2h}{\Phi^2}(\Phi-\varphi)^2$
$v=\frac{4h\omega}{\Phi^2}(\Phi-\varphi)$
$a=-\frac{4h}{\Phi^2}\omega^2$</td><td>$s=\frac{2h}{\Phi'^2}(\Phi'-\varphi)^2$
$v=-\frac{4h\omega}{\Phi'^2}(\Phi'-\varphi)$
$a=\frac{4h}{\Phi'^2}\omega^2$</td></tr>
<tr><td colspan="2">余弦加速度运动</td><td>$s=\frac{h}{2}\left[1-\cos\left(\frac{\pi}{\Phi}\varphi\right)\right]$
$v=\frac{\pi h\omega}{2\Phi}\sin\left(\frac{\pi}{\Phi}\varphi\right)$
$a=\frac{\pi^2 h\omega^2}{2\Phi^2}\cos\left(\frac{\pi}{\Phi}\varphi\right)$</td><td>$s=\frac{h}{2}\left[1+\cos\left(\frac{\pi}{\Phi'}\varphi\right)\right]$
$v=-\frac{\pi h\omega}{2\Phi'}\sin\left(\frac{\pi}{\Phi'}\varphi\right)$
$a=-\frac{\pi^2 h\omega^2}{2\Phi'^2}\cos\left(\frac{\pi}{\Phi'}\varphi\right)$</td></tr>
<tr><td colspan="2">正弦加速度运动</td><td>$s=h\left[\frac{\varphi}{\Phi}-\frac{1}{2\pi}\sin\left(\frac{2\pi}{\Phi}\varphi\right)\right]$
$v=\frac{h\omega}{\Phi}\left[1-\cos\left(\frac{2\pi}{\Phi}\varphi\right)\right]$
$a=\frac{2\pi h\omega^2}{\Phi^2}\sin\left(\frac{2\pi}{\Phi}\varphi\right)$</td><td>$s=h\left[1-\frac{\varphi}{\Phi'}+\frac{1}{2\pi}\sin\left(\frac{2\pi}{\Phi'}\varphi\right)\right]$
$v=\frac{h\omega}{\Phi'}\left[\cos\left(\frac{2\pi}{\Phi'}\varphi\right)-1\right]$
$a=-\frac{2\pi h\omega^2}{\Phi'^2}\sin\left(\frac{2\pi}{\Phi'}\varphi\right)$</td></tr>
</table>

2）$n=2$ 的运动规律

由式(3-2)至式(3-4)可得

$$\left.\begin{aligned} s &= c_0 + c_1\varphi + c_2\varphi^2 \\ v &= c_1\omega + 2c_2\omega\varphi \\ a &= 2c_2\omega \end{aligned}\right\} \tag{3-7}$$

从式(3-7)可以看出，a 为常数，所以此种运动规律称为等加速等减速运动规律。所谓等加速等减速运动规律，是指从动件在运动行程 h 的过程中，先做等加速运动，后做等减速运动，因为在整个推程中先由速度为零的起点等加速运动一段时间后，必须经等减速方能使从动件在推程的终点速度为零。若前半程和后半程的凸轮转角各为 $\Phi/2$，对应的位移各为 $h/2$，则前半程等加速运动的边界条件为：$\varphi=0, s=0, v=0$；$\varphi=\Phi/2, s=h/2$。将此边界条件代入式(3-7)，可求出 c_0、c_1、c_2 三个系数；然后再将求出的三个系数代入式(3-7)，即可得到表3-3中的推程阶段的等加速运动规律，其运动规律线图如图 3-8 所示。根据运动线图的对称性，推程后半程的等减速运动的方程式也列于表 3-3 中。这种运动规律的位移曲线是两条光滑连接的、曲率方向相反的抛物线；速度线图是两条斜率相反的斜直线；运动规律的加速度线图为两条平行于坐标横轴的直线。可以看出，在运动规律推程的始末点和前后半程的交接处，加速度也有突变。其加速度虽为有限值，但加速度对时间的变化率理论上为无穷大。这种突变形成的冲击，称为柔性冲击，而且在高速下将导致相当严重的振动和噪声。因此，这种运动规律只适用于中、低速场合。

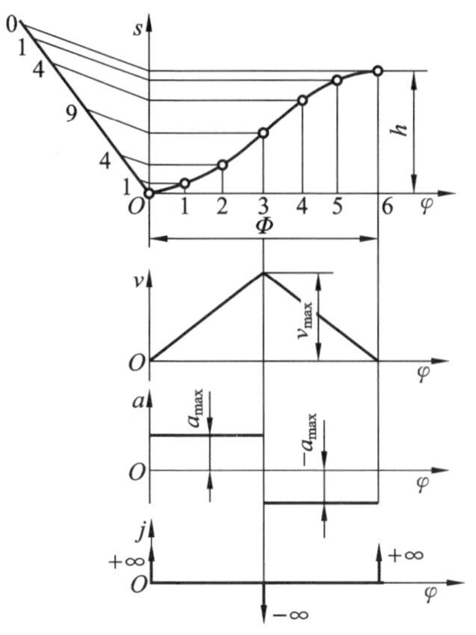

图 3-8　等加速等减速运动规律

3）$n\geqslant3$ 的高次多项式运动规律

以上的分析表明，$n=2$ 的动力性能比 $n=1$ 的要好，故可推知，适当增加多项式的幂次，就有可能获得性能良好的运动规律。因为在 n 次多项式中，有$(n+1)$个系数，可满足$(n+1)$个边界条件。因而在理论上用高次多项式，不仅可以获得高阶连续曲线，还可满足其他特定条件。

从理论上说，多项式的幂次和所能满足的给定条件是不受限制的，但幂次愈高，加工误差对凸轮的运动误差就愈敏感，即要求的加工精度也愈高。

2. 三角函数式的基本运动规律

1）余弦加速度运动规律

余弦加速度方程式的一般形式为

$$a=c_1\cos\left(\frac{2\pi}{T}t\right)$$

式中：T 为周期。设凸轮转过推程运动角 Φ 所对应的时间为 t_{01}，设计时要考虑从动件在推程的起始和终止位置时的速度均为零，因而在一个行程中所采用的加速度曲线只能为 1/2 周期的余弦波，故 $T=2t_{01}$。据此可得到 a、v、s 表达式分别为

$$\left.\begin{aligned}
a &= c_1\cos\left(\frac{2\pi}{2t_{01}}t\right) = c_1\cos\left(\frac{\pi}{\Phi}\varphi\right) \\
v &= \int a\mathrm{d}t = c_1\,\frac{\Phi}{\pi\omega}\sin\left(\frac{\pi}{\Phi}\varphi\right) + c_2 \\
s &= \int v\mathrm{d}t = -c_1\,\frac{\Phi^2}{\pi^2\omega^2}\cos\left(\frac{\pi}{\Phi}\varphi\right) + c_2\,\frac{\varphi}{\omega} + c_3
\end{aligned}\right\} \tag{3-8}$$

对于推程而言，三个待定系数 c_1、c_2、c_3 的三个边界条件为：当 $\varphi=0$ 时，$s=0$，$v=0$；当 $\varphi=\Phi$ 时，$s=h$。将此边界条件代入式(3-8)，即可求出 c_1、c_2、c_3；将求得的三个系数代入式(3-8)，便可求得推程阶段的余弦加速度方程(见表 3-3)，其运动线图如图 3-9 所示。由图可知，对 RDRD 型运动循环，该运动规律在推程的起始和终止瞬时，从动件的加速度仍有突变，故存在柔性冲击，因此这种运动规律也只适用于中、低速的场合。但对无停留区间的 RR 型运动而言，若推程、回程均为余弦加速度规律，加速度曲线无突变，因而也无冲击，故可在高速条件下工作。

2）正弦加速度运动规律

设正弦加速度方程为

$$a = c_1\sin\left(\frac{2\pi}{T}t\right)$$

同样，也要考虑从动件在推程阶段的起始、终止瞬时位置的速度均为零。正弦运动规律的加速度曲线应该是一个完整周期的正弦波，即 $T=t_{01}$。据此可求得

$$\left.\begin{aligned}
a &= c_1\sin\left(\frac{2\pi}{T}t\right) = c_1\sin\left(\frac{2\pi}{\Phi}\varphi\right) \\
v &= \int a\mathrm{d}t = -c_1\,\frac{\Phi}{2\pi\omega}\cos\left(\frac{2\pi}{\Phi}\varphi\right) + c_2 \\
s &= \int v\mathrm{d}t = -c_1\,\frac{\Phi^2}{4\pi^2\omega^2}\sin\left(\frac{2\pi}{\Phi}\varphi\right) + c_2\,\frac{\varphi}{\omega} + c_3
\end{aligned}\right\} \tag{3-9}$$

推程阶段的边界条件为：当 $\varphi=0$ 时，$s=0$；当 $\varphi=\Phi$ 时，$s=h$。将此边界条件代入式(3-9)解出 c_1、c_2、c_3，可求得表 3-3 中所列推程阶段的正弦加速度运动规律方程。

正弦加速度运动规律线图如图 3-10 所示。由此运动线图可知，这种运动规律的速度及加速度曲线都是连续的，没有任何突变，因而既没有刚性冲击，也没有柔性冲击，可适用于高速运动。

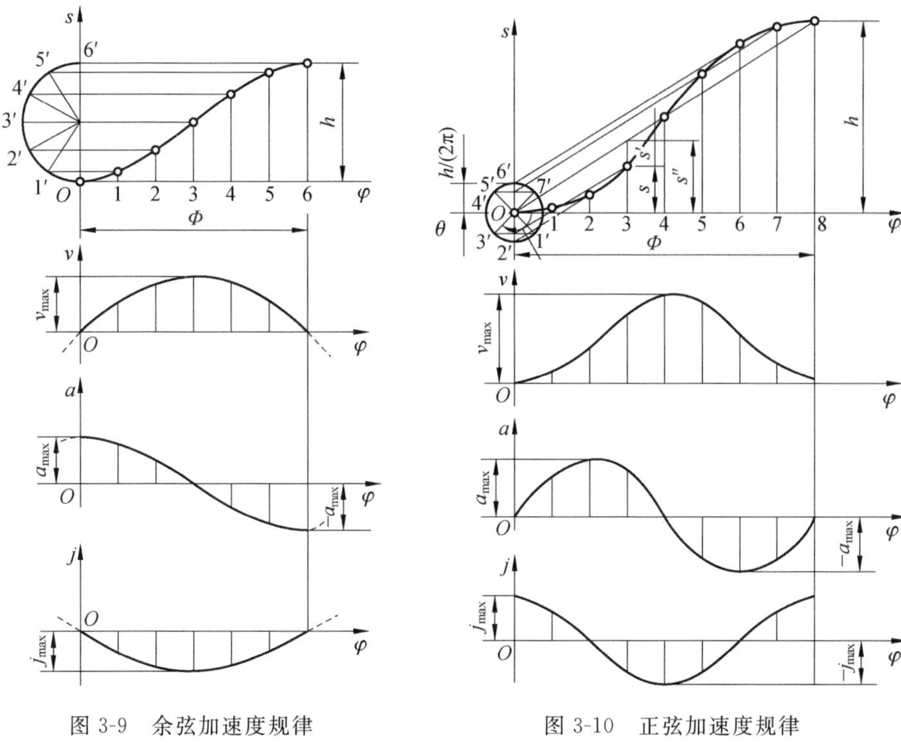

图 3-9　余弦加速度规律　　　图 3-10　正弦加速度规律

3.2.2　组合运动规律简介

由上述基本运动规律的分析可知，为避免从动件在运动过程中发生冲击，最好选用无突变加速度的运动规律。但是由于某种工作要求而又不能不使用加速度有突变的等速运动、等加速等减速运动规律。为了克服单一运动规律的某些缺点，可将几种运动规律组合起来，形成所谓组合运动规律。组合时应遵循以下原则。

(1) 对于中、低速运动的凸轮机构，要求从动件的位移曲线在衔接处相切，以保证速度曲线的连续。即要求在衔接处的位移和速度应分别相等。此时加速度有突变，但其突变值必为有限值。

(2) 对于中、高速运动的凸轮机构，则还要求从动件的速度曲线在衔接处相切，以保证加速度曲线连续，即要求在衔接点处的位移、速度和加速度应分别相等。

组合运动规律设计比较灵活，易于满足各种运动要求，因而应用日益广泛。组合运动规律类型很多，下面对两种比较典型的组合运动规律做一简单介绍。

1. 改进型等速运动规律

在凸轮机构中，都不采用单一的等速运动规律，为了避免等速运动规律的两端出现刚性冲击，而采用与其他运动规律组合的改进型运动规律。图 3-11(a)所示为一种用切于停留区的圆弧所组成的曲线。这种组合运动规律克服了刚性冲击，但仍有柔性冲击，若要进一步改善凸轮机构的动力性能，可在等速运动规律的两端用正弦加速度运动规律与其衔接。这种组合运动规律，既无刚性冲击又无柔性冲击(见图 3-11(b))。

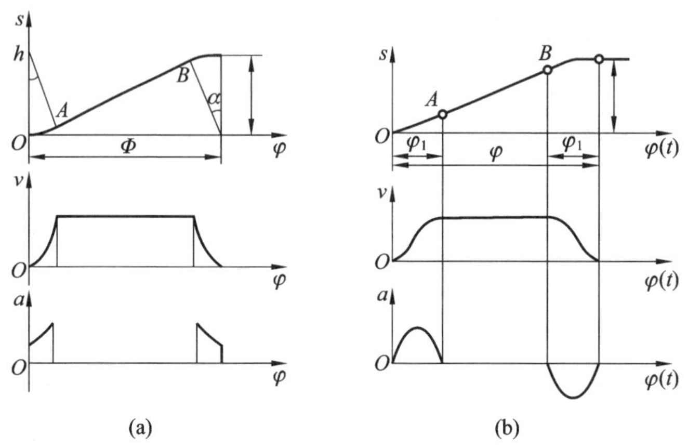

图 3-11　改进型等速运动规律

2. 梯形加速度运动规律

从表 3-3 可以看出，在行程 h 和运动角相同的条件下，等加速等减速运动规律较其他运动规律的最大加速度 a_{max}的值要小，但加速度曲线不连续，有柔性冲击。为此，可在等加速等减速运动规律的加速度曲线突变处用一段斜直线过渡，如图 3-12(a)所示。图中，加速度曲线由两个梯形构成，故称为梯形加速度运动规律。这种运动规律的加速度曲线无突变，避免了柔性冲击。若用正弦曲线代替上述斜直线，则可使加速度曲线光滑连续(见图 3-12(b))。这种运动规律称为改进梯形加速度运动规律，它具有良好的动力性能，适用于高速、轻载场合。

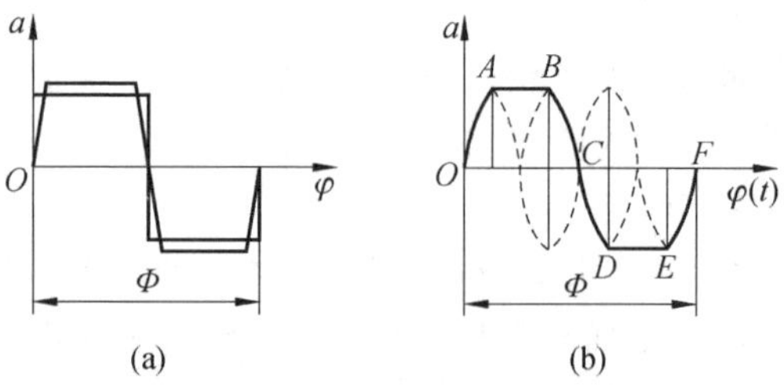

图 3-12　梯形加速度运动规律

3.2.3　从动件运动规律的设计

进行从动件运动规律的设计时，要注意以下问题。

1. 从动件的最大速度 v_{max} 要尽量小

工作行程中的最大速度 v_{max} 越大，则从动件的最大动量 mv_{max} 就越大，当从动件由于某种障碍而突然停止时将产生极大的冲力（因为 $F=mv/t$）。所以，为了停、动灵活和保证安全运行，希望从动件的动量要小。特别是从动件质量较大时，应选择最大速度 v_{max} 较小的运动规律。

2. 从动件的最大加速度 a_{max} 要尽量小

从动件工作行程中的最大加速度 a_{max} 越大，则惯性力就越大。由惯性力引起的动压力，对机构的强度及磨损都有很大的影响。a_{max} 是影响动力性能的主要因素，故高速凸轮机构应选择 a_{max} 较小的运动规律。

3. 从动件的最大跃动度 j_{max} 要尽量小

跃动度反映了惯性力的变化率，影响机构的运动平稳性。

v_{max}、a_{max} 和 j_{max} 的值越小越好，但这些值又互相制约、互相矛盾。要根据工作要求分清主次进行选择。

表 3-4 列出了几种从动件常用的运动规律及冲击特性数据，并给出了推荐应用的范围，可供设计运动规律时参考。

表 3-4　从动件常用的运动规律及冲击特性数据

运动规律	v_{max} $(h\omega/\Phi)\times$	a_{max} $(h\omega^2/\Phi^2)\times$	冲击特性	适用范围
等速	1.00	∞	刚性	低速、轻载
等加速等减速	2.00	4.00	柔性	中速、轻载
余弦加速度	1.57	4.93	柔性	中速、中载
正弦加速度	2.00	6.28	无	高速、轻载

3.3　盘形凸轮机构基本尺寸的确定

凸轮机构的基本尺寸有基圆半径 r_b、滚子半径 r_r、偏距 e 及摆动从动件的摆杆长度 l 和中心距 a，这些基本尺寸对凸轮机构的结构、传力性能都有重要的影响，但凸轮机构的基本尺寸之间相互制约、相互影响，所以如何合理地确定这些基本尺寸，是凸轮机构设计中要解决的重要问题。

在设计凸轮机构的基本尺寸时，要考虑的一个非常重要的参数是压力角 α。

在生产实际中，为了提高机构效率、改善传力性能，设计基本尺寸时务必使凸轮机构的最大压力角 α_{max} 小于或等于许用压力角$[\alpha]$，即

$$\alpha_{max} \leqslant [\alpha] \tag{3-10}$$

根据理论力学分析和实际经验，工作行程和非工作行程的许用压力角推荐值如下。

(1) 工作行程　对移动从动件，$[\alpha]=30°\sim38°$；对摆动从动件，$[\alpha]=40°\sim45°$。

(2) 非工作行程　无论是移动从动件还是摆动从动件，$[\alpha]=70°\sim80°$。

3.3.1　移动从动件盘形凸轮机构的基本尺寸

图 3-13 所示为偏置尖顶移动从动件盘形凸轮机构在推程中的一个位置。图 3-13(a)中，从动件导路偏在凸轮中心的右边；图 3-13(b)中，从动件导路偏在凸轮中心的左边，偏距均为 e。凸轮以逆时针方向转动，角速度为 ω_1。凸轮基圆半径为 r_b，从动件的移动速度为 v_2，P 为凸轮 1 和从动件 2 的速度瞬心。根据压力角的定义，可作出凸轮机构的压力角 α，如图 3-13 所示。

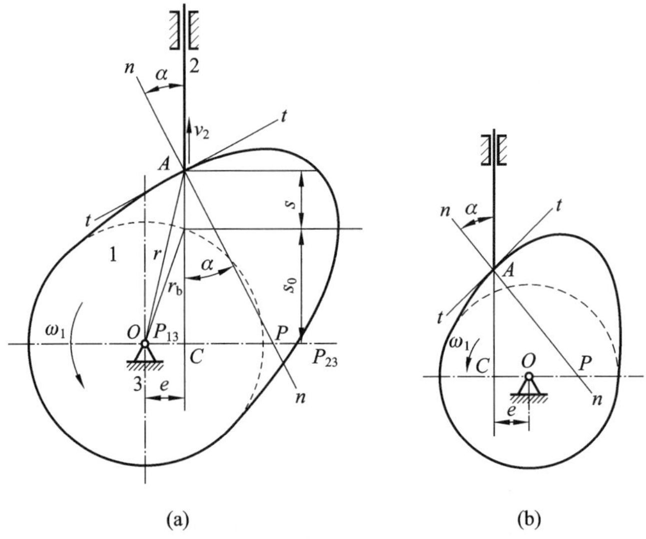

图 3-13　移动从动件盘形凸轮机构的基本尺寸

由图可知
$$\omega_1\,\overline{OP}=v_2$$
即
$$\overline{OP}=v_2/\omega_1$$
又因为
$$\tan\alpha=\frac{\overline{CP}}{\overline{AC}}=\frac{\overline{OP}\mp\overline{OC}}{s_0+s}$$

故由此可得

$$\tan\alpha = \frac{v_2/\omega_1 \mp e}{\sqrt{r_b^2 - e^2} + s} \tag{3-11}$$

式中:“∓”号与凸轮机构的偏置方位有关。对于对心移动从动件盘形凸轮机构,将 $e=0$ 代入式(3-11)得

$$\tan\alpha = \frac{v_2/\omega_1}{r_b + s} = \frac{v_2}{\omega_1(r_b + s)} \tag{3-12}$$

由式(3-11)、式(3-12)可以看出,凸轮机构的压力角与凸轮的基圆半径 r_b、从动件的偏置方位和偏距 e 有关。为了设计能满足已知运动规律且传力性能好的移动从动件盘形凸轮机构,必须选择合适的偏置方位和偏距 e,确定合理的基圆半径 r_b。

1. 偏距 e 的大小和偏置方位的确定

如上所述,式(3-11)中“∓”号与从动件导路对凸轮回转中心的偏置方位有关,即当点 C 和点 P 位于凸轮回转中心 O 的同侧(见图 3-13(a))时,式(3-11)中应取“−”号;反之,如果点 C 和点 P 位于凸轮回转中心 O 的异侧(见图 3-13(b))时,式(3-11)中应取“+”号。也可根据式(3-11)得出“从动件向上为工作行程,凸轮逆时针转动,则从动件偏置在凸轮回转中心右侧是合理的;反之,不合理”的判断方法。

偏置方位的选择原则是:应有利于减小从动件工作行程的最大压力角,以改善机构的传力性能。为此,应使从动件在工作行程中点 C 和点 P 位于凸轮回转中心 O 的同侧,这时凸轮上点 C 的线速度指向与从动件工作行程的线速度指向相同。

偏距 e 也不宜取得太大,一般可近似取为

$$e = \frac{1}{2} \cdot \frac{v_{max} + v_{min}}{\omega_1} < r_b$$

式中:v_{max}、v_{min}分别为从动件工作行程的最大和最小线速度;ω_1 为凸轮的角速度。

2. 凸轮基圆半径的确定

由式(3-11)可知,加大基圆半径 r_b,可以减小压力角 α,从而改善机构的传力性能,但同时加大了机构的总体尺寸。因此,设计时应根据具体情况,抓住主要矛盾,合理选定基圆半径 r_b。

(1) 若机构受力不大,而要求机构紧凑,应取较小的基圆半径。这时可考虑按许用压力角的要求确定基圆半径。

当凸轮回转中心和从动件导路的偏置方位正确,且偏距 e 已选定时,可将式(3-11)写成

$$\tan\alpha = \frac{v_2/\omega_1 - e}{\sqrt{r_b^2 - e^2} + s}$$

取 $\alpha=[\alpha]$,则一般应使

$$r_b \geqslant \sqrt{\left(\frac{v_2/\omega_1 - e}{\tan[\alpha]} - s\right)^2 + e^2} = \sqrt{\left[\frac{ds/d\varphi - e}{\tan[\alpha]} - s\right]^2 + e^2} \qquad (3\text{-}13)$$

(2) 若从动件的运动规律已被选定,即 $s=s(\varphi)$已知时,$ds/d\varphi$ 也可求出,代入式(3-13)可以求得对应于各个 φ 角的满足式(3-10)的 r_b 的一系列值,在这些值中取最大的值作为凸轮的基圆半径即可。

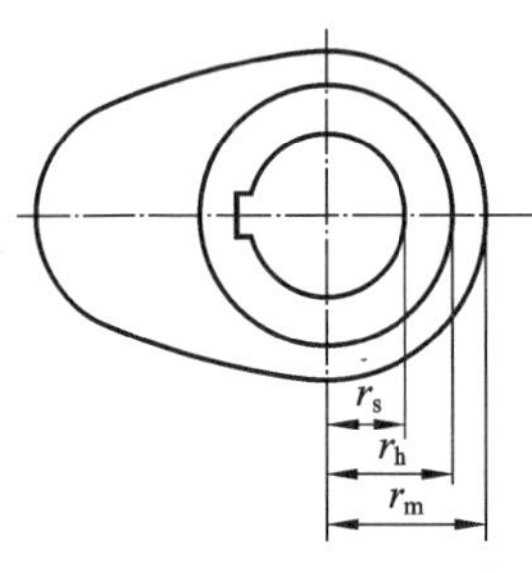

图 3-14　凸轮的结构尺寸

(3) 若机构受力较大,而对其尺寸又没有严格限制,可根据结构和强度的需要选定凸轮的基圆半径 r_b。

由于凸轮安装到轴上时,必须有足够大的轮毂,而且实际轮廓的最小向径 r_m 必须大于轮毂半径 r_h(见图 3-14),因此具体推荐如下:

对于铸铁凸轮,可取

$$\left.\begin{aligned} r_h &= 1.75r_s + (7 \sim 10)\ \text{mm} \\ r_m &= r_h + 3\ \text{mm} \end{aligned}\right\} \qquad (3\text{-}14)$$

式中:r_s 为轴的半径。对于钢制凸轮,式中取值可酌情减小。

根据结构选定基圆半径 r_b 以后,一般还应根据式(3-11)和式(3-10)校核压力角,或用图解法校核压力角,务必使 $\alpha_{max}\leqslant[\alpha]$。

3.3.2　摆动从动件盘形凸轮机构的基本尺寸

图 3-15(a)所示为一尖顶摆动从动件盘形凸轮机构,凸轮以等角速度 ω_1 逆时针方向转动。从动件此时的转向与凸轮转向相反。从动件与凸轮在点 B 接触,接触点的法线为 n-n,交连心线 O_1O_2 于 P,v_2 为从动件在点 B 接触时尖顶的速度,机构压力角为 α。P 为所求得的凸轮 1 和从动件 2 在图示位置的相对速度瞬心。过 O_2 作法线 n-n 的垂线,其垂足为 K 。设 ω_2 为从动件在该瞬时的角速度,则有

$$\left|\frac{\omega_2}{\omega_1}\right| = \frac{l_{O_1P}}{l_{O_2P}} = \frac{a - l_{O_2P}}{l_{O_2P}}$$

$$l_{O_2P} = \frac{a}{1 + |\omega_2/\omega_1|} \qquad (a)$$

由图 3-15(a)可得

$$l\cos\alpha = l_{O_2P}\cos(\psi_0 + \psi - \alpha) \qquad (b)$$

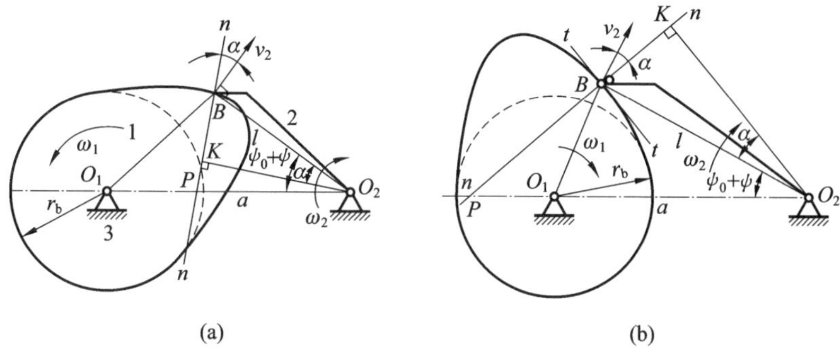

图 3-15　摆动从动件凸轮机构的基本尺寸

将式(a)代入式(b)并整理得

$$\tan\alpha = \frac{l(|\omega_2/\omega_1|+1)}{a\sin(\psi_0+\psi)} - \frac{1}{\tan(\psi_0+\psi)} \tag{3-15}$$

式(3-15)是在 ω_2 与 ω_1 异向的情况下推导出来的，若 ω_2 与 ω_1 同向(见图3-15(b))，用上述类似方法可推导出凸轮机构压力角计算公式为

$$\tan\alpha = \frac{l(\omega_2/\omega_1-1)}{a\sin(\psi_0+\psi)} + \frac{1}{\tan(\psi_0+\psi)} \tag{3-16}$$

在式(3-15)、式(3-16)中，ψ 为摆杆的角位移，$\psi=\psi(\varphi)$；ψ_0 为摆杆的初始位置角，其值为 $\psi_0=\arccos\left(\dfrac{a^2+l^2-r_b^2}{2al}\right)$；$a$ 为凸轮回转中心和摆杆摆动中心的中心距；l 为摆杆长度。

由式(3-15)和式(3-16)可知，摆动从动件盘形凸轮机构的压力角与从动件的运动规律、摆杆长度、基圆半径及中心距有关，且各参数互相影响。当用计算机进行设计时，先按具体结构选定中心距 a 和摆杆长度 l，并求出基圆半径 r_b，如果不合适，可调整 a 或 l，再算 r_b，如此多次反复计算来选取满足要求的参数。比较式(3-15)、式(3-16)可知，在运动规律和基本尺寸相同的情况下，ω_1 和 ω_2 异向，会减小摆动从动件盘形凸轮机构的压力角。

【例 3-1】　一移动滚子从动件盘形凸轮机构，已知凸轮逆时针方向等速转动，当凸轮从初始位置转过 90°时，从动件以正弦加速度运动规律上升 20 mm，凸轮再转过 90°时，从动件以余弦加速度运动规律下降到原位，凸轮转过一周中的其余角度时，从动件静止不动。从动件向上为其工作行程(见图 3-13(a))。试确定偏距 e 及凸轮基圆半径。

【解】　(1) 求偏距 e。

根据近似公式：

$$e=\frac{1}{2}\frac{v_{\max}+v_{\min}}{\omega}<r_b$$

已知 $\Phi=\frac{\pi}{2}=90°,\quad h=20\ \text{mm}$

$$v=\frac{h\omega}{\Phi}\left[1-\cos\left(\frac{2\pi}{\Phi}\varphi\right)\right]$$

设 $v_{\min}=0$；当 $\varphi=\frac{\Phi}{2}$时，$v=v_{\max}$，故

$$\frac{v_{\max}}{\omega}=\frac{h}{\Phi}\left[1-\cos\left(\frac{2\pi}{\Phi}\frac{\Phi}{2}\right)\right]=25.5\ \text{mm}$$

$$e=\frac{1}{2}\times 25.5\ \text{mm}=12.7\ \text{mm}$$

取 $e=15$ mm。

(2) 求基圆半径 r_b。

根据式(3-13)得

$$r_b\geqslant\sqrt{\left(\frac{|v/\omega-e|}{\tan[\alpha]}-s\right)^2+e^2}$$

由于 $\tan\alpha$ 应取正值，故加上绝对值符号。

正弦加速度运动规律：

$$s=h\left[\frac{\varphi}{\Phi}-\frac{1}{2\pi}\sin\left(\frac{2\pi}{\Phi}\varphi\right)\right]$$

$$\frac{v}{\omega}=\frac{h}{\Phi}\left[1-\cos\left(\frac{2\pi}{\Phi}\varphi\right)\right]$$

由于工作行程是推程，故只根据推程时的压力角来确定基圆半径，回程可不考虑。

取$[\alpha]=30°$，隔 15°取一个点进行计算，把 s 和 v/ω 代入 r_b 表达式中可求得表 3-5 所示数据：

表 3-5 例 3-1 表

凸轮转角 φ	0°	15°	30°	45°	60°	75°	90°
基圆半径 r_b/mm	30.0	20.8	15.3	17.1	17.5	15.6	16.2

由上表可知，r_b 应大于 30 mm，考虑到工作行程压力角应尽量小一些，在结构尺寸无严格要求的条件下，基圆半径应尽可能取大些。如取安全系数为1.3，则 $r_b=1.3\times 30\ \text{mm}\approx 40\ \text{mm}$。

3.4 盘形凸轮机构设计

当根据使用场合和工作要求选定了凸轮机构的类型和从动件的运动规律

后，即可根据选定的基圆半径进行凸轮轮廓曲线的设计了。轮廓曲线的设计方法有作图法和解析法，但无论使用哪种方法，它们所依据的基本原理都是相同的。本节首先介绍凸轮轮廓曲线设计的基本原理，然后分别介绍利用作图法和解析法设计凸轮轮廓曲线的方法和步骤。

3.4.1 凸轮轮廓曲线设计的基本原理

设计凸轮轮廓曲线时通常都用反转法。所谓反转法，是建立在相对运动原理上的一种方法。

如图3-16所示为一尖顶移动从动件盘形凸轮机构。当凸轮以等角速度 ω 按逆时针方向转动时，其便驱使从动件按一定的运动规律在导路中上下移动；当从动件处于最低位置时，凸轮轮廓曲线与从动件在点 A 接触；当凸轮转过 φ_1 角时，凸轮的向径 OA 将转到 OA' 的位置上，而凸轮轮廓将转到图中虚线所示的位置。这时从动件尖顶从最低位置 A 上升至 B'，上升的距离 $s_1=AB'$。这是凸轮转动时从动件的真实运动情况。

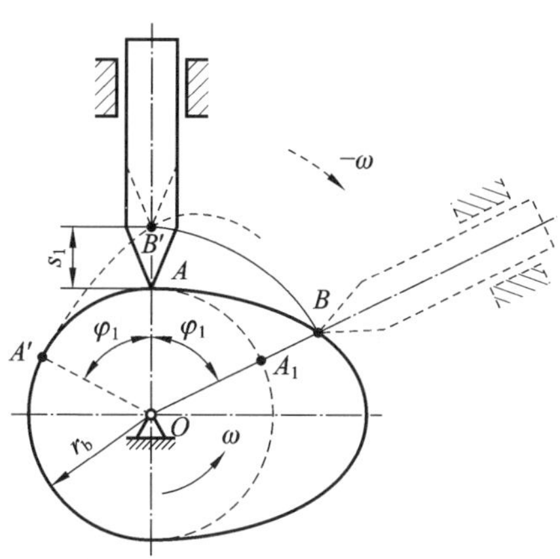

图3-16 尖顶移动从动件盘形凸轮机构

在设计凸轮轮廓曲线时，假想给整个凸轮机构加上一个与凸轮角速度 ω 大小相等、方向相反的公共角速度 $(-\omega)$。这样，机构中各构件的相对运动关系并不改变，但原来以角速度 ω 转动的凸轮将处于静止状态；而从动件连同导路（机架）一起则以 $(-\omega)$ 的角速度围绕凸轮原来的转动轴线 O 转过 φ_1 角，同时从动件又在导路中做相对移动（即从动件做复合运动），运动到图中虚线所示的位置。此时从动件向上移动的距离为 A_1B，而 $A_1B=AB'=s_1$，即在上述两种情况下，从动件移动的距离不变。由于从动件的尖顶始终与凸轮轮廓保持接触，所以此时从动件尖顶所占据的位置 B 一定是凸轮轮廓曲线上的一点。若继续反转从动件，从动件在上述复合运动中的轨迹便是凸轮轮廓曲线。

3.4.2 用作图法设计凸轮轮廓曲线

1. 移动从动件盘形凸轮轮廓曲线的设计

1）尖顶从动件

图 3-17(a)所示为一偏置移动从动件盘形凸轮机构。设已知凸轮的基圆半径为 r_b，从动件轴线偏于凸轮轴心的左侧，偏距为 e，凸轮以等角速度 ω 顺时针方向转动，从动件的位移曲线如图 3-17(b)所示，试设计凸轮的轮廓曲线。

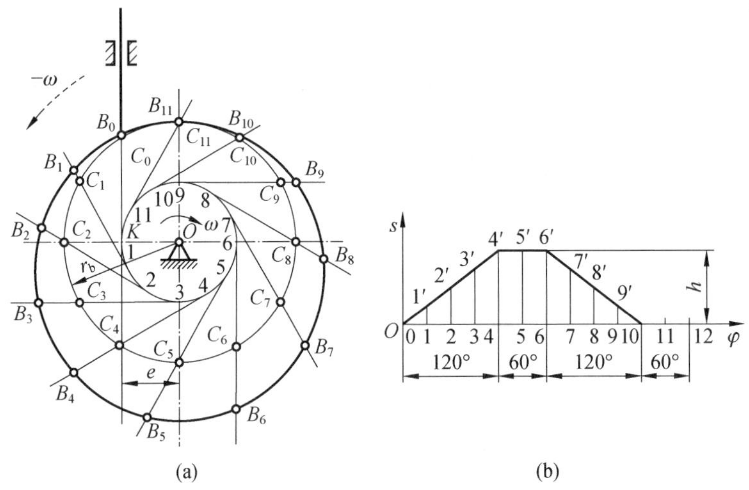

(a)　　(b)

图 3-17　作图法求尖顶移动从动件凸轮轮廓

依据反转法原理，具体设计步骤如下。

(1) 选取适当的比例尺，作出从动件的位移线图，如图 3-17(b)所示。将位移线图的横坐标分成若干等分，得分点 1，2，…，12。

(2) 选取同样的比例尺，以 O 为圆心，r_b 为半径作基圆，并根据从动件的偏置方向画出从动件的起始位置线，该位置线与基圆的交点 B_0，便是从动件尖顶的初始位置。

(3) 以 O 为圆心、$OK=e$ 为半径作偏距圆，该圆与从动件的起始位置线切于点 K。

(4) 自点 K 开始，沿($-\omega$)方向将偏距圆分成与图 3-17(b)的横坐标对应的区间和等分，得若干分点。过各分点作偏距圆的切射线，这些线代表从动件在反转过程中依次占据的位置线。它们与基圆的交点分别为 C_1，C_2，…，C_{11}。

(5) 在上述切射线上，从基圆起向外截取线段，使其分别等于图 3-17(b)中相应的纵坐标，即 $C_1B_1=11'$，$C_2B_2=22'$，…，得点 B_1，B_2，…，B_{11}，这些点即代表反转过程中从动件尖顶依次占据的位置。

(6) 将点 B_0，B_1，B_2，…连成光滑的曲线(图中 $B_4\sim B_6$ 间和 $B_{10}\sim B_0$ 间均为以 O 为圆心的圆弧)，即得所求的凸轮轮廓曲线。

2) 滚子从动件

对于图 3-18 所示的偏置移动滚子从动件盘形凸轮机构，当用反转法使凸轮固定不动后，从动件的滚子在反转过程中，将始终与凸轮轮廓曲线保持接触，而滚子中心将描绘出一条与凸轮轮廓曲线法向等距的曲线 η。由于滚子中心 B 是从动件上的一个铰接点，所以它的运动规律就是从动件的运动规律，即曲线 η 可以根据从动件的位移曲线作出。一旦作出了这条曲线，就可以顺利地绘制出凸轮的轮廓曲线了。具体作图步骤如下。

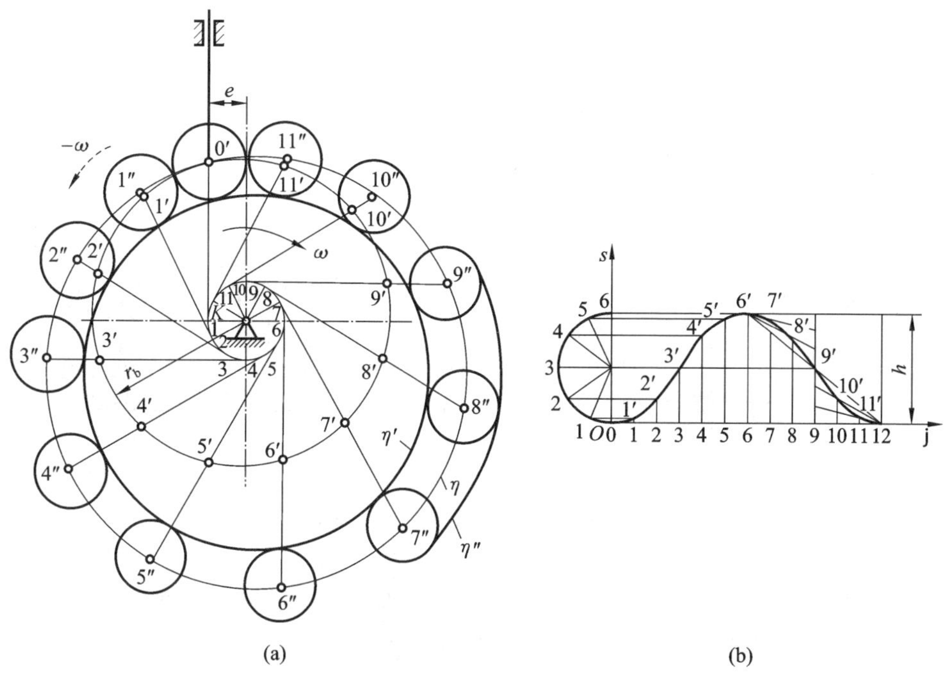

图 3-18　作图法求移动滚子从动件凸轮轮廓曲线

(1) 滚子中心 B 假想为尖顶从动件的尖顶，按照上述尖顶从动件凸轮轮廓曲线的设计方法作出曲线 η，这条曲线是反转过程中滚子中心的运动轨迹，称为凸轮的理论轮廓曲线。

(2) 以理论轮廓曲线上各点为圆心，以滚子半径 r_r 为半径，作一系列滚子圆，然后作这族滚子圆的内包络线 η'，它就是凸轮的实际轮廓曲线。很显然，该实际轮廓曲线是上述理论轮廓曲线的等距曲线(法向等距,其距离为滚子半径)。

若同时作这族滚子圆的内、外包络线 η' 和 η'',则形成表 3-2 中所示的沟槽凸轮的轮廓曲线。

由上述作图过程可知,在滚子从动件盘形凸轮机构的设计中,r_b 指的是理论轮廓曲线的基圆半径。需要指出的是,在滚子从动件的情况下,从动件的滚子与凸轮实际轮廓曲线的接触点是变化的。

3) 平底从动件

平底从动件盘形凸轮机构的凸轮轮廓曲线的设计方法,可用图 3-19 来说明。其基本思路与上述滚子从动件盘形凸轮机构相似,不同的是取从动件平底表面上的点 B_0 作为假想的尖顶从动件的尖顶。具体作图步骤如下。

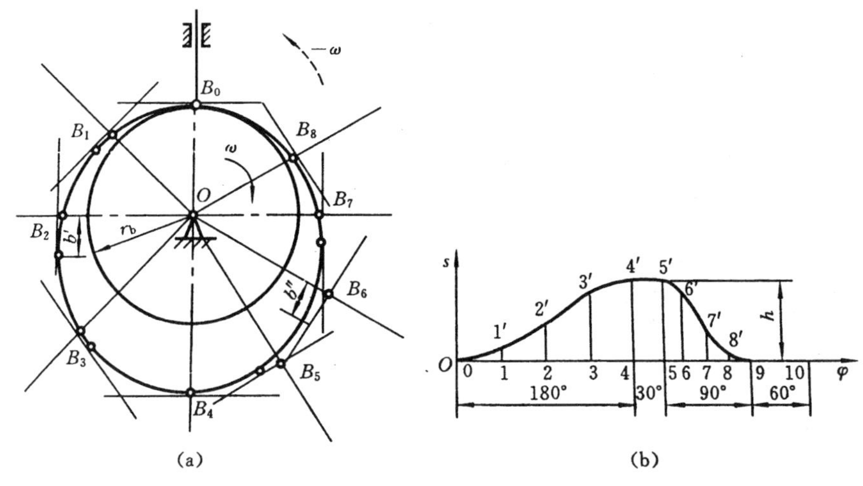

图 3-19　作图法求移动平底从动件凸轮轮廓曲线

(1) 取平底与导路中心线的交点 B_0 作为假想的尖顶从动件的尖顶,按照尖顶从动件盘形凸轮的设计方法,求出该尖顶反转后的一系列位置 B_1,B_2,B_3,…。

(2) 过 B_1,B_2,B_3,…各点,画出一系列代表平底的直线,得一直线族。这族直线即代表反转过程中从动件平底依次占据的位置。

(3) 作该直线族的包络线,即可得到凸轮的实际轮廓曲线。

由图中可以看出,平底上与凸轮实际轮廓曲线相切的点是随机构位置变化的。因此,为了保证所有位置从动件平底都能与凸轮轮廓曲线相切,凸轮的所有轮廓曲线必须都是外凸的,并且平底左、右两侧的宽度应分别大于导路中心线至左、右最远点的距离 b' 和 b'' 。

2. 摆动从动件盘形凸轮轮廓曲线的设计

图 3-20(a)所示为一尖顶摆动从动件盘形凸轮机构。已知凸轮轴心与从动件转轴之间的中心距为 a，凸轮基圆半径为 r_b，从动件长度为 l，凸轮以等角速度 ω 逆时针转动，从动件的运动规律如图 3-20(b)所示。设计该凸轮的轮廓曲线。

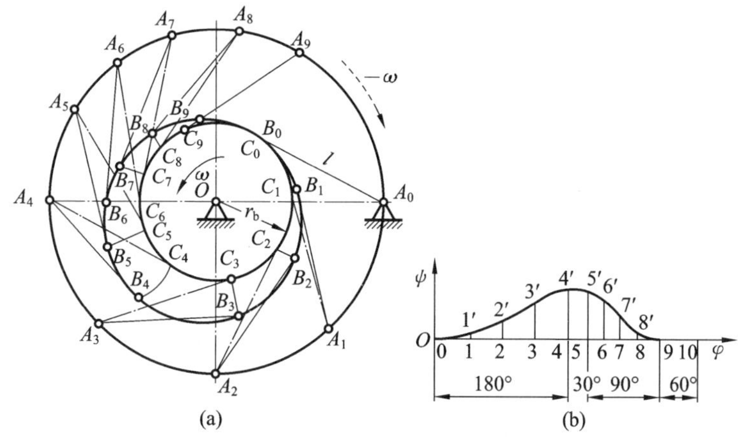

图 3-20　作图法求摆动从动件凸轮轮廓曲线

反转法原理同样适用于摆动从动件凸轮机构。当给整个机构绕凸轮转动中心 O 加上一个公共的角速度($-\omega$)时，凸轮将固定不动，从动件的转轴 A 将以角速度($-\omega$)绕点 O 转动，同时从动件将仍按原有的运动规律绕转轴 A 摆动。因此，凸轮轮廓曲线可按下述步骤设计。

(1) 选取适当的比例尺，作出从动件的位移线图，并将推程和回程区间位移曲线的横坐标各分成若干等分，如图 3-20(b)所示。与移动从动件不同的是，这里纵坐标代表从动件的摆角 ψ，因此纵坐标的比例尺是 1 mm 代表多少角度。

(2) 以 O 为圆心、r_b 为半径作出基圆，并根据已知的中心距 a，确定从动件转轴 A 的位置 A_0。然后以 A_0 为圆心，以从动件杆长 l 为半径作圆弧，交基圆于 C_0 点。A_0C_0 即代表从动件的初始位置，C_0 即为从动件尖顶的初始位置。

(3) 以 O 为圆心，以 $OA_0=a$ 为半径作转轴圆，并自点 A_0 开始沿着($-\omega$)方向将该圆分成与图 3-20(b)中横坐标对应的区间和等分，得点 $A_1, A_2, \cdots, A_9$。它们代表反转过程中从动件转轴 A 依次占据的位置。

(4) 以上述各点为圆心，以从动件杆长 l 为半径，分别作圆弧，交基圆于 $C_1, C_2, \cdots$ 各点，得线段 $A_1C_1, A_2C_2, \cdots$；以 $A_1C_1, A_2C_2, \cdots$ 为一边，分别作 $\angle C_1A_1B_1, \angle C_2A_2B_2, \cdots$，使它们分别等于图 3-20(b)中对应的角位移，得线段

$A_1B_1, A_2B_2, \cdots$。这些线段即代表反转过程中从动件依次占据的位置。B_1，$B_2, \cdots$，即为反转过程中从动件尖顶的运动轨迹。

(5) 将 $B_0, B_1, B_2, \cdots$ 连成光滑的曲线，即得凸轮的轮廓曲线。由图中可以看出，该轮廓曲线与线段 AB 在某些位置已经相交，故在考虑机构的具体结构时，应将从动件做成弯杆形式，以免机构运动过程中凸轮与从动件发生干涉。

需要指出的是，在摆动从动件的情况下，位移曲线纵坐标的长度代表的是从动件的角位移，因此，在绘制凸轮轮廓曲线时，需要先把这些长度转换成角度，然后才能一一对应地把它们转移到凸轮轮廓设计图上。

若采用滚子或平底从动件，则上述连 $B_0, B_1, B_2, \cdots$ 各点所得的光滑曲线为凸轮的理论轮廓曲线。过这些点作一系列滚子圆或平底，然后作它们的包络线即可求得凸轮的实际轮廓曲线。

由上述设计过程可以看出，用作图法求出的凸轮轮廓曲线，设计精度不高，因此只适用于速度比较低的凸轮机构。

在计算机技术已经高度发展和普及的今天，作图法因其设计烦琐、精度低而基本失去实用价值。而解析法具有计算精度高、速度快、易实现可视化等优点，更适合于凸轮在数控机床上的加工，有利于实现 CAD/CAM 一体化。

3.4.3 用解析法设计凸轮轮廓曲线

3.4.3.1 尖顶移动从动件盘形凸轮机构

已知：凸轮以角速度 ω 逆时针方向回转，其基圆半径为 r_b，从动件偏在凸轮转动中心 O 的右边，偏距为 e，从动件运动规律为 $s=s(\varphi)$（位移线图如图 3-21(b)所示）。试设计凸轮轮廓曲线。

建立直角坐标系 Oxy 如图 3-21 所示，点 B_0 为凸轮轮廓曲线上推程的起始点。当凸轮转过 φ 角时，凸轮上向径 OB 到达 OB_1，推动从动件尖顶从初始位置点 B_0 向上移动 s 到达点 B_1，根据上述反转法原理，若将点 B_1 反转一个角度($-\varphi$)得点 B，点 B 即为凸轮轮廓曲线上的点。根据绕坐标原点转动的构件上的点运动前后的坐标关系有

$$x_B = \cos(-\varphi)x_{B_1} - \sin(-\varphi)y_{B_1}$$
$$y_B = \sin(-\varphi)x_{B_1} + \cos(-\varphi)y_{B_1}$$

令

$$\boldsymbol{R}_{-\varphi} = \begin{bmatrix} \cos(-\varphi) & -\sin(-\varphi) \\ \sin(-\varphi) & \cos(-\varphi) \end{bmatrix} = \begin{bmatrix} \cos\varphi & \sin\varphi \\ -\sin\varphi & \cos\varphi \end{bmatrix}$$

则

$$\begin{bmatrix} x_B \\ y_B \end{bmatrix} = \boldsymbol{R}_{-\varphi} \begin{bmatrix} x_{B_1} \\ y_{B_1} \end{bmatrix} \tag{3-17}$$

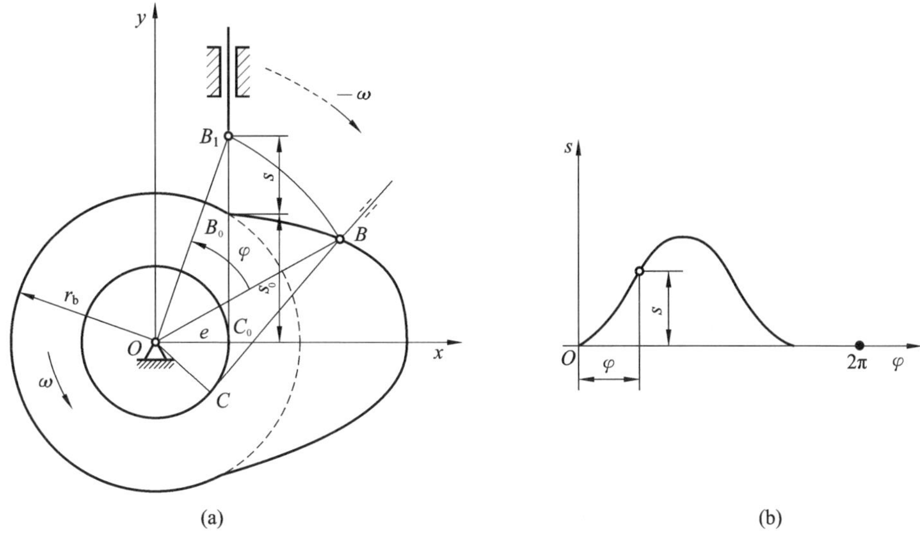

图 3-21　尖顶移动从动件凸轮轮廓曲线的设计

式中：$\boldsymbol{R}_{-\varphi}$ 为平面旋转矩阵；点 B_1 的坐标为 $[x_{B_1},\ y_{B_1}]^{\mathrm{T}}=[e,(s_0+s)]^{\mathrm{T}}$，而 $s_0=\sqrt{r_b^2-e^2}$。

将 $\boldsymbol{R}_{-\varphi}$、$[x_{B_1},y_{B_1}]^{\mathrm{T}}$ 代入式(3-17)，即可求得满足运动要求的凸轮轮廓上点 B 的坐标为

$$\begin{bmatrix} x_B \\ y_B \end{bmatrix}=\begin{bmatrix} \cos\varphi & \sin\varphi \\ -\sin\varphi & \cos\varphi \end{bmatrix}\begin{bmatrix} e \\ s_0+s \end{bmatrix}=\begin{bmatrix} e\cos\varphi+(s_0+s)\sin\varphi \\ -e\sin\varphi+(s_0+s)\cos\varphi \end{bmatrix} \tag{3-18}$$

3.4.3.2　尖顶摆动从动件盘形凸轮机构

已知：凸轮以角速度 ω 逆时针方向回转，其基圆半径为 r_b，凸轮中心 O 与从动件摆动中心 A 的距离 $l_{OA}=a$；从动件摆杆长度为 l，从动件运动规律为 $\psi=\psi(\varphi)$。试设计凸轮轮廓曲线。

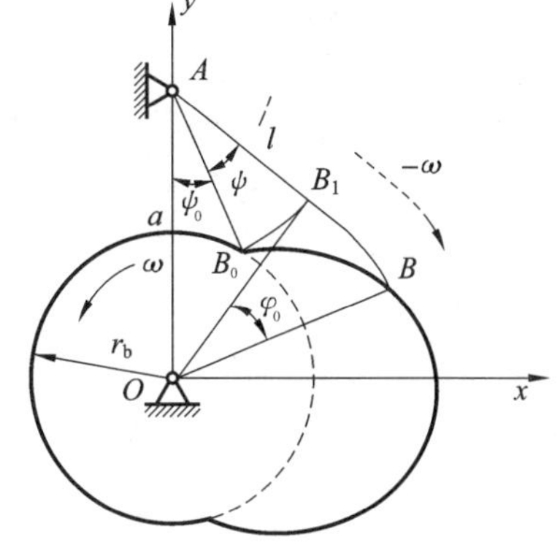

图 3-22　摆动从动件凸轮轮廓曲线的设计

建立直角坐标系 Oxy 如图 3-22 所示，点 B_0 为凸轮轮廓上推程的起始点。当凸轮转过 φ 角时，凸轮上向径 OB 到达 OB_1，推动从动件尖顶从初始位置点 B_0 摆动角 $\psi=\psi(\varphi)$ 到达点 B_1，根据前述摆动从动件反转法原理，若将点 B_1 反转一个角度$(-\varphi)$得点 B，点 B 即为凸轮轮廓曲线上的点。同样分析可得

$$\begin{bmatrix} x_B \\ y_B \end{bmatrix} = \boldsymbol{R}_{-\varphi} \begin{bmatrix} x_{B_1} \\ y_{B_1} \end{bmatrix}$$

其中，

$$\boldsymbol{R}_{-\varphi} = \begin{bmatrix} \cos\varphi & \sin\varphi \\ -\sin\varphi & \cos\varphi \end{bmatrix}$$

$$[x_{B_1}, y_{B_1}]^{\mathrm{T}} = [l\sin(\psi_0 + \psi), a - l\cos(\psi_0 + \psi)]^{\mathrm{T}} \tag{3-19}$$

式中：ψ_0 为从动件的初始位置角，有

$$\cos\psi_0 = \frac{a^2 + l^2 - r_{\mathrm{b}}^2}{2al}$$

于是，可写出凸轮轮廓曲线上的点 B 的坐标为

$$\begin{bmatrix} x_B \\ y_B \end{bmatrix} = \boldsymbol{R}_{-\varphi} \begin{bmatrix} x_{B_1} \\ y_{B_1} \end{bmatrix} = \begin{bmatrix} a\sin\varphi + l\sin(\psi_0 + \psi - \varphi) \\ a\cos\varphi - l\cos(\psi_0 + \psi - \varphi) \end{bmatrix} \tag{3-20}$$

由此可得出用解析法求凸轮轮廓曲线上点的直角坐标的步骤如下。

(1) 画出凸轮机构的初始位置，并标出选定的直角坐标系 Oxy。

(2) 写出平面旋转矩阵 $\boldsymbol{R}_{-\varphi}$，其中“$-\varphi$”表示与转角 φ 转向相反的转角，以逆时针方向为正。

(3) 写出点 B_1 的坐标$[x_{B_1}, y_{B_1}]^{\mathrm{T}}$。

(4) 由$\begin{bmatrix} x_B \\ y_B \end{bmatrix} = \boldsymbol{R}_{-\varphi} \begin{bmatrix} x_{B_1} \\ y_{B_1} \end{bmatrix}$，求出凸轮轮廓曲线上点的直角坐标$[x_B, y_B]^{\mathrm{T}}$。

3.4.3.3　滚子从动件盘形凸轮机构的设计

1. 轮廓曲线的设计

如图 3-23 所示，设计滚子从动件盘形凸轮轮廓曲线可分如下两步进行。

(1)首先把滚子中心视为尖顶从动件的尖顶，按上述尖顶从动件凸轮轮廓曲线的求法，求出滚子中心在固定坐标系 Oxy 中的轨迹 η，即为滚子从动件盘形凸轮的理论轮廓曲线。

(2) 再以理论轮廓曲线 η 上的各点为中心，以滚子半径为半径，作一系列的滚子圆，此圆族的内包络线 η' 即为滚子从动件凸轮的工作轮廓曲线，称为滚子从动件的实际轮廓曲线。沟槽凸轮有两条实际轮廓曲线 η' 和 η''(见图 3-23)。

理论轮廓曲线与实际轮廓曲线互为等距曲线。因此，理论轮廓曲线和实际轮廓曲线具有公共的曲率中心和法线，显然理论轮廓曲线与实际轮廓曲线在法线方向的距离处处相等，都等于滚子半径 r_{r}。

假设理论轮廓曲线上任一点 B 的坐标为(x_B, y_B)，根据前述尖顶从动件凸轮轮廓曲线上点的坐标的求法可以求得，由高等数学可知，理论轮廓曲线上的点 B 处法线 n-n 的斜率(与切线斜率互为负倒数)应为

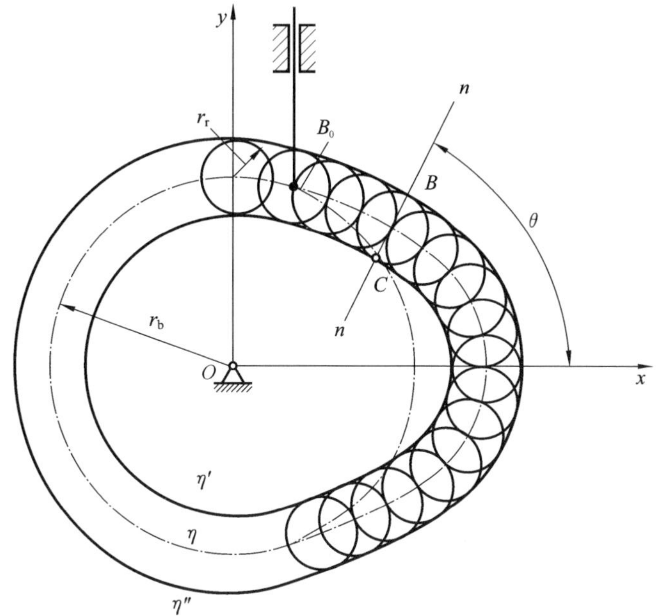

图 3-23　滚子从动件凸轮轮廓曲线

$$\tan\theta = \frac{dx_B}{-dy_B} = \frac{dx_B/d\varphi}{-dy_B/d\varphi} \tag{3-21}$$

式中：$dx_B/d\varphi$、$dy_B/d\varphi$ 可由式(3-18)或式(3-20)对 φ 求导求得。

应当注意，θ 角可在 0°～360°之间变化，θ 角具体属于哪个象限可根据式(3-21)中分子、分母的值的正、负来判断。求出 θ 角后，便可求出实际轮廓曲线上对应点 C 的坐标为

$$\left.\begin{aligned} x_C &= x_B \mp r_r\cos\theta \\ y_C &= y_B \mp r_r\sin\theta \end{aligned}\right\} \tag{3-22}$$

式中：x_B、y_B 为理论轮廓曲线上点 B 的坐标；r_r 为滚子的半径。式中的上一组符号用于内包络曲线，下一组符号用于外包络曲线。式(3-22)即为滚子从动件盘形凸轮的实际轮廓曲线方程。

2. 刀具中心轨迹方程

在数控机床上加工凸轮，通常需给出刀具中心的直角坐标值。设刀具半径为 r_c，滚子半径为 r_r，若刀具半径与滚子半径完全相等，那么理论轮廓曲线的坐标值即为刀具中心的坐标值。但当用数控铣床加工凸轮或用砂轮磨削凸轮时，刀具半径 r_c 往往大于滚子半径 r_r。由图 3-24(a)可以看出，这时刀具中心的运动轨迹 η_c 为理论轮廓曲线 η 的等距曲线，相当于以 η 为中心和以(r_c-r_r)为半

径所作的一系列滚子圆的外包络线；反之，当用钼丝在线切割机床上加工凸轮时，$r_c < r_r$，如图 3-24(b)所示。这时刀具中心的运动轨迹 η_c 相当于以 η 为中心和以$(r_r - r_c)$为半径所作一系列滚子圆的内包络线。只要用$|r_c - r_r|$代替 r_r，便可由式(3-22)求出外包络线或内包络线上各点的坐标值。

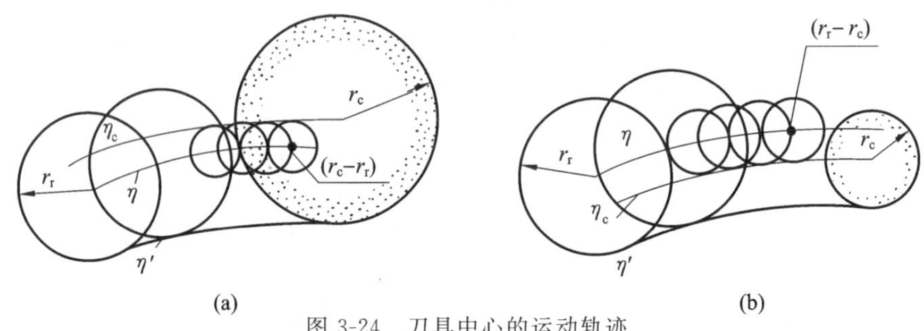

图 3-24　刀具中心的运动轨迹

3. 滚子半径的确定

当采用滚子从动件时，应注意滚子半径的选择，否则从动件有可能实现不了预期的运动规律。如图 3-25 所示，设凸轮的理论轮廓曲线的最小曲率半径为 ρ_{min}，滚子半径为 r_r，则有以下几种情况。

(1) 当 $r_r < \rho_{min}$时，实际轮廓曲线的最小曲率半径 $\rho_{bmin} = \rho_{min} - r_r > 0$(见图 3-25(a))，画出的实际轮廓曲线为一光滑曲线。

(2) 当 $r_r > \rho_{min}$时，$\rho_{bmin} = \rho_{min} - r_r < 0$，这时实际轮廓曲线将出现交叉现象(见图 3-25(b))。在此情况下，若用刀具半径与滚子半径相等的铣刀加工凸轮，则将把交叉部位切掉，致使从动件工作时不能按预期的运动规律运动，造成从动件运动失真。

(3) 当 $r_r = \rho_{min}$时，$\rho_{bmin} = 0$，实际轮廓曲线将出现尖点(见图 3-25(c))，从动件与凸轮在尖点处接触，其接触应力很大，极易磨损，这样凸轮工作一段时间后同样也会引起运动的失真。

上述(2)和(3)两种情况都是应该避免的。至于内凹的轮廓曲线，则不存在运动失真问题(见图 3-25(d))。

为了避免出现运动失真和应力集中，实际轮廓曲线的最小曲率半径不应小于 3 mm，所以应有

$$\rho_{bmin} = \rho_{min} - r_r \geqslant 3 \text{ mm}$$

即

$$r_r \leqslant \rho_{min} - 3 \text{ mm}$$

一般建议：$r_r \leqslant 0.8\rho_{min}$，或 $r_r \leqslant 0.4r_b$。但从滚子的结构和强度上考虑，滚子半径也不能太小，若直接用滚动轴承作为滚子，还应考虑滚动轴承的标准尺寸，否则可能满足不了以上条件。在此情况下，应增大基圆半径重新设计，可增大 ρ_{min}以

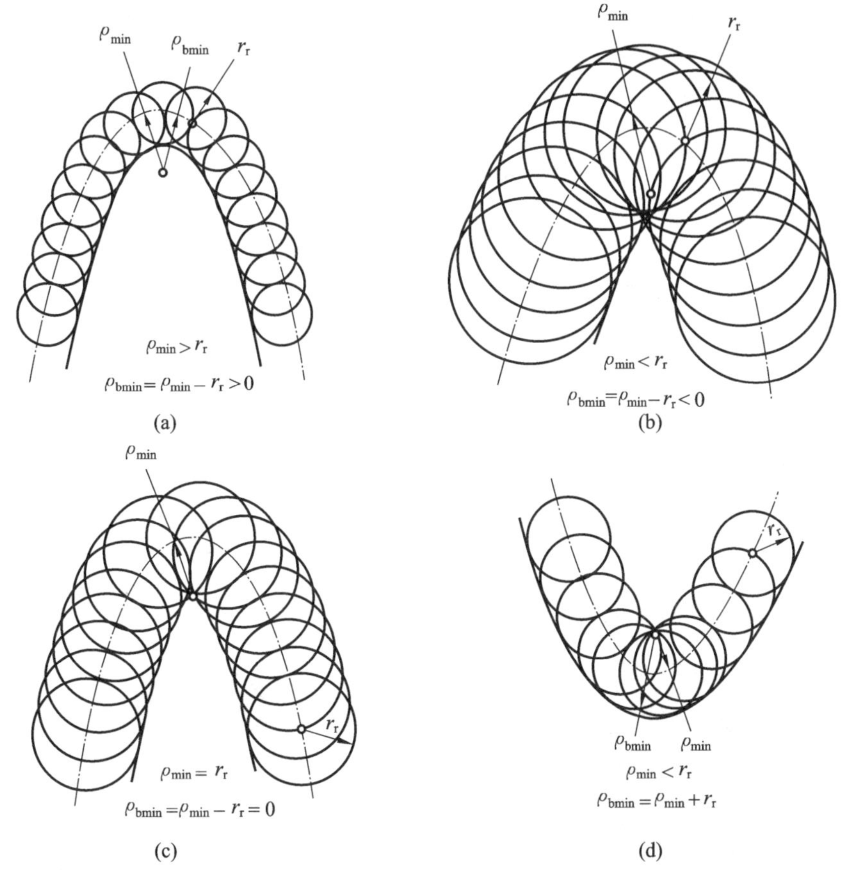

图 3-25　滚子半径的确定

满足上述条件。

由高等数学可知，曲线曲率半径的计算公式为

$$\rho = \frac{[1 + (\mathrm{d}y/\mathrm{d}x)^2]^{3/2}}{\mathrm{d}^2 y/\mathrm{d}x^2} \tag{3-23}$$

式中：$\dfrac{\mathrm{d}y}{\mathrm{d}x} = \dfrac{\mathrm{d}y/\mathrm{d}\varphi}{\mathrm{d}x/\mathrm{d}\varphi}$，$\dfrac{\mathrm{d}^2 y}{\mathrm{d}x^2} = \dfrac{\mathrm{d}^2 y/\mathrm{d}\varphi^2}{\mathrm{d}^2 x/\mathrm{d}\varphi^2}$，可由式(3-18)、式(3-20)逐次求导得到。具体求解 ρ 时，可借助计算机逐点用数值解析法计算出 ρ 值，从中找到最小值 ρ_{min}。

3.4.3.4　平底移动从动件盘形凸轮机构的设计

1. 轮廓曲线的设计

如图 3-26 实线所示为对心移动从动件盘形凸轮机构在凸轮转过转角 φ，从动件上升位移为 s 时的位置图，此时凸轮与从动件在点 B_1 接触，P 为该位置时凸轮 1 与从动件 2 的速度瞬心。按照反转法，凸轮以($-\omega$)反转角度 φ 时，凸轮静止不动，其位置如图中虚线所示，点 B_1 反转到点 B，凸轮上点 B 在固定坐标系 Oxy 上的坐标可由式(3-17)求得，即将 $x_{B_1}=OP=v_2/\omega=\mathrm{d}s/\mathrm{d}\varphi$，$y_{B_1}=r_b+s$ 代入式(3-17)，可得

$$\begin{bmatrix} x_B \\ y_B \end{bmatrix}=\begin{bmatrix} \dfrac{\mathrm{d}s}{\mathrm{d}\varphi}\cos\varphi+(r_b+s)\sin\varphi \\ -\dfrac{\mathrm{d}s}{\mathrm{d}\varphi}\sin\varphi+(r_b+s)\cos\varphi \end{bmatrix} \tag{3-24}$$

2. 平底长度的确定

对于平底移动从动件盘形凸轮机构，只要运动规律相同，偏置从动件和对心从动件具有同样的轮廓曲线(见图 3-27)，故设计时一般按对心从动件设计凸轮轮廓曲线。

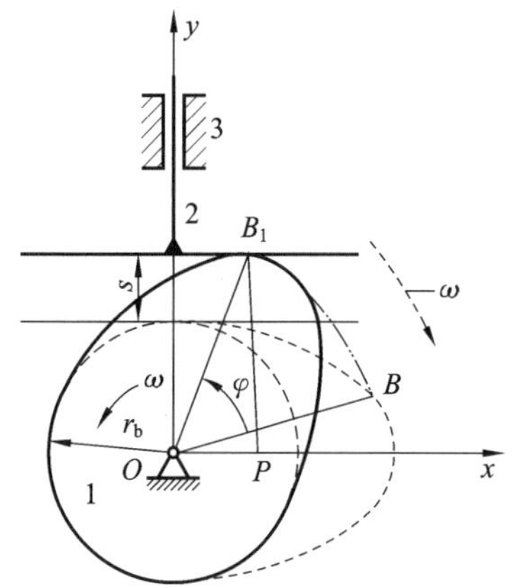

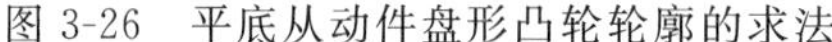
图 3-26 平底从动件盘形凸轮轮廓的求法

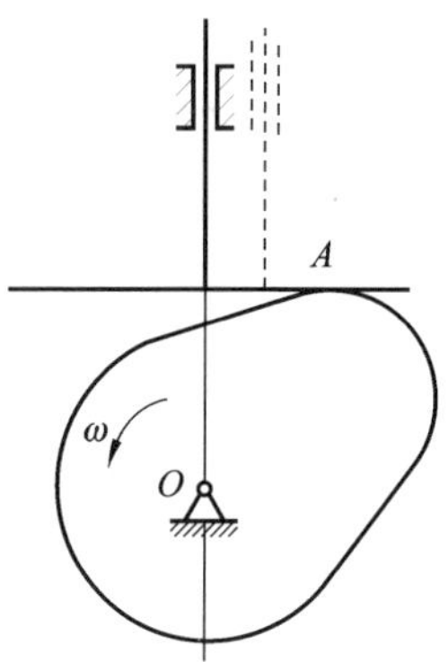

图 3-27 平底从动件的导路线

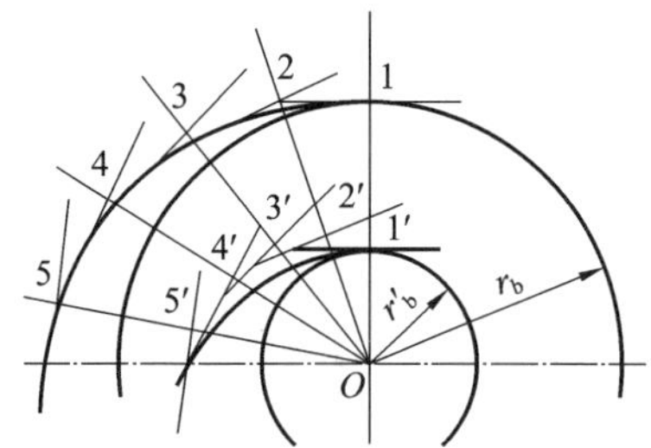

图 3-28 平底从动件凸轮机构的运动失真

平底从动件也会出现运动失真的情况：一方面，要保证从动件平底与凸轮总是相切接触，则平底的尺寸需要足够大，否则就会出现运动失真；另一方面，具有平底从动件的凸轮机构，其凸轮轮廓向径不能变化太快，如图3-28所示的情况也会产生运动失真，其原因是位移规律相对于基圆半径变化太快。解决这种情况产生的运动失真问题，可根据具体情况，加大基圆半径，使实际轮廓在全程范围内各位置都能与平底相切接触。

如图 3-26 所示，从动件平底与凸轮的接触点 B_1 不在从动件导路中心线上，而且接触点的位置随机构的位置而变化。为了保证在任意瞬时位置从动件

平底与凸轮轮廓均能相切接触，则平底左、右两侧的宽度应大于平底与凸轮接触点到从动件导路中心线的左、右两侧的最远距离 L_{max} 和 L'_{max}，所以平底总长为

$$L = L_{max} + L'_{max} + (4 \sim 10)\ \text{mm}$$

而

$$L_{max} = (l_{OP})_{max} = (\mathrm{d}s/\mathrm{d}\varphi)_{max}$$

3.4.4　凸轮机构的结构设计

3.4.4.1　凸轮的结构及其在轴上的固定方法

1. 凸轮的结构

如图 3-29 所示，图 3-29(a)结构用于小尺寸凸轮且无特殊要求的场合，$d_1 \approx (1.5 \sim 2)d_0$，$B = (1.2 \sim 1.6)d_0$。图 3-29(b)结构用于大尺寸凸轮，并要求更换凸轮轮廓曲线的场合。图 3-29(c)结构中凸轮与轮毂可以分开，利用凸轮上的三个圆弧槽可调节凸轮和轮毂间的相对角度，从而调整凸轮推动从动件运动的起始位置。图 3-29(d)结构中凸轮由两个轮片组成，调整它们的错开度，可以改变从动件在最高位置(行程终点)停留时间的长短。图 3-29(e)结构中凸轮 3 制成开口形状，并与开口垫片 4 配合使用，既便于装拆，又能避免从动件陷于缺口中，用于要求经常拆换的场合，但传递转矩不能太大。图 3-29(f)结构中凸轮 1 靠螺母 5 锁紧，键 6 和端面细齿离合器 7 传递扭矩。当凸轮需做周向调速时，只要松开螺母 5 即可，每次调整至少一个齿，约 3.6°或 6°，适用于凸轮需要定期更换，且受力较大的场合。

2. 凸轮在轴上的固定

如图 3-30 所示，凸轮在轴上的固定，可采用紧定螺钉、键及销钉等。图 3-30(a)所示方式中，初调时用紧定螺钉定位，再用锥销固定，安装后不能再调整。图 3-30(b)所示方式中，采用开槽锥形套固定，调速的灵活性大，但传递的转矩不能太大。

3.4.4.2　滚子结构

图 3-31 所示为滚子的三种结构。滚子与轴销的滑动配合，一般选用 H8/f8。当滚子直径较小时，可选用滚动轴承作为滚子。对尺寸大的滚子，当载荷较大且有冲击时，不宜采用滚动轴承作为滚子。

滚子销轴直径 d_k 一般按下式确定：

$$d_k = \left(\frac{1}{3} \sim \frac{1}{2}\right)d_T$$

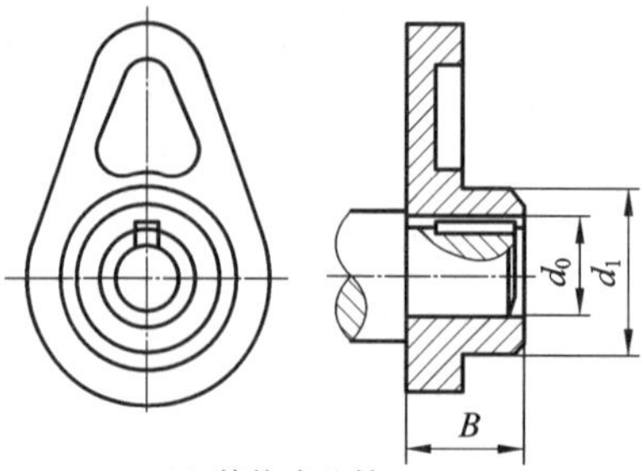

(a) 整体式凸轮

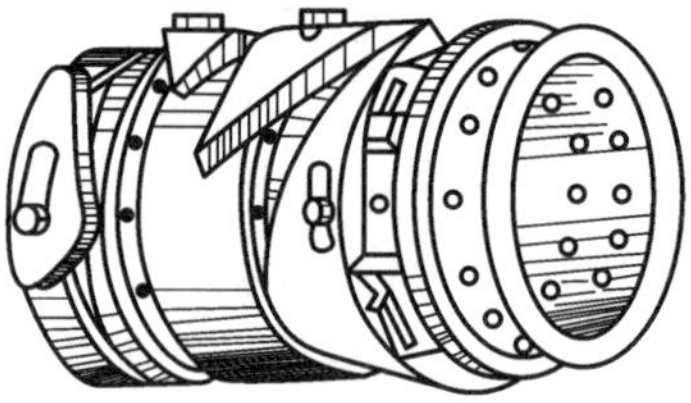

(b) 组合式凸轮

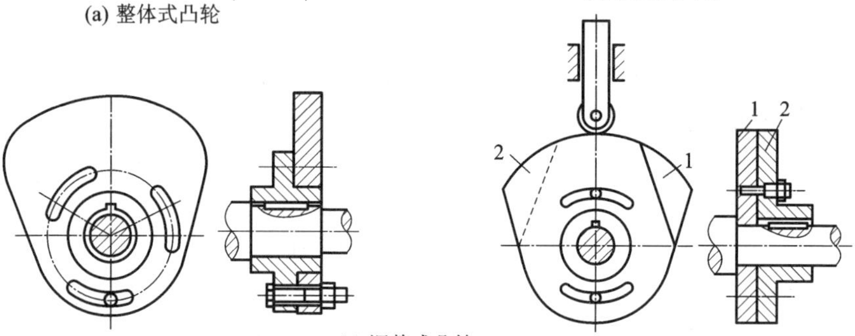

(c) 调整式凸轮

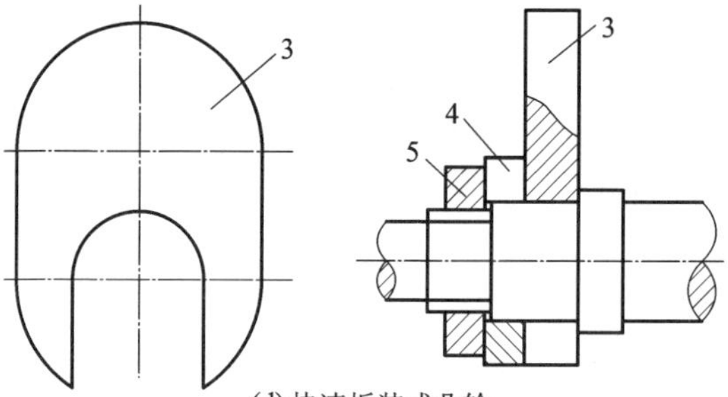

(d) 快速拆装式凸轮

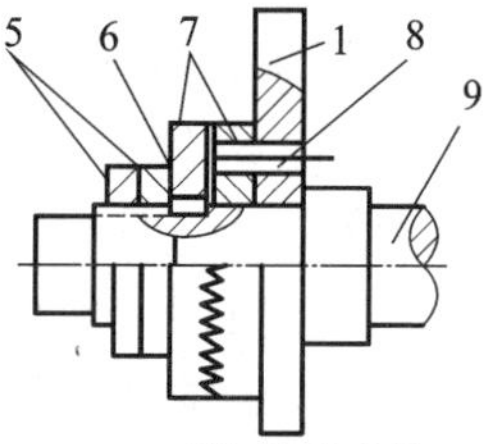

(e) 端面细齿凸轮

图 3-29　凸轮的结构

1—凸轮(片);2—带毂凸轮(片);3—开口凸轮;4—开口垫片;5—螺母;6—键;7—端面细齿离合器;8—销;9—分配轴

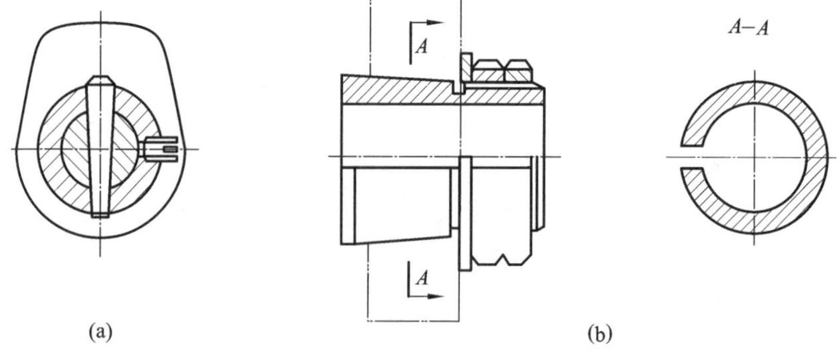

(a)　(b)

图 3-30　凸轮在轴上的固定方法

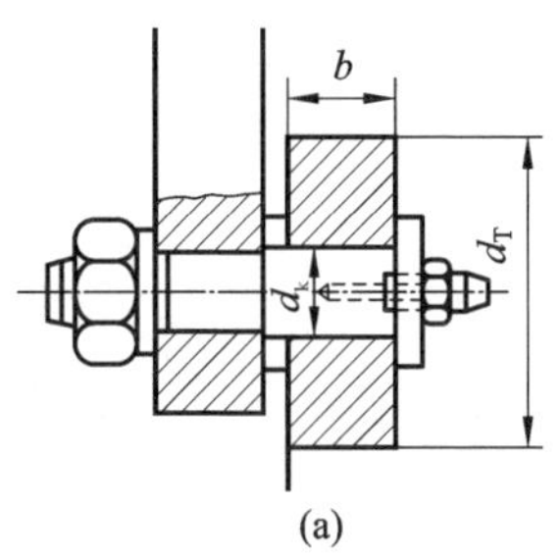

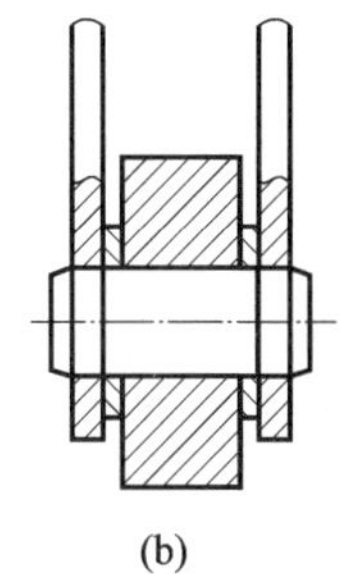

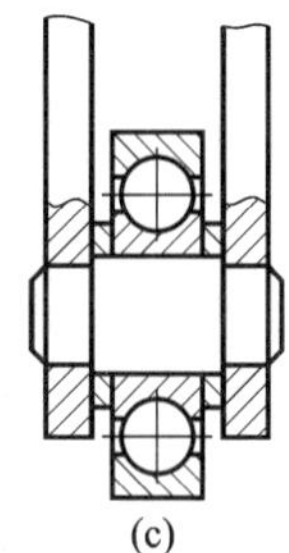

图 3-31 滚子的三种结构

式中:d_T 为滚子直径。在低速、轻载工作情况下,材料可选用 45 钢,调质处理。如按一般精度要求,可取向径极限偏差为±0.2 mm,表面粗糙度 $Ra=0.8$ μm。

3.4.4.3 凸轮和滚子材料的选择

在凸轮机构中,凸轮轮廓与从动件之间理论上为点或线接触。接触处有相对运动并承受较大的反复作用的接触应力,因此容易发生磨损和疲劳点蚀。这就要求凸轮和滚子的工作表面硬度高、耐磨,有足够的表面接触强度。凸轮机构还经常受到冲击载荷的作用,故要求凸轮芯部有较大的韧度。凸轮常用的材料及热处理方式可参考表 3-5。

表 3-5 凸轮常用材料及热处理方式

使用场合	材料	热处理方式
速度较低、载荷不大的一般场合	45	调质,230~260 HBS
	HT200、HT250、HT300	150~250 HBS
	QT600-3	190~270 HBS
速度较高、载荷较大的重要场合	45、40Cr	表面淬火,40~50 HRC 高频淬火,52~58 HRC
	15、20Cr、20CrMnTi	渗碳淬火,56~62 HRC
	38CrMoAlA、35CrAlA	渗氮,>60 HRC

滚子材料可采用 20Cr 渗碳淬火,表面硬度 56~62 HRC,或用 GCr15 淬火到 61~65 HRC,也可采用与凸轮相同的材料。由于滚子半径一般都小于凸轮实际轮廓曲线的曲率半径,又由于滚子的应力变化次数比凸轮的多,故当两者材料及硬度相同时,一般滚子先损坏。但滚子的制造和更换比凸轮容易得多。

3.4.4.4 凸轮机构的强度校核

一般凸轮机构主要用于传递运动,传力通常不是主要的,所以可以不做强度计算。但对受力较大或转速高的凸轮(惯性力大)以及受到冲击载荷的凸轮,则应进行接触强度校核。校核时应满足下式:

$$\sigma_H = \sqrt{\frac{F_n}{\pi b} \cdot \frac{\frac{1}{\rho_1} + \frac{1}{\rho_2}}{\frac{1-\mu_1^2}{E_1} + \frac{1-\mu_2^2}{E_2}}} \leqslant [\sigma_H] \quad \text{N/mm}^2 \tag{3-25}$$

式中：F_n 为凸轮和从动件接触处的法向力(N)；b 为凸轮和从动件接触处的接触长度(mm)；ρ_1、ρ_2 分别为凸轮轮廓曲线的最小曲率半径和从动件接触处的曲率半径(mm)：当轮廓曲线内凹时，ρ_1 应以负值代入；当用平底从动件时，$\rho_2=\infty$；E_1、E_2 分别为凸轮和滚子材料的弹性模量(N/mm^2)；μ_1、μ_2 分别为凸轮和滚子材料的泊松比；$[\sigma_H]$为凸轮的许用接触应力(N/mm^2)，可参考表 3-6 选取。

表 3-6　凸轮的许用接触应力

材料类别	许用应力计算公式(单位：N/mm^2)	硬度范围
正火钢-低碳锻钢	$[\sigma_H]$=1.000×硬度值(HBW)+190	110～210 HBW
正火钢-铸钢	$[\sigma_H]$=0.986×硬度值(HBW)+131	140～210 HBW
球墨铸铁	$[\sigma_H]$=1.434×硬度值(HBW)+211	175～300 HBW
灰铸铁	$[\sigma_H]$=1.033×硬度值(HBW)+132	150～240 HBW
调质锻钢-碳钢	$[\sigma_H]$=0.925×硬度值(HV)+360	135～210 HV
调质锻钢-合金钢	$[\sigma_H]$=1.313×硬度值(HV)+373	200～360 HV
渗碳钢	$[\sigma_H]$=1500	660～800 HV
淬火钢	$[\sigma_H]$=0.541×硬度值(HV)+882	500～615 HV

3.4.4.5　凸轮公差的选择

凸轮的公差应根据工作要求来确定。对于低速凸轮、操纵用凸轮等，精度可低些。对于只要求保证从动件行程大小的凸轮，往往只需控制起始点和终止点的向径公差，而且公差值可取得大些。对于要求较高的凸轮，如精密仪表中的凸轮、高速凸轮(由于轮廓曲线的误差对凸轮传动的动力特性影响大)，精度要求应高些。对于向径不超过 300 mm 的凸轮，其公差及轮廓工作表面粗糙度可参考表 3-7 确定。

表 3-7　凸轮公差及轮廓工作表面粗糙度

凸轮精度	极限偏差			表面粗糙度 Ra/μm	
	向径/mm	基准孔	槽式凸轮槽宽	盘状凸轮	槽式凸轮
高精度	±(0.05～0.10)	H7	H7(H8)	0.4	0.8
一般精度	±(0.10～0.20)	H7(H8)	H8	0.8	1.6
低精度	±(0.20～0.50)	H8	H8,H9	1.6	1.6

图 3-32 所示为一盘形凸轮的工作图。

θ		曲率半径 ρ/mm
0°	360°	30.00
10°	350°	31.38
20°	340°	32.77
30°	333°	34.16
40°	320°	35.55
50°	310°	36.84
60°	300°	38.38
70°	290°	39.72
80°	280°	41.11
90°	270°	42.50
100°	260°	43.89
110°	250°	45.28
120°	240°	46.67
130°	230°	48.06
140°	220°	49.44
150°	210°	50.83
160°	200°	52.22
170°	190°	53.61
180°		55.00

技术条件

1. 凸轮材料为 20Cr，工作表面渗碳深度为 1.2～1.5 mm，淬火 56～60 HRC；

2. 向径的极限偏差为 ±0.15 mm。

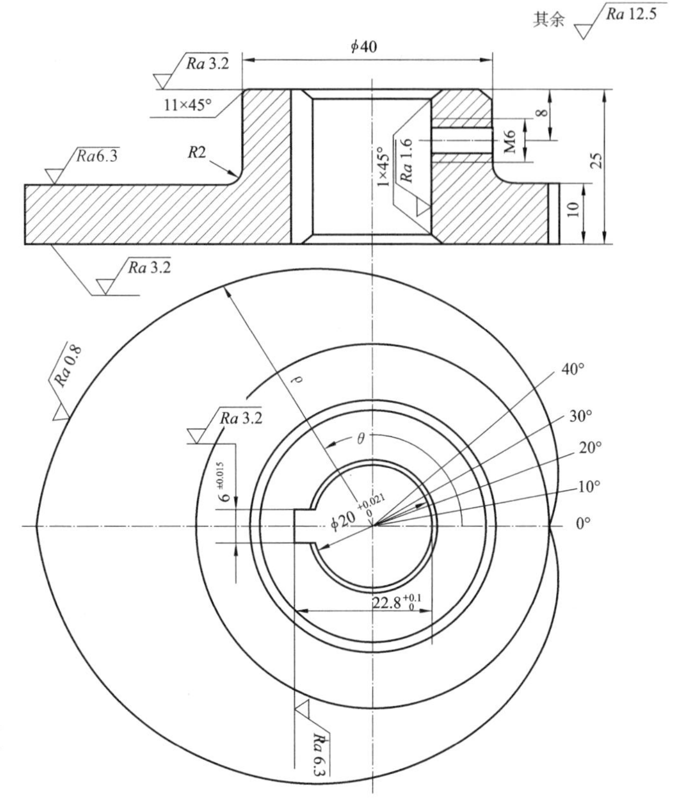

图 3-32　盘形凸轮的工作图

3.4.4.6　凸轮机构的应用

凸轮机构结构简单、紧凑，具有多用性和灵活性，广泛应用于各种机械中。

图 3-33 所示为由凸轮控制用来折叠和封闭纸盒四个盖片的机构，粘贴的胶水已在前道工序中涂好。纸盒装在金属成形器上，成形器的外端是一个平面，折臂 3、6 的运动由装在垂直凸轮轴 1 上的两个凸轮 12、13 控制，而折臂 4、5 则受水平凸轮轴 8 上的两个凸轮 9、10 控制，这两个凸轮轴靠锥齿轮传动实现同步，从而保证四个折臂随着轴 1 和轴 8 的旋转按顺序动作。

图 3-34 所示为冲床的自动送料凸轮机构，曲柄 1 旋转时，带动连杆 2 使滑块 3 上、下运动：向下时，滑块上的曲线即凸轮轮廓曲线，使带滚子 6 的直动从动构件 5 把工件左移送到冲头 7 下面的工作位置；向上时，凸轮轮廓曲线把滚子 6 推向右移，构件 5 从冲头 7 下退出并保持不动，以便进行冲压加工。

图 3-35 所示为 DVD 激光视盘机的光盘装卸机构示意图，它主要由主凸

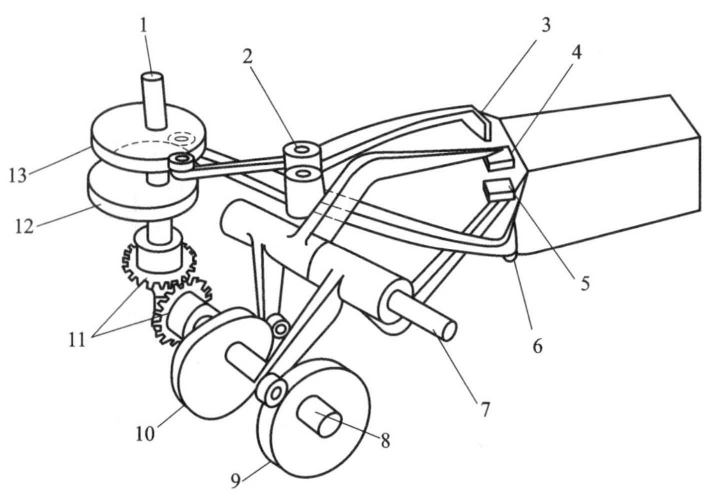

图 3-33　利用凸轮机构控制折叠纸盒成形的机构

1—垂直凸轮轴；2—销轴；3～6—折臂；7—回转轴；8—水平凸轮轴；9、10、12、13—凸轮；11—锥齿轮

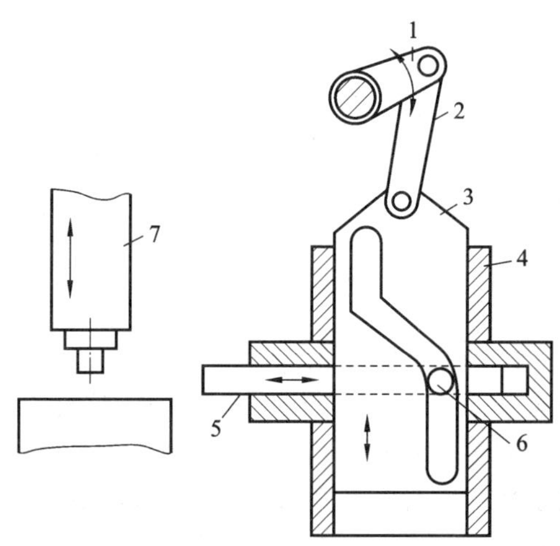

图 3-34　凸轮在冲床自动送料机构上的应用

轮、圆柱升降凸轮和芯座等组成。图 3-35(a)所示为装盘过程示意图，当托盘 3 载着光盘 2 移入机内后，加载电动机逆时针方向转动，此时主凸轮 5 上的三个齿与圆柱升降凸轮 6 上的齿啮合，带动升降凸轮转动，升降凸轮的转动迫使芯座 10 中的升降销 7 沿着升降凸轮中的凹槽向上移动，从而使芯座上升。芯座在上升过程中逐渐抬起托盘中的光盘，并最终将光盘紧压在夹持器 1 与主轴盘 8 之间。此时主凸轮上的托盘关闭检测柱 4 触及一到位检测开关，使加载电动

机停转，至此完成装盘过程。图 3-35(b)所示为装盘完成后的情形。卸盘时加载电动机顺时针方向转动，升降销沿着升降凸轮中的凹槽向下移动，芯座也随之向下倾斜。当升降销下降至底部时，光盘已完全回落至托盘上，随着主凸轮的继续转动，光盘将随着托盘向外打开，至此完成卸盘过程。

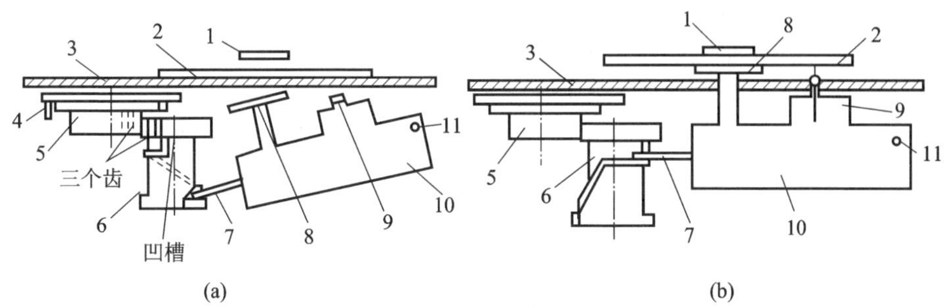

图 3-35 DVD 光盘装卸机构

1—夹持器；2—光盘；3—托盘；4—托盘关闭检测柱；5—主凸轮；6—圆柱升降凸轮；7—升降销；8—主轴盘；9—激光头；10—芯座；11—销钉

3.4.4.6 凸轮机构的设计过程

凸轮机构设计一般应首先根据运动要求及其他条件进行从动件运动规律设计，并在此基础上，确定凸轮机构的基本尺寸，然后设计计算出凸轮的轮廓曲线，并进行凸轮机构的结构设计，绘出凸轮的工作图。有时，根据工作要求还要进行凸轮机构的强度校核。

用几何法设计凸轮机构简单易行，但由于设计精度不高，故一般只在速度比较低、要求不高的凸轮机构设计中应用。对于高速凸轮机构和精度要求较高的情况，必须采用解析法。随着计算机技术的发展，计算机辅助设计(CAD)和计算机辅助制造(CAM)的普遍应用，工程技术人员可将设计初始参数直接输入到计算机，计算机便可进行凸轮机构的几何尺寸计算和绘图；还可采用计算机仿真技术，动态仿真所设计的凸轮机构的工作情况；并可与制造系统连成一体，采用数控加工，从而提高产品质量，缩短产品更新换代的周期。

设计过程如下。

(1) 根据使用场合和工作条件，选择凸轮机构的类型。

(2) 根据工作要求选择或设计从动件的运动规律。

(3) 确定基本尺寸：

① 根据机构的结构条件，如根据强度选择凸轮轴的半径 r_s，再初选基圆半径 r_b；

② 如果是偏置从动件，应根据传力性能及从动件的工作行程方向，确定凸

轮的合理转向及从动件的偏置方位;

③ 如果是摆动从动件,应根据结构选定摆杆长度 l 及凸轮转动中心至摆杆摆动中心的中心距 a;

④ 根据从动件的结构、强度等条件初选滚子半径或平底长度。

(4) 建立凸轮机构轮廓曲线的方程:

① 建立凸轮机构的理论轮廓曲线的方程;

② 建立凸轮机构的实际轮廓曲线的方程。

(5) 编写程序框图,根据程序框图编制程序,写出程序标识符说明,然后上机调试并运行程序,最后打印出结果。根据计算出的结果可在绘图机上绘出凸轮轮廓,也可采用仿真技术在计算机上显示出所设计的凸轮轮廓。

(6) 校验压力角及轮廓是否有变尖及失真的现象。如存在不合理现象,应修改基本尺寸,再进行计算,直到满意为止。

凸轮机构计算机辅助设计的目标是,保证凸轮机构在既满足对从动件提出的运动要求,又具有良好动力特性的情况下,结构尽可能紧凑。还可采用优化设计的方法,设计出各方面性能最佳的凸轮机构。

【例 3-2】 设计一直动偏置滚子从动件盘形凸轮机构的凸轮轮廓曲线。已知该凸轮以等角速度逆时针方向转动,角速度 $\omega=10$ rad/s;$\Phi=60°$,$\Phi_s=30°$,$\Phi'=60°$,$\Phi'_s=210°$;从动件的行程 $h=30$ mm,基圆半径 $r_b=60$ mm,滚子半径 $r_r=10$ mm,偏距 $e=20$ mm;从动件在推程阶段和回程阶段均以正弦加速度运动规律运动。

(1) 正确选择从动件的偏置方向;

(2) 求解凸轮理论轮廓曲线的坐标值(按凸轮转角的 10°间隔计算);

(3) 求解凸轮实际轮廓曲线的坐标值(按凸轮转角的 10°间隔计算)。

(注:坐标系的选择参见图 3-36(a)。)

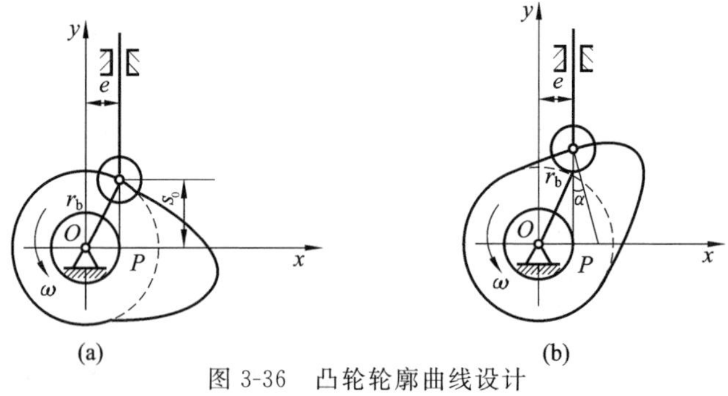

图 3-36 凸轮轮廓曲线设计

【解】 (1) 由压力角表达式(3-12),得

$$\tan\alpha = \frac{\dfrac{ds}{d\varphi} \mp e}{s_0 + s}$$

为减小压力角，由图3-36(b)可知，应采用右偏置，即

$$\tan\alpha = \frac{\dfrac{ds}{d\varphi} - e}{s_0 + s}$$

(2) 由式(3-18)，得该凸轮的理论轮廓曲线方程为

$$x = (s_0 + s)\sin\varphi + e\cos\varphi$$

$$y = (s_0 + s)\cos\varphi - e\sin\varphi$$

$$s_0 = \sqrt{r_b^2 - e^2}$$

在推程阶段($\varphi\in[0,\Phi]$)：$s=\dfrac{h}{\Phi}\varphi-\dfrac{h}{2\pi}\sin\left(\dfrac{2\pi}{\Phi}\varphi\right)$

在远休止期(60°～90°)：　$s=30\ \text{mm}$

在回程阶段($\varphi\in[90°,150°]$)：$s=h-\dfrac{h}{\Phi'}\varphi+\dfrac{h}{2\pi}\sin\left(\dfrac{2\pi}{\Phi'}\varphi\right)$

在近休止期(150°～360°)：　$s=0$

(3) 由式(3-21)、式(3-22)，得该凸轮的实际轮廓曲线方程为

$$x_a = x + r_r \frac{\dfrac{dy}{d\varphi}}{\sqrt{\left(\dfrac{dx}{d\varphi}\right)^2 + \left(\dfrac{dy}{d\varphi}\right)^2}}$$

$$y_a = y - r_r \frac{\dfrac{dx}{d\varphi}}{\sqrt{\left(\dfrac{dx}{d\varphi}\right)^2 + \left(\dfrac{dy}{d\varphi}\right)^2}}$$

$$\frac{dx}{d\varphi} = (s_0 + s)\cos\varphi - e\sin\varphi + \frac{ds}{d\varphi}\sin\varphi$$

$$\frac{dy}{d\varphi} = -(s_0 + s)\sin\varphi - e\cos\varphi + \frac{ds}{d\varphi}\cos\varphi$$

$$\varphi \in [0°,60°],\quad \frac{ds}{d\varphi} = \frac{h}{\Phi} - \frac{h}{\Phi}\cos\left(\frac{2\pi}{\Phi}\varphi\right)$$

$$\varphi \in (60°,90°),\quad \frac{ds}{d\varphi} = 0$$

$$\varphi \in [90°,150°],\quad \frac{ds}{d\varphi} = \frac{h}{\Phi'} + \frac{h}{\Phi'}\cos\left(\frac{2\pi}{\Phi'}\varphi\right)$$

$$\varphi \in (150°,360°),\quad \frac{ds}{d\varphi} = 0$$

将已知参数和尺寸数据代入上述各式中，计算机编程后运算结果如表 3-8 所示。

表 3-8　运算结果

凸轮转角 φ	理论轮廓曲线坐标 x	理论轮廓曲线坐标 y	实际轮廓曲线坐标 x_a	实际轮廓曲线坐标 y_a
0°	20.000	56.569	16.667	47.141
10°	26.669	53.088	26.973	43.459
20°	40.148	51.828	40.182	41.828
30°	53.105	51.980	52.673	41.990
40°	47.196	48.976	63.111	39.839
50°	78.508	39.769	70.440	33.861
60°	84.971	25.964	75.407	23.042
70°	88.188	10.814	78.263	9.597
80°	88.726	−4.664	78.741	−4.139
90°	86.569	−20.000	76.825	−17.749
100°	80.929	−34.578	72.432	−29.305
110°	68.997	−46.396	63.692	−37.919
120°	51.980	−53.105	49.765	−43.353
130°	34.971	−55.452	34.143	−45.487
140°	21.597	−56.852	20.009	−46.979
150°	10.964	−58.990	9.137	−49.158
160°	0.554	−59.997	0.462	−49.998
170°	−9.873	−59.182	−8.227	−49.318
180°	−20.000	−56.569	−16.667	−47.141
190°	−29.519	−52.236	−24.599	−43.530
200°	−38.141	−46.317	−31.784	−38.597
210°	−45.605	−38.990	−38.004	−32.491
220°	−51.683	−30.478	−43.069	−25.399
230°	−56.190	−21.041	−46.825	−17.534
240°	−58.990	−10.964	−49.158	−9.137
250°	−58.997	−0.554	−49.998	−0.462

续表

凸轮转角 φ	理论轮廓曲线坐标 x	理论轮廓曲线坐标 y	实际轮廓曲线坐标 x_a	实际轮廓曲线坐标 y_a
260°	−56.569	9.873	−49.318	8.227
270°	−56.569	20.000	−47.141	16.667
280°	−52.236	29.519	−43.530	24.599
290°	−46.317	38.141	−38.597	31.784
300°	−38.990	45.605	−32.492	38.004
310°	−30.478	51.682	−25.399	43.069
320°	−21.041	56.190	−17.534	46.825
330°	−10.964	58.990	−9.137	49.158
340°	−0.554	59.997	−0.462	49.998
350°	9.873	59.182	8.227	49.318
360°	20.000	56.569	16.667	47.141

【例 3-3】　如图 3-37 所示的偏心圆凸轮机构，凸轮的实际轮廓曲线为一圆，半径 $R=40$ mm，凸轮逆时针转动。圆心 A 至转轴 O 的距离 $l_{OA}=25$ mm，滚子半径 $r_r=8$ mm。

试确定：

(1) 凸轮的理论轮廓曲线；

(2) 凸轮的基圆半径 r_b；

(3) 从动件的行程 h；

(4) 分析推程中最大压力角 α_{max}的位置。

【解】　(1) 理论轮廓曲线仍为圆，其半径为 $R+r_r=40+8$ mm$=48$ mm。

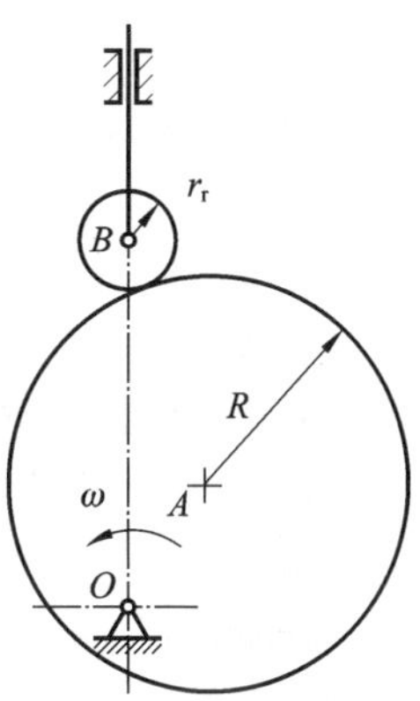

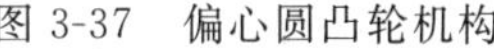

图 3-37　偏心圆凸轮机构

(2) 基圆半径是理论轮廓曲线上的最小向径：

$$r_b = R - l_{OA} + r_r = 40 - 25 + 8\ \text{mm} = 23\ \text{mm}$$

(3) 从动件行程 h 即为理论轮廓曲线上最大向径与最小向径之差：

$$h = R + r_r + l_{OA} - r_b = 40 + 8 + 25 - 23\ \text{mm} = 50\ \text{mm}$$

(4) 因为任意位置接触点的法线必然通过滚子中心 B 和圆心 A，故推程压力角 α 为 AB 与移动导路的夹角。当凸轮转动时，点 A 离转轴 O 在垂直于导路方向最远的位置就是最大压力角 α_{max}的位置。

【例 3-4】　如图 3-38 所示的偏置滚子从动件凸轮机构，若其他条件不变，

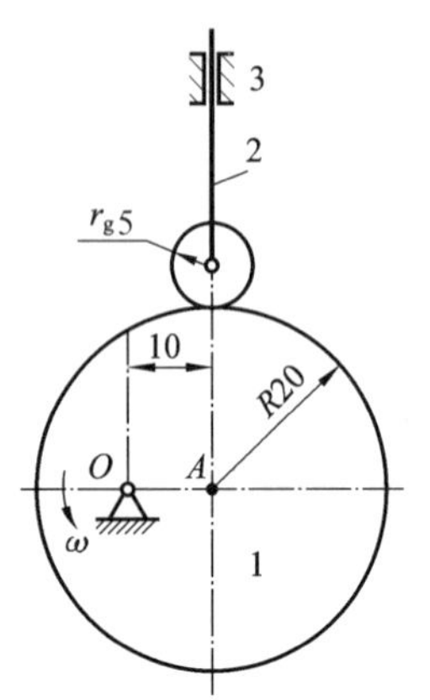

图 3-38 偏置滚子从动件凸轮机构

(1) 改变滚子半径,从动件运动规律是否改变?

(2) 改变凸轮的转向,从动件运动规律是否改变?

(3) 如偏距 e 变为 0,从动件运动规律是否改变?要说明理由。

【解】 (1) 改变滚子半径,凸轮的理论轮廓曲线改变了,从动件的运动规律要改变。

(2) 改变凸轮的转向,凸轮的推程轮廓段与回程轮廓段互换了,由于有偏置,这两个轮廓段是不相同的,所以从动件的运动规律要改变。

(3) 偏距变为 0,从动件运动规律要改变,因为偏距的大小、方向对从动件运动规律都有直接影响。

习　题

3-1 在题 3-1 图所示的对心尖顶移动从动件盘形凸轮机构中,已知凸轮为一偏心圆盘,圆盘半径为 R,凸轮回转轴心 O 到圆盘中心 A 的距离为 l_{OA}。试求:

(1) 凸轮的基圆半径 r_b;

(2) 从动件的行程 h;

(3) 从动件的位移 s 的表达式。

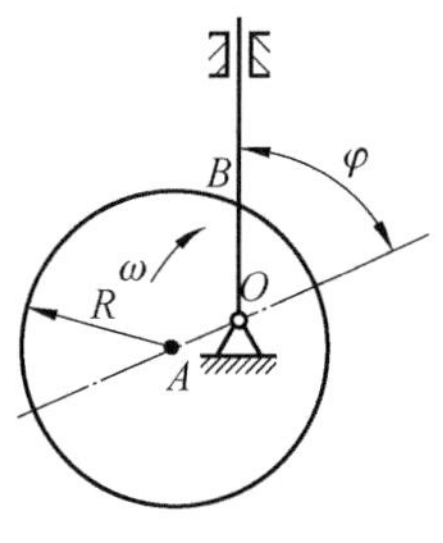

题 3-1 图

3-2 在移动从动件盘形凸轮机构中,设已知推程运动角所对应的凸轮转角为 $\Phi=\pi/2$,行程 $h=50$ mm,试计算等速运动、等加速等减速运动、余弦加速度运动、正弦加速度运动等四种运动规律的最大类速度$(\mathrm{d}s/\mathrm{d}\varphi)_{max}$和最大类加速度$(\mathrm{d}^2s/\mathrm{d}\varphi^2)_{max}$值。

3-3 一对心滚子移动从动件盘形凸轮机构,已知凸轮的基圆半径 $r_b=50$ mm,滚子半径 $r_r=3$ mm,凸轮以等角速度 ω 顺时针方向转动。当凸轮转过 $\Phi=180°$时,从动件以等加速等减速运动规律上升 $h=40$ mm,凸轮再转 $\Phi'=150°$时,从动件以余弦加速度运动规律下降回原处,其余 $\Phi'_s=30°$时,从动件静止不动。试用解析法计算 $\varphi=60°$、$\varphi=240°$时,凸轮实际轮廓曲线上该点的坐标值。

3-4 题 3-3 中的各项条件不变,只是将对心改为偏置,其偏距 $e=12$ mm,

从动件偏在凸轮中心的左边，试用图解法设计其凸轮的轮廓曲线。

3-5　试用解析法求题3-4中凸轮转角 $\varphi=60°$ 时，凸轮实际轮廓上该点的坐标值。

3-6　题3-6图所示为尖顶摆动从动件盘形凸轮机构。已知凸轮回转中心 O 与摆动从动件回转中心 A 的距离 $l_{OA}=50$ mm，摆动从动件的长度 $l_{AB}=40$ mm，凸轮的基圆半径 $r_b=20$ mm，从动件的最大摆角 $\psi_{max}=30°$。从动件的运动规律如下：当凸轮逆时针方向转过150°时，从动件等速外摆30°；当凸轮再转过30°时，从动件静止不动；当凸轮继续转过150°时，从动件以等加速等减速运动规律退回原位；凸轮转过其余角度时，从动件静止不动。试用解析法计算出 $\varphi=75°$ 及 $\varphi=200°$ 时凸轮轮廓曲线上该点的坐标值。

3-7　题3-7图所示为滚子摆动从动件盘形凸轮机构。凸轮为一半径为 R 的偏心圆盘，圆盘的转动中心在 O 点，几何中心在 C 点，凸轮转向如图所示。试在图上作出从动件处于初始位置的机构图，并在图上标出图示位置时凸轮转过的转角 φ 和从动件摆过的摆角 ψ。

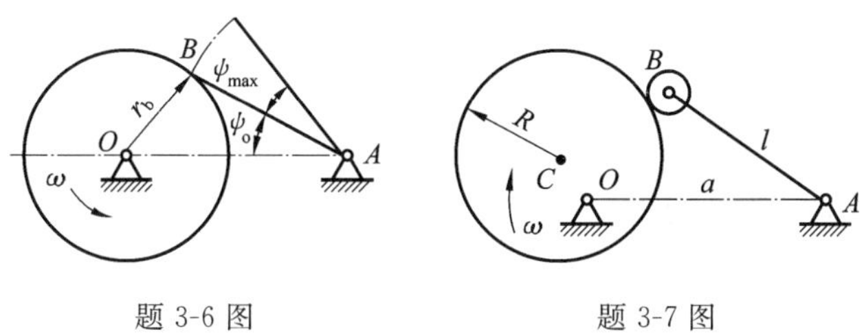

题3-6图　　　　题3-7图

3-8　题3-8图所示为偏置移动滚子从动件盘形凸轮机构。该凸轮为绕 A 转动的偏心圆盘，圆盘的圆心在 O 点。试在图上：

(1) 作出凸轮的理论轮廓曲线；

(2) 画出凸轮的基圆和凸轮机构的初始位置；

(3) 当以从动件推程作为工作行程时，标出凸轮的合理转向；

(4) 用反转法作出当凸轮沿 ω 方向(逆时针方向)从初始位置转过150°时的机构简图，并标出该位置上从动件的位移和凸轮机构的压力角；

(5) 标出从动件的行程 h、推程运动角 Φ、回程运动角 Φ'。

3-9　题3-9图所示为凸轮机构的初始位置，试用反转法直接在图上标出：

(1) 凸轮按 ω 方向转过45°时从动件的位移；

(2) 凸轮转过45°时凸轮机构的压力角。

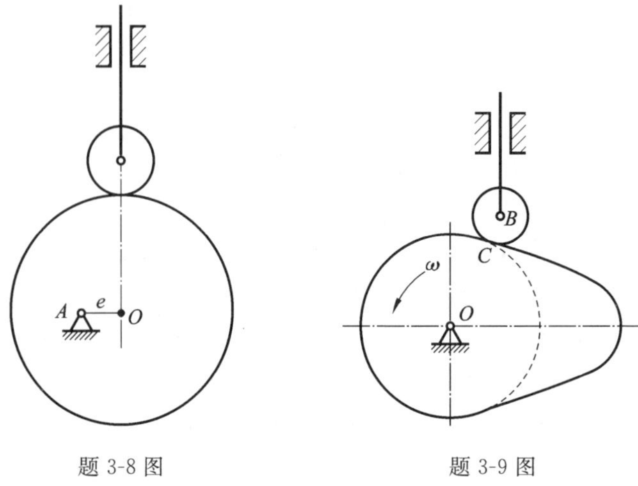

题 3-8 图　　　　题 3-9 图

3-10　题 3-10 图 C 处所示为滚子摆动从动件盘形凸轮机构的初始位置。试在图上：

(1) 作出凸轮的理论轮廓曲线和基圆半径；

(2) 用反转法找到当摆杆 AB 在推程阶段摆过摆角 $\psi=10°$时，从动件滚子与凸轮的接触点，并标出凸轮相应转过的转角。

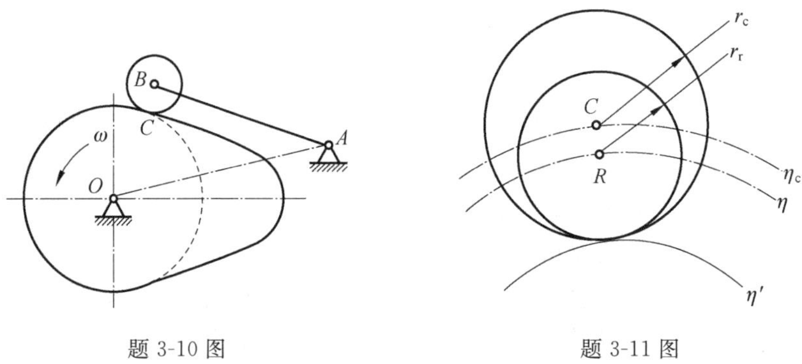

题 3-10 图　　　　题 3-11 图

3-11　一滚子半径为 r_r 的滚子从动件盘形凸轮机构的理论轮廓曲线为 η，实际轮廓曲线为 η'，若用铣刀半径为 r_c 的铣刀在数控铣床上铣削该凸轮（见题 3-11 图）。已知凸轮的理论轮廓曲线上点的坐标(x,y)及 $x=x(\varphi)$，$y=y(\varphi)$的表达式。试写出铣刀中心的运动轨迹的方程式。

3-12　试用解析法并编程求解移动滚子从动件盘形凸轮机构凸轮的理论轮廓曲线与实际轮廓曲线的坐标值，计算间隔取 10°，并校核此凸轮机构的压力角。已知其基圆半径 $r_b=45$ mm，滚子半径 $r_r=10$ mm，从动件偏在凸轮中心之右，偏距 $e=20$ mm，凸轮逆时针方向等速转动，当凸轮转过 90°时，从动件以正弦加速度运动规律上升 20 mm，凸轮再转过 90°时，从动件以余弦加速度运动规律下降到原位，凸轮转过一周中的其余角度时，从动件静止不动。

3-13 一对心平底移动从动件盘形凸轮机构。已知凸轮的基圆半径 $r_b=50$ mm，凸轮以等角速度 ω 顺时针方向转动；从动件的行程 $h=40$ mm，从动件在推程阶段以等加速等减速运动规律运动，推程运动角 $\Phi=180°$。试求出平底与凸轮的接触点到导路线的最大距离 l_{max}，并求出 $\varphi=\pi/6$ 及 $\varphi=\pi/2$ 时凸轮轮廓曲线上点的直角坐标值。

3-14 已知一尖顶移动从动件盘形凸轮机构的凸轮以等角速度 ω 顺时针方向转动；从动件的行程 $h=50$ mm，从动件在推程阶段的运动规律为 $s=\dfrac{h}{2}\left(1-\cos\dfrac{\pi\varphi}{\varphi}\right)$，推程运动角 $\varphi=90°$；从动件的导路与凸轮中心之间的偏距 $e=10$ mm；凸轮机构的许用压力角$[\alpha]=40°$。试求：

(1) 当从动件的推程为工作行程时从动件正确的偏置方位；

(2) 按许用压力角计算出凸轮的最小基圆半径 r_b(计算间隔为 $\Delta\varphi=15°$)；

(3) 进行凸轮机构的结构设计，绘出凸轮工作图。

3-15 试简述凸轮机构强度校核的作用，并编程对题 3-3 中的凸轮机构进行强度校核(有关材料和法向力 F 可自定)。

第4章 齿轮机构

4.1 齿轮机构的类型和特点

齿轮机构的主要优点是:能传递两个平行轴、相交轴或交错轴间的回转运动和转矩,能保证传动比恒定不变,能传递足够大的动力;运动精度和传动效率高,工作可靠,寿命长,结构紧凑。因此,它是机械传动中最重要、应用最广泛的一种传动形式。其主要缺点是:制造精度要求高,制造费用大,精度低时振动和噪声大,不宜用于轴间距离较大的传动。

由两个齿轮组成的定轴齿轮机构,可根据两齿轮的轴线位置,将其分成如表4-1所示的若干类型,其中最基本的形式是传递平行轴间运动的直齿圆柱齿轮机构和斜齿圆柱齿轮机构。

表4-1 由两个齿轮组成的定轴齿轮机构

<table>
<tr><td colspan="5">两轴线平行的圆柱齿轮机构</td><td>齿轮-齿条</td></tr>
<tr><td colspan="3">外啮合</td><td colspan="2">内啮合</td><td>直齿</td></tr>
<tr><td>直齿</td><td>斜齿</td><td>人字齿</td><td>直齿</td><td>斜齿</td><td> </td></tr>
<tr><td> 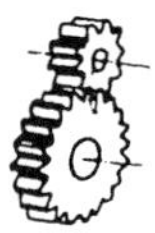</td><td> 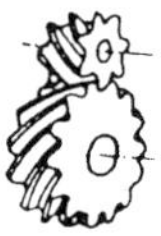</td><td> </td><td> </td><td> 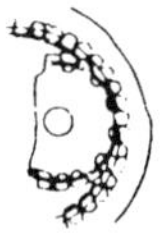</td><td>斜齿</td></tr>
<tr><td colspan="2">两轴线相交的锥齿轮机构</td><td colspan="3">两轴线交错的齿轮机构</td><td> 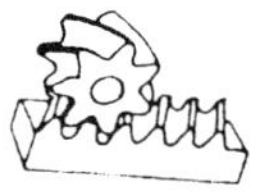</td></tr>
<tr><td>直齿</td><td>曲齿</td><td>交错轴斜齿轮</td><td>蜗杆传动</td><td>准双曲面齿轮</td><td>螺旋齿</td></tr>
<tr><td></td><td></td><td></td><td></td><td></td><td></td></tr>
</table>

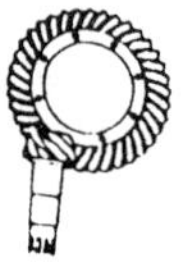

4.2　渐开线直齿圆柱齿轮机构

4.2.1　齿廓啮合基本定律

一对齿轮传递转矩和运动的过程，是通过这对齿轮主动轮上的齿廓与从动轮上的齿廓依次相互接触来实现的。两齿轮传动时，其瞬时传动比的变化规律与两轮齿廓曲线的形状（简称齿廓形状）有关，齿廓形状不同，两轮瞬时传动比的变化规律也不同。

对齿轮传动的基本要求是传动准确、平稳，即要求在传动过程中，瞬时传动比保持不变。即主动轮以等角速度 ω_1 回转时，从动轮必须以某一等角速度 ω_2 回转，否则将产生加速度和惯性力。这种惯性力不仅影响齿轮的寿命，而且还会引起机器的振动和噪声，影响工作精度。那么，轮齿的齿廓形状应符合什么样的条件，才能满足瞬时传动比保持不变的要求呢？下面就对齿廓曲线与齿轮传动比的关系进行分析，以阐明对齿轮齿廓设计的基本要求。

瞬时传动比定义为主、从动轮瞬时角速度的比值，用 i_{12} 表示，即

$$i_{12} = \frac{\omega_1}{\omega_2}$$

图 4-1 所示为一对相互啮合的齿轮齿廓，设 O_1、O_2 为两轮的转动中心，E_1、E_2 为两轮相互啮合的一对齿廓。若两齿廓某一瞬时在任意点 K 接触，齿轮 1 为主动件，以瞬时角速度 ω_1 绕 O_1 顺时针转动，带动齿轮 2 以瞬时角速度 ω_2 绕 O_2 逆时针转动，则在此瞬时两轮在 K 点的速度分别为

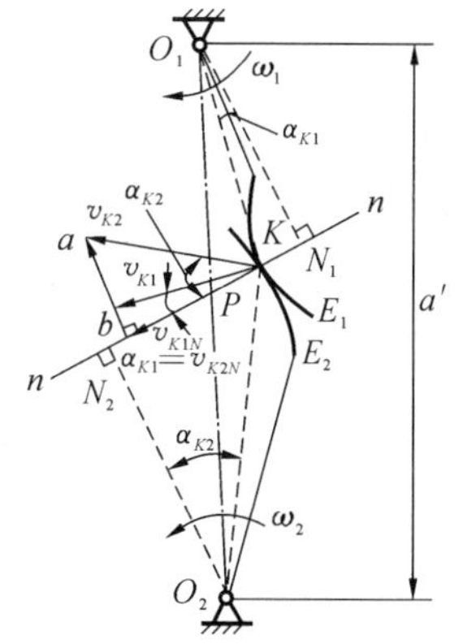

图 4-1　一对相啮合的齿轮齿廓

$$v_{K1} = \omega_1\,\overline{O_1K}（方向 \perp \overline{O_1K}）$$

$$v_{K2} = \omega_2\,\overline{O_2K}（方向 \perp \overline{O_2K}）$$

由于两轮的齿廓是刚体，且连续接触，故其速度 v_{K1} 和 v_{K2} 在公法线上的速度分量应相等，即 $v_{K1N} = v_{K2N}$。其相对速度的方向应垂直于齿廓接触处的公法线 n-n（即 $ab \perp n$-n）。过 K 点作两齿廓的公法线 n-n 交连心线O_1O_2于点 P。由理论力学中的三心定理可知，点 P 是两齿轮的相对瞬心，根据瞬心是两构件上相对速度为零的重合点，即瞬心也是两构件在该瞬时具有相同绝对速度的重合点，两构件在任一瞬时的相对运动都可看成绕该瞬心的相对转动，故有

$$v_P = \omega_1 \overline{O_1P} = \omega_2 \overline{O_2P}$$

由此可得

$$i_{12} = \frac{\omega_1}{\omega_2} = \frac{\overline{O_2P}}{\overline{O_1P}} \tag{4-1}$$

上式表明，要使两轮的瞬时传动比恒定不变，比值$\overline{O_1P}/\overline{O_2P}$应为常数。因两轮中心距 O_1O_2 为定长，若要满足上述要求，则必须使点 P 为连心线上的一个固定点。此固定点 P 称为节点。以 O_1 和 O_2 为圆心，过节点 P 所作的两个相切的圆，称为节圆，其半径用 r'_1 和 r'_2 表示。

由此得齿廓啮合的基本定律：要使两齿轮传动的瞬时传动比为一常数，必须满足无论两齿廓在何位置接触，过接触点所作的齿廓公法线与连心线应相交于一固定点的条件。

由齿廓啮合的基本定律，可得如下结论。

(1) 理论上，凡能满足齿廓啮合基本定律的一对齿廓(称为共轭齿廓)曲线，均可作为齿轮机构的齿廓，并能实现瞬时传动比恒定不变的要求。实际上，可作为共轭齿廓的曲线有无限多条，只要给定一个齿轮的齿廓曲线，就可以根据啮合基本定律，求出与其共轭的另一条齿廓曲线。但是，齿廓曲线的选择，除了应满足瞬时传动比恒定不变外，还应考虑制造、安装和强度等要求。在齿轮机构中，通常采用渐开线、摆线和圆弧等作为齿轮的齿廓曲线。其中以渐开线齿廓应用最广。

(2) 一对齿轮在传动过程中，它的一对节圆做纯滚动，因而其外啮合中心距恒等于其节圆半径之和。

(3) 只有当一对齿轮相互啮合传动时，才存在节圆，单个齿轮不存在节圆。

(4) 变传动比齿轮机构的节点 P 不再是一个定点，而是按一定规律在连心线上移动，节点 P 在两轮转动平面上的轨迹不是两个圆，而是两条封闭曲线(如在椭圆齿轮传动机构中，这两条封闭曲线是两个椭圆)，一般称该封闭曲线为节线。

4.2.2 渐开线齿廓

1. 渐开线的形成

如图 4-2 所示，当直线 n-n 沿一圆周做相切纯滚动时，直线 n-n 上任一点 K 在与该圆固连的平面之上的相应轨迹$\overset{\frown}{K_0K}$，称为该圆的渐开线。这个圆称为渐开线的基圆，其半径用 r_b 表示。直线 n-n 称为渐开线的发生线。角 θ_K 称为渐开线$\overset{\frown}{K_0K}$的展角。

2. 渐开线齿廓的性质

由渐开线的形成可知，渐开线齿廓具有如下性质。

(1) 发生线沿基圆滚过的长度等于基圆上被滚过的弧长，即$\overline{NK}=\overset{\frown}{NK_0}$。

(2) 渐开线上任一点的法线必切于基圆，切于基圆的直线必为渐开线上某一点的法线。

(3) 如图4-2所示，发生线与基圆的切点N是渐开线在点K的曲率中心，线段$\overline{NK}$是渐开线在点K处的曲率半径(用ρ_K表示)。渐开线上愈接近基圆的点，其曲率半径愈小，基圆上的点K_0，其曲率半径等于零。

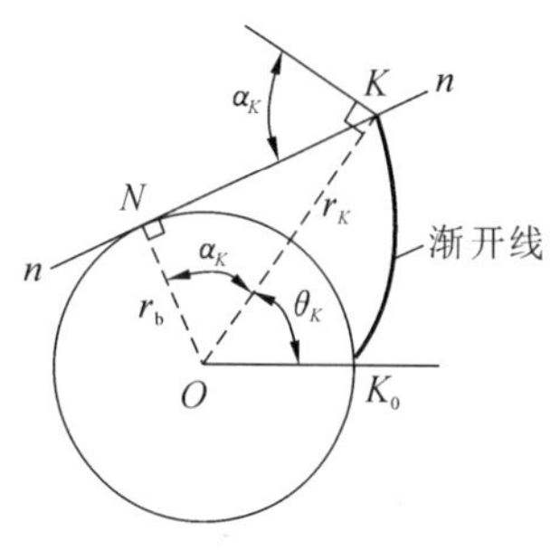

图4-2 渐开线齿廓的性质

(4) 渐开线的形状取决于基圆的大小。如图4-2所示，渐开线上的任一点K，其曲率半径$\rho_K=\overline{NK}=\sqrt{r_K^2-r_b^2}$，因此，基圆愈大，点$K$的曲率半径就愈大，渐开线就愈平直；当基圆直径无穷大时，渐开线成为斜直线。齿条的齿廓曲线就是由直线形成的渐开线。

(5) 基圆内无渐开线。

(6) 在不考虑摩擦力、重力和惯性力的条件下，一对齿廓相互啮合时，轮齿在接触点K所受的正压力方向(沿法线n-n的方向)与受力点线速度方向(齿轮绕轴心O转动时，齿廓上点K的线速度与OK垂直)之间所夹的锐角，称为齿轮齿廓在该点的压力角。图4-2中的α_K就是渐开线上点K的压力角。由图4-2可知

$$\cos\alpha_K = r_b/r_K \tag{4-2}$$

式中：r_b为渐开线的基圆半径；r_K为渐开线上点K的向径。

由式(4-2)知，渐开线齿廓上各点具有不同的压力角，点K离圆心O愈远(即r_K愈大)，其压力角也愈大。当$r_K=r_b$时，$\alpha_K=0$，即渐开线在基圆上的压力角等于零。

3. 渐开线的方程式

根据渐开线的性质，可导出渐开线的极坐标方程。如图4-2所示，以基圆中心为极坐标的原点，以渐开线起点K_0的向径$\overline{OK_0}$为极坐标轴，则渐开线上任一点K的极坐标可用展角θ_K和向径r_K确定。由图4-2可得

$$\tan\alpha_K = \frac{\overline{NK}}{\overline{ON}} = \frac{\overset{\frown}{NK_0}}{r_b} = \frac{r_b(\alpha_K+\theta_K)}{r_b} = \alpha_K+\theta_K$$

或

$$\theta_K = \tan\alpha_K - \alpha_K$$

由上式可知，展角θ_K是随压力角α_K的大小而变化的，只要知道渐开线上某点的压力角α_K，则该点的展角θ_K便可由上式求出，即展角θ_K为压力角α_K的渐开线函数，用$\mathrm{inv}\alpha_K$表示，即有

$$\theta_K = \mathrm{inv}\alpha_K = \tan\alpha_K - \alpha_K$$

由式(4-2)有

$$r_K = \frac{r_b}{\cos\alpha_K}$$

综合上述两式，可得渐开线的极坐标参数方程为

$$\left.\begin{aligned} r_K &= r_b/\cos\alpha_K \\ \theta_K &= \mathrm{inv}\alpha_K = \tan\alpha_K - \alpha_K \end{aligned}\right\} \tag{4-3}$$

给定基圆半径 r_b，应用式(4-2)，并以 α_K 为参量，便可绘出所需的渐开线。为了计算方便，已将不同压力角 α_K 的渐开线函数列成表格(称为渐开线函数表，详见有关参考文献)，供设计时查用。

4.2.3 渐开线直齿圆柱齿轮机构的基本参数和尺寸计算

4.2.3.1 外啮合标准直齿圆柱齿轮机构的基本参数和尺寸计算

1. 基本尺寸的名称和符号

图 4-3 所示为一直齿圆柱齿轮的一部分，轮齿两侧具有相互对称的齿廓。为了便于齿轮的设计与计算，先给出如下基本术语。

1) 齿数

在齿轮的整个圆周上轮齿的总数称为齿数，常用 z 表示。

2) 齿槽宽

如图 4-3 所示，齿轮上两相邻轮齿之间的空间称为齿间或齿槽。一齿槽两侧齿廓间在任意圆周上的弧长，称为该圆上的齿槽宽(简称齿宽)，用 e_i 表示。

3) 齿厚

如图 4-3 所示，在任意半径的圆周上，一个轮齿两侧齿廓间的弧长，称为该圆上的齿厚，用 s_i 表示。

4) 齿距

如图 4-3 所示，相邻两齿同侧两齿廓间在某一圆上的弧长，称为该圆上的齿距，用 p_i 表示。在同一圆周上，齿距等于齿厚和齿槽宽之和，即

$$p_i = s_i + e_i$$

5) 顶隙(径向间隙)

图 4-4 所示为一对相啮合齿轮的简图，从图中可看出，一对相啮合齿轮有节圆、中心距和顶隙。顶隙是指一对相啮合齿轮中，一齿轮的齿根圆与另一齿轮齿顶圆之间在连心线上度量的距离，用 c 来表示。留有一定的顶隙是为了避免一齿轮的齿顶与另一齿轮的齿槽相抵触发生干涉，同时也便于储存润滑油。

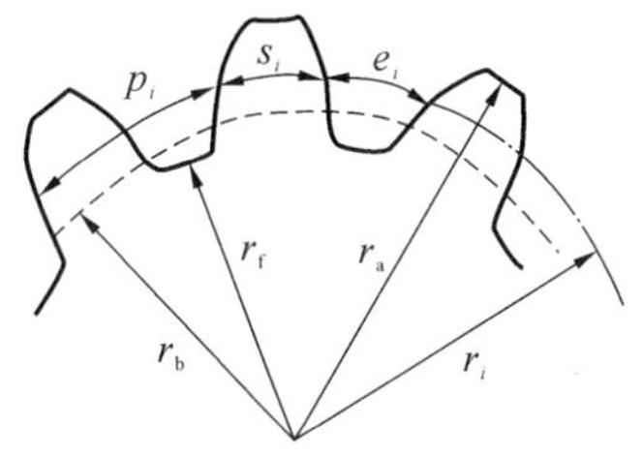

图 4-3　齿轮的基本参数

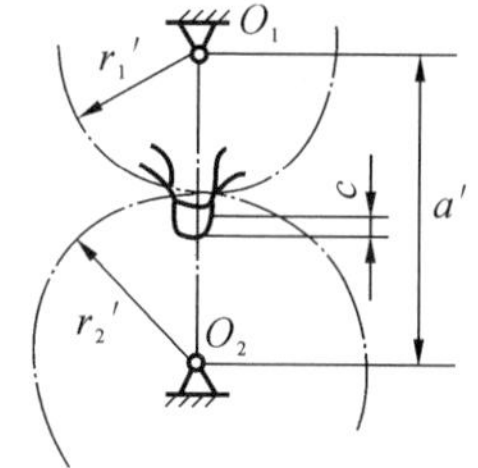

图 4-4　一对齿轮啮合的简图

2. 基本参数

1）模数与分度圆

（1）模数。

设一齿数为 z 的齿轮，其任一圆上的直径为 d_i，该圆上的齿距为 p_i，则有 $d_i=2r_i=\frac{p_i z}{\pi}$（见图 4-3）。式中，$z$ 为正整数，π 为无理数。若选 p_i（有理数）作为基本参数，则直径 d_i 为无理数，这不符合工程设计和制造的要求。为了便于设计、制造和检测，人为地把 p_i/π 规定为一简单的有理数，并把这个比值称为模数，用 m_i 来表示，即

$$m_i=\frac{p_i}{\pi}$$

（2）分度圆。

虽然以 m_i 为基本参数时可使 d_i 不是无理数，但一个齿轮在不同直径的圆周上，其模数大小是不同的。为了使基本参数具有单一化的确定性，在齿轮计算中必须规定一个圆作为尺寸计算的基准圆，这个圆就称为分度圆，其直径和半径分别用 d 和 r 表示。

我国国家标准规定，分度圆上的模数和压力角为标准值。因为一种模数和压力角的齿轮，需要用一把专用的刀具进行加工，为了协调齿轮设计和刀具生产之间的矛盾，各国均制定了相应的标准。我国国家标准规定的压力角标准值为 20°，模数的标准系列如表 4-2 所示。

表 4-2　标准模数系列　　单位：mm

第一系列	1　1.25　1.5　2　2.5　3　4　5　6　8　10　12　16　20　25　32　40　50
第二系列	1.25　1.375　1.75　2.25　2.75　3.5　4.5　5.5　(6.5)　7　9　11　14　18　22　28　36　45

注：1. 优先采用第一系列，括号内的数值尽量不用。

2. 单位为毫米（mm）。

3. 在采用英制单位的国家，以径节来计算齿轮基本尺寸，径节 p 是齿数 z 与分度圆直径 d 之比，即 $d=z/p$。径节与模数之间具有如下关系：$m=25.4/p$。

分度圆是齿轮上一个人为约定的用于计算的基准圆，通常，分度圆就是齿轮上具有标准模数和标准压力角的圆。任何一个齿轮都有且仅有一个分度圆，其直径为

$$d = mz \tag{4-4}$$

以后，凡未说明是哪个圆上的模数、齿距、齿厚、齿槽宽和压力角，都是指分度圆上的，并分别用 m、p、s、e 和 α 表示。若是其他圆上的参数则需指明。

齿数、模数和压力角是齿轮尺寸计算中的三个基本参数，模数大，则齿轮的轮齿大；模数一定时，齿数多，则齿轮的轮齿大。

2）基圆、齿顶圆和齿根圆

（1）基圆。

基圆的大小是决定渐开线形状的唯一条件。由式(4-2)，基圆直径 d_b 可按下式计算：

$$d_b = d\cos\alpha = mz\cos\alpha \tag{4-5}$$

基圆上的齿距(或称基节)可由下式求得

$$p_b = \frac{\pi d_b}{z} = \pi m\cos\alpha \tag{4-6}$$

（2）齿顶圆和齿根圆。

齿顶圆和齿根圆的含义如图 4-3 所示。一般，它们分别处于分度圆的两侧。分度圆与齿顶圆之间的径向距离称为齿顶高，用 h_a 表示。分度圆与齿根圆之间的径向距离称为齿根高，用 h_f 表示。齿顶圆与齿根圆之间的径向距离称为齿高，用 h 表示。齿顶圆直径、齿根圆直径和齿高可分别按下列公式计算：

$$d_a = d + 2h_a \tag{4-7}$$

$$d_f = d - 2h_f \tag{4-8}$$

$$h = h_a + h_f \tag{4-9}$$

4.2.3.2　外啮合标准直齿圆柱齿轮机构的几何尺寸计算

1. 标准齿轮

模数和压力角为标准值、分度圆上的齿厚(s)与齿槽宽(e)相等、齿顶高(h_a)与模数的比值及齿根高(h_f)与模数的比值均等于标准值的齿轮，称为标准齿轮。

根据我国基本齿形标准(GB/T 1356—2001)，标准齿轮具有如下关系：

$$s = e = \frac{1}{2}p = \frac{1}{2}\pi m,\quad c = c^* m$$

$$h_a = h_a^* m,\quad h_f = (h_a^* + c^*)m$$

式中：c 为顶隙；h_a^* 为齿顶高系数；c^* 为顶隙系数。

齿顶高系数和顶隙系数亦均已标准化，其值为

$$h_a^* = 1, \quad c^* = 0.25$$

2. 标准齿轮传动的中心距

中心距是齿轮传动的基本尺寸，齿轮箱体上轴承孔的尺寸就是由中心距决定的。为了使一对渐开线标准齿轮传动平稳，在确定其中心距时，应保证相啮合的两轮齿的齿侧无间隙存在。

一对齿轮啮合传动时，两齿轮的中心距总等于做相对滚动的两节圆的半径之和。当要求相啮合的两轮齿齿侧无间隙存在时，一齿轮轮齿的节圆齿厚必须等于另一齿轮轮齿的节圆齿槽宽，故一般称 $s'_1=e'_2$，$s'_2=e'_1$ 为齿轮机构的无侧隙传动条件。

由于一对模数相等、无侧隙啮合的标准齿轮，其分度圆上的齿厚和齿槽宽相等，即 $s_1=e_1=s_2=e_2=\pi m/2$，因而，当两轮的分度圆相对滚动时，其齿侧间隙为零，此时，分度圆与节圆重合，啮合角在数值上等于分度圆压力角。因而，一对无侧隙啮合的标准齿轮，其中心距（简称为标准中心距，用 a 表示）的计算式为

$$a = r'_1 + r'_2 = r_1 + r_2 = \frac{m}{2}(z_1 + z_2)$$

3. 几何尺寸计算

外啮合标准直齿圆柱齿轮几何尺寸计算的有关公式如表 4-3 所示。

表 4-3　外啮合标准直齿圆柱齿轮几何尺寸的计算公式

名　　称	符　　号	计 算 公 式
模数	m	根据齿轮强度定出的标准值
压力角	α	$\alpha=20^\circ$
分度圆直径	d	$d_1=mz_1$，$d_2=mz_2$
齿顶高	h_a	$h_a=h_a^* m$
齿根高	h_f	$h_f=(h_a^*+c^*)m$
齿　高	h	$h=h_a+h_f$
顶　隙	c	$c=c^* m$
齿顶圆直径	d_a	$d_{a1}=d_1+2h_a$，$d_{a2}=d_2+2h_a$
齿根圆直径	d_f	$d_{f1}=d_1-2h_f$，$d_{f2}=d_2-2h_f$
基圆直径	d_b	$d_{b1}=d_1\cos\alpha$，$d_{b2}=d_2\cos\alpha$
齿　距	p	$p=\pi m$
齿　厚	s	$s=\dfrac{p}{2}$
齿槽宽	e	$e=\dfrac{p}{2}$
标准中心距	a	$a=\dfrac{1}{2}(z_1+z_2)m$

4.2.4 渐开线直齿圆柱齿轮机构的啮合传动

4.2.4.1 能实现恒定的瞬时传动比传动

如图 4-5 所示，设两渐开线齿廓 E_1、E_2 在任意点 K_1 相啮合。过点 K_1 作这对齿廓的公法线 N_1N_2 与两轮的连心线交于 P。由渐开线的性质可知，此公切线 N_1N_2 必与两基圆相切，即 N_1N_2 必为两基圆的内公切线。因在传动过程中，两基圆为定圆，而两定圆在同一方向的内公切线只有一条，故两齿廓无论在何处啮合，过啮合点所作的两齿廓的公法线与两基圆的内公切线重合。由此可知，两齿廓在所有啮合点上的公法线都通过连心线上的定点 P。因而有

$$i_{12}=\frac{\omega_1}{\omega_2}=\frac{\overline{O_2P}}{\overline{O_1P}}=\text{常数}$$

这就证明了渐开线齿廓能保证实现恒定的瞬时传动比传动。

由图 4-5，两轮的瞬时传动比还可以写成

$$i_{12}=\frac{\omega_1}{\omega_2}=\frac{\overline{O_2P}}{\overline{O_1P}}=\frac{r'_2}{r'_1}=\frac{r_{b2}}{r_{b1}}=\frac{r_2\cos\alpha}{r_1\cos\alpha}=\frac{z_2}{z_1} \tag{4-10}$$

式中：r'_1、r'_2 分别为两轮的节圆半径；r_{b1}、r_{b2} 分别为两轮的基圆半径。

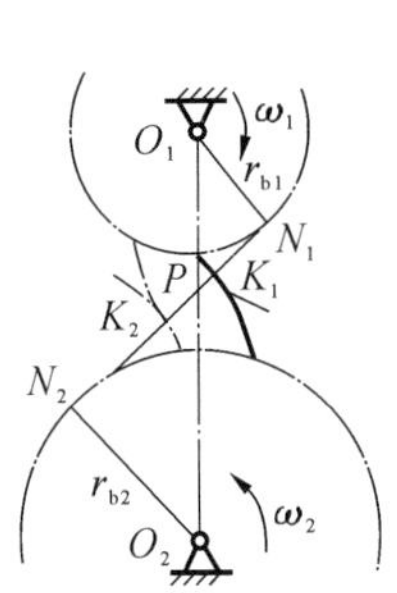

图 4-5 能实现恒定的瞬时角传动比传动

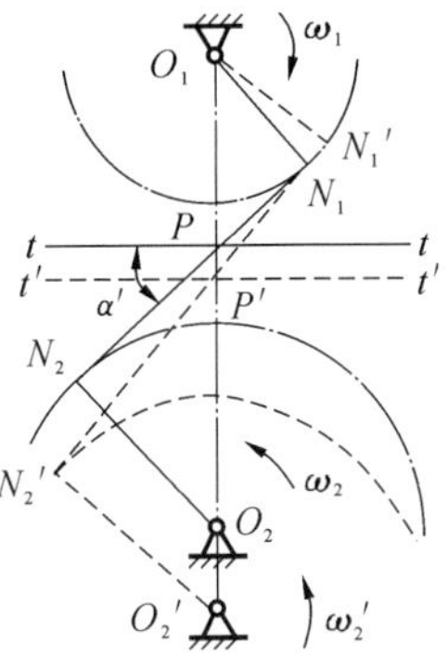

图 4-6 中心距的可分性

4.2.4.2 中心距具有可分性

渐开线圆柱齿轮机构的又一啮合特性是两轮中心距的变化不影响传动的瞬时角速比，这一特性称为中心距的可分性。

由式(4-10)知，两轮的瞬时角速比不仅与两轮的节圆半径成反比，而且与基圆半径成反比。如图 4-6 所示，两轮中心距的变化只改变两轮的节圆半径，齿轮制成后，其基圆就已确定，不因中心距的变化而有所改变。因此，即使两轮的实际中心距与设计中心距有点偏差，也不会改变其瞬时角速比。这是渐开线齿廓啮合的一大优点，有很大的实用价值。实际工作中，由于制造和安装误差，以

及轴承磨损等原因，齿轮的实际中心距与设计中心距往往不相等，但由于渐开线齿廓啮合具有中心距的可分性，故仍可保持定传动比传动。

4.2.4.3　啮合线是两基圆上的一条内公切线

如前所述，两渐开线齿廓在任何位置啮合时，过啮合点所作的齿廓公法线均为直线 N_1N_2（见图 4-5）。因此，在渐开线齿廓啮合过程中，其每个瞬时的接触点都在直线 N_1N_2 上。两齿廓啮合点在与机架相固连的坐标系中的轨迹称为啮合线。所以，啮合线与两齿廓接触点的公法线始终重合，也是两基圆的一条内公切线。

4.2.4.4　啮合角是随中心距而定的常数

如图 4-6 所示，两齿廓在啮合过程中，过节点所作的两节圆的内公切线 t-t 与两齿廓接触点的公法线所夹的锐角，称为啮合角，一般用 α'表示。

一对渐开线齿廓的啮合角，在数值上等于该对齿廓在节点接触时的压力角，其值可按下式计算：

$$\cos\alpha' = \frac{r_{b1}}{r'_1} = \frac{r_{b2}}{r'_2}$$

由上式可知，啮合角与齿轮的基圆和节圆半径有关。一对安装好的渐开线圆柱齿轮，其节圆和基圆的位置确定不变，因而，啮合角在渐开线齿廓的啮合过程中是恒定不变的。但因中心距加大时，节圆半径随之加大，所以，啮合角随中心距的变化而改变。

齿轮传动时，两齿廓间的正压力沿齿廓接触点的公法线方向作用，因啮合过程中，啮合角为一不变的常数，故两齿廓间的正压力方向，在啮合过程中始终保持不变。当主动轮上的驱动力矩 T_1 为常数时，作用在从动齿轮齿廓上的正压力的方向和大小均不变，这对支撑齿轮的轴承的受力情况十分有利。所以，啮合角在啮合过程中恒定不变，是渐开线齿轮传动的又一优点。

4.2.4.5　正确啮合条件

一对渐开线齿廓能够保证定传动比传动，但并不是任意两个渐开线齿轮搭配起来都可以正确地传动。如图 4-7 所示，齿轮传动是靠齿轮上的轮齿一对对地依次啮合来实现的，每一对齿只能在有限的区间内啮合，随后便要分离，由后一对齿接替。如前所述，一对渐开线齿轮传动时，其啮合点都应在啮合线 N_1N_2 上。如图 4-7 所示，当前一对齿在啮合线上的点 K'接触时，如果后一对齿也处于啮合线上，则它们必须在啮合线上的另一点 K 接触。否则，将会出现齿廓重叠（由于两轮齿是刚体，不能相互嵌入，势必使这一对齿轮无法安装，不能进行正常啮合），或存在齿侧间隙（使得当前一对齿轮在啮合线上接触终止时，下一对轮齿不能及时地进行接触，不能保证实现定传动比传动），这都是不允许的。

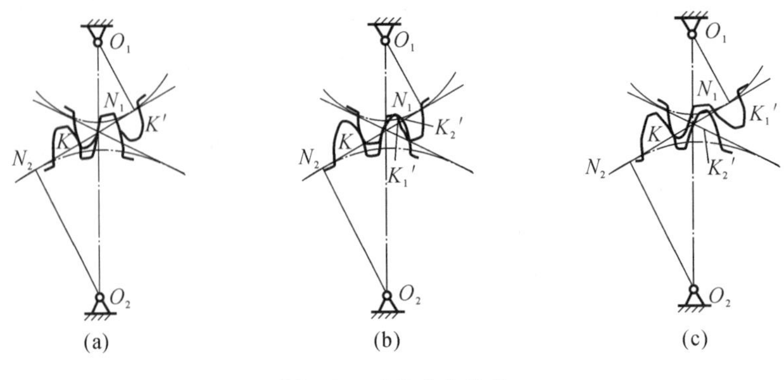

图 4-7　正确啮合条件

为了满足正确啮合条件要求，必须使轮 1 和轮 2 上相邻两齿同侧齿廓的法向距离（称为齿轮的法节）相等。

由图 4-7(a)可知，$\overline{K'K}$既是齿轮 1 的法节，又是齿轮 2 的法节。因此，只有两齿轮的法节相等，它们才能正确啮合。根据渐开线的性质，齿轮的法节与其端面基圆齿距（基节）在数值上相等，于是得 $p_{b_1}=p_{b_2}$。

由式(4-6)有

$$\left.\begin{aligned} p_{b_1} &= \pi m_1 \cos\alpha_1 \\ p_{b_2} &= \pi m_2 \cos\alpha_2 \end{aligned}\right\} \tag{4-11}$$

由此得渐开线齿轮传动的正确啮合条件为

$$m_1 \cos\alpha_1 = m_2 \cos\alpha_2 \tag{4-12}$$

由于齿轮的模数和压力角都已标准化了，故为满足式(4-12)，应使

$$\left.\begin{aligned} m_1 &= m_2 = m \\ \alpha_1 &= \alpha_2 = \alpha \end{aligned}\right\}$$

上式表明，一对渐开线齿轮的正确啮合条件是两轮的模数和压力角必须分别相等。

4.2.4.6　连续传动条件

1. 一对渐开线直齿圆柱齿轮机构的啮合传动过程

图 4-8 所示为一对渐开线齿轮的啮合传动，设齿轮 1 为主动轮，齿轮 2 为从动轮，转向如图所示。在正常情况下，当两轮齿开始啮合时，必为主动轮的根部齿廓与从动轮的齿顶相接触。又由于齿廓接触点必在啮合线上，所以一对轮齿在啮合线上的起点，就是从动轮 2 的齿顶圆与啮合线 N_1N_2 的交点 B_2。随着啮合传动的进行，接触点便由点 B_2 沿着啮合线向 N_2 的方向移动，直到主动轮 1 的齿顶与从动轮 2 的齿根部齿廓相接触（如图中虚线所示位置）时，两齿廓即将脱离在啮合线 N_1N_2 上的接触。所以，一对轮齿在啮合线上啮合的终止点就是

主动轮 1 的齿顶圆与啮合线 N_1N_2 的交点 B_1。线段 $\overline{B_2B_1}$ 是一对轮齿啮合点在与机架固连的坐标系上的实际轨迹，称为实际啮合线。若将两轮的齿顶圆加大，则点 B_1 和点 B_2 将分别趋近啮合线与两基圆的切点 N_2 和 N_1，因基圆内没有渐开线，所以，两轮齿顶圆与啮合线的交点不得超过点 N_1 和点 N_2。线段 $\overline{N_1N_2}$ 是理论上可能的最长啮合线段，称为理论啮合线。

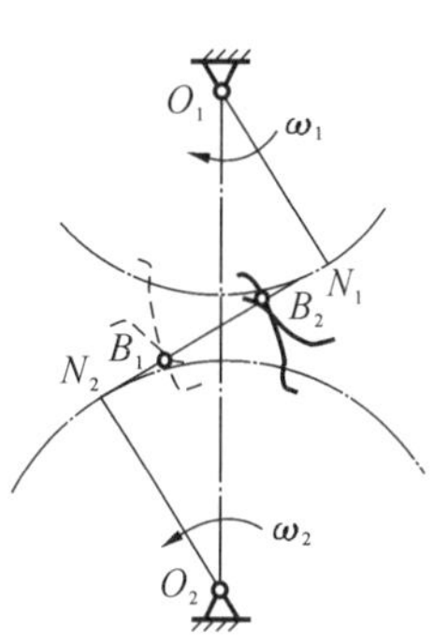

图 4-8　齿轮的啮合过程

2. 重合度

在直齿圆柱齿轮传动中，为了避免冲击、振动以及减小噪声，要求它们能保持连续定角速比传动。下面分析一下满足正确啮合条件的一对渐开线齿轮是否都能保持连续定角速比传动的问题。如图 4-9(a)所示的一对渐开线齿轮，当主动轮 1 的齿顶与从动轮 2 的齿根部在啮合线上的点 B_1 接触时，其后面的一对轮齿还没有接触，于是当主动轮 1 再继续等速转动时，前一对轮齿将不再在啮合线 N_1N_2 上接触，而是主动轮 1 的齿顶尖角在从动轮 2 的齿廓上滑过去，推动从动轮 2 减速转动，直到后一对轮齿在啮合线上的点 B_2（从动轮齿顶圆与 N_1N_2 的交点）接触时，才又做定角速比啮合，此时前一对轮齿便脱离接触。这种现象是齿轮传动所不允许的。产生这种现象的原因是实际啮合线 $\overline{B_1B_2}$ 的长度小于齿轮的法节（即 $\overline{B_1B_2}<p_n$），使前一对轮齿到达啮合线上脱离接触的位置时，后一对轮齿还未能在啮合线上进入接触。

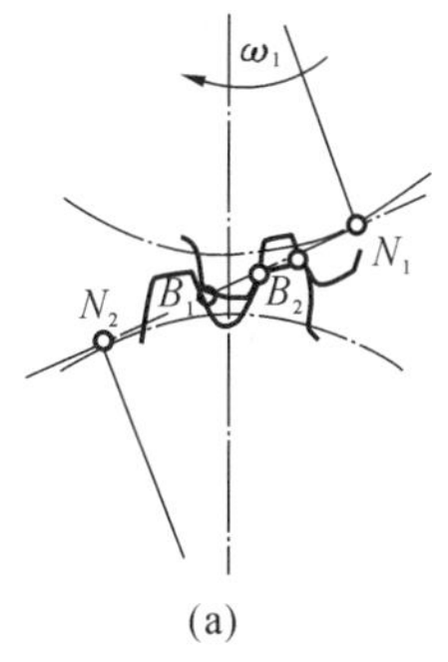

(a)

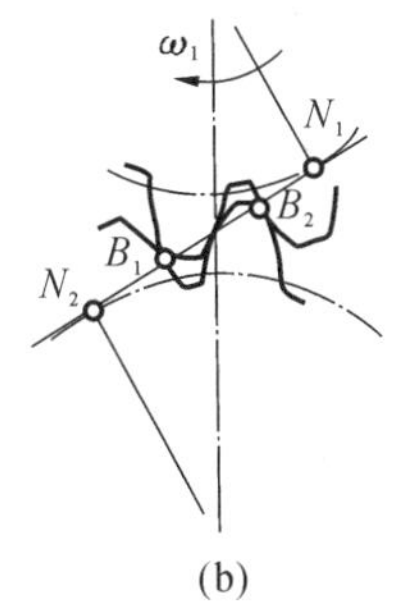

(b)

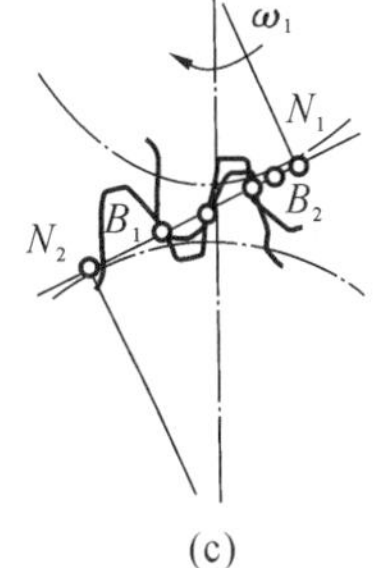

(c)

图 4-9　连续传动条件

图 4-9(b)所示为一对恰好能保证连续定角速比传动的渐开线齿轮的工作情况，当前一对轮齿在点 B_1 即将脱离接触时，由于 $\overline{B_1B_2}=p_n$，故后一对轮齿刚好在点 B_2 开始接触。因此当主动轮 1 再继续等速转动时，前一对轮齿虽已脱离接触，但后一对轮齿已经在啮合线上正常地啮合，因而可保证从动轮 2 按定

角速比等速转动。

图 4-9(c)所示为一对渐开线齿轮$\overline{B_1B_2}>p_n$的啮合情况。此时前一对轮齿在点 B_1 即将脱离接触时，后一对轮齿早已处于接触状态，因此就能保证连续定角速比传动。

综上所述可知，保证连续定角速比传动的条件为$\overline{B_1B_2}\geqslant p_n$，或写为

$$\varepsilon_\alpha=\frac{\overline{B_1B_2}}{p_n}\geqslant 1 \tag{4-13a}$$

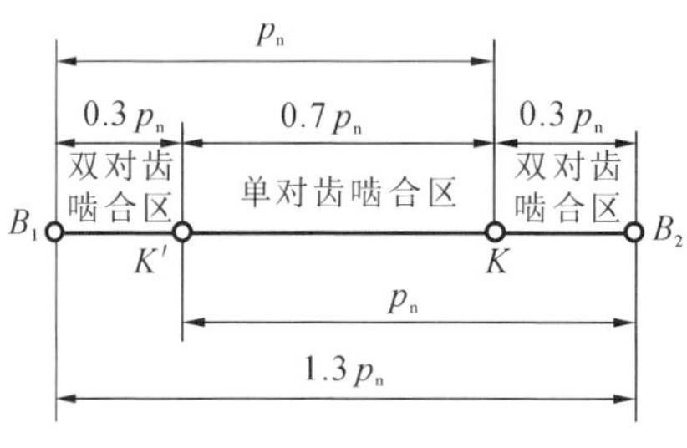

图 4-10　重合度的物理意义

一般称比值 ε_α 为齿轮传动的重合度，重合度的大小表明同时参与啮合的轮齿对数的多少。例如当 $\varepsilon_\alpha=1$ 时，表示在齿轮传动过程中，除了在点 B_2 和点 B_1 接触瞬间有两对轮齿相啮合外，始终只有一对轮齿参与啮合。当 $\varepsilon_\alpha=1.3$ 时，可用图 4-10 来说明这对齿轮的啮合情况。图中直线$\overline{B_1B_2}$表示实际啮合线长度，即$\overline{B_1B_2}=\varepsilon_\alpha p_n=1.3p_n$。由点 B_1 和点 B_2 分别量取长度等于法节 p_n 的线段$\overline{B_1K}$和$\overline{B_2K'}$。假如第一对轮齿在位置 K'接触，由于$\overline{B_2K'}=p_n$，所以第二对轮齿在位置 B_2 刚刚进入啮合，在此以后，为两对轮齿同时啮合。当第一对轮齿到达位置 B_1 时，由于$\overline{B_1K}=p_n$，所以第二对轮齿到达位置 K。当第一对轮齿自点 B_1 脱开后，由于第三对轮齿还未进入啮合，所以，此时只有一对轮齿相啮合。当第二对轮齿到达 K'时，第三对轮齿又进入点 B_2，随之又是两对轮齿相啮合。如此不断循环下去。所以，由图 4-10 可知，$\overline{B_1K}$和$\overline{B_2K'}$为两对轮齿啮合区，其长度各为 $0.3p_n$；而$\overline{KK'}$为单对轮齿啮合区，其长度为 $0.7p_n$。

从理论上分析，只要重合度 $\varepsilon_\alpha=1$ 就能保证一对齿轮的连续定角速比啮合。但因齿轮的制造、安装不可避免地会有误差，为了确保一对齿轮连续定角速比啮合，应使所设计的一对齿轮的重合度 ε_α 的值大于 1。在实际应用中，根据不同的情况，应使 $\varepsilon_\alpha\geqslant[\varepsilon_\alpha]$，$[\varepsilon_\alpha]$为重合度许用值，根据齿轮机构的使用要求和制造精度不同，$[\varepsilon_\alpha]$可取不同的值。常用的$[\varepsilon_\alpha]$值推荐如下：

使用场合	一般机械	汽车、拖拉机	金属切削机床
$[\varepsilon_\alpha]$	1.4	1.1～1.2	1.3

3. 重合度与基本参数的关系

如图 4-11 所示，$\overline{B_1B_2}=\overline{B_1P}+\overline{PB_2}$，而

$$\overline{B_1P} = \overline{B_1N_1} - \overline{PN_1} = \frac{mz_1}{2}\cos\alpha(\tan\alpha_{a1} - \tan\alpha')$$

$$\overline{B_2P} = \overline{B_2N_2} - \overline{PN_2} = \frac{mz_2}{2}\cos\alpha(\tan\alpha_{a2} - \tan\alpha')$$

将$\overline{B_1B_2}=\overline{B_1P}+\overline{PB_2}$代入式(4-13a)，可得

$$\varepsilon_\alpha = \frac{\overline{B_1B_2}}{p_n} = \frac{1}{2\pi}[z_1(\tan\alpha_{a1} - \tan\alpha') + z_2(\tan\alpha_{a2} - \tan\alpha')] \quad (4\text{-}13b)$$

式中，α_{a1}、α_{a2}分别为齿轮 1、2 的齿顶圆压力角，其值可由下式计算：

$$\cos\alpha_{a1} = r_{b1}/r_{a1}, \quad \cos\alpha_{a2} = r_{b2}/r_{a2}$$

由上述可知，一对标准直齿圆柱齿轮传动在满足无侧隙啮合条件的情况下，重合度 ε_α 与模数无关。而齿数增多，重合度增大。当齿数 z 趋向无穷多(即齿轮变为齿条)时，可求出直齿圆柱齿轮传动重合度的极限值 $\varepsilon_{\alpha\max}=1.981$。由此可知，直齿圆柱齿轮在啮合传动中，不可能保证总是有两对齿啮合，因而限制了直齿圆柱齿轮机构的承载能力。

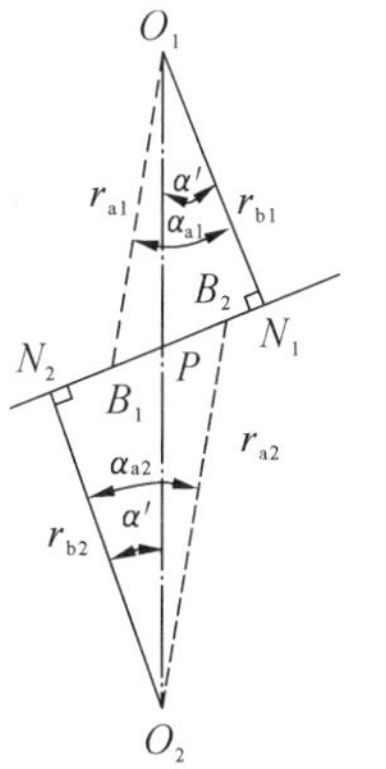

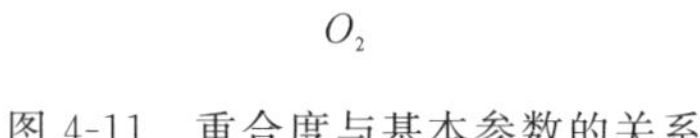
图 4-11　重合度与基本参数的关系

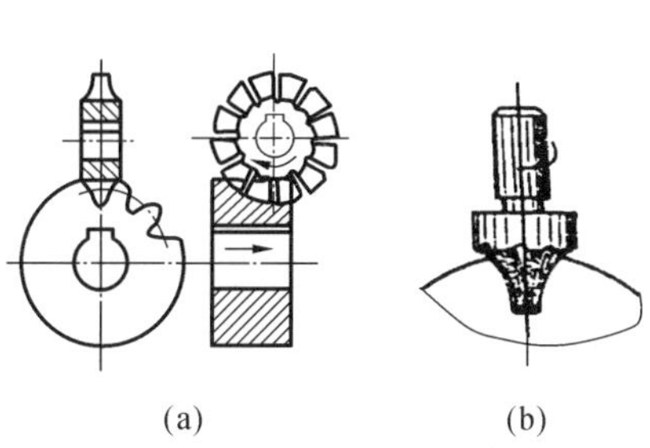

图 4-12　渐开线齿廓的仿形法加工

4.2.4.7　渐开线齿廓的切削加工原理

齿轮轮齿加工的方法很多。目前，最常用的切制法有仿形法(见图 4-12)和范成法(见图 4-13)两种。对轮齿加工方法的研究不是本课程的任务。但为了讲清楚变位齿轮的基本概念，这里简单介绍范成法中的齿条刀切削加工直齿圆柱外齿轮的原理。

1. 渐开线直齿圆柱齿轮齿条传动

1）渐开线齿条的几何特点

如图 4-14 所示，当渐开线齿轮的齿数增至无穷多时，其圆心将位于无穷远处，这时齿轮上的各圆均变为直线，渐开线齿廓也变成斜直线。这种齿数为无

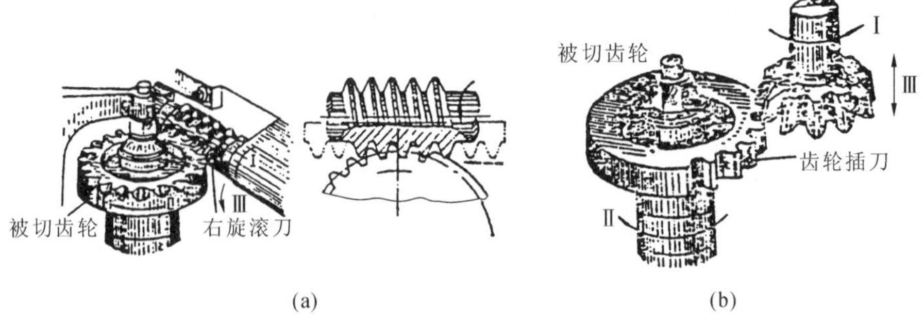

图 4-13　渐开线齿廓的范成法加工

穷多的齿轮，称为齿条。渐开线齿条的同侧齿廓是一系列互相平行的直线。在齿条上取一条用于确定轮齿尺寸的基准直线，该基准直线与齿条的齿顶线平行，且其上齿厚与齿槽宽相等，称此基准直线为分度线，它位于齿顶线与齿根线之间。分度线的垂直线与齿廓直线的夹角 α，称为齿条的齿形角。与渐开线齿轮相比，渐开线齿条有如下的几何特点。

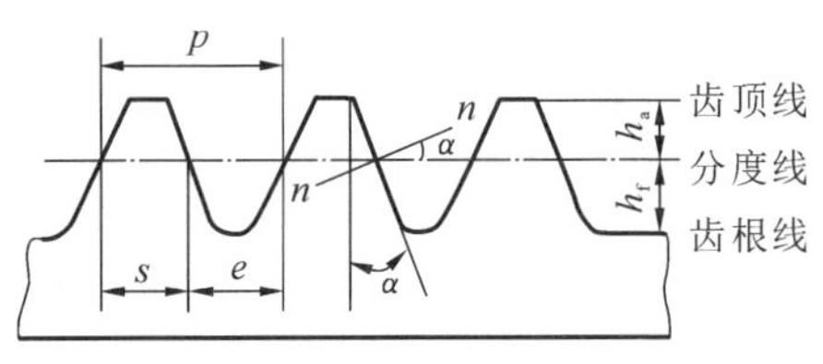

图 4-14　渐开线齿条

(1) 由于齿条齿廓是斜直线，所以齿廓上各点的法线是平行的，而且在传动时齿条做直线移动，齿廓上各点速度方向都相同，故齿条齿廓上各点压力角均相等，且数值上等于齿条的齿形角。

(2) 由于齿条的同侧齿廓是互相平行的直线，所以凡与齿条分度线平行的任一直线上的齿距和模数都等于分度线上的齿距和模数，只是齿厚与齿槽宽不等于分度线上的齿厚与齿槽宽。

2) 渐开线齿轮齿条传动的啮合特点

在齿轮齿条传动中，当齿轮做定轴转动时，齿条做直线移动，其移动方向与分度线平行，可将它视为回转中心在垂直于移动方向无穷远处的齿轮，故齿轮齿条传动的回转中心连线为过齿轮回转中心 O_1 且垂直于齿条移动方向的直线。

如图 4-15(a)所示，点 K 为齿轮和齿条齿廓的接触点，过该点 K 作公法线 n-n，它既与齿轮基圆相切，又垂直于齿条的直线齿廓。由于在啮合过程中，齿轮的基圆大小和位置均不改变，齿条齿廓直线方位也不改变，故过各瞬时接触点所作齿廓公法线为一固定直线 n-n，它与固定的中心连线必交于固定点 P（即节点），所以齿轮齿条啮合传动能满足齿廓啮合基本定律。

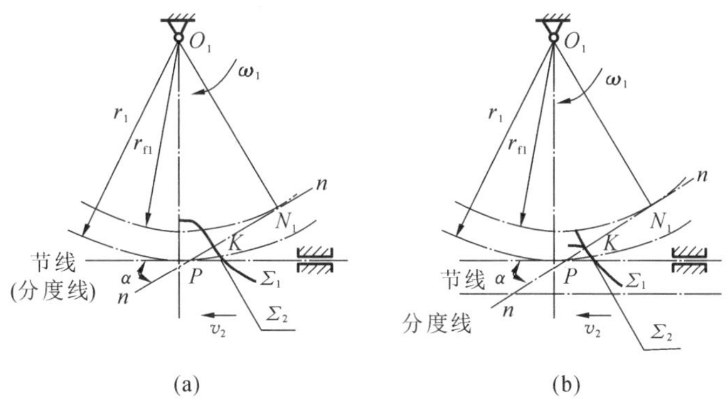

图 4-15　齿轮齿条传动

图 4-15(a)所示为一标准齿轮和齿条做无侧隙啮合传动，此时齿轮的节圆与分度圆重合，齿条节线与分度线重合。若将齿条远离齿轮回转中心一段距离再与齿轮啮合（见图 4-15(b)），此时齿条齿廓直线的方位未变，齿轮基圆的大小和位置也未变，显然两齿廓接触点的公法线位置及节点位置也不变，因此齿轮齿条啮合也具有中心距可变性。

由以上分析可知，齿轮齿条的啮合特点如下。

(1) 无论齿条远离还是靠近齿轮回转中心进行啮合传动，其啮合角始终不变，且数值等于齿条齿廓的齿形角 α。

(2) 齿轮的节圆与分度圆始终重合，但齿条的分度线与节线的相对位置随着齿条与齿轮回转中心距离的变化而不同。

(3) 设 v_2 为齿条的移动速度，ω_1 为齿轮的角速度，则$\dfrac{v_2}{\omega_1}=r_1=\dfrac{1}{2}mz_1$。

2. 齿条刀切齿原理

范成法是利用一对齿轮啮合传动原理来加工齿廓的，其中一齿轮作为刀具，另一齿轮则作为被切齿轮坯。当刀具对被切齿轮坯做确定的相对运动时，刀具齿廓就可在与齿轮坯固连的坐标系上切出被加工齿轮轮齿的齿廓。

如图 4-16 所示为一标准齿条刀（下面简称齿条刀）的齿廓，它与齿条基本相同，只是齿顶增加了 c^*m 的高度（目的是切出被切齿轮的径向间隙）。因而齿条刀的分度线等分其齿高，故又称为中线。刀顶线与直线齿廓之间的过渡处不是直线，而是以半径为 ρ 的圆角刀刃，它不能切出渐开线齿廓，只能切出齿根部分的过渡曲线。而刀顶线是用来切制被切齿轮的齿根圆的。

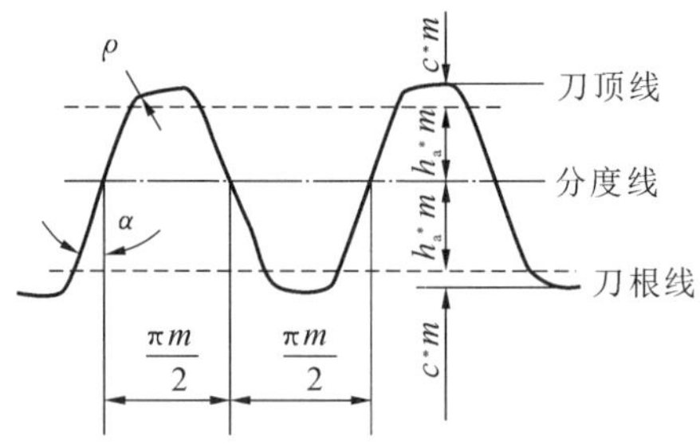

图 4-16　标准齿条刀的齿廓

3. 用齿条刀切制轮齿

图 4-17 所示为齿条刀切齿的工作原理图。

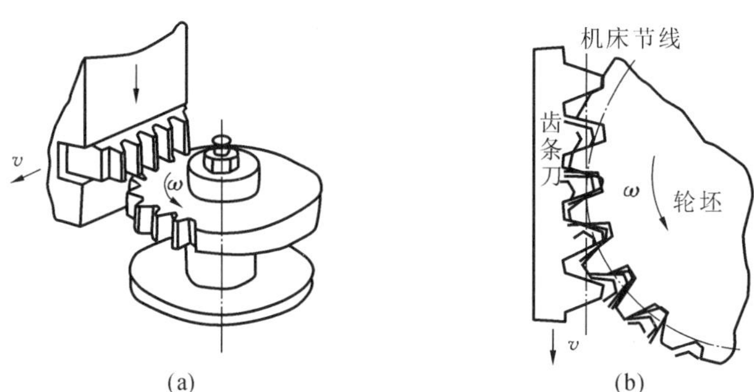

图 4-17　齿条刀切齿的工作原理图

1）标准齿轮的切制

如图 4-18 所示，齿条刀分度线与齿轮坯分度圆相切，它们之间保持纯滚动。由于切齿相当于无侧隙啮合，故被切齿轮分度圆齿厚必等于齿条刀分度线上的齿槽宽，而被切齿轮分度圆齿槽宽必等于齿条刀分度线上的齿厚。因为刀具分度线上的齿厚等于齿槽宽，所以被切齿轮齿厚等于齿槽宽，即 $s=e$。此外，由分度圆与分度线相切并做纯滚动可知，被切齿轮的齿根高等于齿条刀顶线至分度线的距离 $(h_a^*+c^*)m$。因为齿轮坯的齿顶圆是预先已按标准齿轮的齿顶圆直径加工好了的，切齿时，齿条刀根线与被切齿轮齿顶圆之间保持 c^*m 的径向间隙，故被切齿轮齿顶高等于 h_a^*m。这样，切出的齿轮必定为标准齿轮。

2）变位齿轮的切制

由齿轮齿条啮合传动的中心距的可变性可知，齿条刀分度线相对于被切齿轮分度圆可能有三种位置，分别如图 4-19(a)、(b)、(c)所示。

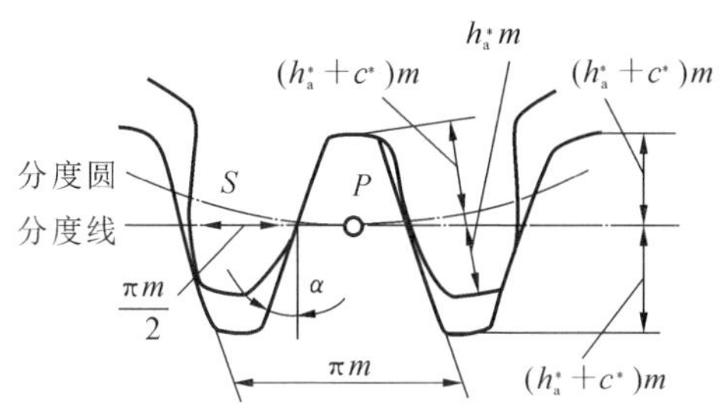

图 4-18　切制标准齿轮

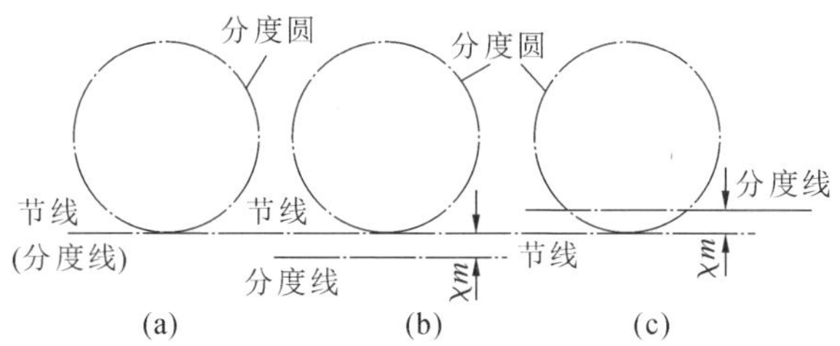

图 4-19　齿条刀分度线相对于被切齿轮分度圆的位置

当齿条刀安装后的分度线位于图 4-19(a)所示的位置时，如上所述，可切制出标准齿轮。

当齿条刀分度线远离齿轮回转中心，处于图 4-19(b)所示位置时，由于被切齿轮分度圆的大小和位置未变，只是齿轮分度圆沿着与齿条刀分度线平行的另一条节线做纯滚动，同时齿条刀齿廓方位未变，故被切齿轮的压力角、模数仍等于齿条刀的压力角、模数。但由于此时齿条刀节线上的齿槽宽大于齿厚，故切出的齿轮分度圆上的齿厚大于齿槽宽，即 $s>e$。又由于齿条刀顶线远离被切齿轮中心，故切出的齿轮根圆加大了。变位齿轮的齿顶圆与齿条刀切深无关，而由齿轮坯的外径所确定，故为了保持齿轮的齿高不变，齿顶圆需相应地加大。因此，切出的齿轮齿顶高 $h_a>h_a^* m$，齿根高 $h_f<(h_a^*+c^*)m$。这种由改变齿条刀分度线与被切齿轮分度圆的相对位置，从而使切出的齿轮上的$\frac{h_a}{m}$、$\frac{h_f}{m}$不等于标准值，且分度圆上齿厚 s 不等于齿槽宽 e 的齿轮，称为变位齿轮。

图 4-19(c)表示齿条刀分度线靠近齿轮回转中心，分度线与分度圆相切，此时切出的齿轮也是变位齿轮，只是 $s<e$，$h_a<h_a^* m$，$h_f>(h_a^*+c^*)m$。

齿条刀分度线由切制标准齿轮的位置沿齿轮坯径向远离或靠近齿轮中心所移动的距离称为径向变位量(简称变位量)，用 $\Delta=\chi m$ 表示(其中 m 为模数，χ 为变位系数)，并且规定：

(1) 齿条刀分度线远离齿轮中心所切出的齿轮称为正变位齿轮，其变位系数取正值(即 $\chi>0$)；

(2) 齿条刀分度线靠近齿轮中心所切出的齿轮称为负变位齿轮，其变位系数取负值(即 $\chi<0$)。

图 4-20 所示为用同一把齿条刀切出齿数相同的标准齿轮、正变位齿轮及负变位齿轮的轮齿。它们的齿廓是相同基圆上的渐开线，只是齿廓的渐开线部位相对齿轮中心的远近不同而已。由于同一条渐开线上的不同部位的曲率不同，因而正变位齿轮、标准齿轮、负变位齿轮的轮齿两侧渐开线收拢的程度不同。图中的三个齿轮是在分度圆处相重合，且左侧齿廓重叠的条件下绘出的。由该图可以清楚地看出变位齿轮与标准齿轮的异同。

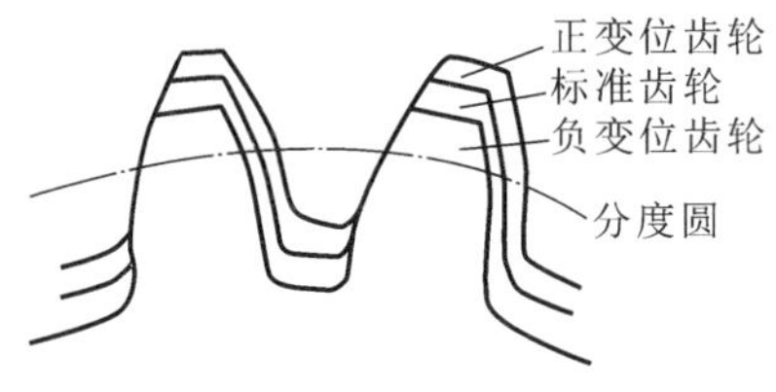

图 4-20　标准齿轮与变位齿轮的异同

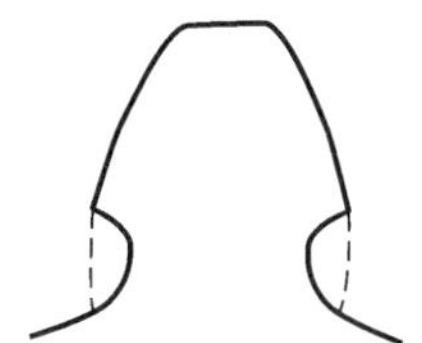

图 4-21　齿廓根切现象

4. 不产生齿廓根切的条件

如图 4-21 所示，用范成法切制轮齿时，有时刀具会把轮齿根部已切制好的渐开线齿廓再切去一部分，这种现象称为齿廓根切。齿廓根切将削弱齿根强度，严重的还会减小重合度。

1) 产生根切的原因

要避免根切现象，必须了解产生根切的原因，现以齿条刀切削齿轮为例，加以说明 。

如图 4-22(a)所示，齿轮分度圆与齿条刀节线相切于点 P，过点 P 作刀刃的垂线(即啮合线)与齿轮的基圆相切于点 N。若刀刃由位置Ⅰ开始进入切削，当刀刃移至位置Ⅱ时，齿廓渐开线部分便全部切出。当齿条刀的齿顶线与啮合线的交点正好在点 N 时，则齿条刀和被切齿轮继续运动，刀刃即与切好的渐开线齿廓相分离，因而不会产生根切。然而当刀具齿顶线与啮合线的交点超过点 N 时，则超过点 N 的刀刃不但不能范成渐开线齿廓(因为基圆内无渐开线)，而且刀具由位置Ⅱ继续移动时，便将根部已切制好的渐开线齿廓再切去一部分，形成图 4-21 所示的齿形。也就是说，齿廓根切产生的原因是，齿条刀直线齿廓部分的齿顶线与啮合线的交点超过了啮合极限点(即理论啮合线的端点)。

2) 避免根切的方法

由以上分析可知，要避免根切，就应使齿条刀的齿顶线与啮合线的交点不

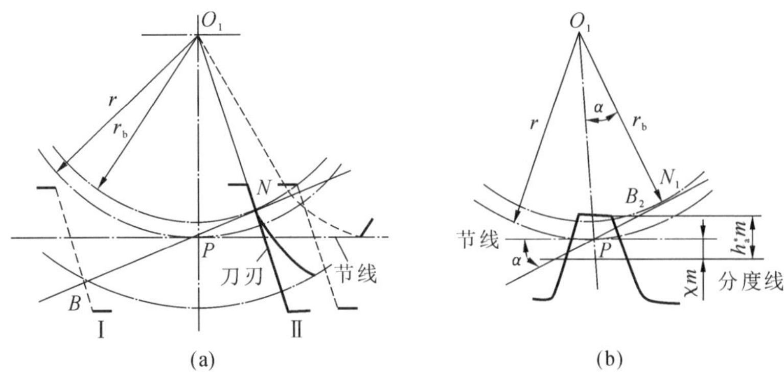

图 4-22　不产生根切的条件

超过啮合线与齿轮基圆的切点 N。要达到这一目的，可利用渐开线齿廓啮合的中心距可变性，将齿条刀远离被切齿轮回转中心的方向移动一个距离(即采用齿轮变位的方法)；也可通过适当选择其他基本参数的值来避免根切。

由图 4-22(b)可知，齿条刀切齿不会产生根切的条件为

$$\overline{PB_2} \leqslant \overline{PN_1}$$

而

$$\overline{PB_2} = \frac{(h_a^* - \chi)m}{\sin\alpha}, \quad \overline{PN_1} = \frac{1}{2}mz\sin\alpha$$

所以

$$h_a^* - \chi \leqslant \frac{1}{2}z\sin^2\alpha \tag{4-14}$$

由式(4-14)可知，要避免根切，可采用以下几种方法。

(1) 采用变位齿轮。

由式(4-14)可得

$$\chi \geqslant h_a^* - \frac{1}{2}z\sin^2\alpha \tag{4-15}$$

由此可知，当齿条刀的齿顶线与啮合线的交点 B 刚好在点 N_1 上时，被切齿轮刚好不会产生根切。此时即相当于将式(4-15)取为等式，这样求出的变位系数称为标准齿轮不产生根切的最小变位系数(简称最小变位系数)，并用 χ_{min} 表示，其计算公式为

$$\chi_{min} = h_a^* - \frac{1}{2}z\sin^2\alpha$$

当 $h_a^* = 1, \alpha = 20°$ 时，由上式可求得

$$\chi_{\min} = 1 - \frac{z}{17} = \frac{17 - z}{17} \tag{4-16}$$

进行齿轮设计时，不产生根切的条件是限制单个齿轮变位系数最小值的条件。

(2) 采用足够多的齿数。

由式(4-14)可得

$$z \geqslant \frac{2(h_a^* - \chi)}{\sin^2\alpha} \tag{4-17}$$

当 $h_a^* = 1$，$\alpha = 20°$，$\chi = 0$（标准齿轮）时，由上式可得

$$z_{\min} = 17$$

由以上分析可知，当 $z < 17$ 时，会产生根切，即标准齿轮不产生根切的最少齿数为 $z_{\min} = 17$。

(3) 改变齿顶高系数和压力角。

由式(4-14)可知，减小齿顶高系数 h_a^* 时，可避免根切，但这将减小重合度；增大分度圆压力角 α 时，也可避免根切，但这将增大齿廓间正压力；同时，采用非标准的 h_a^* 和 α，均要采用非标准的刀具来切制齿轮。所以，一般情况下，不采用这种方法来避免根切。

4.2.4.8 变位齿轮的应用及类型

标准齿轮能实现齿轮间的互换，而且设计计算简单。但随着现代机器的使用条件愈来愈多样化、复杂化，标准齿轮已不能适应各种实际工况的要求，因而变位齿轮也得到了越来越广泛的应用。

1. 变位齿轮的应用

(1) 用范成法切制标准齿轮时，齿轮的齿数 z 必须大于或等于最少齿数 $z_{\min}$，否则会产生根切现象。而采用变位齿轮，则可切制出齿数小于最少齿数而无根切的齿轮，并可使结构紧凑。

(2) 标准齿轮不适用于实际中心距 a' 不等于标准中心距 a 的场合。当 $a' > a$ 时，采用标准齿轮会出现过大的齿侧间隙，重合度也会减小。当 $a' < a$ 时，因较大的齿厚不能嵌入较小的齿槽宽中，故标准齿轮无法安装。而若采用变位齿轮，则能实现非标准中心距的无侧隙传动。

(3) 一对互相啮合的标准齿轮，当齿轮齿数相差较大时，因小齿轮齿根厚度比大齿轮齿根厚度小，故抗弯能力较差。采用变位齿轮，能使小齿轮齿根厚度加大，使大、小齿轮的抗弯强度大致相等。变位齿轮还可用于修复已磨损了的大齿轮，以节省材料和加工成本。

2. 变位齿轮机构的类型

根据一对齿轮变位系数的不同，变位齿轮传动可分为下列三种类型。

1）零传动

若一对齿轮的变位系数之和等于零，则这对齿轮传动称为零传动，零传动又可分为下列两种情况。

（1）标准齿轮传动。

这种传动的两轮均为标准齿轮，即 $\chi_1=\chi_2=0$。其分度圆齿厚 s 等于分度圆齿槽宽 e，齿顶高 h_a 及齿根高 h_f 均为标准值，实际中心距 a' 等于标准中心距 a，啮合角 α' 等于分度圆压力角 α。为了避免根切，两轮的齿数都必须大于最少齿数 z_{min}。

（2）等移距变位齿轮传动（或称高度变位齿轮传动）。

这种齿轮传动的实际中心距 a' 等于标准中心距 a，两轮的变位系数的绝对值相等，但其中一个为正变位，另一个为负变位，即 $\chi_1=-\chi_2\neq0$，$\chi_1+\chi_2=0$。由于小齿轮的齿数较少，容易发生根切，所以这种齿轮传动中的小齿轮应采用正变位，而大齿轮则应采用负变位。

等移距变位齿轮传动与标准齿轮传动相比，其主要优点是：① 可以制造出齿数少于 z_{min} 而无根切的齿轮，所以传动比一定时，两轮的齿数和可相应地减小；② 可使两轮轮齿的抗弯强度趋于相等，相对地提高了齿轮传动的承载能力延长了使用寿命。但也存在如下的缺点：① 两轮必须成对设计、制造和使用；② 重合度略有减小；③ 小齿轮齿顶容易变尖。故设计这种齿轮时，应验算其齿顶厚。

2）正传动

若一对齿轮的变位系数之和大于零，即 $\chi_1+\chi_2>0$，则这对齿轮传动便称为正传动。由于 $\chi_1+\chi_2>0$，所以当 $z_1+z_2<2z_{min}$ 时，可采用这类传动。其啮合角 α' 大于分度圆压力角 α，节圆大于分度圆，实际中心距 a' 大于标准中心距 a。两轮的齿顶高、齿根高及全齿高都为非标准值。

正传动与标准齿轮传动相比有如下特点：

（1）可以减小齿轮机构的尺寸；

（2）可使齿轮传动的承载能力相对地提高；

（3）适当选择 χ_1 及 χ_2，可以凑配给定的中心距；

（4）必须成对地设计、制造和使用；

（5）重合度较小，而且正变位太大时齿顶可能变尖。所以采用这类传动时，应验算其重合度 ε_α 及齿顶厚 s_a。

3）负传动

若一对齿轮的变位系数之和小于零，即 $\chi_1+\chi_2<0$，则这对齿轮传动便称为

负传动。由于 $\chi_1+\chi_2<0$，要使两轮的轮齿都不发生根切，则两齿轮的齿数和应大于最少齿数 $z_{\min}$ 的两倍。

这种传动的啮合角 α' 小于分度圆压力角 α，实际中心距 a' 小于标准中心距 a。由于其节圆小于分度圆，故两分度圆相交。两轮的齿顶高、齿根高和全齿高都为非标准值。

负传动的轮齿强度较低，亦须成对设计、制造和使用。故一般不宜采用负传动，只有在实际中心距 a' 小于标准中心距 a 的场合中，才不得不采用这种传动来凑配中心距。

正传动和负传动除了齿顶高和齿根高为非标准值外，它们的啮合角也不等于分度圆压力角，即啮合角发生了变化，所以这两种传动又称为角变位齿轮传动。

4.2.4.9　渐开线直齿圆柱齿轮基本参数的选择

在齿轮设计中，选择不同的基本参数，将影响齿轮尺寸的大小以及工作性能的好坏，因此，必须合理地选择基本参数，以期减小齿轮的尺寸，提高齿轮的工作性能。

1. 模数 m 的选择

齿轮模数由齿轮抗弯强度决定。模数越大，齿根厚度越大，齿轮抗弯强度就越高。但是当中心距一定时，应在满足抗弯强度的条件下，取较小的模数为宜。因为当中心距一定时，模数小，两齿轮的齿数和可以增加，从而增加了齿轮的重合度，提高了传动平稳性，减小了两齿面间的相对滑动速度。

2. 齿数的选择

按照传动比 $i_{12}\left(=\frac{n_1}{n_2}=\frac{z_2}{z_1}\right)$ 确定齿数时，应考虑以下几点。

(1) 保证所得传动比与给定齿轮传动比之间的偏差 Δi_{12} 不超过允许偏差 $[\Delta i]$。

(2) 当模数一定时，为减小机构尺寸，应尽可能取较小的齿数；但对于标准齿轮，为避免根切，齿轮齿数应大于不发生根切的最小齿数，即 $z>z_{\min}=17$。

(3) 为增大齿轮根部和顶部的厚度，以及减小齿轮啮合时两齿面间的相对滑动速度，可取较多的齿数。

(4) 当中心距一定时，为增加齿轮的重合度，提高传动平稳性，减小齿轮啮合时两齿面间的相对滑动速度，在保证足够的抗弯强度的条件下，选取较多的齿数。

(5) 对于循环交变载荷的齿轮传动，两齿轮的齿数最好不可通约且互为质数。

3. 变位系数的选择

1）选择变位系数的限制条件

（1）齿轮不产生根切，即 $\chi \geqslant \chi_{min}$。

（2）避免过渡曲线干涉。如图 4-23 所示为一标准渐开线轮齿，从轮齿齿廓的一侧外形分析可知，其齿廓由四段曲线组成：① 齿顶圆弧；② 渐开线齿廓；③ 齿根圆弧；④ 过渡曲线。过渡曲线是渐开线齿廓与齿根圆弧之间的一段光滑连接的曲线。其中除齿顶圆弧是齿轮加工之前就已加工完成之外，其余三段曲线均由齿轮切齿刀具加工而成。

一对齿轮啮合传动时，如果一齿轮齿顶的渐开线与相啮合齿轮的齿根处的过渡曲线相接触，由于过渡曲线比相接触的渐开线要凸一些，故在一对齿轮无侧隙啮合的条件下，相啮合的两齿轮会卡住不能转动。这种现象，称为过渡曲线干涉。在齿轮设计中，要避免这种现象发生。

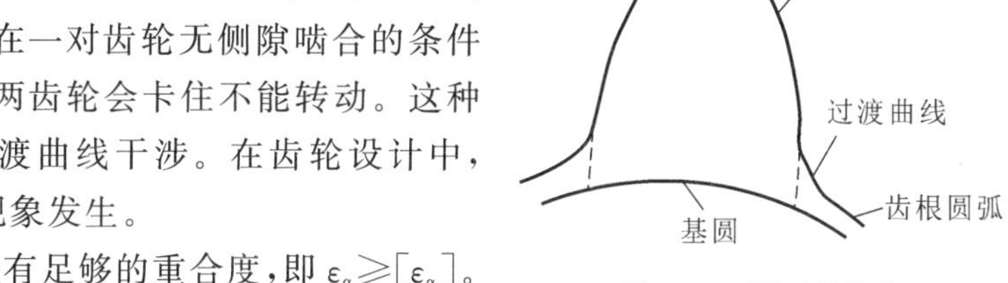

图 4-23　渐开线轮齿

（3）保证有足够的重合度，即 $\varepsilon_\alpha \geqslant [\varepsilon_\alpha]$。

（4）齿顶厚 s_a 不能太薄，即 $s_a \geqslant [s]$。为了保证齿轮的齿顶强度，对于软齿面，要求 $s_a/m \geqslant 0.25$；对于硬齿面，要求 $s_a/m \geqslant 0.4$。

齿顶变尖是限制单个齿轮变位系数最大值的条件。

2）变位系数选择的方法

变位系数的选择要考虑很多因素。一般有查表法、封闭图法、公式计算法及优化设计方法等。有专门的著作论述了关于变位系数的选择，读者可自行查阅。

【例 4-1】 试设计一对外啮合渐开线直齿圆柱齿轮，已知传动比 $i_{12}=2.03$，标准中心距 $a=150$ mm，模数 $m=3$ mm。若将中心距较标准中心距增大 1.5 mm，求齿顶间隙 c'，节圆半径 r'_1、r'_2 及啮合角 α'。

【解】 因为 $a=r_1+r_2=\dfrac{1}{2}m(z_1+z_2)\text{mm}=150\ \text{mm}$

$$i_{12}=\frac{z_2}{z_1}=2.03$$

由此解出：$z_1=33.0033$，$z_2=66.997$。

如取 $z_1=33$，$z_2=67$，则可求得以下参数：

分度圆直径：　$d_1=z_1m=33\times 3\ \text{mm}=99\ \text{mm}$

$$d_2=z_2m=67\times 3\ \text{mm}=201\ \text{mm}$$

基圆直径：　$d_{b1}=d_1\cos\alpha=99\ \text{mm}\times\cos 20^\circ=93.02\ \text{mm}$

$$d_{b2} = d_2\cos\alpha = 201\ \text{mm} \times \cos 20^\circ = 188.94\ \text{mm}$$

齿顶圆直径：$d_{a1} = d_1 + 2h_a = (99 + 2\times 3)\text{mm} = 105\ \text{mm}$

$$d_{a2} = d_2 + 2h_a = (201 + 2\times 3)\text{mm} = 207\ \text{mm}$$

齿根圆直径：$d_{f1} = d_1 - 2h_f = (99 - 2\times 3.75)\text{mm} = 91.5\ \text{mm}$

$$d_{f2} = d_2 - 2h_f = (201 - 2\times 3.75)\text{mm} = 193.5\ \text{mm}$$

若将安装中心距较标准中心距增大 1.5 mm，则应有

$$a' = a + 1.5\ \text{mm} = 151.5\ \text{mm}$$

因为
$$a' = r'_1 + r'_2,\quad i_{12} = \frac{r'_1}{r'_2} = \frac{z_2}{z_1}$$

故节圆半径可分别求得为

$$r'_1 = a'/(1 + i_{12}) = 151.5/\left(1 + \frac{67}{33}\right)\text{mm} = 50\ \text{mm}$$

$$r'_2 = a' - r'_1 = (151.5 - 50)\text{mm} = 101.5\ \text{mm}$$

啮合角为

$$\alpha' = \arccos\frac{r_{b2}}{r'_2} = \arccos\frac{94.47}{101.5} = 21.5^\circ$$

齿顶间隙为

$$c' = (a' - a) + c = [(151.5 - 150) + 0.25\times 3]\text{mm} = 2.25\ \text{mm}$$

此例说明，中心距的分离使啮合角发生了变化。此例中还介绍了节圆半径的求法。

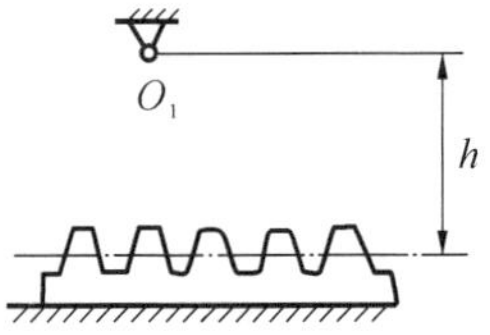

图 4-24　齿轮齿条传动

【例 4-2】 如图 4-24 所示的齿轮齿条传动，已知齿轮的回转轴线到齿条的分度线的距离 $h = 29$ mm，齿条的模数 $m = 4$ mm，压力角 $\alpha = 20^\circ$，齿顶高系数 $h_a^* = 1$，顶隙系数 $c^* = 0.25$。试确定齿轮的齿数 z，并计算齿轮的分度圆直径 d。

【解】 如果当齿条是标准安装，齿轮又是标准齿轮时，齿条的分度线应切于齿轮的分度圆，此时齿轮回转轴线到齿条分度线的距离为 $h' = r$。而

$$r = zm/2$$

将已知的数据代入上式可得

$$z = 14.5$$

但齿数应是整数，因而可判定该齿轮是变位齿轮，即齿条的分度线相对齿轮的分度圆向下移动了 χm 的距离，于是可知

$$h = r + \chi m = zm/2 + \chi m = 29\ \text{mm}$$

将齿数 z 圆整后，在 h 不改变的条件下，可根据上式求得变位系数 χ。

（1）选取 $z=15$，可求得 $x=-0.25$。而不产生根切的最小变位系数为

$$\chi_{\min}=\frac{17-z}{17}=\frac{17-15}{17}=0.118$$

显然，$\chi<\chi_{\min}$，即所求得的变位系数 χ 不满足以上条件。

（2）选取 $z=14$，可求得 $\chi=0.25$。而不产生根切的最小变位系数为

$$\chi_{\min}=\frac{17-14}{17}=0.176$$

显然，$\chi>\chi_{\min}$，即所求得的变位系数 χ 满足以上条件。

（3）最后取 $z=14$，并求得分度圆直径为

$$d=zm=56\ \text{mm}$$

此例介绍了用变位齿轮凑中心距与变位系数确定的方法。

【例 4-3】 已知一对外啮合渐开线标准直齿圆柱齿轮的参数为：$z_1=40$，$z_2=60$，$m=5$ mm，$\alpha=20°$，$h_a^*=1$，$c^*=0.25$。

（1）求这对齿轮标准安装时的重合度 ε_α；

（2）若将这对齿轮安装得刚好能够连续传动，求这时的啮合角 α'，节圆半径 r'_1 和 r'_2，两轮齿廓在节圆处的曲率半径 ρ'_1 和 ρ'_2。

【解】 分析：① 标准齿轮标准安装时，啮合角等于压力角。由此可求出重合度，而重合度的大小实质上表明了同时参与啮合的轮齿对数的平均值。② 刚好能够连续传动时，$\varepsilon_a=1$，则可利用重合度计算公式求出啮合角及节圆半径。

（1）求重合度 ε_α。

齿顶圆压力角为

$$\alpha_{a1}=\arccos\left(\frac{d_{b1}}{d_{a1}}\right)=26.49°$$

$$\alpha_{a2}=\arccos\left(\frac{d_{b2}}{d_{a2}}\right)=24.58°$$

重合度为

$$\varepsilon_\alpha=\left(\frac{1}{2\pi}\right)[z_1(\tan\alpha_{a1}-\tan\alpha)+z_2(\tan\alpha_{a2}-\tan\alpha)]$$
$$=(1/2\pi)[40(\tan26.49°-\tan20°)+60(\tan24.58°-\tan20°)]=1.75$$

（2）求啮合角 α'、节圆半径 r'_1 和 r'_2、曲率半径 ρ'_1 和 ρ'_2。

① 求啮合角 α'。刚好能够连续传动时，$\varepsilon_\alpha=1$，则

$$\varepsilon_\alpha=\left(\frac{1}{2\pi}\right)[z_1(\tan\alpha_{a1}-\tan\alpha')+z_2(\tan\alpha_{a2}-\tan\alpha')]=1$$

$$\tan\alpha'=(z_1\tan\alpha_{a1}+z_2\tan\alpha_{a2}-2\pi)/(z_1+z_2)$$
$$=(40\tan26.49°+60\tan24.58°-2\pi)/(40+60)=0.411$$

啮合角为　　$\alpha'=22.35°$

② 求节圆半径 r'_1、r'_2。由渐开线性质中任意圆上压力角的公式可得

$$r'_1 = r_{b1}/\cos\alpha' = (5\times 40\times \cos 20°/2\cos 22.35°)\text{mm} = 101.6\ \text{mm}$$

$$r'_2 = r_{b2}/\cos\alpha' = (5\times 60\times \cos 20°/2\cos 22.35°)\text{mm} = 152.4\ \text{mm}$$

③ 求节圆半径处的曲率半径 ρ'_1、ρ'_2。由渐开线曲率半径的性质可得

$$\rho'_1 = r'_1\sin\alpha' = 101.6\times \sin 22.35°\ \text{mm} = 38.63\ \text{mm}$$

$$\rho'_2 = r'_2\sin\alpha' = 152.4\times \sin 22.35°\ \text{mm} = 57.95\ \text{mm}$$

【例 4-4】 用齿条刀具加工齿轮，刀具的参数如下：$m=2$ mm，$\alpha=20°$，$h_a^*=1$，$c^*=0.25$，刀具移动的速度 $v_刀=7.6$ mm/s，齿轮毛坯的角速度 $\omega=0.2$ rad/s，毛坯中心到刀具中线的距离 $l=40$ mm。试求：

(1) 被加工齿轮齿数 z；

(2) 变位系数 χ。

【解】 分析：① 用齿条刀具范成加工齿轮的运动条件为 $v_刀=r\omega$，可求被加工齿轮的齿数；② 用齿条刀具范成加工齿轮时的位置条件为 $l=r+\chi m$，可求被加工齿轮的变位系数。

(1) 求齿数 z。

$$v_刀 = r\omega = mz\omega/2$$

$$z = 2v_刀/(m\omega) = 2\times 7.6/(2\times 0.2) = 38$$

(2)求变位系数 χ。

$$r = mz/2 = 2\times 38/2\ \text{mm} = 38\ \text{mm}$$

$$\chi = (l-r)/m = (40-38)/2 = 1$$

【例 4-5】 在一对外啮合的渐开线直齿圆柱齿轮传动中，已知：$z_1=12$，$z_2=28$，$m=5$ mm，$h_a^*=1$，$\alpha=20°$。要求小齿轮刚好无根切，试问在无侧隙啮合条件下：实际中心距 $a'=100$ mm 时，应采用何种类型的齿轮传动，变位系数 χ_1、χ_2 各为多少？

【解】 分析：如实际中心距等于标准中心距，即 $a'=a$ 时，传动类型为等移距齿轮传动，则可用最小变位系数公式确定变位系数。

标准中心距　　$a=m(z_1+z_2)/2=5\times(12+28)/2\ \text{mm}=100\ \text{mm}$

因标准中心距 a 等于实际中心距 a'，且 $z_1+z_2>2z_{min}$，$z_1<z_{min}$，故可采用等移距齿轮传动。

变位系数为　$\chi_1=(17-z_1)/17=(17-12)/17=0.294$，　$\chi_2=-0.294$

4.3　渐开线斜齿圆柱齿轮机构

4.3.1　斜齿圆柱齿轮齿面的形成与啮合特点

在前面研究直齿圆柱齿轮（直齿轮）时，是仅就齿轮的端面（即垂直于齿轮轴线的平面）来讨论的。当一对直齿轮相啮合时，从端面看两轮的齿廓曲线接触于一点。但齿轮总是有宽度的，故实际上是两轮的齿廓齿面沿一条平行于齿轮轴的直线 KK' 相接触（见图 4-25），KK' 与发生面在基圆柱上的切线 NN' 平行（即平行于齿轮的轴线）。当发生面沿基圆柱做纯滚动时，直线 KK' 在空间形成的轨迹就是一个渐开面，即直齿轮的齿廓曲面。

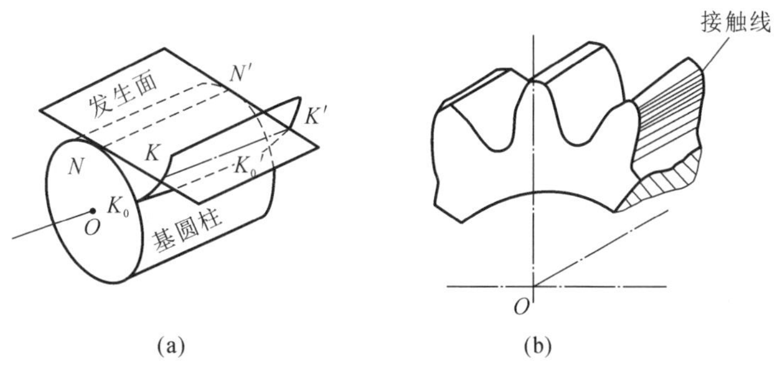

图 4-25　渐开线直齿轮齿面的形成

当一对直齿轮互相啮合时，两轮齿面的接触线为平行于其轴线的直线（见图 4-25(b)）。这种齿轮的啮合特点是，沿整个齿宽同时进入啮合并沿整个齿宽同时脱离啮合。因此，直齿圆柱齿轮的传动平稳性较差，冲击噪声大，不适合于高速传动。为了克服这种缺点，改善啮合性能，工程中采用了斜齿圆柱齿轮机构。

斜齿圆柱齿轮（斜齿轮）齿面的形成原理和直齿圆柱齿轮的情况相似，所不同的是发生面上的直线 KK' 与直线 NN' 不平行，即与齿轮轴线不平行，而是与基圆柱母线 NN' 成一夹角 β_b（见图 4-26(a)）。故当发生面沿基圆柱做纯滚动时，直线 KK' 上的每一点都依次从基圆柱面的接触点开始展成一条渐开线，而直线 KK' 上各点所展成的渐开线的集合就是斜齿轮的齿面。由此可知，斜齿轮齿廓曲面与齿轮端面（与基圆柱轴线垂直的平面）上的交线（即端面上的齿廓曲线）仍是渐开线。而且由于这些渐开线有相同的基圆柱，所以它们的形状都是一样的，只是展成的起始点不同而已，即起始点依次处于螺旋线 $K_0K'_0$ 上的各点。所以其齿面为渐开螺旋面。由此可见,斜齿圆柱齿轮的端面齿廓曲线仍为渐开线。螺旋角 β_b 越大,轮齿偏斜也越厉害,但若 $\beta_b=0$,就成为直齿轮了。因此,可将直齿圆柱齿轮看成斜齿圆柱齿轮的一个特例。从端面看,一对渐开线斜齿轮传动就相当于一对渐开线直齿轮传动,所以它也满足齿廓啮合基本定律。

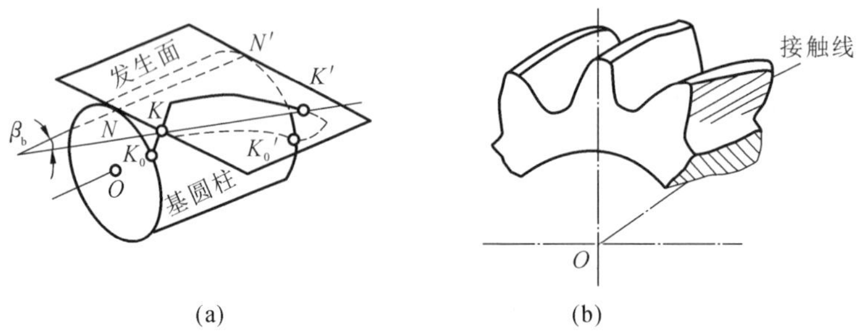

图 4-26　渐开线斜齿轮齿面的形成

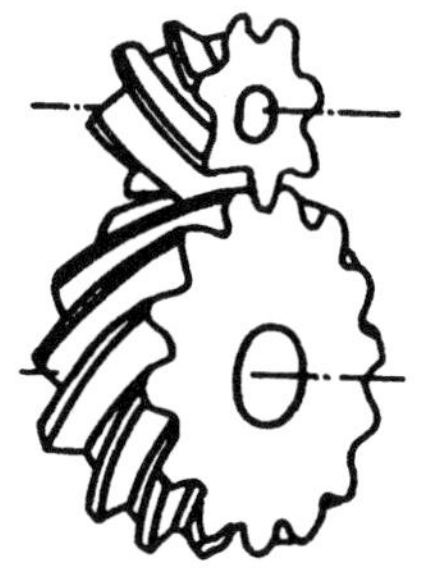

图 4-27　斜齿圆柱齿轮传动

斜齿圆柱齿轮传动和直齿圆柱齿轮传动一样,仅限于传递两平行轴之间的运动。如果两斜齿轮分度圆上的螺旋角不是大小相等而方向相反,则这样的一对斜齿轮还可以用来传递既不平行又不相交的两轴之间的运动。为了便于区别,把用于传递两平行轴之间的运动,称为斜齿圆柱齿轮传动(见图 4-27);用于传递两交错轴之间的运动,称为交错轴斜齿轮传动。斜齿圆柱齿轮传动中的两轮齿啮合为线接触,而交错轴斜齿轮传动中的两轮齿啮合为点接触。

一对斜齿圆柱齿轮啮合时,齿面上的接触线由一个齿轮的一端齿顶(或齿根)处开始逐渐由短变长,再由长变短,至另一端的齿根(或齿顶)处终止(见图 4-26(b))。这样就减少了传动时的冲击和噪声,提高了传动的平稳性,故斜齿轮适用于重载、高速传动。

4.3.2　斜齿圆柱齿轮的基本参数

1. 端面参数与法面参数的关系

由于斜齿圆柱齿轮的齿面是一渐开螺旋面,其端面齿形和垂直于螺旋线方向的法面齿形是不相同的。由于制造斜齿轮时常用齿条形刀具或盘形齿轮铣刀切齿,且在切齿时刀具是沿着螺旋线方向进刀的,所以就必须按齿轮的法面参数来选择刀具。故工程中通常规定斜齿轮法面上的参数为标准值,但在计算斜齿轮的基本尺寸时却需按端面参数计算，因此，有必要建立端面参数与法面参数之间的换算关系。

1）模数

图 4-28 所示为斜齿轮分度圆柱面展开图的一部分。图中 p_t 为端面齿距，p_n 为法面齿距，β 为分度圆柱螺旋角，由图可得

$$p_n = p_t\cos\beta \tag{4-18}$$

而　　$p_t = \pi m_t,\quad p_n = \pi m_n$

故

$$m_n = m_t\cos\beta \tag{4-19}$$

式中：m_t 为端面模数；m_n 为法面模数。

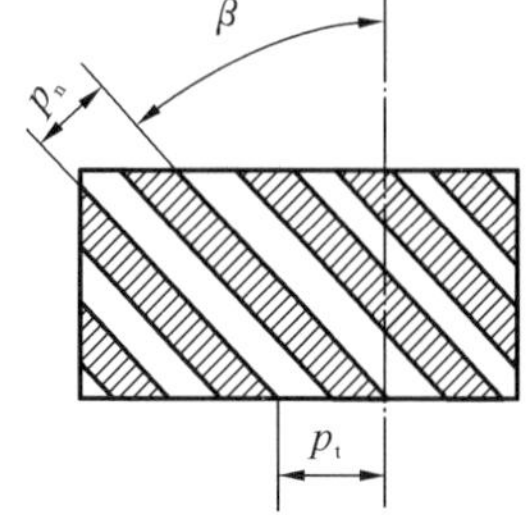

图 4-28　端面参数与法面参数的关系

2）齿顶高系数

不论从法面还是端面来看，斜齿轮的齿顶高和齿根高都是相等的，故有

$$h_a = h_{at}^* m_t = h_{an}^* m_n$$

$$h_f = (h_{at}^* + c_t^*)m_t = (h_{an}^* + c_n^*)m_n$$

由此可得

$$h_{at}^* = h_{an}^*\cos\beta,\quad c_t^* = c_n^*\cos\beta \tag{4-20}$$

式中：h_{at}^* 和 c_t^* 分别为端面齿顶高系数和顶隙系数；h_{an}^* 和 c_n^* 分别为法面齿顶高系数和顶隙系数。

3）压力角

为了便于分析斜齿轮的端面压力角 α_t 与法面压力角 α_n 的关系，现用斜齿条来说明。如图 4-29(a)所示，在直齿条上，法面和端面是重合的，所以 $\alpha_n=\alpha_t=\alpha$。

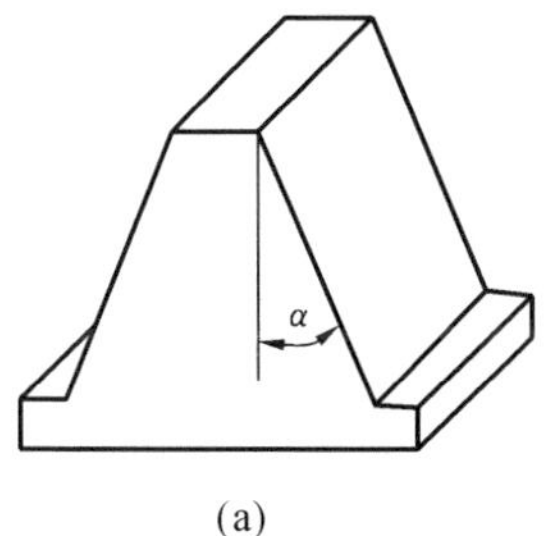

(a)

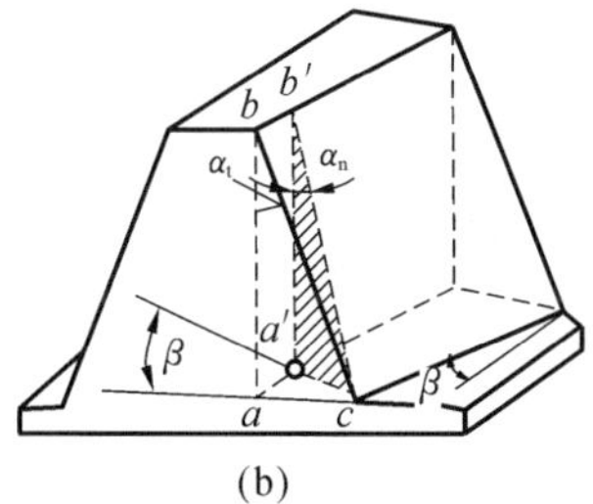

(b)

图 4-29　端面压力角与法面压力角

如图 4-29(b)所示，在斜齿条上由于轮齿与端面的垂直线有一夹角 β，所以法面和端面就不重合了。图中$\triangle abc$ 在端面上，而$\triangle a'b'c$ 在法面上，由于这两个三角形的高相等，即 $ab=a'b'$，故由几何关系可得

$$\overline{ac}/\tan\alpha_t = \overline{a'c}/\tan\alpha_n$$

在$\triangle aa'c$中，$\overline{a'c}=\overline{ac}\cos\beta$，于是有

$$\tan\alpha_n = \tan\alpha_t\cos\beta \tag{4-21}$$

2. 正确啮合条件

要使一对斜齿轮能正确啮合，除像直齿轮一样必须保证两轮的模数和压力角分别相等外，还应当使两轮轮齿的倾斜方向一致。因此，斜齿轮传动的正确啮合条件可表述如下。

(1) 两外啮合斜齿轮的螺旋角应大小相等、方向相反，若其中一轮为右旋齿轮，则另一轮应为左旋齿轮，即

$$\beta_1 = -\beta_2$$

(2) 由于互相啮合的两轮螺旋角的大小相等，故由式(4-19)和式(4-21)可知，其法面模数和法面压力角也分别相等，即

$$m_{n1} = m_{n2} = m_n,\quad \alpha_{n1} = \alpha_{n2} = \alpha_n$$

3. 基本尺寸计算

外啮合斜齿圆柱标准齿轮机构的基本尺寸计算，可采用直齿圆柱齿轮的有关公式，不过，首先应当利用上述的有关法面参数与端面参数关系的公式，由法面参数求得端面参数，然后将求得的端面参数表达式代入相关的直齿圆柱齿轮基本尺寸计算公式中，这样得到的外啮合斜齿圆柱标准齿轮传动的基本尺寸计算公式如表 4-4 所示。

表 4-4　外啮合斜齿圆柱标准齿轮传动的基本尺寸计算公式

待求量	计算公式
中心距	$a=\frac{1}{2}m_n(z_1+z_2)/\cos\beta$
分度圆直径	$d_1=m_nz_1/\cos\beta$，　$d_2=m_nz_2/\cos\beta$
齿顶高	$h_{a1}=h_{a2}=h_{an}^*m_n$
齿顶圆直径	$d_{a1}=\frac{m_nz_1}{\cos\beta}+2h_{an}^*m_n$
	$d_{a2}=\frac{m_nz_2}{\cos\beta}+2h_{an}^*m_n$
齿根圆直径	$d_{f1}=\frac{m_nz_1}{\cos\beta}-2(h_{an}^*+c_n^*)m_n$
	$d_{f2}=\frac{m_nz_2}{\cos\beta}-2(h_{an}^*+c_n^*)m_n$
全齿高	$h=h_a+h_f=(2h_{an}^*+c_n^*)m_n$
端面齿厚	$s_{t1}=s_{t2}=\frac{1}{2}\pi m_n/\cos\beta$
端面齿距	$p_t=\pi m_n/\cos\beta$
法面齿距	$p_n=\pi m_n$

注：已知量为 z_1、z_2、m_n、α_2、h_{an}^*、c_n^*、β(两轮旋向)。

4.3.3 重合度

为了便于说明斜齿圆柱齿轮机构的重合度，现将斜齿圆柱齿轮传动与和其端面尺寸相同的一对直齿圆柱齿轮传动进行对比。如图 4-30 所示，图 4-30(a)分别表示直齿圆柱齿轮传动和斜齿轮传动的啮合面。对于直齿圆柱齿轮传动而言，轮齿前端在点 B_2 处开始，沿整个齿宽同时进入啮合，轮齿前端在点 B_1 处终止啮合时，也将沿整个齿宽同时脱离啮合，所以其重合度 $\varepsilon_\alpha=\overline{B_1B_2}/p_n$。

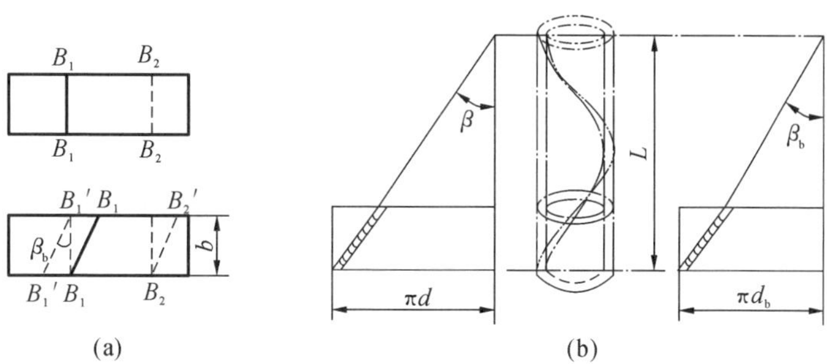

图 4-30　重合度

对于斜齿圆柱齿轮传动而言，轮齿前端也在点 B_2 处开始进入啮合，但这时不是整个齿宽同时进入啮合，而是轮齿的前端先进入啮合，随着齿轮的转动，才逐渐达到沿全齿宽接触。当轮齿前端在点 B_1 处终止啮合时，轮齿的前端先脱离接触，轮齿后端还继续啮合，待轮齿后端到达终止点 B'_1 后，轮齿才完全脱离啮合。由图 4-30(a)可知，斜齿圆柱齿轮传动实际的啮合区比直齿圆柱齿轮传动的啮合区增大了 $b\tan\beta_b$，故斜齿圆柱齿轮传动的重合度大于直齿圆柱齿轮传动的重合度，其增大量为

$$\varepsilon_\beta=\frac{b\tan\beta_b}{p_{nt}}$$

式中：p_{nt}为端面法节。如图 4-30(b)所示，由于 $\tan\beta_b=\dfrac{\pi d_b}{L}=\left(\dfrac{\pi d}{L}\right)\cos\alpha_t$（式中，$L$ 为螺旋线导程），而$\dfrac{\pi d}{L}=\tan\beta$，所以 $\tan\beta_b=\tan\beta\cos\alpha_t$。而 $p_{nt}=\pi m_n\cos\alpha_t/\cos\beta$，故有

$$\varepsilon_\beta=\frac{b\sin\beta}{\pi m_n} \tag{4-22}$$

因此斜齿圆柱齿轮传动的重合度为

$$\varepsilon_r=\varepsilon_\alpha+\varepsilon_\beta \tag{4-23}$$

式中：ε_α 为端面重合度，其值等于与斜齿圆柱齿轮端面齿廓相同的直齿圆柱齿

轮传动的重合度；ε_β 为轴向重合度，它是由于轮齿齿向的倾斜而增加的重合度。由此可知，斜齿圆柱齿轮传动的重合度随齿轮宽度和螺旋角的增大而增大。因而 ε_r 可以大于 2，这是斜齿圆柱齿轮传动较平稳、承载能力较大的原因之一。

4.3.4 斜齿圆柱齿轮的当量齿数

在用仿形法加工斜齿轮（见图 4-31）时，铣刀是沿垂直于其法面方向进刀的，故应按法面上的齿形来选择铣刀，在计算轮齿的强度时，由于力作用在法面内，因而也需要知道法面的齿形。由前述可知，渐开线齿轮的齿形取决于其基圆半径 r_b 的大小，在模数、压力角一定的情况下，基圆的半径取决于齿数，即齿形与齿数有关。因此，在研究斜齿轮的法面齿形时，可以虚拟一个与斜齿轮的法面齿形相当的直齿轮，称这个虚拟的直齿轮为该斜齿轮的当量齿轮；这个当量齿轮的模数和压力角即为斜齿轮的法面模数和压力角，其齿数则称为该斜齿轮的当量齿数。

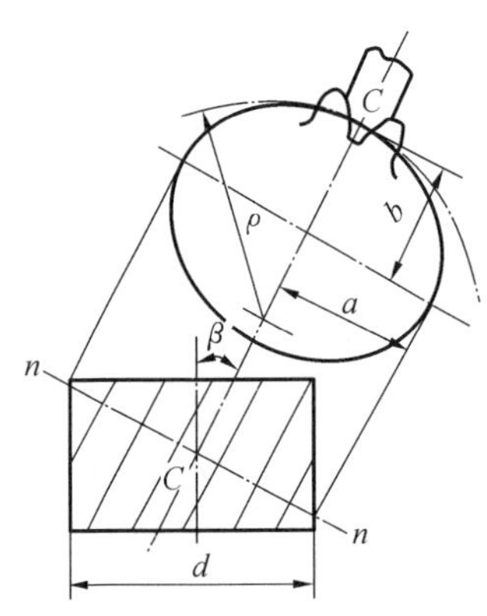

图 4-31 斜齿轮的当量齿数

为了确定斜齿轮的当量齿数，如图 4-31 所示，过斜齿轮分度圆螺旋线上一点 C，作该轮齿螺旋线的法向剖面，该剖面与分度圆柱的交线为一椭圆。在此剖面上，点 C 附近的齿形可近似地视为斜齿轮法面上的齿形；将以椭圆上点 C 的曲率半径为半径所作的圆作为虚拟直齿轮的分度圆，即该斜齿轮的当量齿轮的分度圆，其模数和压力角即为斜齿轮的法面模数和法面压力角，其齿数则称为该斜齿轮的当量齿数，用 z_v 表示。由图 4-31 可知，椭圆的长半径 $a=d/(2\cos\beta)$，短半径 $b=d/2$，故椭圆上点的曲率半径可根据高等数学知识求得为 $\rho=a^2/b=d/(2\cos^2\beta)$，故该斜齿轮的当量齿数为

$$z_v=\frac{2\rho}{m_n}=\frac{d}{m_n\cos^2\beta}=\frac{m_t z}{m_n\cos^2\beta}=\frac{z}{\cos^3\beta} \tag{4-24}$$

4.3.5 斜齿圆柱齿轮传动的特点

(1) 一对斜齿圆柱齿轮啮合时，斜齿轮齿面上的接触线为倾斜的直线（见图 4-26(b)），在传动过程中，其轮齿是逐渐进入和逐渐脱离啮合的，故传动平稳，冲击和噪声小 。

(2) 其重合度较大，并随齿宽和螺旋角的增大而增大，因此，同时啮合的齿

数较多,每对轮齿分担的载荷较小,故承载能力高,运动平稳,适合于高速传动。

(3) 由式(4-24)可知,斜齿轮不发生根切的最少齿数为 $z_{min}=(z_v)_{min}\cos^3\beta$,而$(z_r)_{min}$是直齿轮不发生根切的最少齿数,故斜齿轮的最少齿数比直齿轮的少,结构更紧凑。

(4) 斜齿轮在工作时会产生轴向推力 F_a(见图 4-32(a)),因此必须采用向心推力轴承。此外,轴向推力 F_a 是有害分力,它将增加传动中的摩擦损失。为了克服这一缺点,可以采用图 4-32(b)所示的人字齿轮。这种齿轮的左右两排轮齿完全对称,所以两个轴向推力互相抵消。人字齿轮的缺点是制造比较困难。

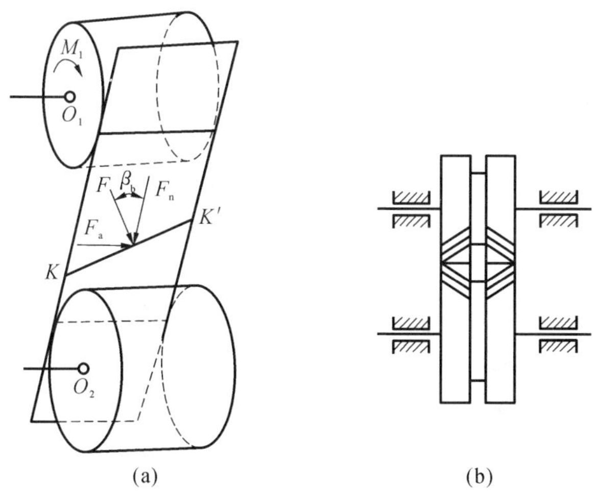

图 4-32　斜齿轮的受力分析

由上述可知,螺旋角 β 的大小对斜齿轮传动的质量有很大的影响。若 β 太小,则斜齿轮的优点不突出;若 β 太大,又会产生很大的轴向推力。所以,对直齿轮和斜齿轮,一般取 $\beta\approx8^\circ\sim15^\circ$;对人字齿轮 ,一般取 $\beta=25^\circ\sim40^\circ$。

【例 4-6】 设计一对斜齿圆柱齿轮,其传动比 $i_{12}=3$,法面模数 $m_n=3$ mm,中心距 $a=91.39$ mm,试确定该对齿轮的齿数 z_1、z_2和螺旋角 β。

【解】 当 $\beta=0$ 时,由

$$i_{12}=\frac{z_2}{z_1},\quad a=\frac{1}{2}\left(\frac{m_n}{\cos\beta}\right)(z_1+z_2)$$

可解得

$$z_1=15.23,\quad z_2=45.69$$

按 $i_{12}=3$ 并将齿数取整,可得

$$z_1=15,\quad z_2=45$$

为保证中心距不变,可根据斜齿圆柱齿轮中心距计算公式求得

$$\beta = \arccos[(z_1 + z_2)m_n/(2a)] = \arccos[(15 + 45) \times 3/(2 \times 91.39)] = 10^\circ$$

该例说明,在斜齿轮机构中,可利用改变螺旋角 β 的方法来凑中心距。

【例 4-7】 某机器上有一对标准安装的外啮合渐开线标准直齿圆柱齿轮机构,已知:$z_1=20$,$z_2=40$,$m=40$ mm,$h_a^*=1$。为了提高传动的平稳性,用一对标准斜齿圆柱齿轮来替代,并保持原中心距、模数(法面)、传动比不变,要求螺旋角 $\beta<20^\circ$。试设计这对斜齿圆柱齿轮的齿数 z_1、z_2 和螺旋角 β,并计算小齿轮的齿顶圆直径 d_{a1} 和当量齿数 z_{v1}。

【解】 分析:① 根据已知条件,可求出直齿轮传动的中心距;② 在保持原中心距、模数、传动比不变的条件下,由螺旋角 $\beta<20^\circ$求出齿数。

(1) 确定 z_1、z_2、β。

直齿轮传动的中心距　$a=m(z_1+z_2)/2=120$ mm

斜齿轮传动的中心距　$a=m_n(z_1+z_2)/(2\cos\beta)=120$ mm

通过分析可知,要保持原中心距,则 $z_1<20$(且为整数),$i_{12}=z_2/z_1=2$,故有 $z_1=19,18,17,\cdots$;$z_2=38,36,34,\cdots$

当 $z_1=19$,$z_2=38$ 时:　$\beta=18.195^\circ$

当 $z_1=18$,$z_2=36$ 时:　$\beta=25.84^\circ$

当 $z_1=17$,$z_2=34$ 时:　$\beta=31.788^\circ$

由于 $\beta<20^\circ$,则这对斜齿圆柱齿轮的 $z_1=19$,$z_2=38$,$\beta=18.195^\circ$。

(2)计算 d_{a1}、z_{v1}。

$$d_{a1} = d_1 + 2h_a = (m_n z_1/\cos\beta) + 2h_{an}^* m_n = 88 \text{ mm}$$

$$z_{v1} = z_1/\cos^3\beta = 22.16$$

【例 4-8】 一对外啮合的斜齿圆柱齿轮传动,已知:$m_n=4$ mm,$z_1=24$,$z_2=48$,$a=150$ mm。试求:

(1) 螺旋角 β;

(2) 两轮的分度圆直径 d_1、d_2;

(3) 两轮的齿顶圆直径 d_{a1}、d_{a2}。

【解】 分析:斜齿轮的几何尺寸可按其端面尺寸进行计算,且齿顶高和齿根高在法面或端面都是相同的。斜齿轮的尺寸计算如下。

(1) 求螺旋角 β。

$$\beta = \arccos[m_n(z_1 + z_2)/(2a)] = \arccos[4 \times (24 + 48)/(2 \times 150)] = 16.26^\circ$$

(2) 求分度圆直径 d_1、d_2。

$$d_1 = m_n z_1/\cos\beta = (4 \times 24)/\cos 16.26^\circ \text{ mm} = 100 \text{ mm}$$

$$d_2 = m_n z_2/\cos\beta = (4 \times 48)/\cos 16.26^\circ \text{ mm} = 200 \text{ mm}$$

(3) 求齿顶圆直径 $d_{a1、a2}$

$$d_{a1} = d_1 + 2h_a = (100 + 2 \times 1 \times 4)\text{mm} = 108 \text{ mm}$$
$$d_{a2} = d_2 + 2h_a = (200 + 2 \times 1 \times 4)\text{mm} = 208 \text{ mm}$$

4.3.6　交错轴斜齿轮机构

交错轴斜齿轮机构是用来传递两交错轴之间的运动的。就其单个齿轮而言,就是斜齿圆柱齿轮。

1. 交错轴斜齿轮传动的正确啮合条件

图 4-33 所示为一对交错轴斜齿轮传动,两轮的分度圆柱相切于点 P,两轮轴线在两轮分度圆公切面上的投影之间的夹角 Σ 为两轮的轴交角。当如图 4-33(a)所示的两斜齿轮的螺旋角 β_1 和 β_2 方向相同时,其轴交角为 $\Sigma=\beta_1+\beta_2$;当如图 4-33(c)所示的两斜齿轮的螺旋角方向相反时,其轴交角为 $\Sigma=|\beta_1|-|\beta_2|$。一对交错轴斜齿轮传动时,其轮齿是在法面内相啮合的,因此两轮的法面模数及压力角必须分别相等。它与平行轴斜齿轮传动不同的是,在交错轴斜齿轮传动中两轮的螺旋角不一定相等,所以其两轮的端面模数和端面压力角也不一定相等。

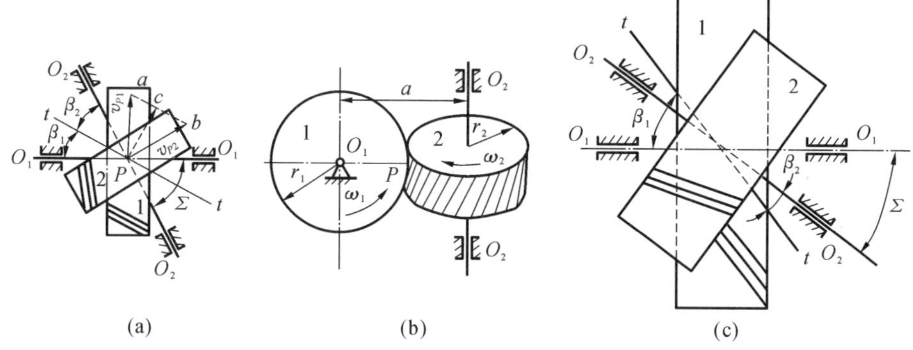

图 4-33　交错轴斜齿轮传动

综上所述,交错轴斜齿轮传动的正确啮合条件是:

(1) $m_{n1}=m_{n2}, \alpha_{n1}=\alpha_{n2}$

(2) $\Sigma=|\beta_1|\pm|\beta_2|$

2. 传动比

设两轮的齿数分别为 z_1、z_2,其端面模数分别为 m_{t1}、m_{t2},因 $z_1=\dfrac{d_1}{m_{t1}}, z_2=\dfrac{d_2}{m_{t2}}, m_{t1}=\dfrac{m_{n1}}{\cos\beta_1}, m_{t2}=\dfrac{m_{n2}}{\cos\beta_2}, m_{n1}=m_{n2}$,所以两轮的传动比为

$$i_{12}=\frac{\omega_1}{\omega_2}=\frac{z_2}{z_1}=\frac{d_2\cos\beta_2}{d_1\cos\beta_1} \tag{4-25}$$

3. 中心距

如图 4-33(b)所示,过点 P 作两交错轴斜齿轮轴线的公垂线,此公垂线的长度就是交错轴斜齿轮传动的中心距 a,即

$$a=r_1+r_2=\frac{m_n}{2}\left(\frac{z_1}{\cos\beta_1}+\frac{z_2}{\cos\beta_2}\right) \tag{4-26}$$

4. 交错轴斜齿轮机构的特点

(1) 当要满足两轮中心距的要求时,可用选取两轮螺旋角的办法来凑其中心距。

(2) 在两轮分度圆直径不变时,可用改变齿轮螺旋角的办法来得到不同的传动比。

(3) 交错轴斜齿轮传动时,相互啮合的齿廓为点接触,而且齿廓间的相对滑动速度大,造成轮齿磨损较快,机械效率也较低。所以,交错轴斜齿轮传动一般不宜用于高速、重载传动的场合,仅用于仪表或载荷不大的辅助传动中。

4.4 直齿锥齿轮机构

4.4.1 直齿锥齿轮齿面的形成与特点

1. 轮齿齿面的形成

直齿锥齿轮传动用于传递两相交轴间的运动和动力,其轮齿分布在圆锥体上,对应于直齿圆柱齿轮传动中的五对圆柱,直齿锥齿轮传动中有五对圆锥:节圆锥、分度圆锥、齿顶圆锥、齿根圆锥和基圆锥。此外,在直齿圆柱齿轮传动中,用中心距 a 表示两回转轴线间的位置关系;而在锥齿轮传动中,则用轴交角 Σ 来表示两回转轴线间的位置关系。

渐开线直齿锥齿轮齿面的形成与渐开线直齿圆柱齿轮齿面的形成相似。如图4-34(a)所示,扇形平面与基圆锥相切于 NO',扇形平面的半径 R 与基圆锥的锥距相等。当扇形平面沿基圆锥做相切纯滚动时,该平面上的点 K 将在空间形成一条渐开线 K_0K,由于点 K 到锥顶 O' 的距离是不变的,故渐开线 K_0K 是在以 O' 为球心、$\overline{O'K}$ 为半径的球面上。因而,该渐开线称为球面渐开线。同理,直线 $O'K$ 上的点 K' 则在以 $\overline{K'O'}$ 为半径的球面所形成的相应球面渐开线上。因而,直线 KK' 上的各点就形成不同半径的球面上的球面渐开线。这些半径逐渐减小的球面渐开线的集合,就组成了球面渐开曲面。

如图 4-34(b)所示,球面渐开曲面是向锥顶逐渐收缩的,离锥顶愈近,其球

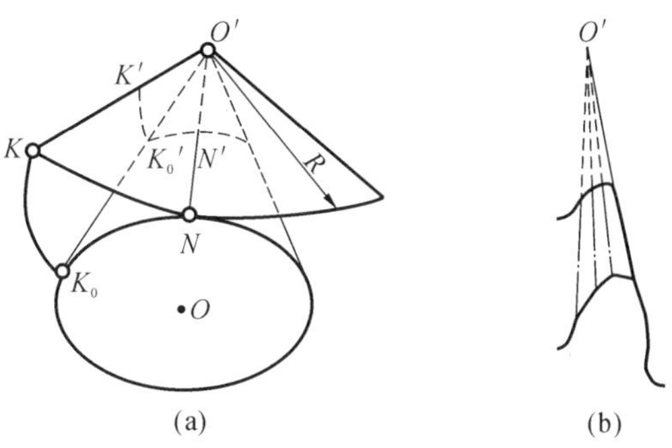

图 4-34　渐开线直齿锥齿轮齿面

面渐开线曲率半径愈小。这种球面渐开曲面与直齿圆柱齿轮的渐开曲面有相类似的特性，如切于基圆锥的平面是球面渐开曲面的法面，基圆锥内无球面渐开曲面等。

2. 背锥齿廓

由于球面渐开线无法展成平面，使锥齿轮的设计和制造遇到许多困难。因而，不得不采用下述的近似齿廓代替。

图 4-35(a)所示为一对直齿锥齿轮的轴剖面，$\triangle O'P_1P$ 与 $\triangle O'P_2P$ 分别代表齿轮 1 和 2 的节圆锥剖面，δ'_1 和 δ'_2 为其节锥角，r'_1 和 r'_2 为其大端的节圆半径。作圆锥 O_1P_1P 和 O_2P_2P 分别与大端球面相切于大端节圆处。这种切于球面的圆锥称为背锥。现自球心 O' 作射线，将大端上球面渐开线齿廓投影于背锥上，然后将背锥展开在平面上，得到以背锥母线长 r'_{v1} 和 r'_{v2} 为节圆半径的一对扇形齿轮（见图 4-35(b)），由此便得到在平面上表示的锥齿轮大端的近似齿廓。此齿廓不是渐开线，但一般将它近似地认为是圆的渐开线。

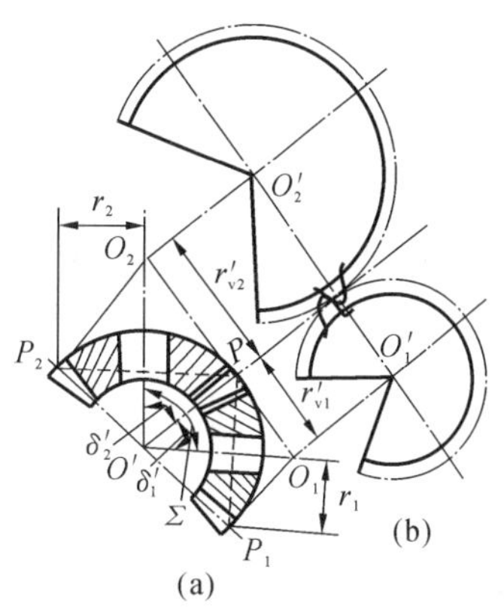

图 4-35　背锥齿廓

3. 当量齿数

若将扇形齿轮补足为完整的圆形齿轮，则称它为当量齿轮，其齿数称为当量齿数，用 z_{v1} 和 z_{v2} 表示，而扇形齿轮的齿数（即锥齿轮的真实齿数）为 z_1 和 z_2。由图 4-35(a)可知，它们之间有以下关系：

$$r'_{v1} = \frac{r'_1}{\cos\delta_1},\quad r'_{v2} = \frac{r'_2}{\cos\delta_2}$$

因为

$$r_1 = z_1 m/2, \quad r_2 = z_2 m/2$$

$$r_{v1} = z_{v1} m/2, \quad r_{v2} = z_{v2} m/2$$

故有

$$z_{v1} = z_1/\cos\delta'_1, \quad z_{v2} = z_2/\cos\delta'_2 \tag{4-27}$$

由于 $\cos\delta'_1$ 和 $\cos\delta'_2$ 恒小于 1，故 $z_{v1}>z_1$，$z_{v2}>z_2$，且 z_{v1} 和 z_{v2} 一般不是整数。由以上分析可知，直齿锥齿轮背锥上的齿廓可用当量齿数为 z_v 的假想直齿锥齿轮的齿廓来近似表示；且不发生根切的最少齿数及齿轮的强度校核均按当量齿数计算。

4.4.2　直齿锥齿轮的基本尺寸

1. 模数

直齿锥齿轮的实际齿数，不论在大端还是在小端都是相同的，但在分度圆锥上，大端和小端的直径却不相等，所以，它们的模数不相等，大端的模数大，小端的模数小。在齿轮设计和制造中，为了使直齿锥齿轮的计算相对误差小，以及便于确定机构的最大尺寸，一般均用大端模数来计算直齿锥齿轮的基本尺寸。因此，在锥齿轮中，其节圆、分度圆、齿顶圆、齿根圆和基圆的直径均是指其大端上的。

由背锥所得的当量齿轮可知，一对直齿锥齿轮的正确啮合条件是 $m_1\cos\alpha_1=m_2\cos\alpha_2$；此外，为了保证安装成轴交角为 Σ 的一对直齿锥齿轮能实现节圆锥顶点重合，且齿面成线接触，应当满足 $\delta'_1+\delta'_2=\Sigma$ 的条件。因此，直齿锥齿轮的正确啮合条件为

$$\left.\begin{aligned} m_1 &= m_2 = m \\ \alpha_1 &= \alpha_2 = \alpha \\ \delta'_1 + \delta'_2 &= \Sigma \end{aligned}\right\} \tag{4-28}$$

式中：m 和 α 分别为大端上的模数和压力角。

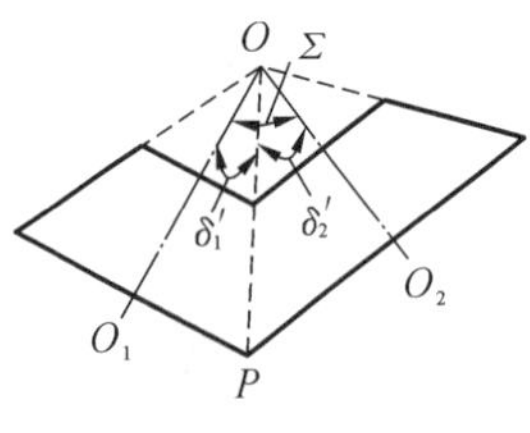

图 4-36　节锥角

2. 节锥角

设两锥齿轮的角速度分别为 ω_1 和 ω_2，则其角速比 $i_{12}=\dfrac{\omega_1}{\omega_2}=\dfrac{z_2}{z_1}$。图 4-36 所示为一对锥齿轮的节圆锥。因为一对锥齿轮啮合传动时，其节圆锥做纯滚动，所以

$$i_{12} = \frac{\omega_1}{\omega_2} = \frac{\overline{O_2P}}{\overline{O_1P}} = \frac{\overline{OP}\sin\delta'_2}{\overline{OP}\sin\delta'_1} = \frac{\sin\delta'_2}{\sin\delta'_1} \tag{4-29}$$

为了便于齿轮箱体的轴孔加工，一般 $\delta'_1+\delta'_2=\Sigma=90°$。故若将 $\Sigma=90°$代入式(4-29)，则可得

$$\tan\delta'_1=\frac{1}{i_{12}}=\frac{z_1}{z_2}$$

$$\tan\delta'_2=i_{12}=\frac{z_2}{z_1}$$

由图 4-36 可知，当 $\Sigma=90°$时，节锥距 R 可按下式计算：

$$R=\sqrt{r_1^2+r_2^2}=\frac{m}{2}\sqrt{z_1^2+z_2^2} \tag{4-30}$$

式中：δ'_1、δ'_2 为节锥角；r_1、r_2 为大端分度圆半径。

3. 顶锥角和根锥角

如图 4-37 所示的标准直齿锥齿轮传动，其节圆锥角 δ' 等于分度圆锥角 δ。因为在实际使用锥齿轮时，其大端和小端均采用背锥齿廓，其齿高是沿背锥母线方向度量的，而齿顶圆和齿根圆的直径又是垂直于齿轮回转轴线方向度量的，故有

$$d_a=d+2h_a\cos\delta \tag{4-31}$$

$$d_f=d-2h_f\cos\delta \tag{4-32}$$

其中，　　$d=mz$，　$h_a=h_a^*m$，　$h_f=(h_a^*+c^*)m$

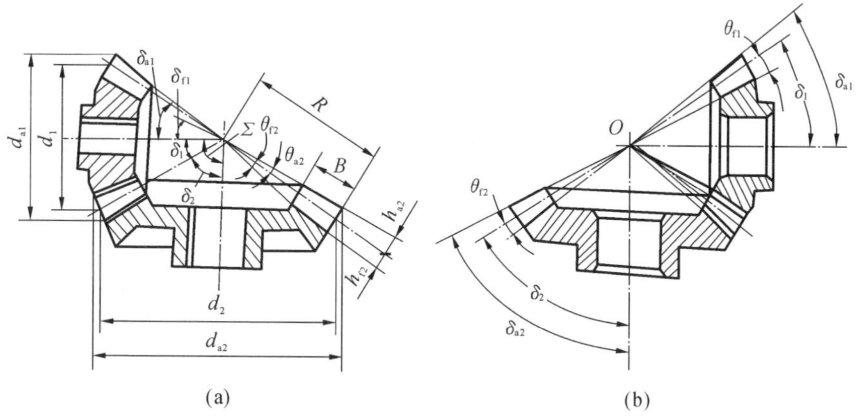

图 4-37　收缩顶隙和等顶隙锥齿轮传动

锥齿轮的齿顶圆锥角与两锥齿轮啮合传动时对顶隙的要求有关。图 4-37(a)所示为一对收缩顶隙锥齿轮传动，其顶隙由轮齿的大端向小端逐渐缩小。这时两齿轮的齿顶圆锥、齿根圆锥、分度圆锥、节圆锥、基圆锥的锥顶都重合于一点。由图 4-37(a)可知

$$\delta_a = \delta + \theta_a, \quad \delta_f = \delta - \theta_f$$
$$\tan\theta_a = h_a/R, \quad \tan\theta_f = h_f/R$$

式中：δ_a 为顶锥角；θ_a 为齿顶角；δ_f 为根锥角；θ_f 为齿根角。

收缩顶隙锥齿轮传动的缺点是，当轮齿由大端向小端逐渐缩小时，其小端的齿根圆角半径及齿顶厚也随之缩小，因此影响齿轮的强度。为了改善这一缺陷，可采用图4-37(b)所示的等顶隙锥齿轮传动，即两齿轮的顶隙由齿轮大端到小端都是相等的。因两齿轮的齿顶圆锥的母线与相啮合的另一锥齿轮的齿根圆锥的母线平行，所以，其锥顶不再与另外四个圆锥的锥顶重合。这种锥齿轮降低了轮齿小端的齿高，因此，不仅减小了小端齿顶变尖的可能性，而且可使小端齿廓的实际工作段距离相对缩短，齿根的圆角半径加大，从而增加了齿轮的强度。由图 4-37(b)可得

$$\left.\begin{aligned} &\delta_{a1} = \delta_1 + \theta_{f2}, \quad \delta_{a2} = \delta_2 + \theta_{f1} \\ &\delta_f = \delta - \theta_f, \quad \tan\theta_f = h_f/R \end{aligned}\right\} \tag{4-33}$$

4. 基本尺寸计算

根据上述，可将标准直齿锥齿轮传动的基本尺寸($\Sigma=90°$)计算公式列于表4-5 中，国家标准规定，$\alpha=20°$，$h_a^*=1$，$c^*=0.2$。

表 4-5　标准直齿锥齿轮传动的几何参数及尺寸计算($\Sigma=90°$)

名　称	代号	计算公式	
		小齿轮	大齿轮
分度圆锥角	δ	$\delta_1=\text{arccot}\dfrac{z_1}{z_2}$	$\delta_2=90-\delta_1$
齿顶高	h_a	$h_{a1}=h_{a2}=h_a^* m$	
齿根高	h_f	$h_{f1}=h_{f2}=(h_a^*+c^*)m$	
分度圆直径	d	$d_1=mz_1$	$d_2=mz_2$
齿顶圆直径	d_a	$d_{a1}=d_1+2h_a\cos\delta_1$	$d_{a2}=d_2+2h_a\cos\delta_2$
齿根圆直径	d_f	$d_{f1}=d_1-2h_f\cos\delta_1$	$d_{f2}=d_2-2h_f\cos\delta_2$
锥距	R	$R=\dfrac{m}{2}\sqrt{z_1^2+z_2^2}$	
齿顶角	θ_a	(收缩顶隙传动) $\tan\theta_{a2}=\tan\theta_{a1}=h_a/R$	(等顶隙传动) $\theta_{a1}=\theta_{f2}$，$\theta_{a2}=\theta_{f1}$
齿根角	θ_f	$\tan\theta_{f1}=\tan\theta_{f2}=h_f/R$	
分度圆齿厚	s	$s=\dfrac{\pi m}{2}$	
顶隙	c	$c=c^* m$	

续表

名称	代号	计算公式	
		小齿轮	大齿轮
当量齿数	z_v	$z_{v1}=z_1/\cos\delta_1$	$z_{v2}=z_2/\cos\delta_2$
顶锥角	δ_a	收缩顶隙传动	
		$\delta_{a1}=\delta_1+\theta_{a1}$	$\delta_{a2}=\delta_2+\theta_{a2}$
		等顶隙传动	
		$\delta_{a1}=\delta_1+\theta_{f2}$	$\delta_{a2}=\delta_2+\theta_{f1}$
根锥角	δ_f	$\delta_{f1}=\delta_1-\theta_{f1}$	$\delta_{f2}=\delta_2-\theta_{f2}$

4.5 其他齿轮机构简介

4.5.1 非圆齿轮机构

非圆齿轮机构是一种用于变传动比传动的齿轮机构。其传动比是按一定规律变化的，而节点不再是一个定点；节线也不是一个圆，而是一条非圆的封闭曲线。非圆齿轮可以与其他机构组合，用来改变传动的运动特性和改善动力条件。

图4-38所示为一非圆齿轮机构，其节线 G_1 和 G_2 在点 P 处相切，机构的瞬时传动比为

$$i_{12}=\frac{\omega_1}{\omega_2}=\frac{d\varphi_1}{d\varphi_2}=\frac{\overline{O_2P}}{\overline{O_1P}}=\frac{r_2}{r_1} \tag{4-34}$$

式中：r_1、r_2 为两轮节线的向径；ω_1、ω_2 为两轮的角速度；φ_1、φ_2 为两轮的转角。

非圆齿轮机构传动时，两轮节线(实际上是两轮的瞬心轨迹，即瞬心线)做无滑动的滚动，它们有下列性质。

(1) 任何瞬时两轮的向径之和等于两轮的中心距 a，即

$$a=r_1+r_2$$

(2) 互相滚过的两弧长应相等，即

$$r_1 d\varphi_1=r_2 d\varphi_2$$

称上述两性质为能够实现传动的两个条件。

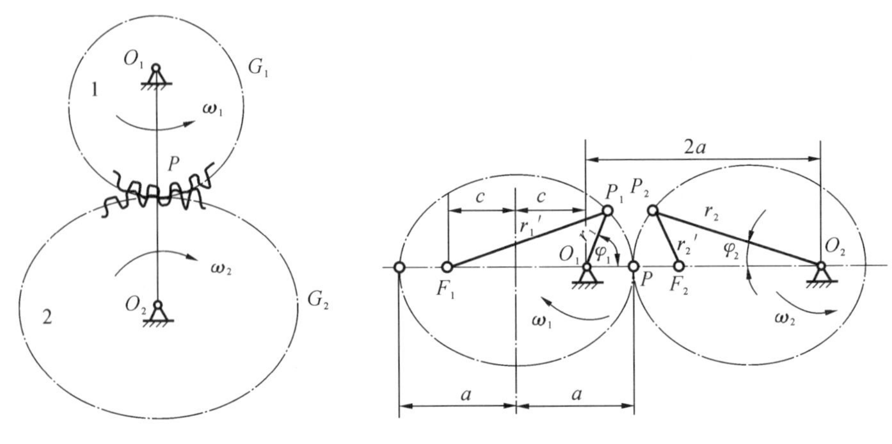

图 4-38　非圆齿轮机构　　　　图 4-39　椭圆齿轮机构

由此可知，大轮节线长度必是小轮节线长度的整数倍，该整数就是两轮的转速比。

理论上节线的形状是没有限制的，但实际用作非圆齿轮节线的只有椭圆、卵形曲线和对数螺旋线等少数几种曲线，其中椭圆形节线应用最多。

图 4-39 所示为两个完全相同的椭圆齿轮，其长轴为 $2a$、短轴为 $2b$，焦距为 $2c$，离心率 $e=c/a$，两轮各绕其一个焦点回转，且中心距为 $2a$。根据椭圆性质，不难证明，此椭圆齿轮机构能满足上述两个传动条件，可以推得椭圆齿轮机构的传动比为

$$i_{12}=\frac{\omega_1}{\omega_2}=\frac{r_2}{r_1}=\frac{1+e^2+2e\cos\varphi_1}{1-e^2} \tag{4-35}$$

由式(4-35)可知传动比的几种情况：

(1) 当 $\varphi_1=0°$时，i_{12}达到最大，即

$$(i_{12})_{\max}=\frac{1+e}{1-e} \tag{4-36a}$$

(2) 当 $\varphi_1=180°$时，i_{12}达到最小，即

$$(i_{12})_{\min}=\frac{1-e}{1+e} \tag{4-36b}$$

(3) 椭圆齿轮机构的传动比是主动轮 1 转角 φ_1 的函数，且与椭圆的离心率 e 有关。当主动轮 1 匀速转动时，从动轮 2 做变速运动，其转速的波动呈周期性。

4.5.2　圆弧齿轮机构

圆弧齿轮形状如图 4-40 所示，它的端面齿廓和法面齿廓均为圆弧，其中小

齿轮的齿廓曲面为凸圆弧螺旋面，而大齿轮的齿廓曲面为凹圆弧螺旋面，这种齿轮的轮齿都是斜齿。

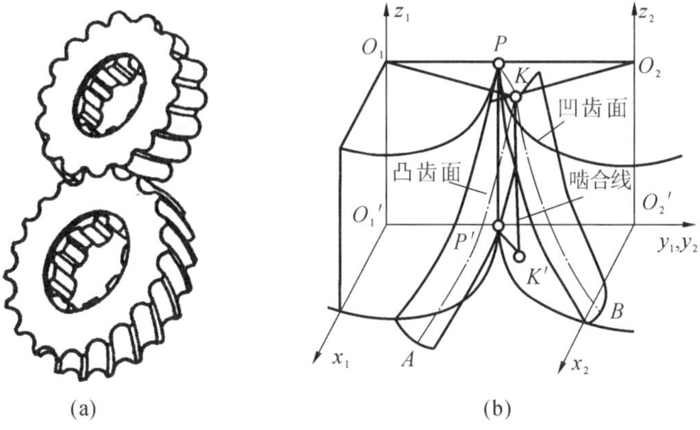

图 4-40　圆弧齿轮机构

圆弧齿轮传动的主要特点如下。

(1) 相啮合齿廓的综合曲率半径较大，因而其接触强度比相同尺寸的渐开线齿轮传动可提高 1.5～2 倍。

(2) 它不但能保证定传动比传动，而且传动平稳，不会出现根切现象，因此它的最少齿数不受根切的限制，所以结构紧凑。

(3) 圆弧齿轮开始是点接触，承载后经一段时间磨合逐渐成为线接触，因而对制造误差和变形不敏感。

(4) 一对圆弧齿轮啮合传动时，两齿面间以很高的滚动速度沿齿宽方向滚动，齿面间容易形成油膜；另外，其两齿面间的相对滑动速度小，因此摩擦损失小，磨损小，效率高。

(5) 圆弧齿轮没有可分性，其中心距的误差会使其承载能力显著降低，因而对中心距的精度要求较高。

(6) 只能采用增大齿宽的方法增大圆弧齿轮传动的重合度，所以其轴向尺寸较大。

(7) 圆弧齿轮齿廓是凸凹形状，因此在加工齿轮时，需要用凸凹形的两把刀具来进行加工。

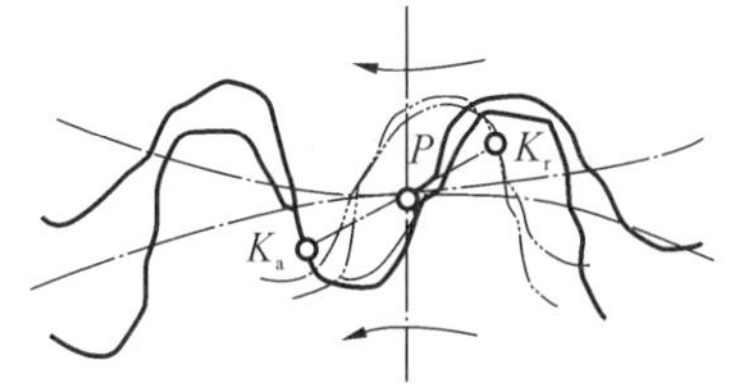

图 4-41　双圆弧齿廓

为了克服上述缺点，近年来采用了一种如图 4-41 所示的齿廓为两段圆弧的“双圆弧齿轮”，在这种齿轮传动中，相啮合的一对齿轮，其齿顶均为凸圆弧，而齿根均为凹圆弧，它比单圆弧齿轮传动的承载能力强，传动平稳性好，并可用同一把刀具进行加工。

4.5.3 摆线齿轮机构

早在16世纪，人们就已经知道采用摆线作为齿廓。摆线的形成如图4-42(a)所示。摆线齿轮与渐开线齿轮相比有许多逊色之处：摆线齿轮机构的中心距要求十分准确，齿廓间作用力的大小和方向是变化的，切制摆线齿廓的刀具的齿廓复杂。所以，目前摆线齿轮远不如渐开线齿轮应用广泛。但摆线齿轮传动还是有一些独特的优点，因而在钟表及仪器仪表中得到广泛应用。一种如图4-42(b)所示的摆线齿轮传动的变异形式——摆线针轮传动获得了越来越广泛的应用。

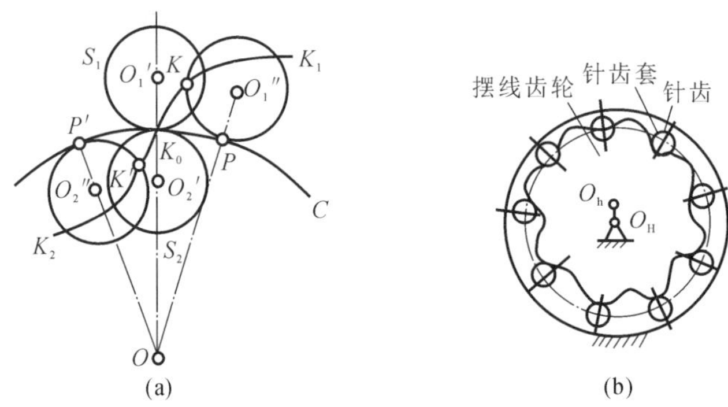

图4-42 摆线齿轮机构

摆线齿轮传动的特点如下。

(1) 能保证定传动比传动，而且由于相啮合的两齿面为一凹一凸，因而其综合曲率半径大，接触应力小。

(2) 无根切现象，结构比较紧凑。

(3) 齿轮的中心距没有可分性，因而对两轮中心距的精度要求高。

(4) 齿轮在传动过程中的啮合角是变化的，因此齿廓间的作用力也是变化的。

(5) 摆线齿轮的制造精度比其他齿廓要求高。

习　题

4-1 (1) 要使一对齿轮的传动比保持不变，其齿廓应符合什么条件？(2) 啮合角和压力角在什么情况下相等？渐开线直齿圆柱齿轮中，在齿顶圆与齿根圆之间的齿廓上，$r_b = r\cos\alpha_i$ 等式成立吗？(3) 根据渐开线性质，基圆内没有渐开线，是否渐开线齿轮的齿根圆一定设计成比基圆大？在何条件下渐开线齿轮的齿根圆与基圆相等？（4）如一渐开线在基圆半径 $r_{b1}=50$ mm 的圆上发生，试求渐开线上展角为 20°处的曲率半径与向径。

4-2　题 4-2 图所示为同一基圆所形成的任意两条反向渐开线，试证它们之间的公法线长度处处相等。

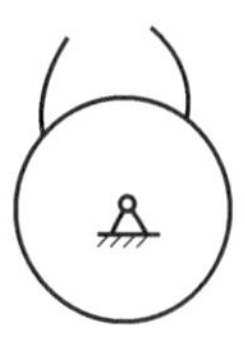

题 4-2 图

4-3　已知两个渐开线直齿圆柱齿轮的齿数 $z_1=20$，$z_2=40$，它们都是标准齿轮，而且 m、α、h_a^*、c^* 均相同。试用渐开线齿廓的性质，说明这两个齿轮的齿顶厚度哪一个大，基圆上的齿厚哪一个大。

4-4　已知一渐开线齿轮与一直线齿廓齿轮相啮合传动。渐开线齿轮的基圆半径为 $r_{b1}=40$ mm，直线齿廓齿轮的相切半径为 $r_2=20$ mm，两轮的中心距 $O_1O_2=100$ mm。试求当直线齿廓处于与两轮连心线成 30°角时两轮的传动比，并说明两轮是否做定传动比传动。

4-5　已知一对渐开线直齿圆柱齿轮传动。其中心距 $a=300$ mm，基圆半径 $r_{b1}=94$ mm，$r_{b2}=188$ mm，主动齿轮 1 上的驱动力矩 $M_1=1.88$ N·m，它沿顺时针方向转动。试求出主动齿轮 1 作用于从动齿轮 2 齿廓上的正压力的大小和方向（按比例画图，并在图上标出力的方向）。

4-6　一对已切制好的渐开线外啮合直齿圆柱标准齿轮，$z_1=20$，$z_2=40$，$m=2$ mm，$\alpha=20°$，$h_a^*=1$，$c^*=0.25$。试说明在中心距 $a=60$ mm 和 $a'=61$ mm两种情况中，哪些尺寸不同。

4-7　已知一对渐开线外啮合直齿圆柱标准齿轮的模数 $m=5$ mm，压力角 $\alpha=20°$，中心距 $a=350$ mm，角速比 $i_{12}=9/5$。试求两齿轮的齿数、分度圆直径、齿顶圆直径、齿根圆直径、基圆直径。

4-8　已知一对渐开线外啮合直齿圆柱标准齿轮的标准中心距 $a=160$ mm，齿数 $z_1=20$，$z_2=60$，试求模数和两齿轮的分度圆直径、基圆直径、齿距及齿厚。

4-9　一对外啮合渐开线直齿圆柱标准齿轮，已知 $z_1=30$，$z_2=60$，$m=4$ mm，$\alpha=20°$，$h_a^*=1$，试按比例精确作图画出无侧隙啮合时的实际啮合线$\overline{B_1B_2}$的长度，根据量得的$\overline{B_1B_2}$计算重合度，并用重合度计算公式进行对比校核计算。

4-10　何谓实际啮合线、理论啮合线？为什么必须使 $\varepsilon_\alpha \geqslant 1$？如果 $\varepsilon_\alpha < 1$，将发生什么现象？渐开线标准齿轮的齿数为什么不能太少？标准齿轮的最少齿数为多少？一对渐开线标准直齿圆柱齿轮啮合传动，其模数愈大，重合度是否也愈大？

4-11　若已知一对齿轮机构的安装位置，当采用一对标准直齿圆柱齿轮，

其 $z_1=19$，$z_2=42$，$m=4$ mm，$\alpha=20°$，$h_a^*=1$，此时刚好能保证连续传动，试求：

(1) 实际啮合线$\overline{B_1B_2}$的长度；

(2) 齿顶圆周上的压力角 α_{a1}，α_{a2}；

(3) 啮合角 α'；

(4) 两轮的节圆半径 r'_1、r'_2；

(5) 两分度圆在连心线$\overline{O_1O_2}$的距离 Δy。

4-12 已知一直齿圆柱标准齿轮，测出其齿顶圆直径为 96 mm，齿数 $z=30$，试求其模数 m。

4-13 试问"一个圆柱直齿轮上的齿厚等于齿间距的圆称为分度圆"的说法正确吗？渐开线齿轮啮合时，齿廓间的相对运动在一般位置时是纯滚动吗？渐开线齿轮齿条啮合时，其齿条相对齿轮做远离圆心的平移时，啮合角如何变化？已知一齿条与标准齿轮相啮合，当齿轮转一圈时，齿条的行程 $s=201$ mm。若将齿条相对齿轮中心向外移 0.5 mm，此时齿轮转一圈，齿条的行程 s 为多少？

4-14 用齿条型刀具加工一个齿数为 $z=16$ 的齿轮，刀具参数 $m=4$ mm($\alpha=20°$，$h_a^*=1$，$c^*=0.25$)，在加工齿轮时，刀具的移动速度 $v_刀=2$ mm/s。试求：

(1) 欲加工成标准齿轮，刀具中线与轮坯中心的距离 l 为多少？轮坯转动的角速度为多少？

(2) 欲加工出 $\chi=1.2$ 的变位齿轮，刀具中线与轮坯中心的距离 l 为多少？轮坯转动的角速度为多少？并计算所加工出的齿轮的齿根圆半径 r_f、基圆半径 r_b 和齿顶圆半径 r_a。

(3) 若轮坯转动的角速度不变，而刀具的移动速度改为 $v_刀=3$ mm/s，则加工出的齿轮的齿数 z 为多少？

4-15 用参数为 $m=4$ mm，$\alpha=20°$，$h_a^*=1$，$c^*=0.25$ 的标准齿条刀切制一对 $z_1=48$，$z_2=24$，$\chi_1=-0.2$，$\chi_2=0.2$ 的直齿圆柱外齿轮。试问：

(1) 用齿条刀切齿时，在两齿轮分度圆上做纯滚动的刀具节线，在刀具上是否为同一条直线？

(2) 切出的两轮齿廓形状是否相同？

(3) 两轮的基本尺寸有何异同？

4-16 用参数为 $m=5$ mm，$\alpha=20°$，$h_a^*=1$，$c^*=0.25$ 的标准齿条刀切制一对 $z_1=20$，$z_2=80$ 的直齿圆柱外齿轮，试求两齿轮做无侧隙啮合传动时：

(1) 大齿轮齿廓上实际工作段中最大曲率半径 ρ_2；

(2) 小齿轮齿廓上实际工作段中最小曲率半径 ρ_1。

4-17　模数、压力角及齿顶高系数均为标准值的齿轮，是否一定为标准齿轮？变位系数 $\chi=0$ 的齿轮，是否一定为标准齿轮？什么条件下采用变位齿轮？变位齿轮与标准齿轮相比，分度圆齿厚发生了怎样的变化？

4-18　一对外啮合渐开线标准斜齿轮，已知 $z_1=16$，$z_2=40$，$m_n=8\text{mm}$，螺旋角 $\beta=15°$，齿宽 $b=30$ mm，试求其无侧隙啮合的中心距 a 和轴向重合度 ε_β，说明齿轮1是否会发生根切，并根据渐开线标准直齿轮不发生根切的最少齿数的公式，导出斜齿圆柱齿轮不发生根切的最少齿数的公式。

4-19　一对渐开线外啮合圆柱齿轮，已知 $z_1=21$，$z_2=22$，$m=2$ mm，中心距为44 mm。若不采用变位齿轮，而用标准斜齿圆柱齿轮凑中心距，试求斜齿圆柱齿轮的螺旋角 β 应为多少？

4-20　斜齿圆柱齿轮传动的正确啮合条件是什么？斜齿圆柱齿轮的分度圆直径 $d=zm_n$，对吗？一个直齿圆柱齿轮和一个斜齿圆柱齿轮能否正确啮合？一对相互啮合的渐开线斜齿圆柱齿轮的端面模数是否一定相等？

4-21　一个标准圆柱斜齿轮减速器，已知 $z_1=22$，$z_2=77$，$m_n=2$ mm，$h_{an}^*=1$，$\beta=8°6'34''$，$\alpha_n=20°$，$c_n^*=0.25$。

(1) 试述螺旋角取 $\beta=8°6'34''$的理由；

(2) 计算小齿轮的尺寸（r、r_a、r_f、r_b）及中心距 a。

4-22　一对标准圆柱斜齿轮传动，已知 $z_1=10$，$z_2=14$，$\alpha_n=20°$，$m_n=20$ mm，$h_{an}^*=1$，$c_n^*=0.25$，$\beta=33°4'58''$，齿宽 $b=140$ mm，试求其重合度。

4-23　一对标准锥齿轮机构，已知 $z_1=16$，$z_2=63$，$m=14$ mm，$\alpha=20°$，$h_a^*=1$，两轴交角 $\Sigma=90°$，求两齿轮的分度圆、齿顶圆和齿根圆的大小，以及锥距、分度圆锥角、齿顶角、齿根角的大小和当量齿数。

4-24　直齿锥齿轮传动的正确啮合条件是什么？直齿锥齿轮的当量齿数是否一定为整数？是否要圆整成整数？

4-25　一对渐开线等顶隙标准直齿锥齿轮，已知 $z_1=16$，$z_2=30$，$m=10$ mm，$\alpha=20°$，$h_a^*=1$，$c^*=0.2$，$\Sigma=90°$，试求其分度圆、齿顶圆和齿根圆的直径以及顶锥角和根锥角。

4-26　已知 $\Sigma=90°$的一对渐开线标准直齿锥齿轮，其齿数 $z_1=14$，$z_2=39$，试问小齿轮是否发生根切？并根据渐开线标准直齿轮不发生根切的最少齿数的公式，导出直齿锥齿轮不发生根切的最少齿数的公式。

第5章　齿　轮　系

5.1　定轴齿轮系的传动比计算

当齿轮系运转时，若其中各齿轮的轴线相对于机架的位置都是固定不变的，则该齿轮系称为定轴齿轮系。

1. 传动比大小的确定

一对齿轮(见图5-1)的传动比 i_{12}，是两齿轮的角速度 ω_1 和 ω_2 之比，其值等于两齿轮的齿数之反比，即

$$i_{12}=\frac{\omega_1}{\omega_2}=\frac{z_2}{z_1}$$

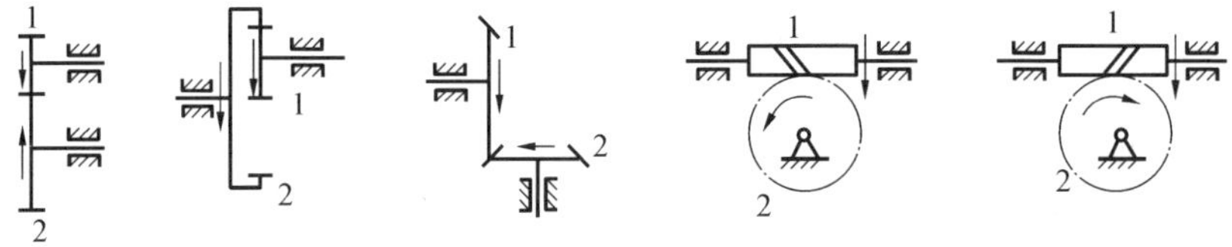

(a)　(b)　(c)　(d)　(e)

图5-1　定轴齿轮系传动

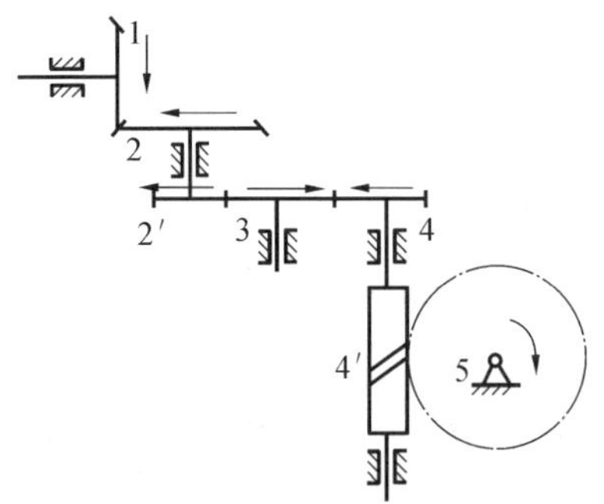

图5-2　定轴齿轮系

以图5-2所示的齿轮系为例，设轮1为首轮，轮5为末轮，已知各轮的齿数为 $z_1,z_2,\cdots,z_5$，角速度为 $\omega_1,\omega_2,\cdots,\omega_5$，当要求传动比 i_{15} 时，可先求得各对啮合齿轮的传动比，如下：

$$i_{12}=\frac{\omega_1}{\omega_2}=\frac{z_2}{z_1},\quad i_{2'3}=\frac{\omega_{2'}}{\omega_3}=\frac{z_3}{z_{2'}},$$

$$i_{34}=\frac{\omega_3}{\omega_4}=\frac{z_4}{z_3},\quad i_{4'5}=\frac{\omega_{4'}}{\omega_5}=\frac{z_5}{z_{4'}}$$

其中，齿轮2与2′、4与4′各为同一轴上的齿轮，所以 $\omega_{2'}=\omega_2$，$\omega_{4'}=\omega_4$。将以上各式等号两边分别连乘，得

$$i_{12}i_{2'3}i_{34}i_{4'5}=\frac{\omega_1}{\omega_2}\cdot\frac{\omega_{2'}}{\omega_3}\cdot\frac{\omega_3}{\omega_4}\cdot\frac{\omega_{4'}}{\omega_5}=\frac{z_2z_3z_4z_5}{z_1z_{2'}z_3z_{4'}}$$

约去相等的角速度，可得

$$i_{15}=\frac{\omega_1}{\omega_5}=\frac{z_2z_3z_4z_5}{z_1z_{2'}z_3z_{4'}} \tag{5-1a}$$

设轮 1 为首轮，轮 k 为末轮，则可用相同的方法，推导出定轴齿轮系传动比的一般公式，即

$$i_{1k}=\frac{\omega_1}{\omega_k}=\frac{n_1}{n_k}=\frac{\text{所有从动轮齿数的连乘积}}{\text{所有主动轮齿数的连乘积}} \tag{5-1b}$$

式中：n_1、n_k 分别为首、末两轮的转速。

2. 首、末两轮转向关系的确定

一对相啮合齿轮的首、末轮转向关系与齿轮类型有关，可用标注箭头的方法来确定首、末轮的转向关系。如在图 5-1 中，设首轮 1 的转向已知，一对外啮合的圆柱齿轮的转向是相反的，故表示它们转向的箭头方向也是相反的（见图 5-1(a)）；而一对内啮合的圆柱齿轮的转向是相同的，故表示它们转向的箭头方向也是相同的（见图 5-1(b)）；对于锥齿轮啮合传动，其首、末轮的转向可用两个相对或相背的箭头表示（见图 5-1(c)）；对于蜗杆蜗轮传动，为了确定蜗轮的转向，首先要判断蜗杆的转向。对于右旋蜗杆（见图 5-1(d)），需用右手定则确定蜗杆、蜗轮的相对运动关系。确定方法是，将右手的四个指头顺着蜗杆的转向空握起来，则大拇指沿蜗杆轴线的指向，即表示蜗轮固定时，蜗杆沿轴线的方向移动。但因蜗杆一般不能沿轴向移动，故蜗杆推动蜗轮向相反的方向转动（如图 5-1(d)中弧线箭头所示）。对于左旋蜗杆，类似地可用左手定则来确定蜗杆转向（见图 5-1(e)）。

在实际机器中，首、末轮的轴线相互平行的齿轮系应用较为普遍。对于这种齿轮系，由于其首、末轮的转向不是相同就是相反，因此规定：当首、末两轮转向相同时，在其传动比计算公式的齿数比前冠以“＋”号；转向相反时，则冠以“－”号。这样，该公式既表示了传动比的大小，又表示了首、末轮的转向关系。根据这一规定，对于全部由平行轴圆柱齿轮组成的定轴齿轮系，可以不在齿轮上画出箭头，而在传动比计算公式的齿数比前乘以$(-1)^m$（m 为外啮合齿轮的对数），这样也可以表明首、末轮转向的关系，即

$$i_{1k}=\frac{\omega_1}{\omega_k}=(-1)^m\frac{z_2\cdot z_3\cdot z_4\cdot\cdots\cdot z_k}{z_1\cdot z_{2'}\cdot z_{3'}\cdot\cdots\cdot z_{(k-1)'}} \tag{5-2}$$

但是必须指出：如果轮系中首、末两轮的轴线不平行，便不能采用在齿数比前标注“＋”或“－”号的方法来表示它们的转向关系。这时，它们的转向关系只能采用在图上画箭头的方式来表示。

如图 5-2 所示的轮系，在传动比计算过程中，可以看出，轮 3 同时与轮 2 和轮 4 啮合，而且对于轮 2 而言，轮 3 是从动轮，对于轮 4 而言，轮 3 又是主动轮。

因而，轮 3 的齿数在式(5-1a)的分子、分母中同时出现而被约去，这说明轮 3 的齿数的多少并不影响该轮系传动比的大小，它仅仅起着改变从动轮转向的作用。轮系中的这种齿轮常称为过桥齿轮或惰轮。图 5-2 中各轮的箭头是根据已知首轮转向，沿着传动路线逐对确定各轮转向画出来的(若未给出首轮转向，可自定一转向)。

5.2　周转齿轮系的传动比计算

1. 周转齿轮系的特点

在齿轮运转时，若其中至少有一个齿轮的几何轴线绕另一个齿轮的固定几何轴线运动，则该齿轮系称为周转齿轮系。周转齿轮系由行星轮、中心轮、转臂和机架组成。

周转齿轮系(见图 5-3(b))中的行星轮一方面绕自身的几何轴线 O_2 回转(自转)，另一方面又随同转臂 H 绕几何轴线 O_1 回转(公转)。因而，行星轮不是做单一的回转运动。但若把支撑行星轮轴线的转臂相对固定，则周转齿轮系就转化成定轴齿轮系。

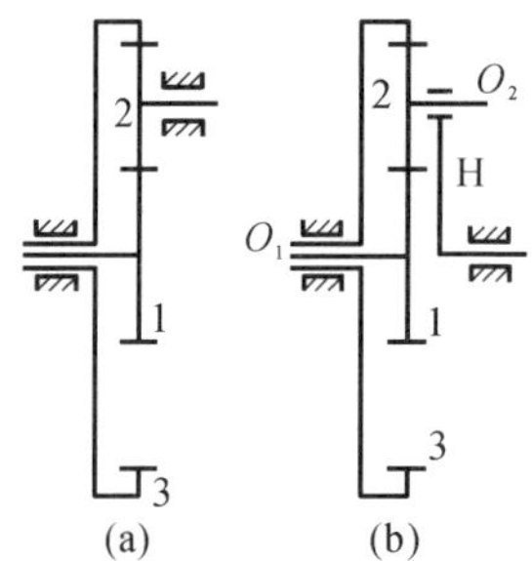

图 5-3　定轴齿轮系与周转齿轮系的异同

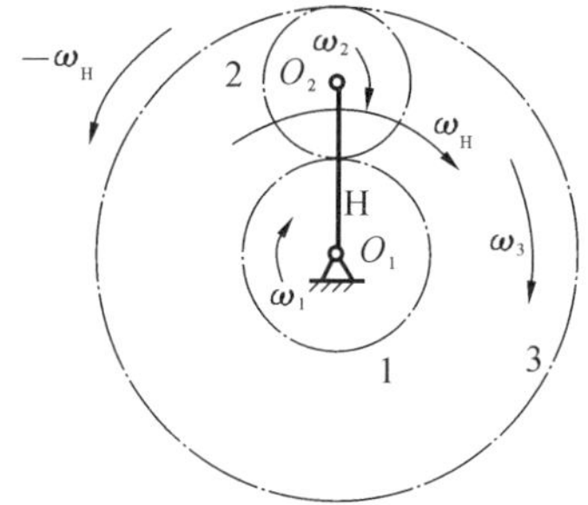

图 5-4　反转固定转臂法

2. 周转齿轮系传动比的计算

由于周转齿轮系中的行星轮既有自转又有公转，因此周转齿轮系各构件间的传动比便不能直接用求定轴齿轮系传动比的公式求解。求解周转齿轮系传动比的方法较多，下面仅介绍反转固定转臂法。

图 5-4 所示为一单排内外啮合的周转齿轮系的正视图。以 ω_1、ω_3 和 ω_H 分别表示中心轮 1、3 和转臂 H 的绝对角速度，推导公式时假设它们均同向转动，但解题时，如遇反向者，则应代入负值进行计算。

为使转臂相对固定，可给整个周转齿轮系加上一个与转臂 H 的角速度大小相等、方向相反的公共角速度($-\omega_H$)。根据相对运动原理可知，这样做并不影响轮系中任意两构件的相对运动关系，但这时原来运动的转臂H却变为相对静止的机架。于是，原来的周转齿轮系就转化为假想的定轴齿轮系。这种假想的定轴齿轮系称为原周转齿轮系的转化齿轮系（或称转化机构）。转化前后各构件的角速度如表5-1所示。

表5-1 转化前后各构件的角速度

构件名称	周转齿轮系中各构件的绝对角速度	转化齿轮系中各构件的角速度
转臂H	ω_H	$\omega_H^H=\omega_H-\omega_H=0$
中心轮1	ω_1	$\omega_1^H=\omega_1-\omega_H$
中心轮3	ω_3	$\omega_3^H=\omega_3-\omega_H$

既然周转齿轮系的转化齿轮系为定轴齿轮系，故此转化齿轮系的传动比就可以按定轴齿轮系的传动比计算方法求解。如图5-3所示的周转齿轮系，齿轮1、3在转化机构中的传动比为

$$i_{13}^H=\frac{\omega_1^H}{\omega_3^H}=\frac{\omega_1-\omega_H}{\omega_3-\omega_H}=-\frac{z_3}{z_1}$$

式中：齿数比前的“－”号，表示在转化机构中轮1与轮3的转向相反。

上式包含了周转齿轮系中各构件的角速度与各轮齿数之间的关系。由于齿数是已知的，故在ω_1、ω_3及ω_H三个参数中，若已知任意两个参数，就可确定第三个参数，从而可求出周转齿轮系任意两齿轮的传动比。

根据上述原理，不难写出周转齿轮系传动比的一般计算公式。设周转齿轮系中任意两齿轮为1、k，该两轮在转化机构中的传动比i_{1k}^H为

$$i_{1k}^H=\frac{\omega_1^H}{\omega_k^H}=\frac{\omega_1-\omega_H}{\omega_k-\omega_H}=\pm\frac{z_2\cdot z_3\cdot\cdots\cdot z_k}{z_1\cdot z_{2'}\cdot\cdots\cdot z_{(k-1)'}} \tag{5-3}$$

对式(5-3)做以下说明。

(1) 式(5-3)为代数方程，只适用于转化齿轮系的首、末轮与转臂的回转轴线平行（或重合）且由圆柱齿轮或其他类型齿轮组成的周转齿轮系。如图5-5所示的首、末轮回转轴线不平行的周转齿轮系，就不能用式(5-3)求解（其求解方法可参看有关文献）。

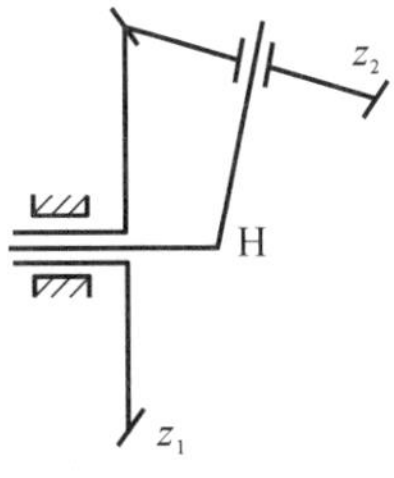

图5-5 首、末轮回转轴线不平行的周转齿轮系

(2) 在推导式(5-3)时，假设ω_1、ω_k、ω_H三者同向，当用此公式解题时，若三者转向不同，就应分别用带正、负号的数值代入。

(3) 由于式(5-3)只适用于转化齿轮系的首、末轮回转轴线平行的情况，因此在齿数比前一定有“＋”或“－”号。其正、负号的判定，可将转臂H视为静止，

然后按定轴齿轮系判别主、从动轮转向关系的方法确定。

应注意：i_{1k}^{H}为转化齿轮系的传动比，在计算周转齿轮系的角速度时，它只是代表转化齿轮系齿数比的一个符号。因为 $i_{1k}^{H}=\frac{\omega_1^{H}}{\omega_k^{H}}$，而 $i_{1k}=\frac{\omega_1}{\omega_k}$，故 $i_{1k}^{H}\neq i_{1k}$。

(4) 在已知各轮齿数的条件下，式(5-3)中的 ω_1、ω_k、ω_H 三个变量中，需知其中任意两个角速度的大小和方向，才能确定第三个角速度的大小，而第三个角速度的方向(构件的转向)，应由计算结果的正、负号确定。

(5) 在周转齿轮系中，如果有一个中心轮固定，该齿轮系自由度为 1，称其为行星齿轮系；如果两个中心轮均不固定，该齿轮系自由度为 2，称其为差动齿轮系。

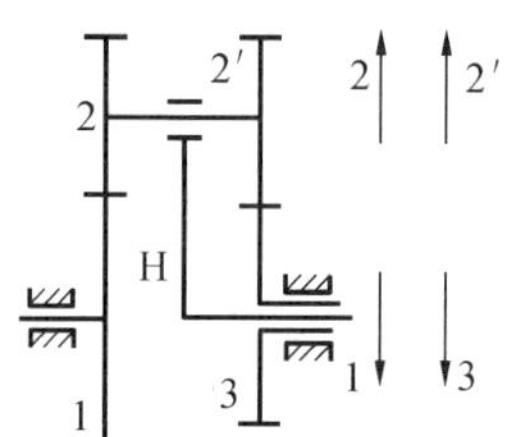

图 5-6　行星齿轮系

【例 5-1】 如图 5-6 所示的齿轮系中，已知齿数 $z_1=30$，$z_2=20$，$z_{2'}=25$，$z_3=25$，两中心轮的转速 $n_1=100$ r/min，$n_3=200$ r/min。试分别求出 n_1、n_3 同向和反向两种情况下转臂的转速 n_H。

【解】 由式(5-3)可知

$$i_{13}^{H}=\frac{n_1-n_H}{n_3-n_H}=\frac{z_2 z_3}{z_1 z_{2'}} \tag{a}$$

式中：齿数比之前的正号(已省略)是由转化齿轮系用画箭头的方法确定的，它仅表示转化齿轮系中各轮转向的关系，不是周转齿轮系中各齿轮的真实转向。

(1)n_1 与 n_3 同向，即当 $n_1=100$ r/min 时，将 n_1、n_3 之值代入式(a)可得

$$\frac{100-n_H}{200-n_H}=\frac{20\times 25}{30\times 25}$$

解得　$n_H=-100$ r/min　(n_H 与 n_1 转向相反)

(2) n_1 与 n_3 反向，即当 $n_1=100$ r/min，$n_3=-200$ r/min 时，将 n_1、n_3 之值代入式(a)，可得

$$\frac{100-n_H}{-200-n_H}=\frac{20\times 25}{30\times 25}$$

解得　$n_H=700$ r/min　(n_H 与 n_1 转向相同)

【例 5-2】 如图 5-6 所示，两中心轮的转速大小与例 5-1 相同，且 n_1 与 n_3 同向，只是齿轮齿数改为：$z_1=24$，$z_2=26$，$z_{2'}=25$，$z_3=25$。试求转臂的转速 n_H。

【解】 将已知齿数和转速代入式(a)，可得

$$\frac{100-n_H}{200-n_H}=\frac{26\times 25}{24\times 25}$$

解得　$n_H=1\,400$ r/min　(n_H 与 n_1 转向相同)

由例 5-2 可见，将各齿轮的转速值代入式(a)时必须考虑正、负号问题，在周转齿轮系传动比计算中所求转速的方向，需由计算结果的正、负号来决定，绝不能在图形中直观判断；齿数的改变，不仅改变了 n_H 的大小，而且还改变了其转向，这一点是与定轴齿轮系有较大区别的。

由式

$$i_{1k}^{H}=\frac{n_1-n_H}{n_k-n_H}$$

可得

$$n_H=\frac{n_k i_{1k}^{H}-n_1}{i_{1k}^{H}-1} \tag{5-4}$$

由式(5-4)可知，影响转臂转速 n_H 正、负号的因素有：① i_{1k}^{H} 的大小，它由各轮齿数所决定；② i_{1k}^{H} 的正、负号，它由齿轮系的类型所决定；③ n_1 和 n_k 的正、负号，它由 n_1 和 n_k 的转向所决定；④ n_1 和 n_k 的大小。

如图 5-7 所示的周转齿轮系，虽然其行星轮数很多，但若给整个周转齿轮系加上($-\omega_H$)的转动，就成为一个串联定轴齿轮系，故仍是单一的周转齿轮系。

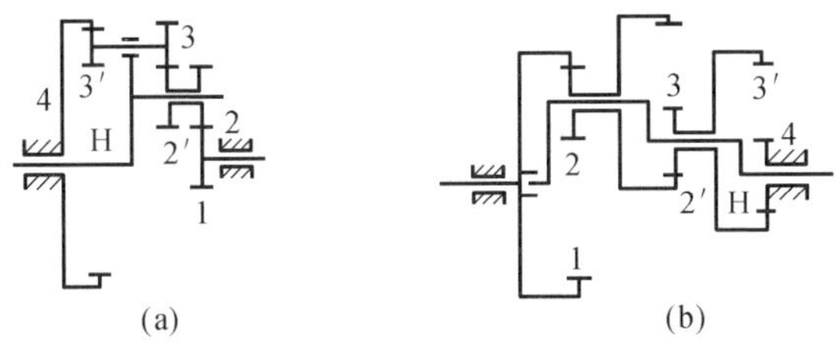

图 5-7　有多个行星轮的周转齿轮系

5.3　复合齿轮系的传动比计算

既含有定轴齿轮系，又含有周转齿轮系或者含有多个周转齿轮系的传动齿轮系，称为复合齿轮系(见图 5-8)。

计算复合齿轮系的传动比时，显然不能将其视为定轴齿轮系或单一的周转齿轮系来计算。而应该将其所包含的各定轴齿轮系和各周转齿轮系分开，并分别列出定轴齿轮系和周转齿轮系传动比的计算方程式，然后联立求解，从而求出复合齿轮系的传动比。

仔细分析图 5-8 所示的齿轮系。它是由轮 1、2 和机架组成的定轴齿轮系，以及由轮 2′、3、4 和转臂 H、机架所组成的周转齿轮系组合而成的。求解时只需将其所含的定轴齿轮系和周转齿轮系分开，再分别列出定轴齿轮系和周转齿轮系的传动比计算公式，最后联立求解，便可得出复合齿轮系的传动比。

【例 5-3】 如图 5-9 所示的齿轮系中，已知各轮齿数 $z_1=24$，$z_2=33$，$z_{2'}=$

21，$z_3=78$，$z_{3'}=18$，$z_4=30$，$z_5=78$，转速 $n_1=1\ 500$ r/min。试求转速 n_5。

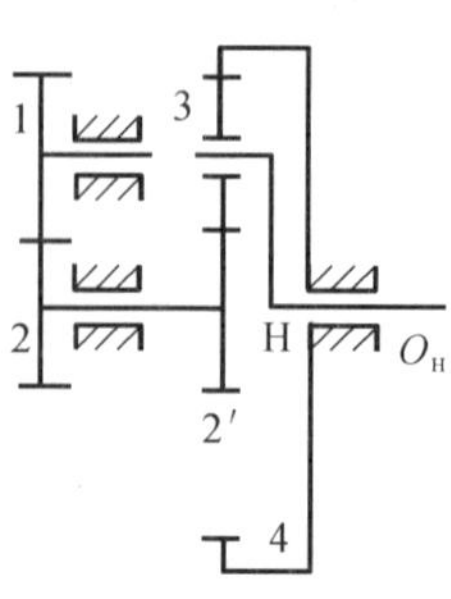

图 5-8　复合齿轮系

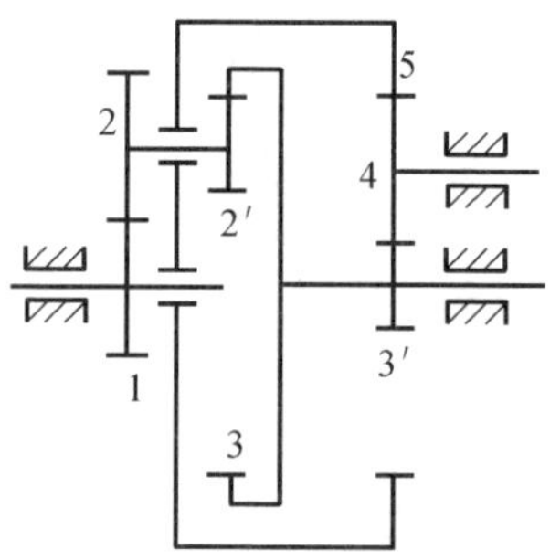

图 5-9　封闭式复合齿轮系

【解】 (1) 分拆齿轮系。

在计算复合齿轮系的传动比时，其关键是先分拆出周转齿轮系，剩下的几何轴线不动而互相啮合的齿轮便组成了定轴齿轮系。

周转齿轮系与定轴齿轮系的本质区别是周转齿轮系中有行星轮。因此，首先根据周转轮的轴线是运动的的特点，找出行星轮，然后再找出支撑行星轮轴线的转臂(但应注意转臂不一定呈简单的杆状)，最后找出与行星轮相啮合，其几何轴线又与转臂回转轴线重合的中心轮，直到不能再从中拆分出周转齿轮系为止。拆完周转齿轮系后，所余下的齿轮必能组成一个或多个定轴齿轮系。

因此，齿轮 1-2-2′-3-H(5)是一个周转齿轮系，3′-4-5 是一个定轴齿轮系。

(2) 分别列出传动比计算公式。

$$\frac{n_1-n_H}{n_k-n_H}=-\frac{z_2z_3}{z_1z_{2'}}=-\frac{33\times78}{24\times21}=-\frac{143}{28} \tag{a}$$

$$\frac{n_3}{n_5}=-\frac{z_{4'}z_5}{z_{3'}z_4}=-\frac{78}{18}=-\frac{13}{3} \tag{b}$$

其中，

$$n_H=n_5$$

(3) 联立解方程式。

将由定轴齿轮系传动比计算公式(b)得出的角速度代入周转齿轮系传动比计算公式(a)中(代入时要注意正、负号)，得

$$\frac{1\ 500-n_5}{-(13/3)n_5-n_5}=-\frac{143}{28}$$

解得

$$n_5=\frac{31\ 500}{593}\ \text{r/min}(n_5 \text{ 与 } n_1 \text{ 转向相同})$$

上例为一封闭式复合齿轮系，它是以自由度为 2 的周转齿轮系为基础，并用一定轴齿轮系将周转齿轮系中的转臂和一个中心轮的轴线联系起来所构成的。它是一个自由度为 1 的复合齿轮系，故只要已知一个构件的转速，其他各

构件的转速便可确定。

图 5-10 所示的齿轮系是由两个单一周转齿轮系组合而成的，因此需要列出两个周转齿轮系传动比计算公式进行求解。

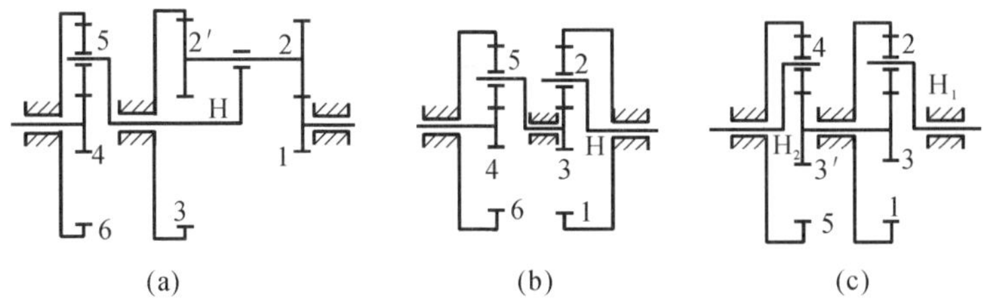

图 5-10 由两个单一周转齿轮系组合而成的复合齿轮系

【例 5-4】 在图 5-11(a)所示的周转齿轮系中，已知各轮齿数 $z_1=z_{2'}=19$，$z_2=57$，$z_{2''}=20$，$z_3=95$ ，$z_4=96$，以及主动轮 1 的转速 $n_1=1\ 920$ r/min。试求轮 4 的转速 n_4 的大小和方向。

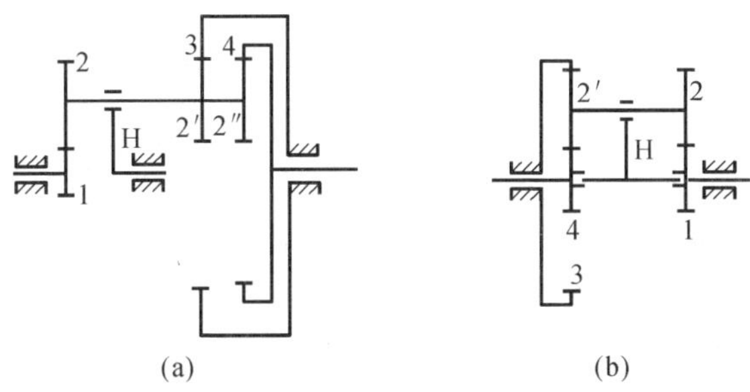

图 5-11 3K 型复合齿轮系

【解】 该齿轮系有三个中心轮和一个转臂，若用 K 表示中心轮，则可称之为 3K 型复合齿轮系。若给整个齿轮系加上($-\omega_H$)的转动，便可将它转化为定轴齿轮系。为了考虑所有齿轮对齿轮系的影响，仍需分别列出传动比计算公式。

齿轮 1-2-2′-3 组成周转齿轮系，其转化齿轮系的传动比计算公式为

$$i_{13}^{H}=\frac{n_1-n_H}{n_3-n_H}=-\frac{z_2z_3}{z_1z_{2'}} \tag{a}$$

齿轮 1-2-2″-4 组成周转齿轮系，其转化机构的传动比的表达式为

$$i_{14}^{H}=\frac{n_1-n_H}{n_4-n_H}=-\frac{z_2z_4}{z_1z_{2''}} \tag{b}$$

将已知转速及齿数代入式(a)、式(b)中并联立求解得

$$n_4=-5\ \text{r/min}\quad (n_4\ \text{与}\ n_1\ \text{转向相反})$$

3K 型复合齿轮系还有其他形式(见图 5-11(b)),但其特征都是具有三个中心轮和一个转臂的齿轮系,其传动比的计算,只要列出两个周转齿轮系的传动比计算公式联立求解即可。

5.4 齿轮系的应用

齿轮系在生产实际中有多种应用,现分述如下。

1. 在体积较小及重量较轻的条件下,实现大功率传动

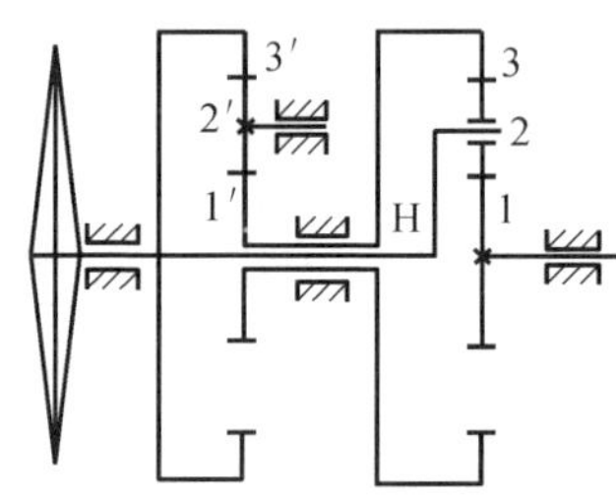

图 5-12 螺旋桨发动机主减速器的传动简图

行星减速器由于有多个行星轮同时啮合,而且通常采用内啮合传动,利用了内齿轮中部的空间,故与普通定轴齿轮系减速器相比,在同样的体积和重量条件下,可以传递较大的功率,工作也更为可靠。因而,在大功率的传动中,为了减小传动机构的尺寸和减轻传动机构的重量,广泛采用行星齿轮系。同时,由于行星减速器的输入轴和输出轴在同一根轴线上,行星轮在其周围均匀对称分布,所以在减速器的横剖面上,尺寸很紧凑。这一点对于飞行器特别重要,因而在航空发动机的主减速器中,这种轮系得到了普遍应用。图 5-12 所示为某涡轮螺旋桨发动机主减速器的传动简图。这个轮系的右部是一个由中心轮 1、3,行星轮 2 和转臂 H 组成的自由度为 2 的差动齿轮系,左部是一个定轴齿轮系。定轴齿轮系将差动齿轮系的内齿轮 3 与转臂 H 的运动联系(封闭)起来,所以整个轮系是自由度为 1 的封闭式复合齿轮系。该齿轮系有四个行星轮 2,六个中间惰轮 2′(图中均只画出一个)。动力自小齿轮 1 输入后,分两路从转臂 H 和内齿轮 3 输往左部,最后在转臂 H 与内齿轮 3′的接合处汇合,输往螺旋桨。由于采用了多个行星轮,加上功率分路传递,因此在较小的外廓尺寸下(它的径向外廓尺寸由内齿圈 3 和 3′的外廓尺寸确定,约为 430 mm),传递功率达 2 850 kW。整个轮系的减速比 i_{1H} 为 11.45。

2. 获得较大的传动比

利用行星齿轮系可以获得较大的传动比,而且机构很紧凑。如图 5-13 所示的行星齿轮系,只用了四个齿轮($z_1=100, z_2=101, z_{2'}=100, z_3=99$),其传动比可达 $i_{H1}=10\ 000$。现做如下计算。

根据式(5-3)得

$$i_{13}^{H}=\frac{n_1-n_H}{n_3-n_H}=\frac{z_2 z_3}{z_1 z_{2'}}=\frac{101\times 99}{100\times 100}=\frac{9\ 999}{10\ 000}$$

$$i_{1H}=\frac{n_1}{n_H}=1-\frac{9\ 999}{10\ 000}=\frac{1}{10\ 000}$$

即

$$i_{H1}=10\ 000$$

这就是说，在转臂 H 转 10 000 转时，齿轮 1 才转 1 转，可见其传动比很大。但应指出：图 5-13 所示类型的行星齿轮系，减速比越大，传动的机械效率就越低，故只适用于辅助装置的传动机构，不宜用于大功率的传动机构。

应强调指出的是，这种大传动比的行星齿轮系，在增速时一般都具有自锁性，故不能用于增速传动机构。

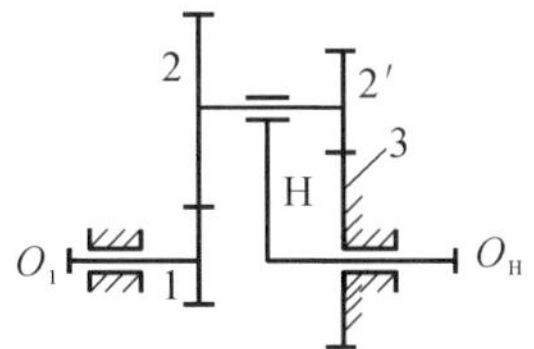

图 5-13 大传动比行星齿轮系

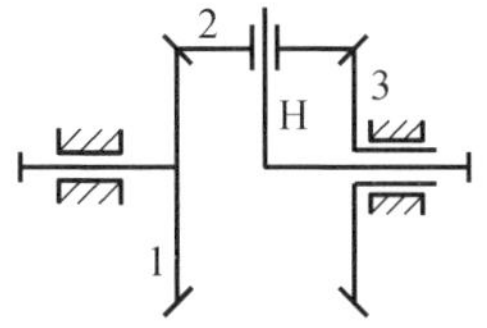

图 5-14 运动的合成

3. 实现运动的合成

对于自由度为 2 的差动齿轮系来说，它的三个基本构件都是运动的，因此，必须给定其中任意两个基本构件的运动，第三个基本构件的运动才能确定。这就是说，第三个基本构件的运动为另两个基本构件运动的合成。

图 5-14 所示的自由度为 2 的差动齿轮系，是实现运动合成的一个例子。在该轮系中，因 $z_1=z_3$，故有

$$i_{13}^{H}=\frac{n_1-n_H}{n_3-n_H}=-\frac{z_3}{z_1}=-1$$

或

$$n_H=\frac{1}{2}(n_1+n_3) \tag{a}$$

式(a)表明，转臂 H 的转速 n_H 是轮 1 及轮 3 转速的合成。若轮 1 为从动件，则式(a)可改写为

$$n_1=2n_H-n_3 \tag{b}$$

因为轮系中的齿轮转角有正、负之分，故可利用图 5-14 所示的轮系完成加、减运算。

该齿轮系还可用来实现运动的合成，在机床、机械式计算机、补偿调整装置等中得到了广泛的应用。

4. 实现运动的分解

自由度为 2 的差动齿轮系不仅能将两个独立的转动合成为一个转动，而且还可以将一个主动构件的转动按所需的比例分解为另外两个从动构件的转动。现以汽车后轴的差速器为例，来说明这个问题。

图 5-15(a) 所示为装在汽车后轴上的差动齿轮系(常称差速器)。发动机通过传动轴驱动齿轮 5,齿轮 4 上固连着转臂 H,转臂 H 上装有行星轮 2。在此轮系中,齿轮 1、2、3 及转臂 H 组成一差动齿轮系。

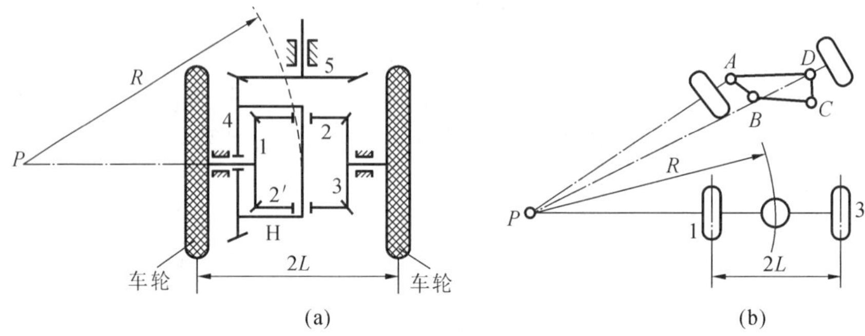

图 5-15　汽车后轴用差速器的传动简图

当汽车沿直线行驶时,两个后轮所走的路程相同,故后轮 1、3 的转速要求相等,即 $n_1=n_3$。运动由齿轮 5 传给齿轮 4,而齿轮 1、2、3 和齿轮 4 成为一个整体,随齿轮 4 一起转动。此时行星轮 2 不绕自己的轴线转动。

当汽车转弯时,左、右两轮所走的路程不相等,故齿轮 1、3 应当具有不同的转速。此时行星轮 2 除随同齿轮 4(即转臂 H)一道回转外,还绕自己的轴线转动,因而齿轮 1、2、3 及转臂 H 组成一行星齿轮系。

设汽车在向左转弯行驶时,汽车的两前轮在转向机构(如图 5-15(b)所示的 $ABCD$ 四杆机构)的操纵下,其轴线与汽车两后轮的轴线相交于点 P,这时整个汽车可看成绕着点 P 回转。又设轮子在地面上不打滑,则两个后轮的转速应与弯道半径成正比,故由图可得

$$\frac{n_1}{n_3}=\frac{R-L}{R+L} \tag{a}$$

式中:R 为弯道平均半径;L 为轮距的$\frac{1}{2}$。

又在差动齿轮系中,$n_H=n_4$,且有

$$\frac{n_1-n_4}{n_3-n_4}=-1 \tag{b}$$

于是联立解式(a)、式(b)可得

$$\left.\begin{aligned} n_1&=\frac{R-L}{R}n_4 \\ n_3&=\frac{R+L}{R}n_4 \end{aligned}\right\} \tag{c}$$

此即说明,当汽车转弯时,可利用此差速器将主轴的一个转动分解为两个

后轮的两种不同的转动。

5. 实现变速传动

利用自由度为2的差动齿轮系还可以实现变速传动。如图5-16所示为用于炼钢转炉变速倾动装置中的差动齿轮系，根据生产要求，希望在装料的过程中炉体倾动快，而在出钢和出渣的过程中炉体倾动慢，这一变速要求可以通过该差动齿轮系来实现。如图所示，整个轮系中包括一个由中心轮1、3，行星轮2和转臂H组成的差动轮系。中心轮1、3分别由交流电动机 M_1 和 M_2 通过定轴齿轮系驱动，而转臂H则通过定轴齿轮系输出运动。通过电动机 M_1 和 M_2 同向旋转或反向旋转，或 M_1 开动、M_2 制动，或 M_2 开动、M_1 制动，可以得到四种不同的输出转速，从而满足生产的要求。

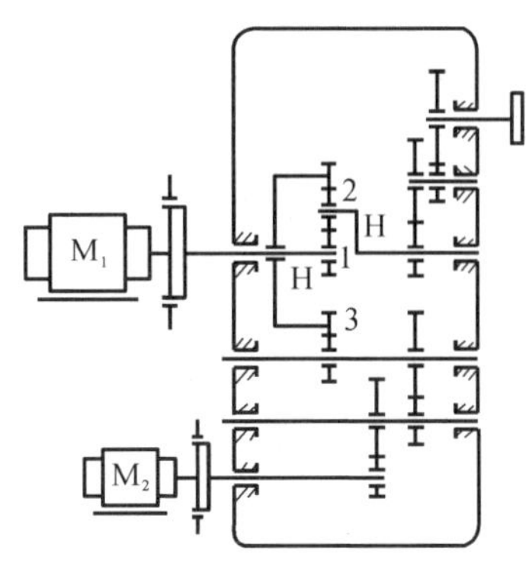

图5-16 转炉倾动装置的传动简图

这种变速装置比定轴齿轮系滑移换挡变速要可靠得多，同时比起用电动机调速，又省去了复杂的电气控制系统。

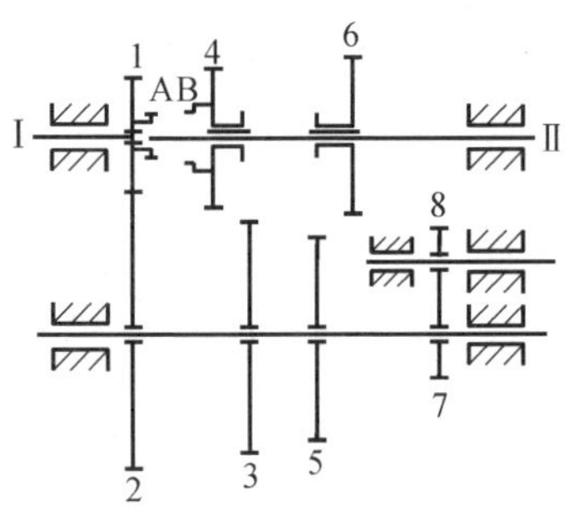

图5-17 四挡变速箱传动简图

6. 实现换向传动

在主动轴转向不变的条件下，利用轮系可改变从动轴的转向。图5-17所示为汽车四挡变速箱传动的简图。利用此轮系既可变速，又能反向。图中，Ⅰ为输入轴，Ⅱ为输出轴，4、6为滑移齿轮，A、B为齿套离合器，齿轮1、2始终处于啮合状态。这种四挡变速箱可使输出轴得到四种转速。

当齿轮6与8啮合时，齿轮3与4及离合器A与B均脱离，使输出轴Ⅱ的转向改变，此即变速箱的倒挡，从而实现了换向运动。

这种变速器需通过人工干预使一对或几对齿轮退出啮合，另一对或几对齿轮进入啮合。由于摩擦力的存在，要使一对正在啮合传动的齿轮突然退出啮合比较困难，而使齿轮突然进入啮合又往往受到很大冲击，以致可能打断轮齿。为了避免这种情况，司机需先用脚踩离合器脱开主动运动，再移动手柄拨动定轴滑移齿轮，使之进入啮合，操作较为麻烦。

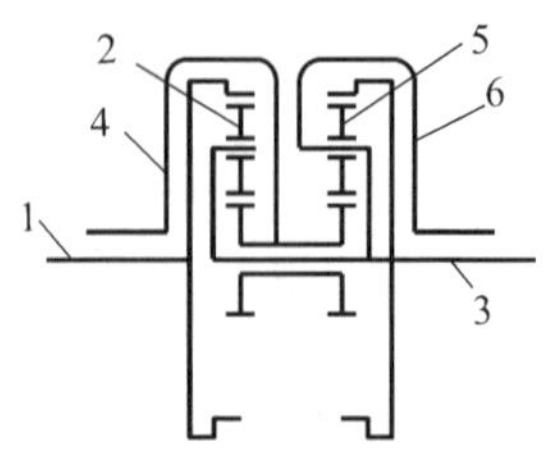

图 5-18 辛普森式行星齿轮机构
1—前齿圈；2—前行星轮；
3—前行星架和后齿圈组件；
4—共用太阳轮组件；
5—后行星轮；6—后行星架

目前使用越来越广泛的是利用行星轮系特性来实现变速和换向传动的自动变速器。图 5-18 所示为在自动变速器中常用的辛普森式行星齿轮系。它是一种双排行星齿轮系：前后两排的中心轮（太阳轮）连接为一个整体，称为共用太阳轮组件；前一排的转臂（行星架）和后一排的齿圈连接为另一个整体，称为前行星架和后齿圈组件；输出轴通常与前行星架和后齿圈组件连接。经过上述组合后，该机构成为一种具有四个独立元件的行星齿轮机构，这四个独立元件是：前齿圈、共用太阳轮组件、后行星架、前行星架和后齿圈组件。只要控制了这四个独立元件的转速和转向，并取不同的元件作为输入和输出件，从动件就可得到不同的速度和转向。根据前进挡数不同，可将辛普森式行星齿轮机构分为辛普森式 3 挡和 4 挡行星齿轮机构。

【例 5-5】 在图 5-19 所示的组合机床走刀机构中，若已知 $z_1=50$，$z_2=100$，$z_3=40$，$z_4=40$，$z_5=39$，试求出 i_{13}。

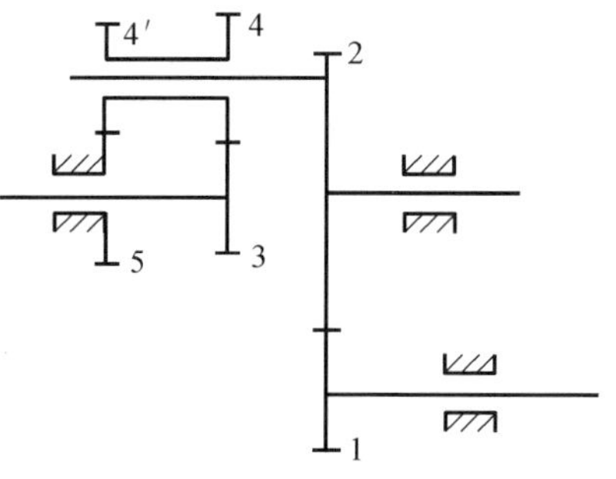

图 5-19 组合机床走刀机构图

【解】 (1) 分拆轮系。3-4-4′-5-2(H)组成周转齿轮系；1-2(H)组成定轴齿轮系。

(2) 分列方程，联立求解。

$$i_{35}^{H}=\frac{\omega_3-\omega_H}{\omega_5-\omega_H}=\frac{z_4 z_5}{z_3 z_{4'}}$$

因为 $\omega_5=0$， $\omega_2=\omega_H$

故得
$$\frac{\omega_3}{\omega_H}=\frac{\omega_3}{\omega_2}=1-\frac{z_4 z_5}{z_3 z_{4'}} \tag{a}$$

$$i_{12}=\frac{\omega_3}{\omega_2}=-\frac{z_2}{z_1} \tag{b}$$

将式(b)代入式(a)得

$$i_{13}=\frac{\omega_1}{\omega_3}=\frac{-\dfrac{z_2}{z_1}}{1-\dfrac{z_4 z_5}{z_3 z_{4'}}}$$

将已知齿数代入上式解得

$$i_{13}=-41(n_1 \text{ 与 } n_3 \text{ 转向相反})$$

如将 $z_{4'}$ 和 z_5 的齿数互换，即 $z_{4'}=39$，$z_5=41$，其余条件不变，其计算结果为 $i_{13}=39$（n_1 与 n_3 转向相同）。由此说明，该轮系在不改变轮系结构类型，只改变齿数的情况下也可实现换向传动。

【例 5-6】 在图 5-20 所示的封闭式齿轮系中，设各轮的模数均相同，且为标准传动，若已知其齿数 $z_1=z_{2'}=z_{3'}=z_{6'}=20$，$z_2=z_4=z_{4'}=z_6=40$，试问：

(1) 齿轮 3、5 的齿数应如何确定？

(2) 当齿轮 1 的转速 $n_1=980$ r/min 时，齿轮 3 及齿轮 5 的运动情况各如何？

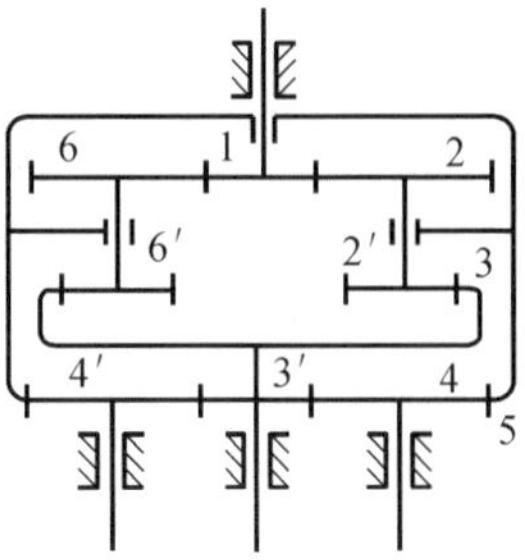

图 5-20　封闭式齿轮系

【解】 (1) 确定齿数。

根据同轴条件，可得：

$$z_3=z_1+z_2+z_{2'}=20+40+20=80$$

$$z_5=z_{3'}+2z_4=20+2\times40=100$$

(2) 计算齿轮 3、5 的转速。

① 图示轮系为封闭式齿轮系，在做运动分析时应划分为如下两部分来计算。

② 在 1-2(2′)-3-5 差动齿轮系中，有如下计算式

$$i_{13}^{5}=\frac{n_1-n_5}{n_3-n_5}=-\frac{z_2z_3}{z_1z_{2'}}=-\frac{40\times80}{20\times20}=-8 \tag{a}$$

③ 在 3′-4-5 定轴齿轮系中，有如下计算式

$$i_{3'5}=\frac{n_{3'}}{n_5}=-\frac{z_5}{z_{3'}}=-\frac{100}{20}=-5 \tag{b}$$

④ 联立式 (a)及式(b)，得

$$n_5=n_1/49=980/49\ \text{r/min}=20\ \text{r/min}$$

$$n_3=-5n_5=-5\times20\ \text{r/min}=-100\ \text{r/min}$$

故　　$n_3=-100$ r/min，与 n_1 反向；$n_5=20$ r/min，与 n_1 同向。

5.5　新型的行星传动简介

5.5.1　渐开线少齿差行星传动

渐开线少齿差行星传动的基本原理如图 5-21 所示。这种行星齿轮系通常由固定内齿轮 b、行星轮 g、转臂 H 组成行星齿轮系，行星轮做一般平面运动，为了将行星轮的绝对运动传递到输出构件 V 上，必须采用一个传动比等于 1 的等角速度的传动机构(被称为 W 机构)。渐开线少齿差行星传动机构是行星齿轮

系的一种，简称为 K-H-V 型齿轮系。常用的 W 机构有如图 5-21 所示的零齿差式 W 机构(见图 5-21(a))、销孔式 W 机构(见图 5-21(b))、十字滑块式 W 机构(见图 5-21(c))。因齿轮 b 和 g 的齿数相差很少(一般为 1～4)，故称这种机构为少齿差行星传动机构。这种齿轮系与前述各种行星齿轮系不同的地方是：它输出的运动是行星轮的绝对转动，而前述各种行星齿轮系的输出运动是中心轮或转臂为 H 的绝对转动。

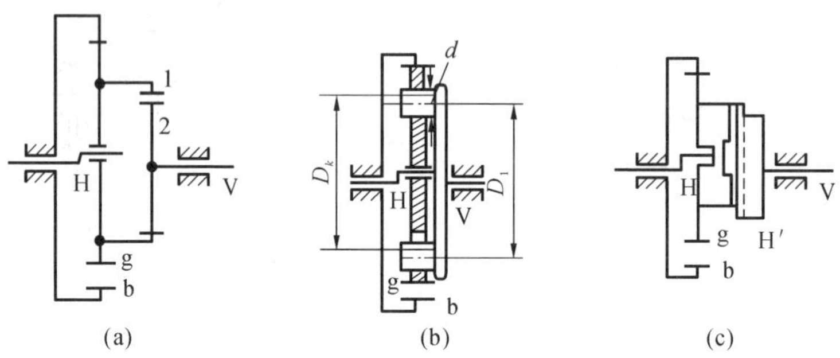

图 5-21 渐开线少齿差行星传动

这种行星齿轮系的传动比导出方式如下。

由
$$\frac{\omega_g-\omega_H}{\omega_b-\omega_H}=\frac{z_b}{z_g}$$

将 $\omega_b=0$ 代入上式可得

$$i_{gH}=\frac{\omega_g}{\omega_H}=1-\frac{z_b}{z_g}=-\frac{z_b-z_g}{z_g}$$

故有
$$i_{HV}=i_{Hg}=\frac{1}{i_{gH}}=\frac{-z_g}{z_b-z_g} \tag{5-5}$$

由上式可知，两轮齿数差越小，传动比就越大。当齿数 $z_b-z_g=1$ 时，传动比出现最大值，其值为

$$i_{HV}=-z_g$$

渐开线少齿差行星齿轮系有如下特点：

(1) 因采用内啮合行星传动，故结构紧凑、体积小、重量轻；

(2) 传动比范围大，单级减速器传动比为 10～100；

(3) 效率高，单级减速效率为 0.80～0.94；

(4) 由于是内啮合，齿数差(z_b-z_g)又一般不大于 4，因此同时啮合的轮齿对数多，提高了接触强度和抗弯强度，故承载能力较大；

(5) 可用一般的渐开线齿轮加工刀具和机床切制这种轮系的齿轮；

(6) 易产生各种干涉，为此需要采用变位系数较大的齿轮，计算较复杂，且需要输出机构；

(7) 转臂的轴承受力较大，轴承寿命较短，故适用于中、小型动力传动。

5.5.2　摆线针轮行星传动

摆线针轮行星传动的结构形式也是 K-H-V 型，只是其中心轮 b 的齿廓为针齿，行星轮 g 的齿廓为短幅外摆线的等距曲线(见图 5-22)，且$z_b - z_g = 1$。

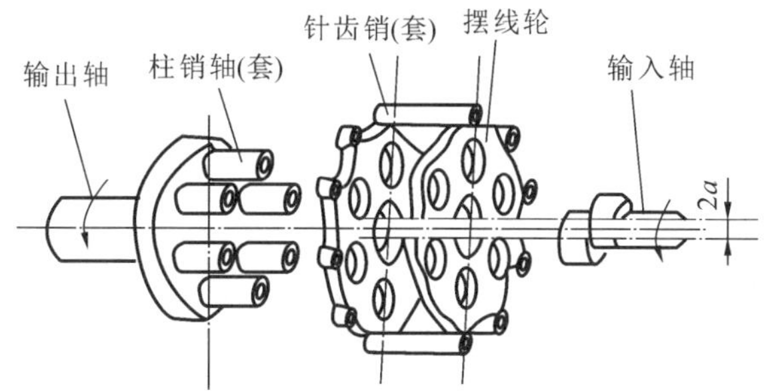

图 5-22　摆线针轮行星减速器的结构示意图

这种齿轮系有如下特点：

(1) 没有齿顶相碰和齿廓重叠的干涉问题；

(2) 同时啮合的齿数多，因此，重合度大，承载能力高；

(3) 效率高，一般在 0.9 以上；

(4) 摆线轮和针轮需采用材质较好的钢料制造；

(5) 制造精度高，摆线齿轮还需选用专用刀具和专用设备来制造；

(6) 转臂的轴承受力较大，故轴承寿命短。

5.5.3　谐波齿轮传动

5.5.3.1　谐波齿轮传动的原理及特点

谐波齿轮传动也类似于少齿差行星齿轮传动，但其结构形式和传动原理却不相同。它的传动原理如图 5-23 所示。图中，H 为波发生器(它相当于转臂)；b 为刚轮(它相当于中心轮)；g 为柔轮(它相当于行星轮)；柔轮可产生较大的弹性变形，转臂 H 的外缘尺寸大于柔轮的内孔直径。所以，将转臂装入柔轮的内孔后，柔轮即变成椭圆形，椭圆长轴处的轮齿与刚轮相啮合，而短轴处的轮齿脱开，其他各

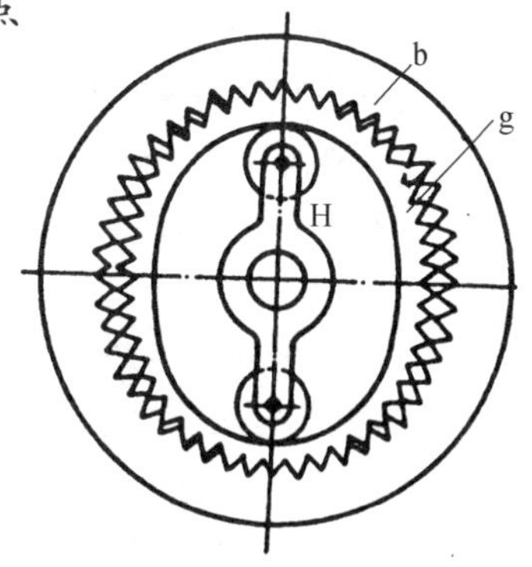

图 5-23　谐波齿轮传动的原理图

点则处于啮合和脱离的过渡阶段。

根据波发生器转一转可使柔轮上某点变形的循环次数不同，谐波齿轮传动可分为双波及三波传动，一般常用的是双波传动。谐波齿轮传动的柔轮和刚轮的齿距相同，但齿数不等。通常使刚轮与柔轮的齿数差等于波数 n，即

$$z_b - z_g = n$$

在谐波齿轮传动中，为了在输入一个运动时能获得确定的输出运动，与行星齿轮传动一样，三个构件中必须有一个固定的，而其余两个，有一个为主动件，另一个便为从动件。一般常采用波发生器为主动件。当采用刚轮固定不动，而主动件(波发生器 H)回转时，柔轮与刚轮的啮合区也就跟着发生转动。由于柔轮比刚轮少$(z_b - z_g)$个齿，所以当波发生器逆时针转一转时，柔轮相对刚轮沿相反方向(顺时针)转过$(z_b - z_g)$个齿的角度，即反转$\frac{z_b - z_g}{z_g}$转。因此，其传动比为

$$i_{Hg} = \frac{n_H}{n_g} = -\frac{1}{(z_b - z_g)/z_g} = -\frac{z_g}{z_b - z_g} \tag{5-6}$$

上式与渐开线少齿差行星传动的传动比公式(5-5)相同。

谐波齿轮传动借助于波发生器使柔轮产生可控的弹性变形来实现运动的传递，故就其传动机理而言，既不同于刚性构件的啮合传动，同时又与一般常见的具有柔性构件的传动(如带传动)有本质区别。

谐波齿轮传动有如下特点：

(1) 传动比大，一般单级减速传动比可达 60～300；

(2) 传动效率高；

(3) 同时啮合的齿数多，啮入、啮出的速度低，故承载能力大，传动平稳；

(4) 回差小，并可实现零回差传动，适用于经常反向传动的场合；

(5) 可以通过密封壁传递运动；

(6) 零件少、体积小、重量轻，结构简单；

(7) 柔轮的材料需采用高性能合金钢(或工程塑料)；

(8) 计算复杂，且柔轮加工工艺要求较高；

(9) 柔轮周期性地反复变形会引起疲劳损伤，影响使用寿命。

5.5.3.2 渐开线谐波齿轮传动啮合参数的选择

谐波齿轮传动属少齿差行星传动，为了保证传动在啮合过程中不发生干涉的条件下，能获得较大的啮入深度、较大的啮合区间以及合理的齿侧间隙，以满足类型众多的使用需要，必须合理地选择基准齿形角 α_0，变位系数 χ_1、χ_2，径向变形系数 ω_0^* 及轮齿工作区高度(啮入深度)h_n。根据我国的实际情况，可采用 $\alpha_0 = 20°$的基准齿形角。

1. 变位系数

鉴于谐波齿轮传动啮合几何关系的复杂性，因而有关变位系数的合理选择，可采用优化的方法，从增大啮入深度和增加啮合弧长的观点出发，以适当选大一些的变位系数为目标，但同时必须保证齿顶不变尖；也可采用以下计算公式选择变位系数：

$$\left.\begin{aligned}\chi_1 &= [0.5(D_e + 2\delta) - r_1 + (h_a^* + c^*)m]/m \\ \chi_2 &= x_1 - (0.3 \sim 0.4)\end{aligned}\right\} \tag{5-7}$$

式中：D_e 为柔性轴承的外径(mm)(即柔轮的内径)；r_1 为柔轮分度圆半径(mm)；δ 为柔轮壁厚，对刚制柔轮，$\delta = 25(3 + 0.01z_1)d_1 \times 10^{-4}$；$m$ 为模数(mm)。

2. 径向变形系数 ω_0^*

径向变形系数是指 ω_0 与 m 的比值，即 $\omega_0^* = \omega_0/m$。理论的分析结果表明：在其他情况相同的条件下，ω_0^* 的值变大，可以获得较大的啮入深度 h_n，但原始曲线的曲率增大，柔轮齿易退出啮合，正确的啮合区间将缩小，理论啮合弧长也将有所减小。故一般取

$$\omega_0^* = 0.8 \sim 1.2$$

3. 最大啮入深度 h_n

在谐波齿轮传动中，工作段齿高往往以最大啮入深度 h_n 来表征。从啮合传动的几何理论可知：同一 ω_0^* 的情况下，h_n 将随 χ_1 的增大而增大。对动力谐波齿轮传动来说，总希望有尽可能大的 h_n 以提高承载能力。但它受到齿顶变尖的限制，同时还受到加工的限制。故一般取

$$h_n = (1.4 \sim 1.6)m \tag{5-8}$$

5.5.3.3　谐波齿轮传动的几何尺寸计算

若设柔轮用滚刀切制，刚轮用插刀切制，则渐开线谐波齿轮传动的几何尺寸可按如下方法计算：

柔轮分度圆直径　$d_1 = mz_1$　(5-9)

柔轮齿根圆直径　$d_{f1} = m(z_1 + 2\chi_1 - 2h_a^* - 2c^*)$　(5-10)

柔轮齿顶圆直径　$d_{a1} = d_{g1} + 2h_n$　(5-11)

刚轮分度圆直径　$d_2 = mz_2$　(5-12)

刚轮齿根圆直径　$d_{f2} = 2a_{ae} + d_{a0}$　(5-13)

刚轮齿顶圆直径　$d_{a2} = d_{g2} - 2h_n$　(5-14)

式中：m 为模数；z_1 为柔轮齿数；z_2 为刚轮齿数；χ_1 为柔轮变位系数；h_a^* 为齿顶高系数，取 $h_a^* = 1$；c^* 为顶隙系数，取 $c^* = 0.35(m \leqslant 1\ \text{mm})$；$d_{g1}$、$d_{g2}$ 为柔轮齿渐

开线起始点和刚轮齿渐开线终止点处的直径,其半径可按以下公式计算:

$$r_{g1} = 0.5m\sqrt{(z_1 - 2h_a^* + 2\chi_1)^2 + 4\left(\frac{h_a^* - \chi_1}{\tan\alpha_0}\right)^2} \tag{5-15}$$

$$r_{g2} = \sqrt{\left(a_{ae}\sin\alpha_{\alpha 2} + \sqrt{r_{a0}^2 - r_{b0}^2}\right)^2 + r_{b2}^2} \tag{5-16}$$

a_{ae}为机床切齿中心距:

$$a_{ae} = 0.5m(z_2 - z_0)\frac{\cos\alpha_0}{\cos\alpha_{\alpha 2}}$$

$\alpha_{\alpha 2}$为机床切齿啮合角:

$$\mathrm{inv}\alpha_{\alpha 2} = \mathrm{inv}\alpha_0 - \frac{\Delta_2 + \Delta_0}{z_2 - z_0}$$

Δ_0 为刀具分度圆齿厚改变系数:

$$\Delta_0 = 2\chi_0\tan\alpha_0$$

r_{a0}、r_{b0}分别为刀具顶圆、基圆的半径:

$$r_{a0} = m(0.5z_0 + \chi_0 + h_a^* + c^*),\quad r_{b0} = 0.5mz_0\cos\alpha_0$$

z_0 为刀具齿数;χ_0 为刀具的变位系数;r_{b2}为刚轮基圆的半径。

为保证传动的工作条件和性能,几何计算时还应满足下列条件。

(1) 不产生齿廓重叠干涉。

要使两轮在啮合过程中不产生齿廓重叠干涉,这就要求在任意啮合位置上两齿廓的工作段不相交。

(2) 不产生过渡曲线的干涉。

为保证谐波齿轮传动的正常工作,柔轮和刚轮采用较大的变位系数。这时,对于用滚刀加工的柔轮,其轮齿过渡曲线部分将显著地增大。若啮合参数选择不当,就可能导致刚轮齿顶与柔轮齿根过渡曲线部分发生干涉现象,或柔轮齿顶与刚轮齿根过渡曲线部分发生干涉现象。为防止在啮合过程中发生这种干涉现象,则选择的啮合几何参数必须保证:在轮齿最大啮入深度位置上的两轮轮齿齿顶,均不进入配对齿轮轮齿的过渡曲线部分。

(3) 最大啮入深度受刀具所能加工的最大齿高的限制。

(4) 保证最大啮入深度不小于某一规定值。

为提高传动的承载能力,适当扩大啮合区间,必须保证最大啮入深度不小于某一规定值。

(5) 保证一定的径向间隙。

对于用滚刀切制柔轮和插刀切制刚轮,由上面讨论的几何关系可知,刚轮齿顶与柔轮齿根间的径向间隙足够大,但是,柔轮齿顶与刚轮齿根间的径向间隙不能保证,不能满足传动径向间隙的要求。

(6) 柔轮在谐波发生器的短轴方向能顺利退出啮合。

(7) 保证齿顶不变尖。

5.5.3.4　渐开线塑料谐波齿轮

在小功率应用场合,采用工程塑料(常用的材料为聚甲醛和尼龙等)代替高级合金钢来制造谐波齿轮,有很大的应用前景。如塑料谐波传动应用于汽车玻璃窗电动升降的减速机构、电钻头、电绞刀、汽车前灯的调转装置、高级音响的调谐装置、显微镜的微调装置、通信设备等方面,取得了很好的效果。

塑料齿轮具有摩擦因数小,耐磨性好,耐化学性好,阻尼小,吸振性好,噪声小,易于变形,能补偿加工误差与装配误差,弹性模量低,弹性好等优点。由于塑料的特性,塑料谐波齿轮与钢制谐波齿轮在设计上有差别。塑料齿轮在注射成形冷却过程中的冷缩,导致与标准齿轮相比,齿顶圆上齿厚变小,即齿顶变尖;齿根圆上齿厚变大,即齿形变"胖"。其分度圆上模数非标准化(小于标准模数),齿形误差较大,而且由于模具的齿轮型腔的收缩率及渐开线齿廓估算,实际情况是很复杂的。一般认为,影响收缩的各种因素得到了有效控制,齿轮各尺寸形状收缩较均匀,故可认为,塑料齿轮的压力角与模数有以下改变(齿轮其他公式不变):

$$\cos\alpha_c = (1+s)\cos\alpha \tag{5-17}$$

$$m_c = (1+s)m \tag{5-18}$$

式中:s 为塑料的平均收缩率;α_c 为模具型腔齿轮压力角;m_c 为模具型腔齿轮模数;α 为被塑齿轮压力角;m 为被塑齿轮模数。

金属谐波齿轮传动由于齿侧间隙与弹性变形不协调,啮合过程中接触情况不理想,导致齿面强烈磨损,因此,要做磨损方面的计算。但塑料谐波齿轮耐磨性好,并且弹性模量小,形变能力强,可不做这方面的计算。又由于柔轮工作时产生周期变形,承受交替载荷,是最薄弱的环节之一,其弯曲疲劳强度直接影响谐波齿轮的寿命,而柔轮壁厚又直接影响弯曲疲劳强度,因此,在塑料谐波齿轮设计中首先要考虑柔轮壁厚的计算,其计算公式如下:

$$d_2 \geqslant 3\sqrt{\frac{4M_2 k_{HP}}{k_z q_r \mu}} \tag{5-19}$$

$$\delta = d_2\sqrt{\frac{k_z q_r \mu\left(0.1366\,\dfrac{z_1}{k_\Delta}-1\right)}{3.16Ek_{HP}}} \tag{5-20}$$

式中:δ 为柔轮壁厚;d_2 为刚轮分度圆直径;E 为弹性模量;M_2 为刚轮扭矩;k_z 为同时参与啮合齿轮系数,$k_z=0.2\sim0.3$;k_Δ 为柔轮变形系数(当 $\alpha=30°$ 时,$k_\Delta=0.7\sim0.75$;当 $\alpha=20°$ 时,$k_\Delta=0.8\sim0.86$);k_{HP} 为齿间和沿齿宽压力分布不均匀系数,$k_{HP}=1.2\sim1.4$;μ 为泊松比(根据柔轮的选用材料查相关手册);q_r 为

柔轮的宽径比（q_r=0.10～0.15）；z_1 为柔轮齿数。

柔轮的材料一般为 MC 尼龙（浇铸尼龙）、聚甲醛、酚醛合成树脂等。

5.5.3.5　双触头滚轮式波发生器设计

1. 滚轮直径

$$d_r \leqslant d_R/3$$

式中：d_R 为柔轮内孔直径，单位为 mm。

2. 两滚轮中心距

$$a_g = d_m - (d_r + 2\delta) + \Delta_r$$

其中，

$$d_m = d_R + 2\,\omega_0 \quad \text{（柔轮特征曲线的长轴）}$$

$$\Delta_r = 2(\Delta_1)^2 + (\Delta_2)^2 \quad \text{（波发生器的径向间歇的总和）}$$

式中：Δ_1 为滚轮轴承的径向间歇；Δ_2 为滚轮轴承配合的径向间歇。

5.5.3.6　谐波齿轮的结构

1. 谐波齿轮的结构图（见图 5-24）

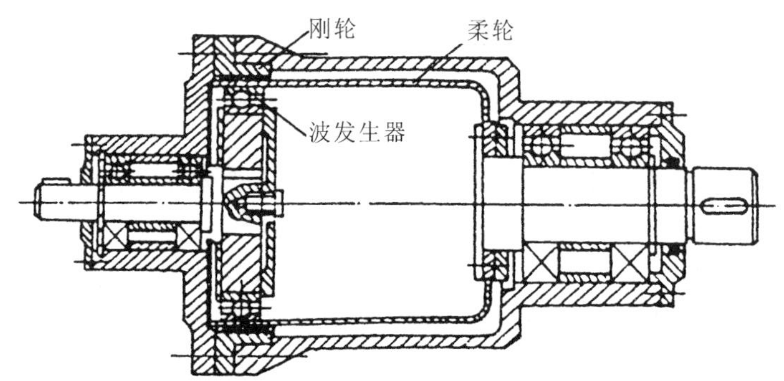

图 5-24　谐波齿轮减速器

2. 圆柱形柔轮的结构和联轴方式

(1) 杯形柔轮结构（见图 5-25(a)、(b)）　这种结构又分为以下两种：

① 整体式柔轮结构，其特点是柔轮与输出轴做成一体，其扭转刚度较大，效率高，但轴向尺寸较长，需采用旋压加工工艺加工（见图 5-25(a)）或注塑成形（见图 5-25(b)）；

② 端部采用螺钉与轴连接的柔轮结构，其加工工艺可得到改善（见图 5-25(c)）。

(2) 齿式连接的柔轮结构（见图 5-25(d)、(e)）　可缩短柔轮的长度，结构紧凑，加工方便，还可用于复式谐波齿轮传动，但传动效率较低。

(3) 径向销连接的柔轮结构(见图 5-25(f))　轴向尺寸紧凑,但传递载荷小,一般不采用。

(4) 牙嵌式连接的柔轮结构(见图 5-25(g))　造价便宜,可缩短柔轮的长度,但效率较低,传动精度差。

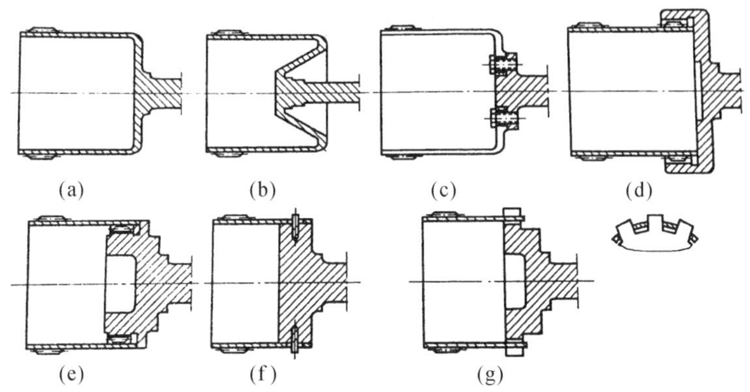

图 5-25　柔轮结构形式和联轴方式

5.5.4　活齿传动

活齿传动是 K-H-V 型齿轮系的一种新结构形式。按活齿的结构不同,已研制出推杆活齿传动、摆动活齿传动、滚柱活齿传动、套筒活齿传动等。现就推杆活齿传动简述其工作原理。

如图 5-26 所示为推杆活齿传动的结构简图。活齿传动机构是由激波器 H、活齿轮 G(由活齿和活齿架组成)及中心轮 K(可做成摆线、圆弧或其他曲线形状)三个基本构件组成的。这三个基本构件,可根据需要选择不同构件为固定件。当中心轮 K 固定,激波器 H 顺时针转动时,由于偏心圆盘激波器 H 向径的变化,激波器产生径向推力,迫使与中心轮齿廓啮合的各活齿沿其径向导槽移动,当啮合高副由中心轮的齿顶 B 点处转到中心轮的齿根 C 点处时,即激波器 H 将活齿由最小向径接触处推到最大向径接触处时,活齿处于工作状态,啮合副完成工作行程;当激波器 H 继续转动时,由于激波器的回程曲线向径减小,故不能推动活齿运动,活齿在活齿轮径向导槽反推作用下,由激波器最大向径位置返回到最小向径位置,此时活齿处于非工作状态,啮合副完成空回行程。因此每一个推杆活齿只能推动活齿轮 G 转动一定角度,而各推杆活齿的交替工作就可推动活齿轮以等角速度 ω_G 转动,从而实现运动的传递。其工作原理与谐波齿轮类似,只是其行星轮不采用柔轮,而采用轮齿架上的许多活动轮齿。

当中心轮 K 固定,即 $\omega_K=0$,激波器 H 主动时,其传动比计算公式由

$$i_{GK}^{H}=1-i_{GH}^{K}=\frac{z_K}{z_G}$$

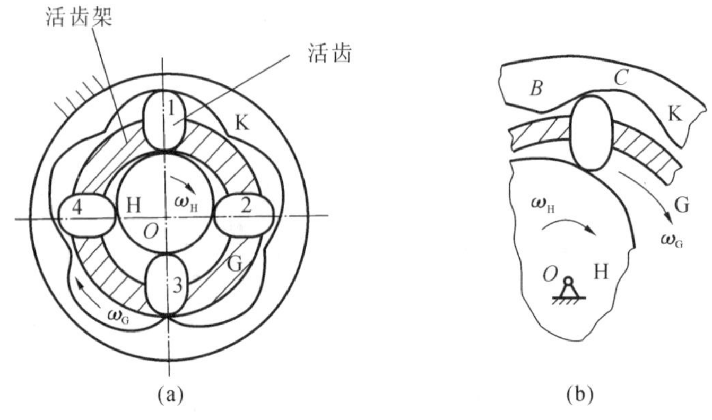

图 5-26　推杆活齿传动结构简图

可得

$$i_{HG}=i_{HG}^{K}=\frac{z_G}{z_G-z_K} \tag{5-21}$$

当 $z_K>z_G$ 时，激波器 H 与活齿轮转向相反；

当 $z_K<z_G$ 时，激波器 H 与活齿轮转向相同。

活齿传动的特点是：

(1) 传动比大，单级传动比 $i=8\sim60$；

(2) 由传动原理及其结构特征可知，活齿传动可避免内啮合齿轮副间的干涉，使所有的活齿与中心轮的齿廓接触，其中最多有一半的活齿参与啮合，因此传动平稳，承载能力高；

(3) 活齿传动的输出运动是通过中间活动构件(活齿)来实现两轴之间的运动传递的，故不用 W 输出机构，便可使其结构紧凑；

(4) 传动效率高，$\eta=0.7\sim0.95$，其传动效率随传动比的增加而降低；

(5) 活齿传动各构件的精度要求高，特别是活齿架上的径向等分槽，加工工艺较复杂。目前，活齿传动应用于能源、通信、机床、冶金、轻工和食品机械等行业中。

5.5.5　机械无级变速器

机械无级变速器能在输入转速不变的情况下实现输出轴的转速在一定范围内连续变化，以满足机器或生产系统在运转过程中各种不同工况的要求。其结构由三部分组成：变速传动机构、调速机构和加压装置或输出机构。

机械无级变速器分为摩擦式、链式、带式和脉动式四大类。

(1) 摩擦式无级变速器　变速传动机构由各种不同几何形状的刚性传动元件组成，利用主、从动件(或通过中间元件)在接触处产生的摩擦力进行传动，并通过改变接触处的工作半径实现无级变速。

(2) 链式无级变速器 变速传动机构由主、从动链轮及套于其上的钢制挠性链组成，利用链条左右两侧面与作为链轮的两锥盘接触所产生的摩擦力进行传动，并通过改变两锥盘的轴向距离以调整它们与链的接触位置和工作半径，从而实现无级变速。

(3) 带式无级变速器 与链式无级变速器相似，它的变速传动机构由作为主、从动带轮的两对锥盘及张紧在其上的传动带组成。其也是利用传动带左右两侧面与锥盘接触所产生的摩擦力进行传动的，并通过改变两锥盘的轴向距离以调整它们与传动带的接触位置和工作半径，从而实现无级变速。

(4) 脉动式无级变速器 变速传动机构主要由连杆机构组成，或者是连杆与凸轮和齿轮等机构的组合，其工作原理与连杆机构相同，但为了使输出轴能够获得连续的旋转运动，需配置输出机构(如超越离合器)。

图 5-27(a)为应用最为广泛的行星锥盘无级变速器基本型的结构图。图中，主动轮 3 和压环 4 以及调速轮 5 和固定环 6 分别从主轴线的内外端将沿周向均布的一组行星锥盘(通常为 3～7 个)压紧，各行星锥盘轴 7 插入滑块 8 中并可自由转动，而滑块 8 又置于行星架 9 的径向槽中并能沿槽做上下移动。工作时，输入轴 1 通过主动轮 3 驱动行星锥盘轴 7，各行星锥盘一方面绕自身轴线做自转运动，另一方面沿固定不动的调速轮 5 和固定环 6 做滚动，由此合成绕主轴线的公转运动，通过锥盘轴及滑块 8 将此转动经行星架 9 传至输出轴 12。加压装置由套装在主动轮 3 上的碟形弹簧 2 以及调速轮 5、钢球 10、固定槽环 11 组成的 V 形槽自动加压装置构成，以此来产生在主轴线内外端的加紧力。调速机构在变速器的顶端，图 5-27(b)所示为沿垂直于主轴方向的剖视图。调速时，转动手轮 13，通过螺杆 14 使螺母 15 移动，螺钉 16 拧紧在调速轮 5 上，其头部嵌在螺母 15 的凹槽中，因此当螺母左右移动时，通过螺钉 16 使调速轮 5 绕主轴线回转。由于调速轮 5 的左端面作为自动加压装置的组成部分而制成与固定槽环 11 对应的 V 形槽，因此当它转动时，两端面 V 形槽相对错开而使调速轮 5 自身产生轴向位移，从而改变了它在另一端与固定环 6 之间的间隙，迫使夹紧的行星锥盘往上或往下移动，从而改变了接触点的工作半径，实现了调速。

其工作原理与一般行星轮机构相同，相当于 2K-H 型行星轮机构(见图 5-28)。图中，太阳轮 a 相当于主动锥轮，中间元件锥盘在其转轴以下，与太阳轮接触部分相当于行星轮 g，其工作半径为 r_g，轴以上与固定内环接触部分相当于行星轮 f，工作半径为 r_f，内环 b 相当于固定齿圈，行星架 H 相当于转臂。由行星轮系可得传动比为

$$i_{aH}=\frac{n_a}{n_H}=1+\frac{z_b z_g}{z_a z_f}=1+\frac{R_b r_g}{R_a r_f}$$

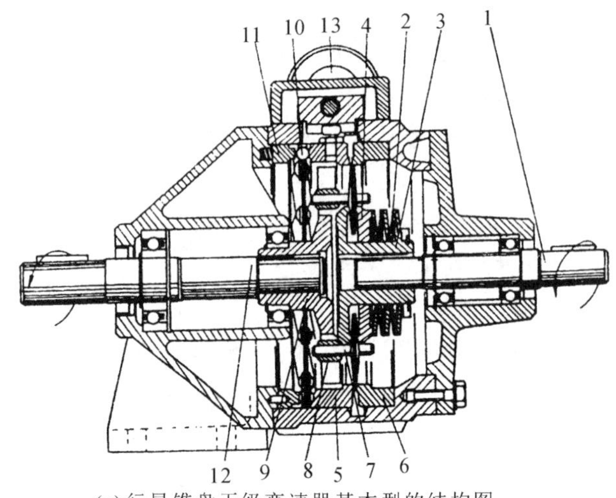

(a) 行星锥盘无级变速器基本型的结构图

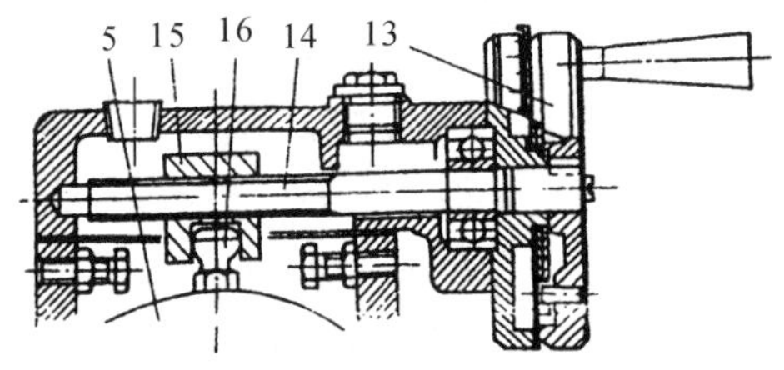

(b) 调速机构部分的剖视图

图 5-27　行星锥盘无级变速器基本型结构图

1—输入轴；2—碟形弹簧；3—主动轮；4—压环；5—调速轮；6—固定环；
7—行星锥盘轴；8—滑块；9—行星架；10—钢球；11—固定槽环；
12—输出轴；13—手轮；14—螺杆；15—螺母；16—螺钉

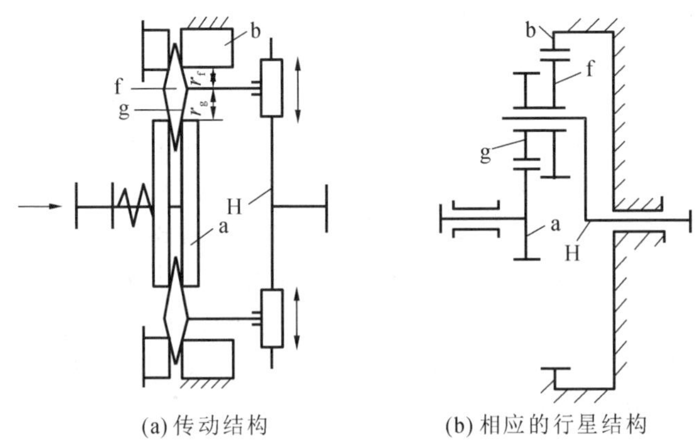

(a) 传动结构　　(b) 相应的行星结构

图 5-28　行星锥盘无级变速器的运动分析

按无级变速器的规定，传动比 i_{Ha} 采用输出转速 n_H 与输入转速 n_a 之比，即

$$\left.\begin{aligned} i_{Ha} &= \frac{n_H}{n_a} = \frac{1}{1+\dfrac{R_b r_g}{R_a r_f}} \\ n_H &= n_a \cdot \left(\frac{1}{1+\dfrac{R_b r_g}{R_a r_f}}\right) \end{aligned}\right\} \tag{5-22}$$

式中：主动轮 a 和固定内环 b 的工作半径 R_a 和 R_b 为定值。调速是通过径向移动锥盘以改变 r_g 和 r_f 来实现的。

习　题

5-1　在题 5-1 图所示齿轮系中，已知各轮齿数 $z_1=20$，$z_{1'}=24$，$z_2=30$，$z_{4'}=20$，$z_5=80$，$z_{5'}=50$，$z_6=18$，$z_{6'}=30$。试问齿数比$\dfrac{z_{2'}}{z_4}$应为多少该齿轮系才能进行传动？

5-2　在题 5-2 图所示齿轮系中，已知各轮齿数 $z_1=28$，$z_2=15$，$z_{2'}=15$，$z_3=35$，$z_{5'}=1$，$z_6=100$，被切蜗轮的齿数为 60，滚刀为单头。试确定齿数比$\dfrac{z_{3'}}{z_5}$和滚刀的旋向。说明：用滚刀切制蜗轮相当于蜗杆蜗轮传动。

5-3　在题 5-3 图所示齿轮系中，已知各轮齿数 $z_1=z_2=z_3$，转臂的角速度 $\omega_H=10$ rad/s。试求轮 2 和轮 3 的角速度 ω_2 和 ω_3。

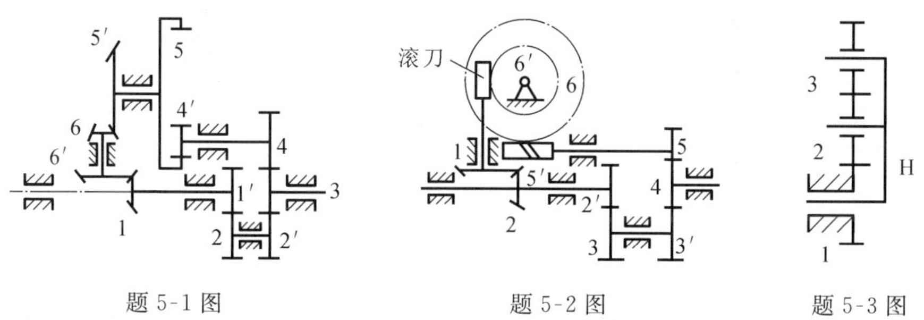

题 5-1 图　　题 5-2 图　　题 5-3 图

5-4　在题 5-4 图所示齿轮系中，已知各轮齿数 $z_1=24$，$z_2=20$，$z_3=18$，$z_{3'}=28$，$z_4=110$。试求传动比 i_{H1}。

5-5　在题 5-5 图所示齿轮系中，已知各轮齿数 $z_1=60$，$z_2=z_{2'}=30$，$z_3=z_{3'}=40$，$z_4=120$，轮 1 的转速 $n_1=30$ r/min（转向如图所示）。试求转臂 H 的转速 n_H。

5-6　在题 5-6 图所示齿轮系中，已知各轮齿数 $z_1=40$，$z_2=30$，$z_{2'}=20$，

$z_3=30$。试求传动比 i_{H1}。

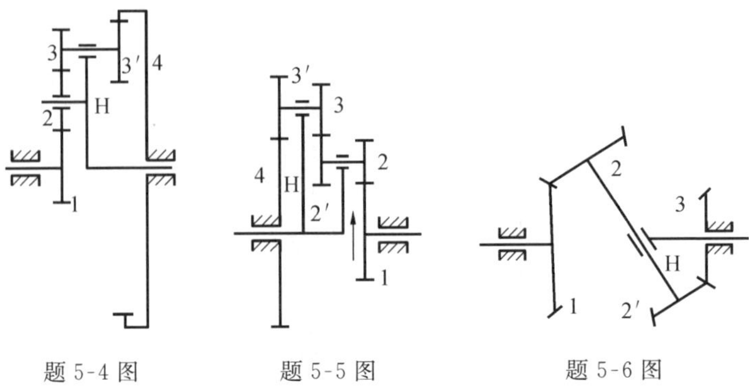

题 5-4 图　　题 5-5 图　　题 5-6 图

5-7　在题 5-7 图所示齿轮系中，已知各轮齿数 $z_1=18$，$z_2=38$，$z_{2'}=50$，$z_3=70$。试求传动比 i_{H1}。说明：构件上的内齿轮 2 和中心轮 1 组成一对内啮合齿轮，其上的外齿轮 2′和中心轮 3 组成一对内啮合齿轮。

5-8　在题 5-8 图所示齿轮系中，已知各轮齿数 $z_1=20$，$z_2=40$，$z_3=20$，$z_4=80$，$z_{4'}=60$，$z_5=50$，$z_{5'}=55$，$z_6=65$，$z_{6'}=1$，$z_7=60$，轮 1、3 的转速 $n_1=n_3=3\ 000$ r/min（转向如图所示）。试求转速 n_7。

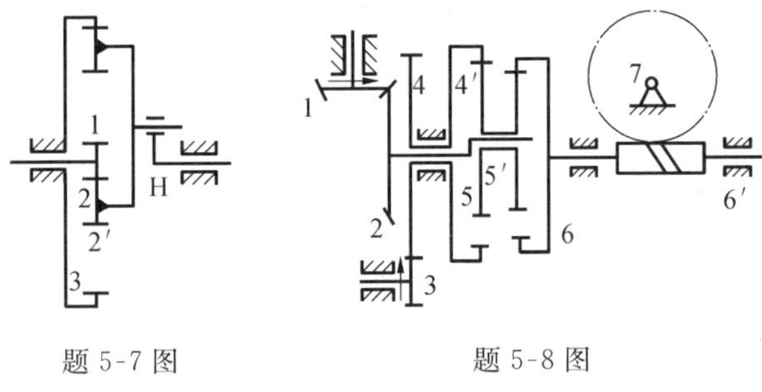

题 5-7 图　　题 5-8 图

5-9　在题 5-9 图所示齿轮系中，已知各轮齿数 $z_1=20$，$z_{1'}=50$，$z_2=30$，$z_{2'}=50$，$z_3=30$，$z_{3'}=20$，$z_4=100$，$z_5=60$。试求传动比 i_{14}。

5-10　在题 5-10 图所示齿轮系中，已知各轮齿数 $z_1=1$（右旋），$z_2=99$，$z_{2'}=z_4$，$z_{4'}=100$，$z_5=1$（右旋），$z_{5'}=100$，$z_{1'}=101$，轮 1 的转速 $n_1=100$ r/min（转向如图所示）。试求转臂 H 的转速 n_H。

5-11　在题 5-11 图所示齿轮系中，已知各轮齿数 $z_1=20$，$z_2=20$，$z_{2'}=40$，$z_{2''}=20$，$z_3=20$，$z_4=30$，试求传动比 i_{13}。

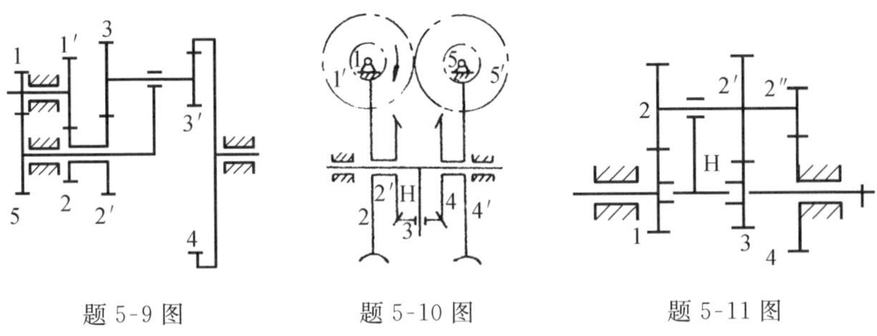

题 5-9 图　　　题 5-10 图　　　题 5-11 图

5-12　在题 5-12 图所示齿轮系中，已知各轮齿数 $z_1=20$，$z_2=40$，$z_3=35$，$z_{3'}=30$，$z_{3''}=1$，$z_4=20$，$z_5=75$，$z_{5'}=80$，$z_6=30$，$z_7=90$，$z_8=30$，$z_9=20$，$z_{10}=50$，轮 1 的转速 $n_1=100$ r/min(转向如图所示)。试求轮 10 的转速 n_{10}。

5-13　题 5-13 图所示为矿山运输机的行星齿轮减速器。已知齿数 $z_1=z_3=17$，$z_2=z_4=39$，$z_{3'}=18$，$z_7=152$，$n_1=1\ 450$ r/min。制动器 T 松开，制动器 K 刹住，试求鼓轮 H 的转速 n_{H}。

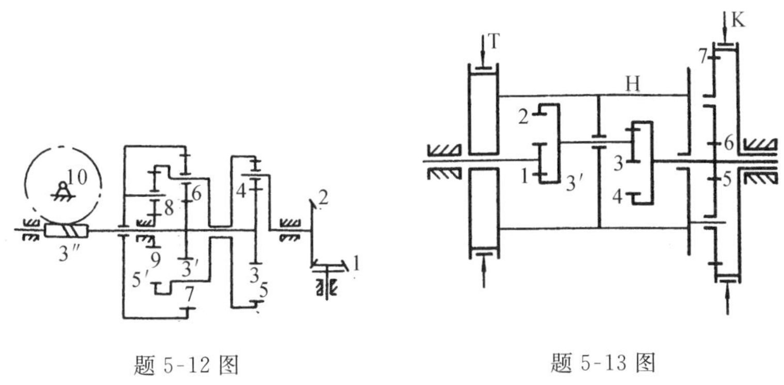

题 5-12 图　　　题 5-13 图

5-14　题 5-14 图所示为车削球面轴瓦的专用设备。齿轮 1 连在固定的芯轴上，主轴空套在芯轴上，当电动机驱动主轴旋转时，轮 3 既随主轴做公转，又相对主轴做自转。通过螺旋机构和滑块摇杆机构使刀架绕点 O 摆动，同时刀架又随主轴转动，因此刀尖便车出轴瓦的球面内孔。设已知 $z_1=z_{2'}=25$，$z_2=z_3=100$，丝杠为右旋螺纹，螺距 $l=4$ mm。问主轴 H 按图示箭头方向回转 1 转时，轮 3 向哪个方向转？相对主轴转多少转？滑块向上还是向下移动？移动距离为多少？

5-15　在题 5-15 图所示镗床的镗杆进给机构中，已知 $z_1=60$，$z_4=z_{3'}=z_2=30$，螺杆的导程 $h=6$ mm，右旋。设所有齿轮的模数均相同，当被切工件的右旋螺纹的导程 $h'=2$ mm 时，齿轮 z' 和 3 的齿数 $z_{2'}$ 和 z_3 各为多少？

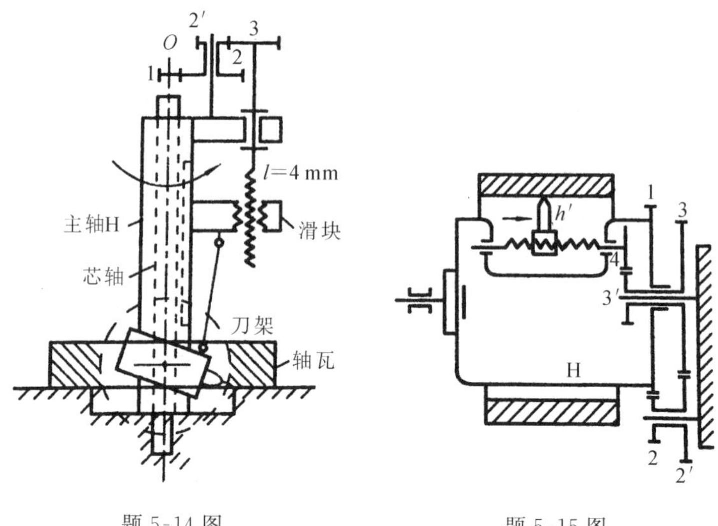

题 5-14 图　　　　题 5-15 图

第6章　间歇运动机构

6.1　槽轮机构

槽轮机构是分度、转位等步进机构中应用最普遍的一种间歇运动机构。

6.1.1　槽轮机构的结构及工作原理

图6-1(a)所示为典型的外槽轮机构。其对应尺寸和参数名称及计算见表6-1。它由带圆销G的拨盘1、开有若干个径向开口槽的槽轮2和机架组成。主动件拨盘1以等角速度ω_1连续回转，当圆销G进入槽轮的槽中时，拨盘通过圆销驱使槽轮转动；当拨盘上的圆销脱开槽轮后仍继续转动时，槽轮静止不动。这样，就把拨盘的连续回转运动转换成槽轮的单向间歇运动。为了保证圆销脱开槽轮之后，槽轮停止不动，在拨盘上通常带有定位盘。定位盘是一个带有缺口的圆盘，其半径和槽轮上两槽之间的凹面圆弧轮廓（定位弧S_1、S_2）的半径一致。当拨盘上的圆销进入槽中，槽轮开始转动时，定位盘的圆弧面与槽轮上的定位弧面脱离接触，定位盘上的缺口可保证槽轮适时转动；当圆销开始退出径向槽的瞬时，拨盘上的圆弧面与槽轮上的定位弧面刚好贴合，从而使得当拨盘继续转动时，槽轮却静止不动。带有缺口的圆盘圆弧所对的中心角γ称为锁止弧张开角。当槽轮的停歇位置需要高精度定位时，还必须安装有专门设置的定位装置，如图6-2中所示的定位销8，就是用来精确定位的。

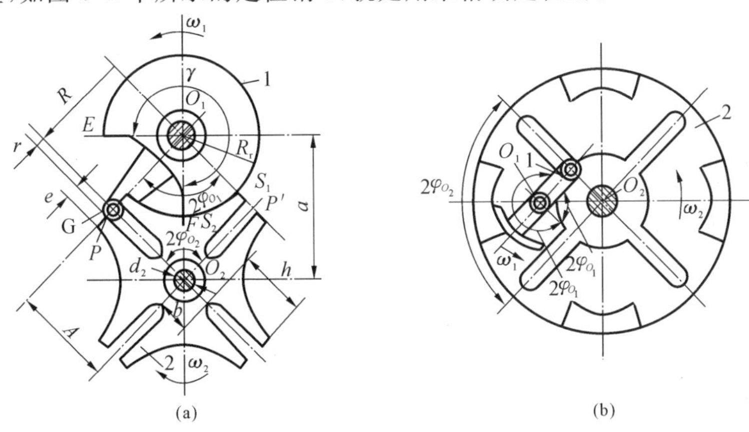

图6-1　槽轮机构的类型

表 6-1　外槽轮机构的基本尺寸计算公式(已知参数:z、K、a)

名　称	符　号	计算公式
圆销中心的回转半径	R	$R=a\sin\dfrac{\pi}{z}$
圆销半径	r	$r\approx R/6$
槽顶高	A	$A=a\cos\dfrac{\pi}{z}$
槽底高	b	$b\leqslant a-(R+r)$ 或 $b=a-(R+r)-(3\sim5)$ mm
槽深	h	$h=A-b$
槽顶侧壁厚	e	$e=(0.6\sim0.8)r$,但不小于 3 mm
锁止弧半径	R_r	$R_r=R-r-e$
外凸锁止弧张开角	γ	$\gamma=\dfrac{2\pi}{K}-2\varphi_{o1}=2\pi\left(\dfrac{1}{K}+\dfrac{1}{z}+\dfrac{1}{2}\right)$

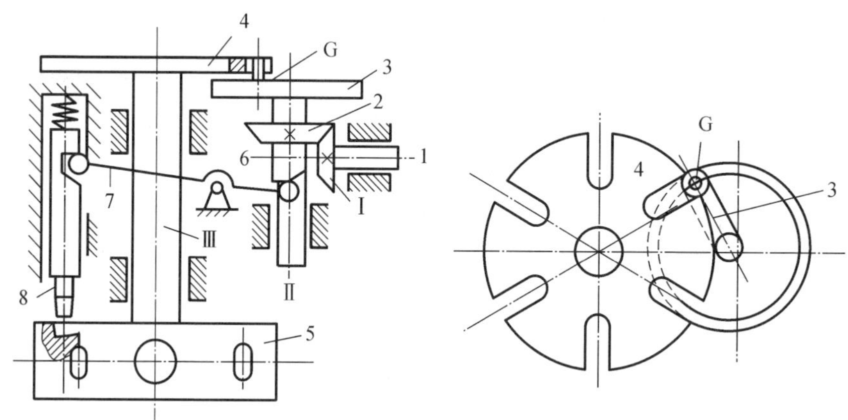

图 6-2　六角自动车床的转位机构

槽轮机构有两种形式:一种是外槽轮机构,如图 6-1(a)所示,其主动拨盘 1 与槽轮 2 转向相反;另一种为内槽轮机构,如图 6-1(b)所示,其主动拨盘 1 与槽轮 2 转向相同。

槽轮机构的特点是结构简单、工作可靠。在设计合理的前提下,圆销进入和退出啮合时槽轮的运动较为平稳 。但槽轮在运转中有较大的动载荷,槽数越少,动载荷就越大,故不适用于高速的场合。又由于槽轮每次转过的角度与槽轮的槽数有关,如欲改变转角,需要改变槽轮的槽数,重新设计槽轮机构,所以槽轮机构多用于不要求经常调整转角的转位运动中。此外,由于制造工艺、机构尺寸等条件的限制,槽轮的槽数不宜过多,故每次的运动转角较大。

槽轮机构在各种自动机械中应用很广泛。如在电影放映机和轻工机械中，常采用槽轮转位机构。图 6-2 所示为六角自动车床的转位机构，其中 3 为拨盘，4 为槽轮，8 为定位销，5 为刀盘。

6.1.2　槽轮机构的设计

1. 槽轮槽数和拨盘圆销数的选择

由于槽轮的运动是周期性的间歇运动，对于槽轮的径向槽为对称均匀分布的槽轮机构，槽轮每转动一次和停歇一次构成一个运动循环。在一个运动循环中，槽轮 2 的运动时间 t_2 与拨盘 1 的运动时间 t_1 之比可用来衡量槽轮的运动时间在一个间歇周期中所占的比例，称为运动系数，用 τ 来表示。

为了避免或减轻槽轮在启动和停止时的碰撞或冲击，圆销 G 在进入槽和退出槽的瞬时，圆销中心的线速度方向必须沿着槽轮径向槽的中心线方向，以使槽轮在启动和停止时的瞬时速度为零，即 $O_1P \perp O_2P$，$O_1P' \perp O_2P'$，如图 6-1(a)所示。由图中的几何关系可得

$$2\varphi_{O_1} + 2\varphi_{O_2} = \pi$$

即

$$2\varphi_{O_1} = \pi - 2\varphi_{O_2} = \pi - (2\pi/z)$$

式中：z 为槽轮的槽数。

当主动件拨盘以等角速度 ω_1 转动时，槽轮转动一次所需的时间为 $t_2 = 2\varphi_{O_1}/\omega_1$。对于图 6-3 所示的对称均匀分布着 K 个圆销(图中 $K=2$)的拨盘，当拨盘转过 $2\pi/K$ 角度时完成槽轮的一个运动循环，即一个运动循环所需的时间为 $t_1 = 2\pi/(K\omega_1)$，则有

$$\tau = \frac{t_2}{t_1} = \frac{2\varphi_{O_1}}{2\pi/K} = \frac{K(z-2)}{2z} \quad (6\text{-}1)$$

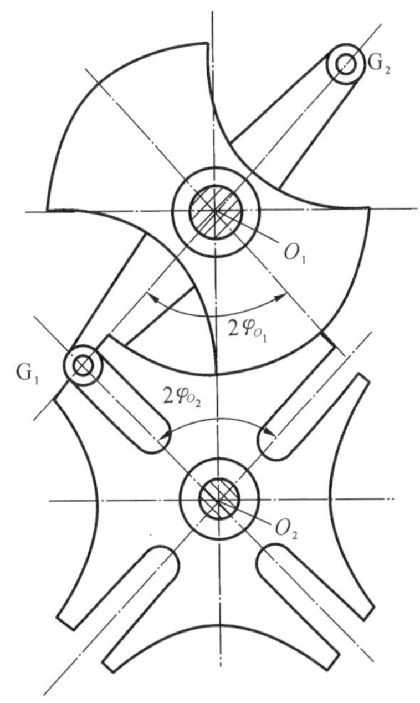

图 6-3　多销的槽轮机构

分析式(6-1)，可以总结出设计槽轮机构时应注意如下几点。

(1) 为了保证拨盘能驱动槽轮，运动系数 τ 应大于零，故槽轮的槽数 z 应大于或等于 3。

(2) 运动系数 τ 将随着 z 的增加而增大，即增加槽数 z，会使槽轮在一个间歇运动周期内的运动时间增长。但在有的机器

中，槽轮运动时间正是机器工艺过程中的辅助时间，故为了缩短工艺辅助时间，槽轮槽数不宜过多。

(3) 对于 $K=1$ 的单销外槽轮机构，槽轮的槽数无论取多少，τ 值总是小于 0.5。若要求 τ 值大于 0.5，则应增加圆销数 K。

(4) 由于槽轮是做间歇转动的，必须有停歇时间，所以运动系数 τ 总应小于 1。因此，主动拨盘的圆销数 K 与槽轮槽数 z 的关系应为

$$K < \frac{2z}{z-2} \tag{6-2}$$

设计时，可先确定槽轮槽数，然后按上式选择圆销数。例如，当 $z=3$ 时，$K=1\sim5$；当 $z=4$ 时，$K=1\sim3$；当 $z\geqslant6$ 时，$K=1\sim2$。

(5) 若要求拨盘转一周过程中，槽轮 N 次停歇时间互不相等，则可将圆销不均匀地分布在主动拨盘等径的圆周上(见图 6-4)。若还要求拨盘转一周过程中槽轮 N' 次运动时间也互不相等，则还应使各圆销中心的回转半径也互不相等，同时，槽轮的径向槽也应做相应的改变，如图 6-5 所示。

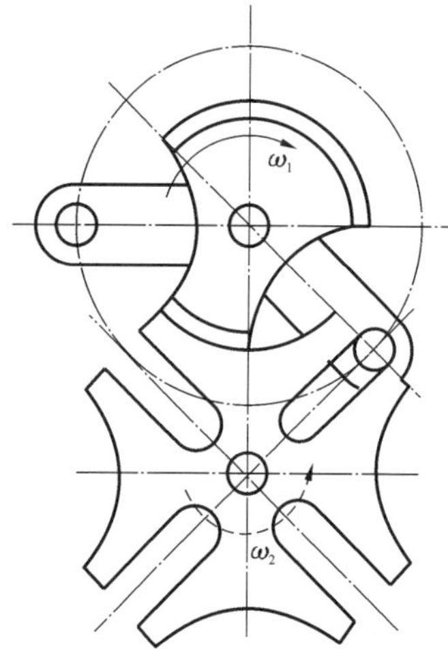

图 6-4　非均匀分布圆销的槽轮机构

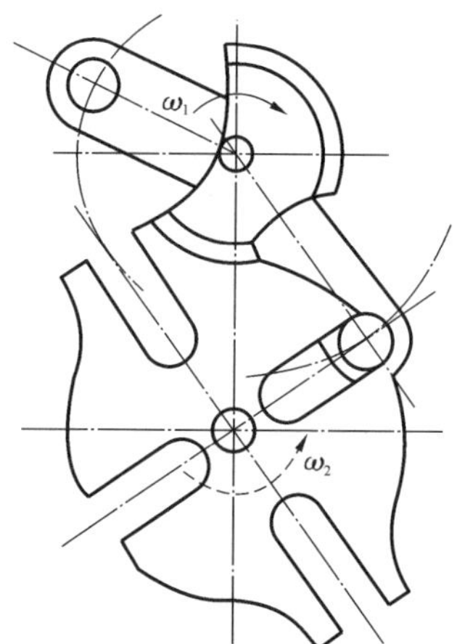

图 6-5　运动与停歇均有特殊要求的槽轮机构

对于图 6-1(b)所示的内槽轮机构，由于主动拨盘 1 的圆销在槽轮完成一次转动所对应的转角 $2\varphi_{O_1}$ 总是大于 π，所以内槽轮机构的圆销只能有一个(即 $K=1$)。同理，可以求得内槽轮机构的运动系数为

$$\tau = \frac{t_2}{t_1} = \frac{2\varphi_{O_1}}{2\pi} = \frac{z+2}{2z} \tag{6-3}$$

由上式可知，内槽轮机构的运动系数 τ 总大于 0.5。而为了保证槽轮有停

歇时间,要求 τ 必须小于 1,故槽轮槽数 $z\geqslant 3$。

2. 槽轮机构的基本尺寸计算

根据运动要求和槽轮机构所允许的安装尺寸、动力特性、承受载荷的大小等因素,选择槽轮的槽数 z、圆销数 K、槽轮机构的中心距 a 等槽轮机构的主要尺寸参数后,可按表 6-1 所列公式(对照图 6-1(a))计算外槽轮机构的基本尺寸。

【例 6-1】 某自动机床上装有均布双销六槽的外槽轮机构。若主动件拨盘的转速为 24 r/min,求槽轮在一个运动循环中每次运动和停歇的时间 $t_{2'}$。

【解】 已知 $\omega_1=\dfrac{2\pi}{60}n_1=\dfrac{4}{5}\pi\ \text{rad/s}, K=2, z=6$,则 $\tau=\dfrac{K(z-2)}{2z}=\dfrac{2}{3}$。

一个运动循环时间:$t_1=\dfrac{2\pi}{K\omega_1}=\dfrac{2\pi}{2\times\dfrac{4}{5}\pi}\ \text{s}=\dfrac{5}{4}\ \text{s}$;

每一循环中槽轮运动时间:$t_2=\tau t_1=\dfrac{2}{3}\times\dfrac{5}{4}\ \text{s}=\dfrac{5}{6}\ \text{s}$;

每一循环中槽轮静止时间:$t_{2'}=t_1-t_2=\dfrac{5}{12}\ \text{s}$。

6.2　棘 轮 机 构

6.2.1　棘轮机构的工作原理

图 6-6 所示为机械中常用的棘轮机构。该机构由主动件 1、驱动棘爪 2、棘轮 3、制动爪 4 及机架所组成,弹簧 5 用来使制动爪 4 和棘轮 3 保持接触。主动件空套在与棘轮固连的从动轴 O 上 ,并与驱动棘爪用转动副相连。当主动件做逆时针摆动时,驱动棘爪便插入棘轮的齿槽中,使棘轮跟着转过一定角度,此时,制动爪在棘轮的齿背上滑动。当主动件顺时针转动时,制动爪便阻止棘轮发生顺时针转动,而驱动棘爪却能够在棘轮齿背上滑过,所以,这时棘轮便静止不动。这样,当主动件做连续的往复摆动时,棘轮便做单向的间歇运动。而主动件的往复摆动可由摆动从动件凸轮机构、曲柄摇杆机构或由液压传动和电磁装置等得到。

6.2.2　棘轮机构的类型、特点和应用

按照棘轮机构的动作原理和结构特点,常用的棘轮机构有下列两大类。

1. 齿式棘轮机构

这类棘轮的外缘或内缘上具有刚性轮齿,如图 6-6 所示为外棘轮机构,图

6-7 所示为内棘轮机构。一般常用的为齿式外棘轮机构。

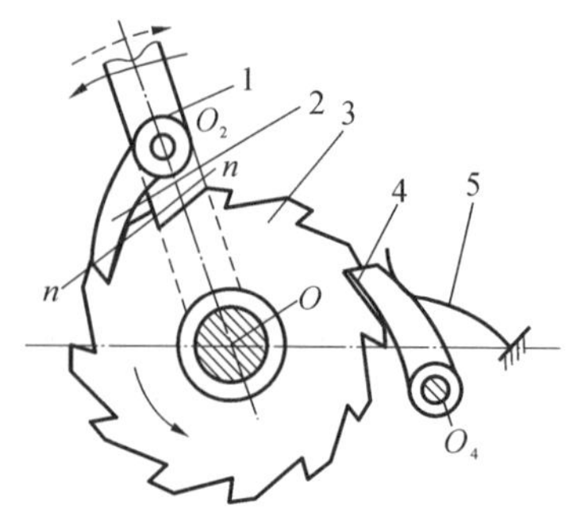

图 6-6　齿式外棘轮机构

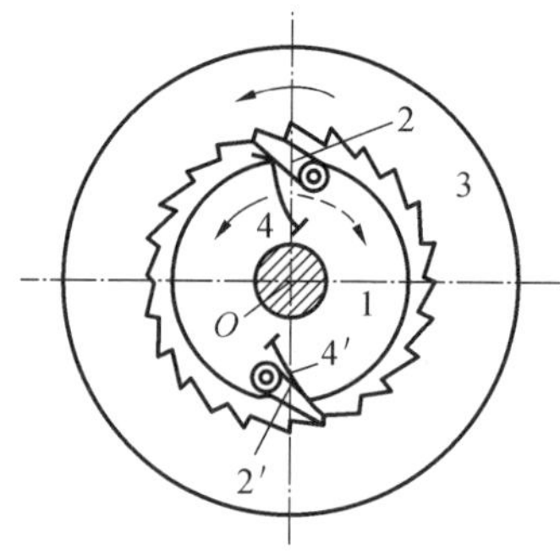

图 6-7　齿式内棘轮机构

根据棘轮机构的运动情况，齿式棘轮机构又可分为如下几种。

1）单动式棘轮机构

如图 6-6 所示，此种棘轮机构的特点是，当主动件向一个方向摆动时，棘轮沿同方向转过某一角度；而当主动件反向摆动时，棘轮则静止不动。

2）双动式棘轮机构

如图 6-8 所示，此种棘轮机构的特点是，当主动件往复摆动一次时，棘轮沿同一方向间歇转动两次。当载荷较大，且棘轮尺寸又受限制，齿数 z 较少，而使摆杆摆角小于齿距角时，需采用双动式棘轮机构。该机构的棘爪可制成平头撑杆式（见图 6-8(a)）或钩头拉杆式（见图 6-8(b)）。

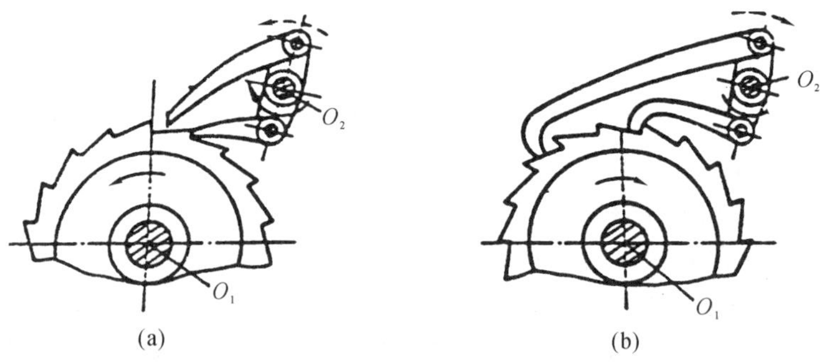

图 6-8　双动式棘轮机构

以上两种机构的棘轮齿形可采用图 6-6 中所示的不对称梯形齿及图 6-8 中所示的三角形齿。

3）可变向的棘轮机构

图 6-9(a)所示的棘轮齿形采用对称的梯形齿，与之配用的棘爪为特殊的对

称形状。这种棘轮机构的特点是，当棘爪处于实线位置时，棘轮可以实现逆时针单向间歇转动；而当棘爪翻转到图示虚线位置时，棘轮即可得到顺时针方向的单向间歇转动。图 6-9(b)所示为另一种可变向的棘轮机构，其棘轮齿形为矩形，棘爪齿为楔形斜面。这样，当棘爪安放在图示位置时，棘轮将沿逆时针方向做单向间歇转动；若将棘爪提起并绕自身轴线转过 180°后放下，则棘轮可实现顺时针方向的单向间歇转动；若将棘爪提起并绕自身轴线转过 90°后搁置在壳体的平台上，使棘爪和棘轮脱开，从而棘爪随主动件往复摆动时，棘轮却静止不动。这种棘轮机构常用于实现工作台做间歇送进运动，例如，用于牛头刨床中实现工作台横向送进运动。

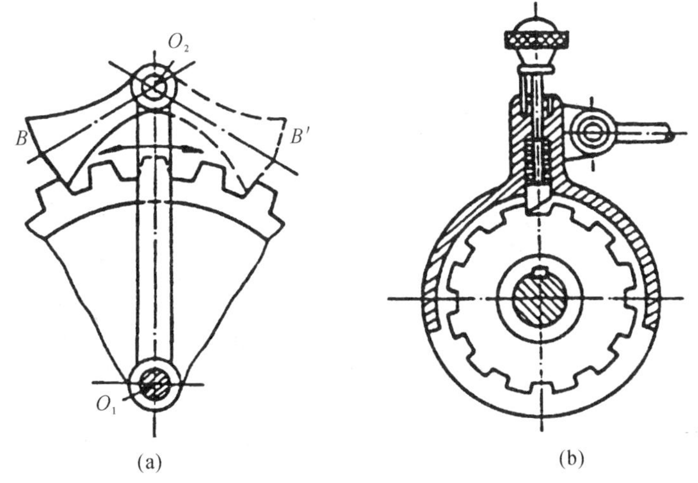

图 6-9　可变向的棘轮机构

利用棘轮机构除可实现间歇送进、制动和转位分度等运动以外，还能实现超越运动，即从动件可以超越主动件而转动。如图 6-10 所示自行车后轴上的棘轮机构便是一种超越机构，即利用其超越作用而使后轮轴 5 在滑坡时可以超越链轮 3 而转动。

齿式棘轮机构具有结构简单、制造方便和运动可靠等优点。其缺点是，棘爪在棘轮齿面滑行时，将引起噪声和齿尖磨损；传动平稳性差，不适用于高速场合；棘轮转角只能以齿距角为单位有级调整。需要调节棘轮转角时，可采用图 6-11 所示的两种方法调节：一种方法是，调整曲柄长度来改变装有驱动棘爪的摇杆摆角(见图 6-11(a))；另一种方法是，在棘轮上装一遮板(见图 6-11(b))，改变遮板的位置，使棘爪行程的一部分在遮板上滑过而不与棘轮的齿接触，而当棘爪插入棘轮齿槽后才推动棘轮转动，从而在不改变摇杆摆角大小的情况下，改变棘轮转角。

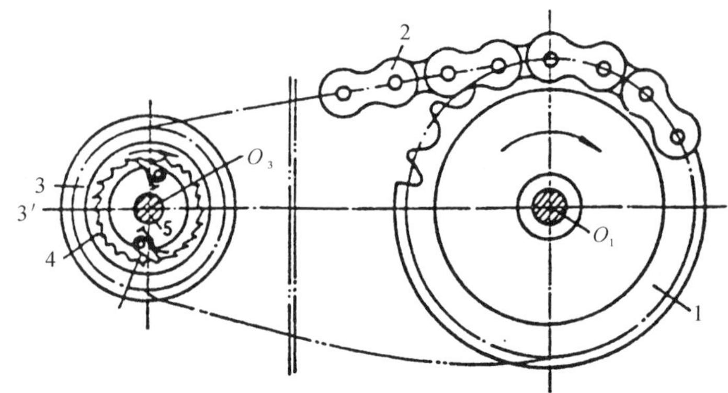

图 6-10　自行车后轴上的棘轮机构

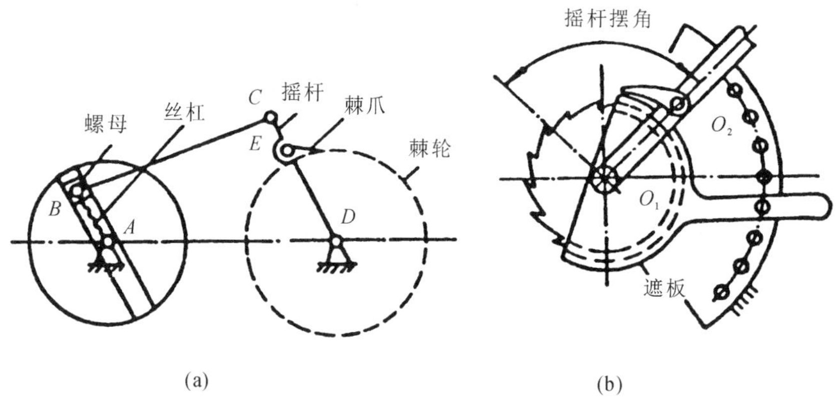

图 6-11　调节棘轮转角的方法

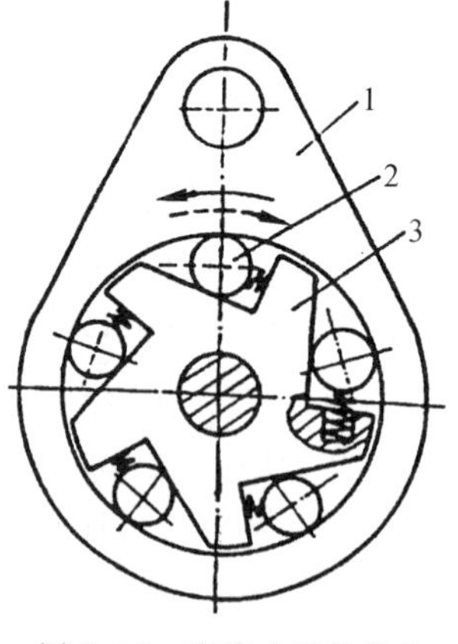

图 6-12　摩擦式棘轮机构

2. 摩擦式棘轮机构

齿式棘轮机构的棘轮转角只能有级地进行调节,如果需要无级地变更棘轮的转角,可采用图 6-12 所示的摩擦式棘轮机构。当主动件(外套筒 1)逆时针转动时,摩擦力的作用使滚子 3 楔紧在棘轮 2 的支承面和外套筒 1 的内圆柱表面之间,从而带动从动件(棘轮 2)一起转动。当主动件顺时针转动时,滚子松开,棘轮 2 便静止不动。该机构依靠摩擦力传动,故棘轮的转角不如齿式棘轮机构准确;但噪声小,棘轮的转角可以无级调整。

有关棘轮机构的设计可参阅相关机械设计手册。

6.3　不完全齿轮机构

6.3.1　不完全齿轮机构的工作原理、特点和应用

不完全齿轮机构是由普通齿轮机构演变而成的一种间歇运动机构。不完全齿轮机构在主动轮上只做出一个齿或几个齿，并根据运动时间和停歇时间的要求，在从动轮上分段做出若干组与主动轮轮齿相啮合的齿槽。因此，当主动轮做整周连续回转时，从动轮便得到间歇的单向转动。在图 6-13(a)所示的不完全齿轮机构中，主动轮 1 每转 1 周，从动轮 2 只转 1/4 周。当从动轮处于停歇位置时，从动轮上的锁止弧 S_2 与主动轮上的锁止弧 S_1 密合，以保证从动轮停歇在确定的位置上而不游动。

不完全齿轮机构有外啮合和内啮合两种形式，如图 6-13 所示。

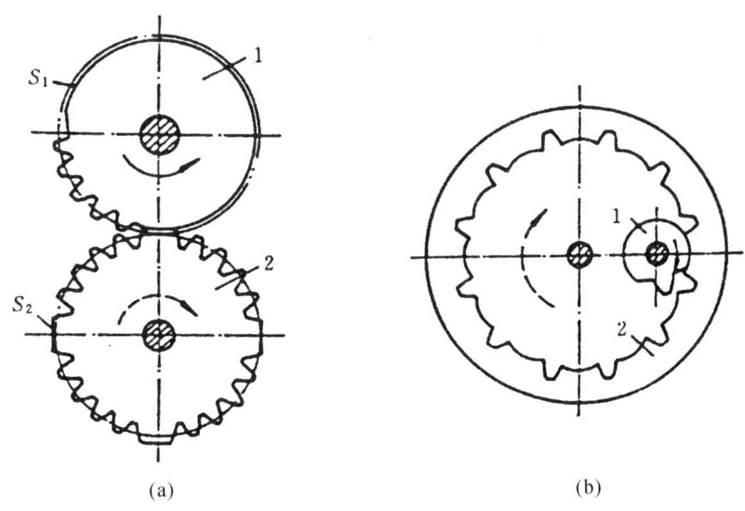

图 6-13　不完全齿轮机构

不完全齿轮机构与其他间歇运动机构相比，其优点是结构简单，容易制造。此外，主动轮转 1 周，从动轮停歇的次数和每次停歇的时间，以及每次转动的转角等，允许选择的范围比棘轮机构和槽轮机构的大，因而设计灵活。其缺点是，从动轮在转动开始和终止时，角速度有突变，冲击较大，故一般只适用于低速、轻载的工作条件。如果用于高速场合，则需要安装瞬心线附加板来改善其动力特性。

不完全齿轮机构常用于多工位自动机和半自动机工作台的间歇转位，以及计数机构和某些要求间歇运动的进给机构中。

6.3.2　不完全齿轮机构的传动过程

不完全齿轮机构在传动过程中，当首齿进入啮合及末齿退出啮合时，其轮齿不在两基圆的内公切线上接触传动，因而在这个期间不能保持定传动比传动。如图 6-14 所示，在开始传动时，主动轮 1 的首齿齿廓与从动轮 2 的首齿齿顶尖 E 相接触(点 E 不在实际啮合线上)时，轮 1 开始推动轮 2 转动，轮 2 的齿顶尖 E 转到点 B_2 的过程都是轮 2 的齿顶尖 E 在轮 1 齿廓上向轮 1 根部滑动的过程。在这个过程中，从动轮做加速转动，以后两轮齿的接触点在啮合线 B_1B_2 上移动时，从动轮便做等速转动，后续的各对齿传动都与普通齿轮传动一样。但当主动轮最后一个齿(末齿)与轮 2 的齿廓接触点处于两基圆内公切线上的点 B_1 以后，由于无后续齿，两轮的传动靠轮 1 的齿顶尖 C 沿着轮 2 的齿廓向轮 2 齿顶滑动，并推动轮 2 做减速转动，直到两轮接触点到达两轮齿顶圆交点 D 才脱开接触。轮 1 再继续转动时，轮 2 却停歇不动，从而完成了一个运动循环。

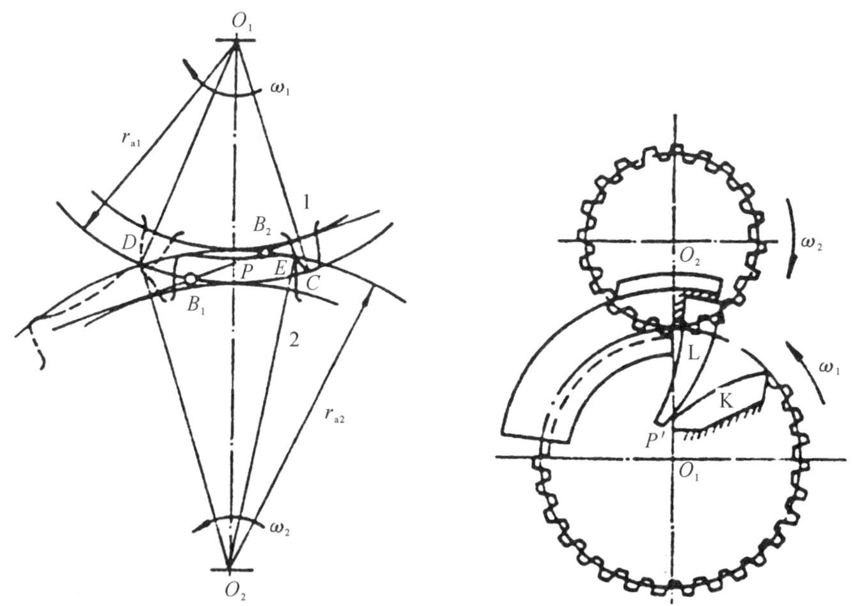

图 6-14　不完全齿轮机构的传动过程　　图 6-15　带瞬心线附加板的不完全齿轮机构

从上面的接触传动过程的分析可知，普通的不完全齿轮机构在开始和终止接触时，速度有突变，因而产生了冲击。为了减小冲击，以适应速度较高的间歇运动场合，可安装如图 6-15 所示的瞬心线附加板 K 和板 L，附加板分别固定在轮 1 和轮 2 上。其作用是，在首齿接触传动之前，让板 K 和板 L 先行接触，使从动件的角速度从一个尽可能小的角速度值逐渐过渡到所需的等角速度值。为此，在设计板 K、板 L 时，要保证它们的接触点 P 总位于中心线 O_1O_2 上，从而成为构件 1、2 的瞬心 P_{12}，且点 P 将随着附加板的运动沿着中心线 O_1O_2 逐渐远离中心 O_1 向两轮的节点 P 移动。同样，也可设计另一块瞬心线附加板(图中未画出)，使主动轮末齿在啮合线上退出啮合时从动轮的角速度由常数 ω_2 逐渐减小，于是整个运动过程都可保持速度变化平稳。

6.4　凸轮式间歇运动机构

图 6-16 和图 6-17 所示机构的主动件 1(凸轮)做等速回转运动时，从动件 2(圆盘)做单向间歇回转。这种机构称为凸轮式间歇运动机构。凸轮式间歇运动机构的优点是：运转可靠，传动平稳。从动件的运动规律取决于凸轮的轮廓形状，如果凸轮的轮廓曲线槽设计得合理，就可以实现理想的预期的运动，并且可以获得良好的动力特性。转盘在停歇时的定位，由凸轮的曲线槽完成而不需要附加定位装置，但对凸轮的加工精度要求较高。

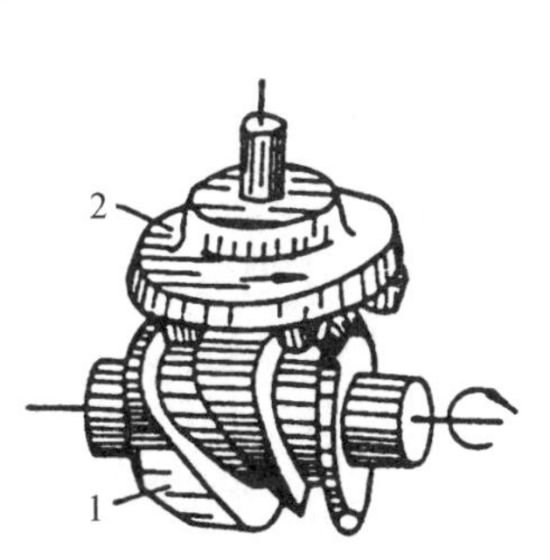

图 6-16　圆柱形凸轮式间歇运动机构

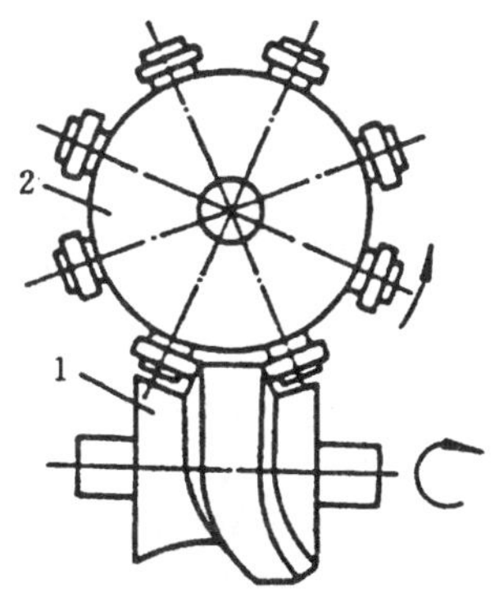

图 6-17　蜗杆形凸轮式间歇运动机构

凸轮式间歇运动机构的常用形式有以下两种。

1. 圆柱形凸轮式间歇运动机构

如图 6-16 所示，圆柱形凸轮式间歇运动机构的主动件为一带有螺旋槽的圆柱凸轮 1，从动件为一圆盘 2，其端面上装有若干个均匀分布的柱销。当圆柱凸轮回转时，柱销依次进入沟槽，圆柱凸轮的形状保证了从动圆盘每转过一个销距便动、停各一次。此种机构多用于两相错轴间的分度运动。通常凸轮的槽数为 1,柱销数一般取 $z \geqslant 6$。

2. 蜗杆形凸轮式间歇运动机构

图 6-17 所示为蜗杆形凸轮式间歇运动机构。主动件为一蜗杆形的凸轮 1,其上有一条凸脊,犹如一个变螺旋角的圆弧蜗杆;从动件为一圆盘 2,其圆周上装有若干个呈辐射状均匀分布的滚子。这种机构也用于相错轴间的分度运动。这种机构具有良好的动力特性,所以适用于高速精密传动。这种机构的柱销数一般取 $z \geqslant 6$,但不宜过多。

习　题

6-1　六角自动车床的六角头外槽轮机构中,已知槽轮的槽数 $z=6$,一个循环中槽轮的静止时间 $t_2'=5/6$ s,静止时间是运动时间的 2 倍。试求:

(1) 槽轮机构的运动系数 τ;

(2) 所需的圆销数 K。

6-2　某自动机上装有一个单销六槽的外槽轮机构,已知槽轮停歇时进行工艺动作,所需的工艺时间为 30 s,试确定主动轮的转速。

6-3　某自动机上装有均布双销六槽的外槽轮机构。若主动件拨盘的转速为 40 r/min,试求槽轮在一个运动循环中,每次运动和停歇的时间。

6-4　六角车床的六角头转位机构为单销六槽的外槽轮机构。已知槽轮机构的中心距 $a=150$ mm,圆销的半径为 $r=10$ mm,试计算该槽轮机构的运动系数 τ。

6-5　牛头刨床工作台是由棘轮带动丝杠做间歇转动,从而通过与丝杠啮合的螺母带动工作台做间歇移动的。设进给丝杠(单头)的导程为 5 mm,而与丝杠固接的棘轮有 28 个齿,试问工作台每次进给的最小进给量 s 是多少?若刨床的最小进给量 $s=0.125$ mm,试问带动进给丝杠的棘轮齿数应为多少?

第 7 章　其他常用机构

7.1　广 义 机 构

信息工程及相关领域科学技术的迅速发展，使含液、气、声、光、电、磁等工作原理的机构应用日益广泛，一般将这类机构统称为广义机构。在广义机构中，由于利用了一些新的工作介质或工作原理，因此其比传统机构更简便地实现了运动或动力转换。广义机构还可以实现传统机构难以完成的运动。广义机构是一种工作原理与结构新颖的创新机构。广义机构种类繁多，通常按工作原理不同分为液、气动机构，电磁机构，振动及惯性机构，光电机构等，还可按机构形式及用途不同分为微位移机构、微型机构、信息机构、智能机构等。

7.1.1　电磁机构

电磁机构是通过电与磁的相互作用来完成所需动作的。最常见的电磁机构可以十分方便地实现回转运动、往复运动、振动等。它广泛应用于继电器机构、传动机构、仪器仪表机构中。这类机构的主要特点是用电和磁来产生驱动力，可十分方便地控制和调节执行机构的动作。

7.1.1.1　电磁传动机构

电磁传动机构通常都有电磁铁，由通电线圈产生磁场，控制磁场的产生和变化即可实现所需的动作，下面分别介绍几种电磁传动机构。

1. 电磁回转机构

如图 7-1 所示，当手柄 1 绕定轴 B 转动时，电磁铁依次接入，利用线圈 2 的交变磁化作用驱动电枢 3 绕定轴 A 转动。

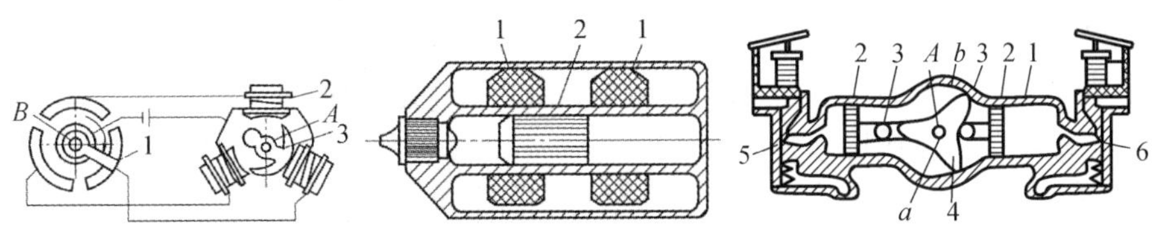

图 7-1　电磁回转机构　　图 7-2　电锤机构　　图 7-3　电磁气动传动机构

2. 电锤机构

如图 7-2 所示，当电流通过电磁铁 1 时，利用两个线圈的交变磁化作用，使锤头 2 做往复直线运动。通直流电的电锤有一快速电流转向器，且每分钟冲击次数用电压进行调解。通交流电的电锤每分钟有恒定的冲击次数，该冲击次数由所提供电流的频率来确定。

3. 电磁气动传动机构

如图 7-3 所示，在缸 1 里有两个与活塞杆连接的活塞 2；活塞杆上有两个滚子 3。星形凸轮 5 和轴 a 固接，凸轮 4 放在活塞杆的切口内，轴 a 装在壳体中，两者绕定轴 A 转动。在缸 1 的两端装有电磁阀 5 和 6，电磁阀的线圈接入控制电路。在没有激励时，两个阀使缸 1 的两个腔室与大气相通。假如激励左边阀 5 的线圈，则阀 5 向下动作，使缸 1 的左腔室与压缩空气的储气罐相通；在压缩空气的压力下，阀 2 向右移动。这时，左边的滚子 3 作用在凸轮 4 上，使凸轮 4 和轴 a 顺时针转动。转动持续到左边的滚子稳定在凸轮的两个突点之间时才停止。这时，右边的滚子稍低于凸轮的突点。当激励右边阀 6 的线圈时，阀 6 向下动作，使缸的右腔室与压缩空气的储气罐相通，断开左边阀的线圈，活塞向左移动。在右边滚子 3 的作用下，凸轮 4 和轴 a 逆时针方向转动。

7.1.1.2　变频调速器

由电动机理论可知，交流电动机的同步转速为

$$n_1 = \frac{60f_1}{P} \tag{7-1}$$

故异步交流电动机的转速为

$$n_1 = n_1(1-S) = \frac{60f_1}{P}(1-S) \tag{7-2}$$

式中：f_1 为供电电源频率；P 为电动机极数；S 为转差率。

由式(7-1)和式(7-2)可知，当连续改变供电电源的频率 f_1 时，就可平稳地改变电动机的同步转速，从而改变其对应的电动机转速，这一方法称为变频调速。由于在变频调速中，电动机从高速至低速，其转差率都很小，因此变频调速的效率和功率因数都很高。因此变频调速是交流电动机调速的一种理想办法，已广泛地应用在各类机电设备中，它已直接取代许多种机械变速器。变频调速是由变频器来实现调速的，通常需同时改变频率和电压，可用功率已达 10 kW 以上。变频调速具有调速范围广、调速精度高等优点。在高速传动机械(如磨床、高速镗床等)、低速大容量设备的驱动、大容量同步电动机的低频启动、高耗能设备中，以及特殊条件与环境下均可优先采用变频调速。

7.1.1.3　继电器机构

继电器机构主要用来在指定或要求的时间内实现所要求的动作。而断电器的作用是实现电路的闭合与断开，从而起到可控开关的作用。继电器可以是电磁铁式的，也可以是气液式的，或温控式的。下边分别介绍几种继电器机构。

1. 线圈式快速动作继电器机构

如图 7-4 所示，磁铁心 3 带有两块衔铁 1 和 2。衔铁 1 被固定，间隙 a 大于间隙 b。线圈 5 绕在衔铁 1 上并在电源 6 的作用下有电流通过。磁铁心 3 被线圈激励，两线圈在衔铁 1 和 2 上所产生的磁通 ϕ_1、ϕ_2 被叠加。当线圈 4 的电流较小时，所有的磁通都通过衔铁 1。但如果电流增大，衔铁 1 被强度磁化，则磁通 ϕ_1 在衔铁 2 上快速分流，快速吸引衔铁 2，并关闭触点 c、d。继电器动作的速度，可以通过改变线圈 5 的电流或间隙 a 进行调节。

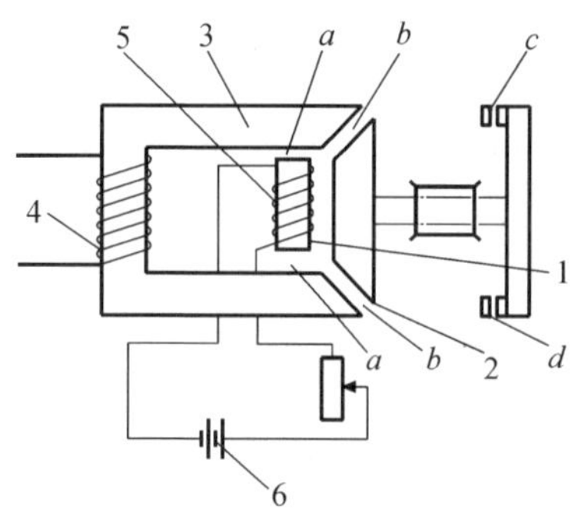

图 7-4　快速动作继电器机构

2. 凸轮式火灾报警信号发生机构

如图 7-5 所示，凸轮 1 顺时针回转，其上安装着绝缘块 b。左端固定的簧片 2 上带有触头 a。如图所示，停止时触头 a 位于绝缘块 b 的上方，开关断开。随着凸轮的回转，在凸轮外圆周上的齿可将开关置 ON、OFF 状态，在圆弧 x-x 部分为常闭 ON 状态，报警铃将连续鸣响。如果让齿的个数与机器的序号对应，则只要听到警铃声即可知道出故障的是哪一台机器。

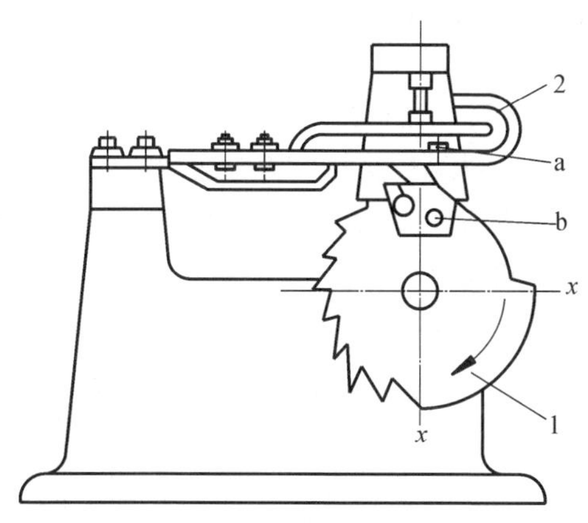

图 7-5　火灾报警信号发生机构

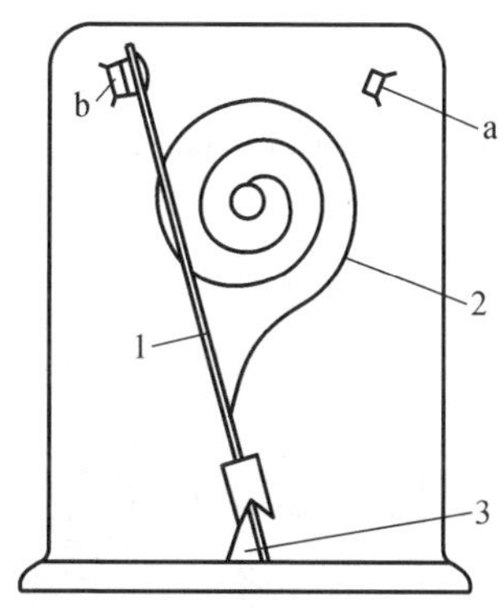

图 7-6　温度继电器机构

3. 杠杆式温度继电器机构

如图 7-6 所示，双金属片 2 的一端固定在刀口 3 所支持的杠杆 1 上。当周围的温度较低时，杠杆 1 位于图示位置，与触点 b 接触。如果温度升高，由于双金属片的变形，杠杆 1 将回转，与触点 a 接触，从而开关被切换。刀口 3 能保证开关切换准确。

7.1.2　振动机构

利用振动产生运动和动力的机构称为振动机构。用来产生振动的方式有电磁式、机械式、音叉式或超声波式等。振动机构有以下几种。

1. 电磁振动机构

电磁振动机构在轻工业中获得广泛应用,对于各种小型产品(如钟表元件、无线电元件、小五金制品)、粉粒料(如味精、洗衣粉、食盐、糖等),以及易碎物品(如玻璃和陶瓷制品等),其都可以作为有效的供料机构。电磁振动送料机构与其他送料机构相比,具有如下的一些优点:

(1) 结构简单,重量较轻;

(2) 供料速度容易调节;

(3) 物料移动平稳;

(4) 消耗功率小;

(5) 适用范围广。

振动送料机构的工作部件的运动规律,不仅与构件的形状有关,而且与机构的动力参数有关,如弹性件的质量和刚度、驱动干扰力的特性、阻尼因素等。

生产中采用的振动送料机构有直槽振动料斗和圆盘振动料斗两种。前者实现直线振动送料,后者实现转动送料。

图 7-7 所示为一圆盘电磁振动送料机构。该机构圆周上装有 4 个电磁激振器,每个电磁激振器均呈倾斜安装。用电磁激振器产生的电磁激振力强迫漏斗 4 及底座 1 产生垂直运动和绕垂直轴的扭转振动。图中,2 为板簧,3 为衔铁,5 为线圈,6 为铁心,7 为橡胶减振器。振动频率通常为 3 000 次/min,双振幅为 0.5～1.5 mm。机器在近似共振状态下工作。

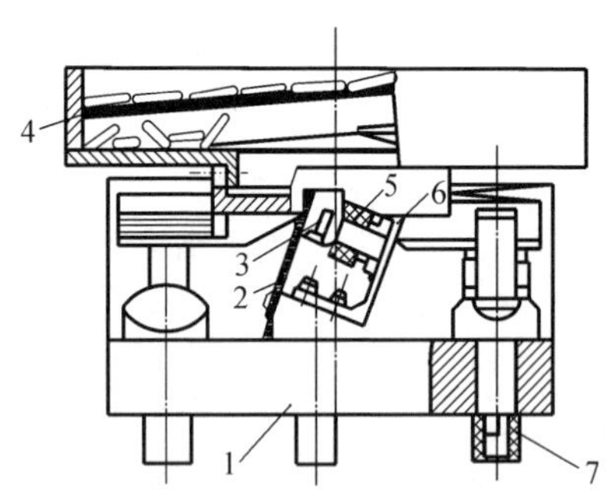

图 7-7　圆盘电磁振动送料机构

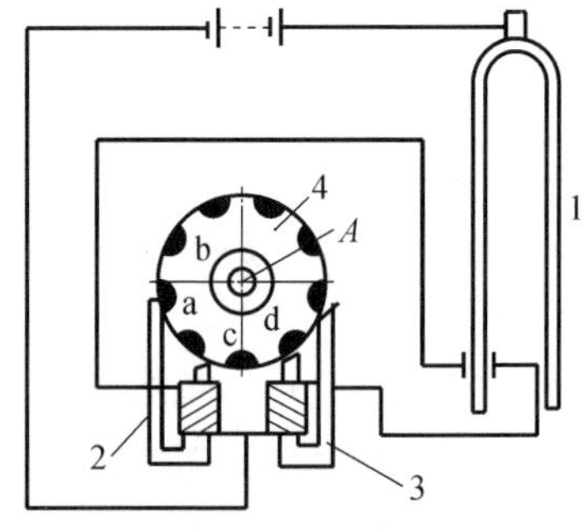

图 7-8　音叉振动机构

2. 音叉振动机构

图 7-8 所示为音叉振动机构，当音叉 1 振动时，它轮流地接通电磁铁 2 和 3。当电磁铁激励时，它的两极把轮 4 的突出部 a 和 b 吸引过来，致使轮 4 绕 A 轴回转某一个角度；这时，突出部 c 和 d 接近电磁铁 3 的两极。继续接通电磁铁，则它的两个极吸引突出部 c 和 d，轮子又沿相同的方向回转。

3. 超声波振动机构

图 7-9 所示为超声波振动机构。图 7-9(a)所示为利用驻波的超声波驱动原理图。沿轴向共振的数个超声波振子 5 的端部 A 与一斜圆盘 1 接触，振子端部进行往复运动，其与斜圆盘接触点处的周向分力使得斜圆盘回转。对每个振子而言，驱动力的作用时间仅是振动周期的 1/2 以下。这种形式的超声波驱动器，其能量转换效率高，但是振子端部和斜圆盘接触处的磨损大。图 7-9(b)所示为驱动器结构示意图，图中 2 是振动片，3 是超声波发生器，4 是振子，它们和斜板 1 等一起组成一个超声波驱动器。

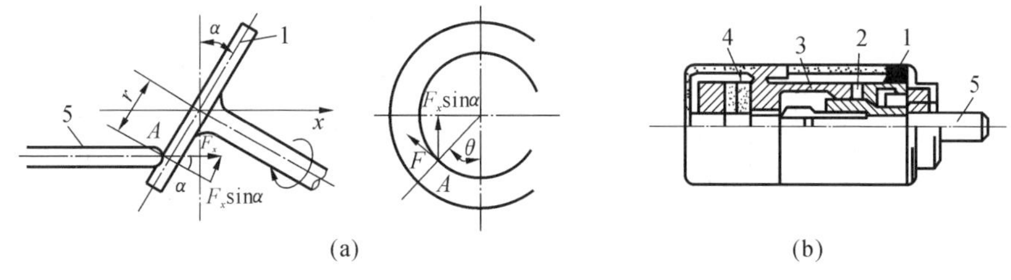

图 7-9　超声波振动机构

7.1.3　微位移机构

微位移机构通常是指工作时机构产生的工作位移小于毫米级的机构。这类机构有极高的灵敏度和精度。微位移机构的核心部件是微位移器，通常根据产生微位移的原理将其分为机械式和机电式微位移机构两种。

压电、电致伸缩微位移机构是利用某些种类介质，在电场作用下产生的伸缩效应进行工作。它属于新型微位移机构，其特点是结构体积小，精度高，定位精度可达 0.01 μm，是一种非常有效的微位移机构，在计算机芯片制造业中应用极为广泛。另外，目前已成功地研制出采用压电、电致伸缩微位移机构制作的微型机器人。

电介质在电场的作用下产生两种效应：压电效应和电致伸缩效应。电介质在电场的作用下，由于感应极化作用而引起应变，应变与电场方向无关，应变的大小与电场大小的平方成正比，这个现象称为电致伸缩效应。而压电效应是指电介质在机械应力作用下产生电极化，电极化的大小与应力大小成正比，电极化的方向随应力的方向而改变。在微位移器件中应用的是逆压电效应，即电介质在外界电场作用下，产生应变，应变的大小与电场的大小成正比，应变的方向与电场的方向有关，即电场反向时应变也改变方向。

图 7-10 所示为一个 x-y-θ 三自由度微动工作台。它主要用于投影光刻机和电子束曝光机，粗动工作台行程为 120 mm，速度为 100 mm/s，定位精度为 $\pm 5\ \mu m$。三自由度微动工作台被固定在粗动工作台上，x、y 行程为 $\pm 8\ \mu m$，定位精度为 $\pm 0.05\ \mu m$，$\pm 0.55\times 10^{-3}$ rad。微动工作台的工作原理是：整个微动工作台面由四个两端带有柔性铰链的柔性杆支承，由三个筒状电压晶体驱动，压电器件安装在两端带有柔性铰链的支架上，支架分别固定在粗动工作台和微动工作台上，只要控制三个压电器件上的外加电压，便可以获得 Δx，$\Delta y=(\Delta y_1+\Delta y_2)/2$，$\Delta\theta=(\Delta y_1-\Delta y_2)/2$ 三自由度微动位移。

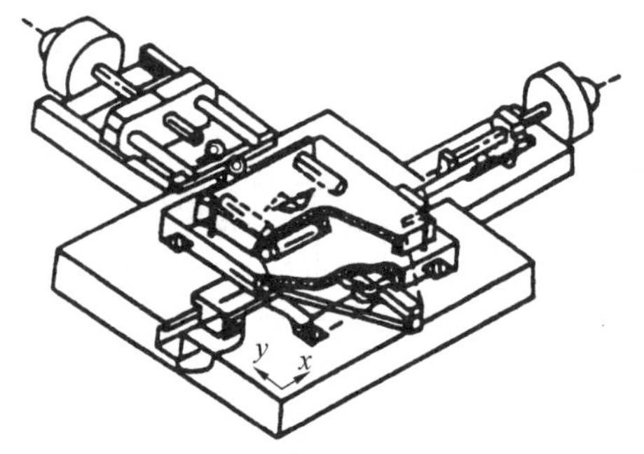

图 7-10　三自由度微动工作台

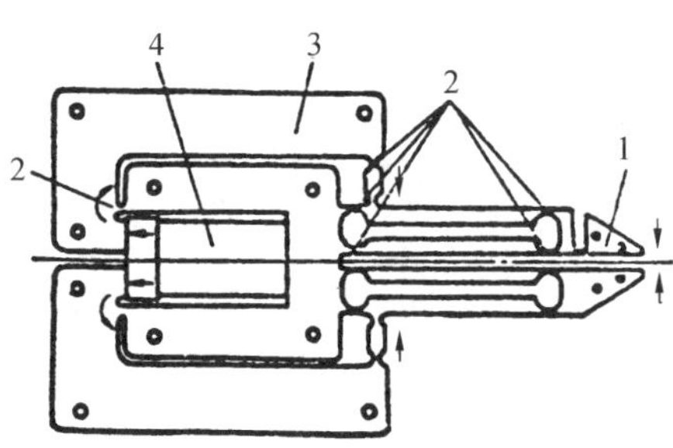

图 7-11　微型抓取机构

图 7-11 所示为用于微型机械装配作业的微型抓取机构。该机构通过由手臂 3 和弹性关节 2 组合而成的多关节“杆”机构，将压电晶体激励器 4 的微量伸缩（无载荷状态下约为 3 μm/150 V）放大，以实现钳爪 1 的开闭。该多关节机构是从 0.15 mm 厚的镀青铜板上用刻蚀方法制造出来的，每个钳爪有一片多关节机构，该钳爪全长 23 mm，质量为 4 g，所能夹持工件的质量最大为 80 mg。

7.1.4　光电机构

光电机构是一类在自动控制领域内应用极为广泛，利用光的特性进行工作的机构。通常它是由各类光学传感器（如光电开关、CCD 等）加上各种机械式或机电式机构而组成的。更广义的光电机构还包括红外成像仪与红外夜视仪等。因含有光学传感器的光电机构（如红外自动门、机床自动保护光电机构、计数及检测光电机构等），主要用于数据采集与控制中，故本书不做重点介绍。下面介绍几种利用光电特性工作的机构。

1. 光电动机

图 7-12 所示为一光电动机的原理图，其受光面一般是太阳能电池，三只太阳能电池组成三角形，与电动机的转子结合起来。太阳能电池提供电动机转动的能量，电动机一转动，太阳能电池也跟着转动，动力就由电动机转轴输出。由于受光面连成一个三角形，所以当光的照射方向改变时，也不影响光电动机的启动。这样，光电动机就将光能转变为机械能。

2. 光化学回转活塞式行星电动机

图 7-13 所示为根据光化学原理将 NO_2 分子数的变化转变为机械能的机构——光化学回转活塞式行星电动机。

用丙烯酸树脂制成的圆筒形容器的内外周，被分隔成三部分，作为反应室 1，室内装 NO_2。反应室 1 的内侧壁上各装有一曲柄滑块机构。介质受光照射后，由于光化学作用，NO_2 的浓度发生变化而引起反应室压力变化，使活塞 2 运动并带动曲轴 3 转动。其工作过程与光电动机的相似，转动的各反应室自动地经过太阳光照射和背阴的反复循环，使曲轴做连续转动。

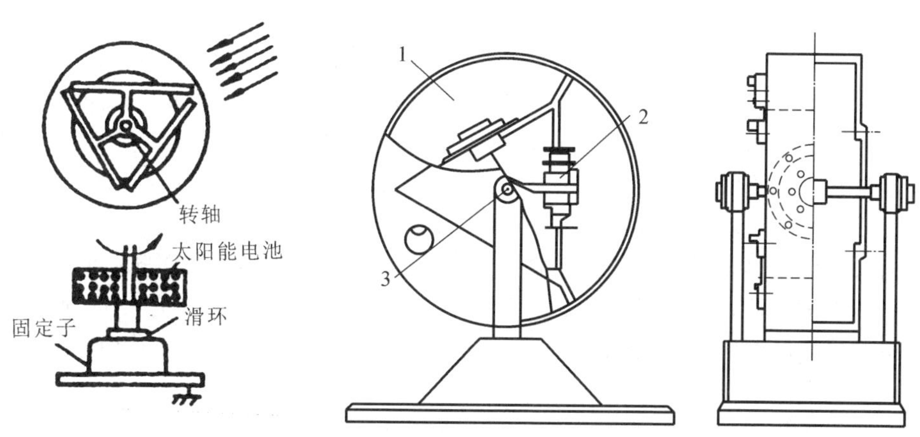

图 7-12　光电动机　　图 7-13　光化学回转活塞式行星电动机

7.1.5　液、气动机构

液动机构、气动机构是以具有压力的液体、气体作为工作介质，来实现能量传递与运动变换的机构。它们广泛应用于矿山、冶金、建筑、交通运输和轻工等行业。

7.1.5.1　液动机构

1. 液动机构的优、缺点

液压传动与机械传动、气动传动等相比具有以下优点：

(1) 易实现无级调速，调速范围大；

(2) 体积小、重量轻,输出功率大;

(3) 工作平稳,易实现快速启动、制动、换向等动作;

(4) 控制方便;

(5) 易实现过载保护;

(6) 由于液压元件能自润滑,磨损小,故工作寿命长;

(7) 液压元件易实现标准化、模块化、系列化。

液压传动也具有以下缺点:

(1) 由于油液的压缩性和泄漏性影响,传动不准确;

(2) 由于液体对温度敏感,故其不宜在变温或低温环境下工作;

(3) 由于效率低,不宜做远距离传动;

(4) 制造精度要求高。

2. 液动机构应用实例

图 7-14 所示为机械手手臂伸缩液动机构。它由数控装置发出指令脉冲,使步进电动机带动电位器的动触头转动一个角度 θ。如果为顺时针转动,动触头偏离电位器中点,在其上的引出端便产生与指令信号成比例的微弱电压 U_1,经放大器放大为 U_2 作为信号电压输入电液伺服阀的控制线圈,使电液伺服阀产生一个与输入电流成比例的开口量。这时,液体以一定的流量 q 经阀的开口进入液压缸左腔,推动活塞连同机械手手臂向右移动 x。液压缸右腔的液体经电液伺服阀流回液体箱。由于电位器外壳上的齿轮与手臂上的齿条相啮合,因此手臂向右移动的同时,电位器便逆时针转动。当电位器的中点与动触头重合时,动触头引出端无电压输出,放大器输出端的电压为零,电液伺服阀的控制线圈无电流通过,阀口关闭,手臂停止移动;反之,若指令脉冲的顺序相反,则步进电动机逆时针转动,手臂向左移动。手臂的运动速度取决于指令脉冲的频率,而其行程则取决于指令脉冲的数量。

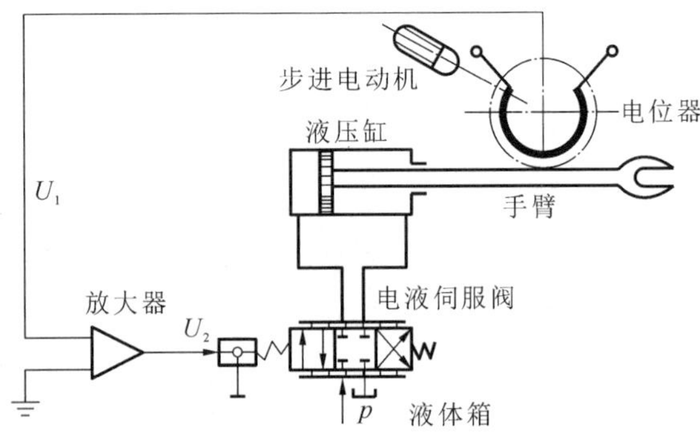

图 7-14 机械手手臂伸缩液动机构

图 7-15(a)所示为行程放大机构,它由摆动液压缸驱动连杆机构,可实现较

大的行程和增速,常用于电梯升降、高低位升降台等机械产品中。

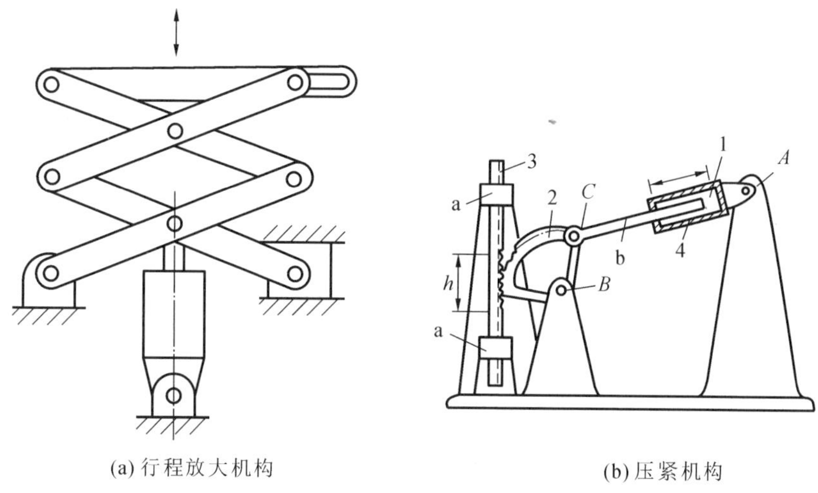

(a) 行程放大机构　　(b) 压紧机构

图 7-15　行程放大机构和压紧机构

图 7-15(b)所示为压紧机构,活塞 1 在绕定轴 A 转动的液压缸 4 内往复移动,活塞杆 b 和绕定轴 B 转动的扇形齿轮 2 组成转动副 C,扇形齿轮 2 与在定导轨 a 内往复移动的齿条 3 相啮合,齿条 3 向下移动可实现压紧动作。

7.1.5.2　气动机构

1. 气动机构的特点

气动机构具有下述优点:

(1) 工作介质为空气,易于获取和排放,不污染环境;

(2) 空气黏度小,故压力损失小,适合远距离输送和集中供气;

(3) 比液压传动响应快,动作迅速;

(4) 适合在恶劣的工作环境下工作;

(5) 易实现过载保护;

(6) 易标准化、模块化、系列化。

2. 气动机构应用实例

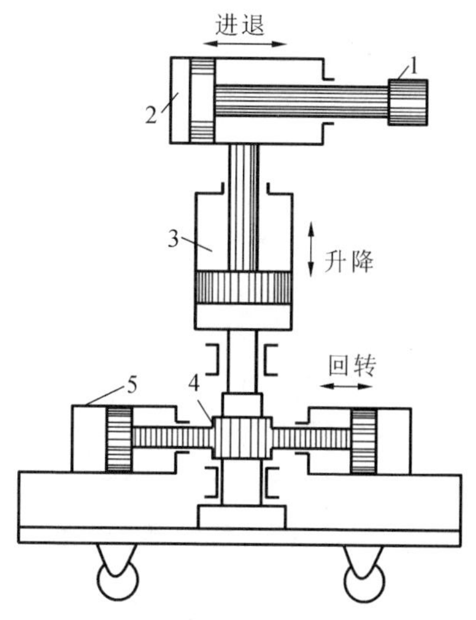

图 7-16　通用机械手的结构示意图

图 7-16 所示为一种比较简单的可移动式气动通用机械手的结构示意图。它由真空吸头 1、水平缸 2、垂直缸 3、齿轮齿条副 4、回转缸 5 及小车等组成。它可在三个坐标内工作,一般用于装卸轻质薄

片，更换适当的手指部件，还能完成其他工作。

该机械手的工作循环是：垂直缸上升→水平缸伸出→回转缸转位→回转缸复位→回转缸退回→垂直缸下降。

7.2　螺旋机构

用螺旋副连接两构件而形成的机构称为螺旋机构。常用的螺旋机构中，除包含螺旋副以外，还有转动副、移动副。

1. 单螺旋副机构

图 7-17(a)所示为单螺旋副机构。图中，构件 1 为螺杆，构件 2 为螺母，构件 3 为机架；A 为转动副；B 为螺旋副，其导程为 h_B；C 为移动副。当螺杆 1 转动角 ϕ 时，螺母 2 的位移 s 为

$$s = h_B \frac{\phi}{2\pi} \tag{7-3}$$

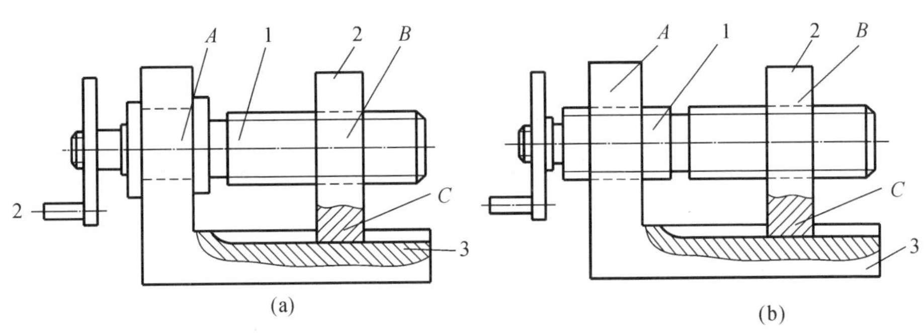

图 7-17　单螺旋副机构

这种螺旋机构常用于台钳及许多金属切削机床的走刀机构中。如图 7-18 所示的机床横向进给刀架便是单螺旋副机构的应用实例。单螺旋副机构也常应用于千斤顶、螺旋压榨机及图 7-19 所示的螺旋拆卸装置中。

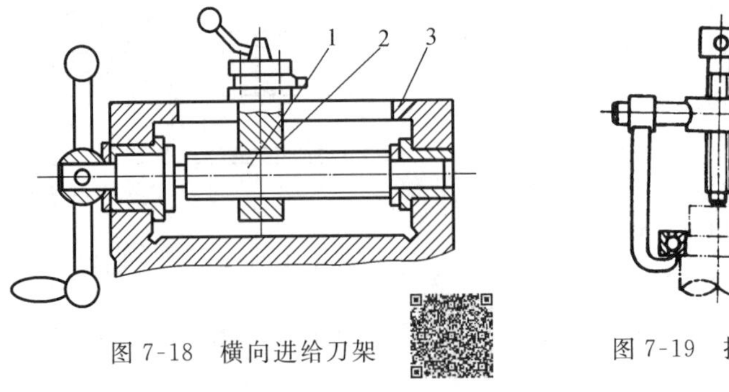

图 7-18　横向进给刀架

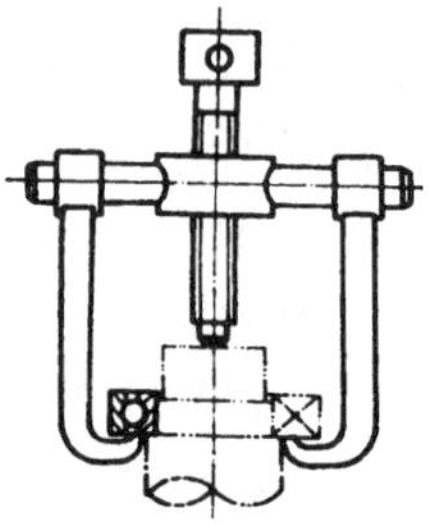

图 7-19　拆卸装置

2. 双螺旋机构

在图 7-20 所示的双螺旋机构中，A 和 B 均为螺旋副，其导程分别为 h_A 和 h_B。若两螺旋副的螺旋方向相同，当螺杆 1 转动角 ϕ 时，螺母 2 的位移为

$$s=(h_A-h_B)\frac{\phi}{2\pi} \tag{7-4}$$

由上式可知，若 h_A 和 h_B 近似相等，则位移 s 可以极小。这种螺旋机构称为差动螺旋机构。差动螺旋机构的优点是，能产生极小的位移，而其螺纹的导程并不小，所以它常被用于测微器、螺旋压缩机、分度机和天文与物理仪器中。

在上述的双螺旋机构中，如果两个螺旋方向相反且导程大小相等，则当螺杆 1 转动角 ϕ 时，螺母 2 的位移为

$$s=(h_A+h_B)\frac{\phi}{2\pi}=2h_A\frac{\phi}{2\pi}=2s' \tag{7-5}$$

式中：s' 为螺杆 1 的位移。

由上式可知，螺母 2 的位移是螺杆 1 的位移的 2 倍，也就是说，可以使螺母 2 产生很快的移动。这种螺旋机构称为复式螺旋机构。复式螺旋机构常用在使两构件能很快接近或分开的场合。图 7-20(a)所示为复式螺旋机构，被用作火车车厢连接器。图 7-20(b)所示为铣床上铣圆柱体零件用的夹具。此夹具中的螺杆 3 的左、右两端螺纹的尺寸相同但旋向相反，螺杆 3 利用螺钉做轴向定位，因而只能转动而不能移动。而螺母 1 和 2 在夹具体内只能移动不能转动。当转动螺杆 3 时，螺母 1 和 2 分别向左、右移动，同时带动夹爪将工件 5 夹紧。图 7-20(c)所示为压榨机构，螺杆 1 两端分别与螺母 2、3 组成旋向相反导程相同的螺旋副，A、B 根据复式螺旋机构的原理上下运动压榨物件。

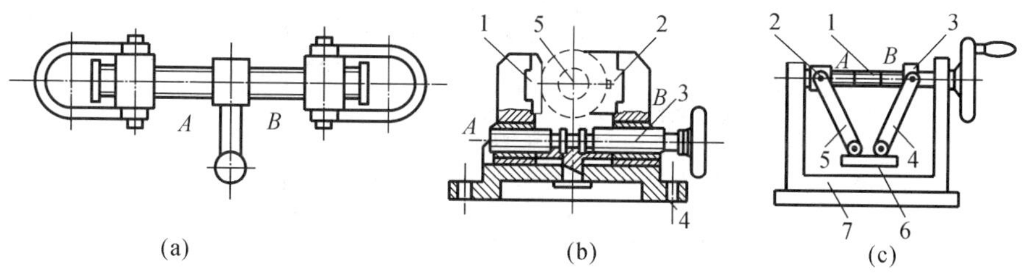

图 7-20　双螺旋机构

3. 螺旋机构特点

螺旋机构有如下特点。

(1) 能将回转运动变换为直线运动，而且运动准确性高。例如，一些机床进给机构，都是利用螺旋机构将回转运动变换为直线运动的。

(2) 速比大,可用于如千分尺那样的螺旋测微器中。

(3) 传动平稳,无噪声,反行程可以自锁。

(4) 省力,可用图 7-19 所示的拆卸工具将配合得很紧的轴和轴承分开。

螺旋机构的缺点是:效率低,相对运动表面磨损快;实现往复运动要靠主动件改变转动方向来实现。

7.3　万向联轴节

万向联轴节主要用于传递两相交轴间的动力和运动,而且在传动过程中两轴之间的夹角可以变动,它广泛应用于汽车、机床、冶金机械等的传动系统中。

1. 单万向联轴节

图 7-21 所示为单万向联轴节的结构简图,它由端部为叉形的主动轴 1 和从动轴 2、十字形构件 3 及机架 4 组成。轴 1 和轴 2 的叉分别与构件 3 组成转动副 B 和 C,轴 1 和轴 2 分别与机架组成转动副 A 和 D,转动副 A 和 B、B 和 C、C 和 D 的回转轴线分别互相垂直,并且都相交于构件 3 的中心 O,轴 1 和轴 2 之间所夹的锐角为 β。当主动轴 1 转动一周时,从动轴 2 也随之转动一周,但两轴的瞬时传动比却不恒等于 1。通过速度分析,可得出两轴角速度之比为

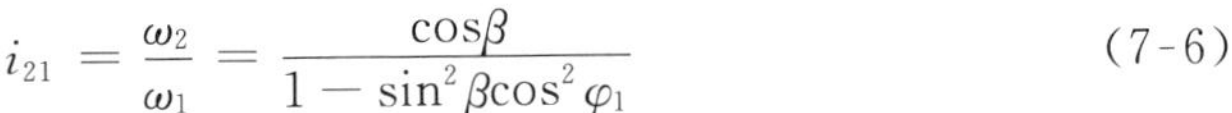

$$i_{21}=\frac{\omega_2}{\omega_1}=\frac{\cos\beta}{1-\sin^2\beta\cos^2\varphi_1} \tag{7-6}$$

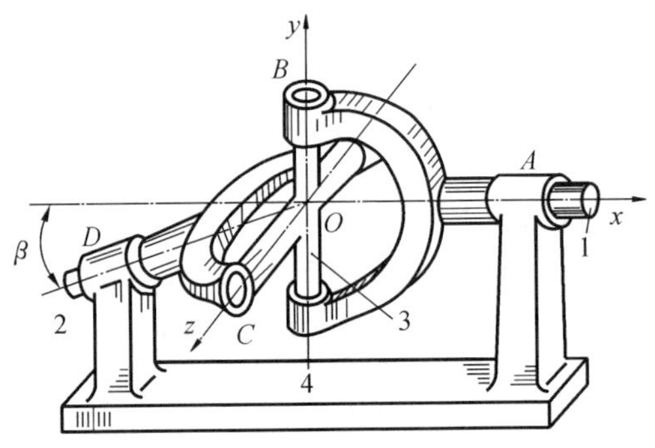

图 7-21　单万向联轴节

式中:φ_1 为主动轴 1 的转角,当该轴的叉形平面位于两轴线所在平面时,$\varphi_1=0°$。

由式(7-6)可知,当主动轴做匀速转动时,角速比 i_{21} 是两轴夹角 β 和主动轴转角 φ_1 的函数。当 $\beta=0°$时,$i_{21}=1$,它相当于两轴刚性连接;当 $\beta=90°$时,$i_{21}=0$,即两轴不能进行传动。又若两轴夹角 β 一定,则当 $\varphi_1=0°$或 $\varphi_1=180°$时,i_{21}

为最大，$\omega_{2\max}=\omega_1/\cos\beta$；当 $\varphi_1=90°$ 或 $\varphi_1=270°$ 时，i_{21} 为最小，$\omega_{2\min}=\omega_1\cos\beta$。故在两轴回转一周的过程中，$\omega_2$ 做周期性变化，其变化范围为

$$\omega_1\cos\beta\leqslant\omega_2\leqslant\omega_1/\cos\beta$$

且两轴间夹角 β 越大，从动轴角速度 ω_2 的变化幅度越大。因此，在实际应用中，β 值及其变化范围不能过大。

综上所述，单万向联轴节传递两相交轴间的运动时，从动轴的角速度做周期性变化，因此在传动中会产生附加动载荷，使轴产生振动。为了消除这一缺点，可采用双万向联轴节。

2. 双万向联轴节

单万向联轴节的角速比做周期性变化会引起传动系统产生附加动载荷，使轴系发生振动。为克服这一缺点，可采用双万向联轴节(见图 7-22)。其构成可看成用一个中间轴 M 和两个单万向联轴节将输入轴 1 和输出轴 3 连接起来。中间轴 M 的两部分采用滑键连接，以允许两轴的轴向距离有所变动。至于双万向联轴节所连接的输入、输出两轴，既可相交，也可平行。

为了保证传动中输出轴 3 和输入轴 1 的传动比不变而恒等于 1，必须遵从下列两个条件：

(1) 中间轴与输入轴和输出轴之间的夹角必须相等，即 $\alpha_1=\alpha_3$；

(2) 中间轴两端的叉面必须位于同一平面内(见图 7-22(b))。

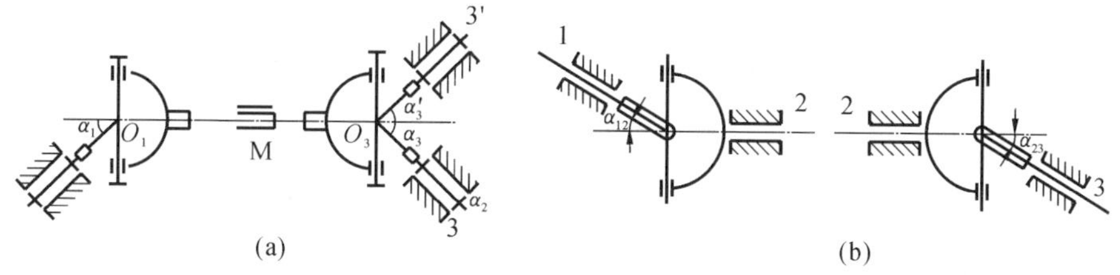

图 7-22　双万向联轴节

按照上述条件(2)，由式(7-6)得

$$\tan\theta_M=-\cos\alpha_1\tan\psi_1,\quad \tan\theta_M=-\cos\alpha_3\tan\psi_3$$

而按照上述条件(1)，$\alpha_1=\alpha_3$，故比较以上两式知 $\psi_1=\psi_3$。由此不难得出$\omega_1=\omega_3$。

双万向联轴节能连接两轴交角较大的相交轴或径向偏距较大的平行轴，且在运转时轴交角或偏距可以不断改变，其径向尺寸小，故在机械中得到广泛应用。图 7-23 是双万向联轴节在汽车驱动系统中的应用，其中内燃机和变速箱安装在车架上，而后桥用弹簧和车架连接。在汽车行驶时，由于道路不平，弹簧

发生变形，致使后桥与变速箱之间的相对位置不断发生变化。在变速箱输出轴和后桥传动装置的输入轴之间，通常采用双万向联轴节连接，以实现等角速度传动。

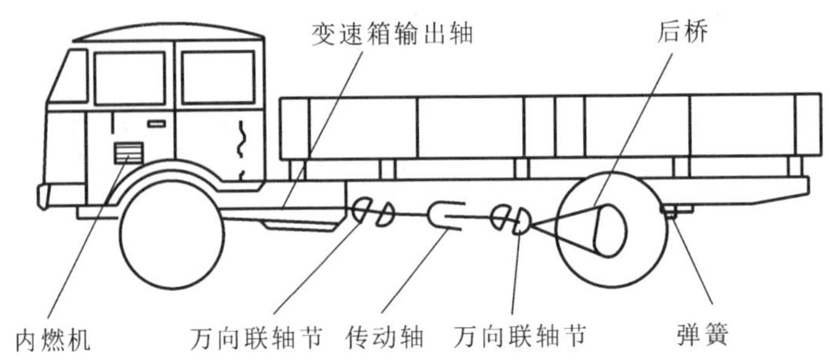

图 7-23 双万向联轴节在汽车驱动系统中的应用

图 7-24 所示为用于轧钢机轧辊传动中的双万向联轴节，以适应不同厚度钢坯轧制的需求。

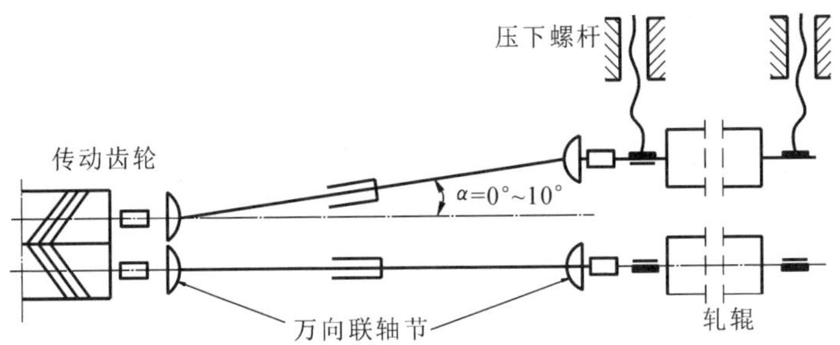

图 7-24 双万向联轴节在轧钢机轧辊传动中的应用

习 题

7-1 试说明广义机构的特点与应用，在哪些场合中可应用变频调速器？

7-2 继电器机构与振动机构有哪些用途？试举例说明。

7-3 题 7-3 图所示的差动螺旋机构中，螺杆 3 与机架刚性连接，其螺纹是右旋的，导程 $h_A=4$ mm，螺母 2 相对于机架只能移动，内外均有螺纹的螺杆 1 沿箭头方向转 5 圈时，要求螺母只向左移动 5 mm。试求 1、2 组成的螺旋副的导程 h_B 及其旋向。

7-4 题 7-4 图所示的差动螺旋机构中，A 处的螺旋为左旋，$h_A=5$ mm，B 处的螺旋为右旋，$h_B=6$ mm。当螺杆 1 沿箭头方向转 10°时，试求螺母 2 的移动量 s_2 及移动方向。

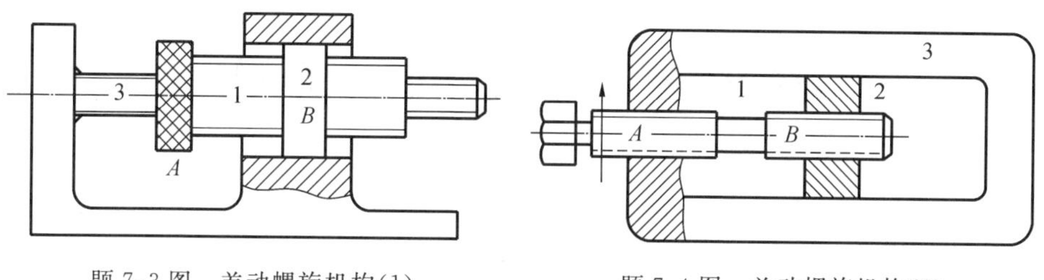

题 7-3 图　差动螺旋机构(1)　　题 7-4 图　差动螺旋机构(2)

7-5　什么叫差动螺旋机构？什么叫复式螺旋机构？它们有何异同？

7-6　复式螺旋机构为什么可以使螺母产生快速移动？

7-7　设单万向联轴节的主动轴 1 以等角速度 $\omega_1=157.08$ rad/s 转动，从动轴 2 的最大瞬时角速度 $\omega_2=181.28$ rad/s，求轴 2 的最小角速度 ω_{min} 及两轴的夹角 α。

7-8　单万向联轴节有什么特点？

7-9　双万向联轴节用于平面内两轴等角速度传动时的安装条件是什么？

第 8 章　机构创新设计

8.1　功能原理设计

机械系统具有的特定工作能力称为机械产品的功能，机械系统所能完成的功能常称为系统的总功能，总功能是由动力系统功能、机械运动系统功能和操作控制系统功能等子功能完成的。机械运动系统的功能是机械系统总功能中最重要的部分，它包括执行机构的功能和传动机构的功能。

8.1.1　总功能的确定与表达

功能分析与设计的目的是从完成功能的角度而不是从技术的角度分析系统，确定系统的总功能并用适当的方式加以表达。功能设计过程包括添加、裁剪、重组功能。即研究系统中已有条件是否可以在成本增加不多的情况下，添加新的功能；各种功能有无技术和应用上的冲突；每一个功能是否有价值，是否必需；系统中的一些功能是否可相互代替和进行整合。确定系统功能时需要考虑多方面的因素，如工作对象、工作环境、应用群体、技术条件、产品成本等。如在设计旱地播种机时，考虑到种子发芽必须充分吸湿，而旱地环境无法在短时间内提供充足的水分，播种机上增加补水功能就成为该产品创新的重要措施。又如洗衣机的洗涤和脱水功能在时间上是分时完成的，因此这两个功能在空间上就可以整合到同一个空间位置上，这一功能重组彻底淘汰了老式双缸洗衣机，使洗衣机更易实现自动控制。所谓功能表达就是用简明的语言对产品对象的各种工作能力进行抽象化的描述。功能的描述一定要准确、合理、简洁、抽象，不带有任何倾向性，从而在方案构思时不致产生约束，使思路开阔。产品的功能描述与产品的用途、性能等不尽相同。例如，钢笔的用途是写字，而功能的描述是“存送墨水”。随着计算机技术的发展，概念设计和方案设计软件的出现，按设计软件要求进行的功能表达还有助于软件的辅助设计。

8.1.2　功能的分解

功能分析的一般方法是将总功能逐级分解为子功能、二级子功能等，其末端是基本功能，然后找出相应的基本功能的实现原理、实现方法、实现机构和实现装置，即所谓基本功能的解。功能分解可图解为树状结构，如图 8-1 所示。

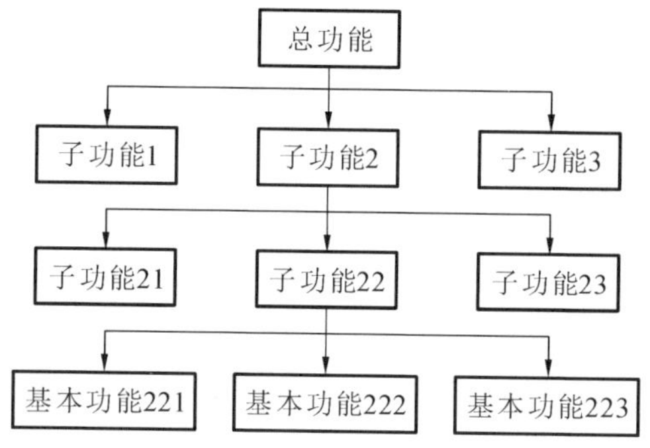

图 8-1　功能分解

如图 8-2 所示是减速器的功能树及基本功能解。

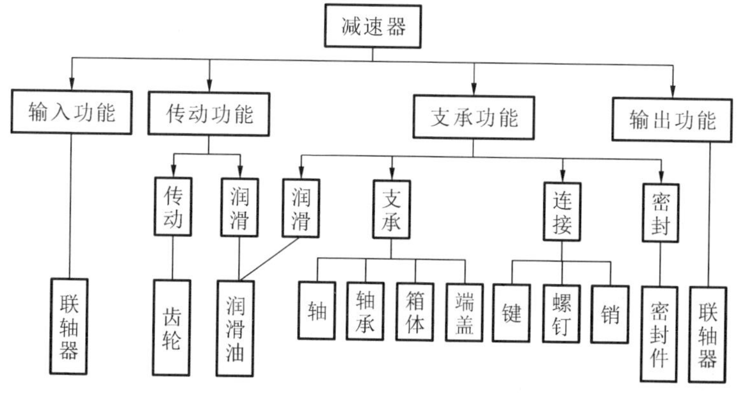

图 8-2　减速器功能树及基本功能解

功能分解有利于实现机械产品的模块化设计，即将系统根据功能分解为若干模块，通过模块的不同组合，得到不同品种、不同规格的产品。设计新产品时可以借用其他产品的相同模块，因而产品更新换代快，缩短了设计制造周期，降低了成本，且产品维修方便，性能稳定可靠。常用模块化设计方式有如下几种。

(1) 横系列模块化设计：在基型品种上更换或添加模块，形成新的变形品种。例如，更换端面铣床的铣头，加装立铣头、卧铣头、转塔铣头等，形成立式铣床、卧式铣床或转塔铣床等。

(2) 纵系列模块化设计：产品功能及原理方案相同，结构相似，而参数尺寸有变化，随参数变化对系列产品划分合理区段，同一区段内模块通用。

(3) 全系列模块化设计：包括纵系列模块化设计与横系列模块化设计。

(4) 跨系列模块化设计：指具有相近动力参数的不同类型产品的设计。它有两种模块化形式：一种是在相同的基础件结构上，选用不同模块组成跨系列产品。如德国生产的双柱坐标镗床，通过改变测量系统模块，可得到一种用于专门测量的产品。另一种是在基础不同的跨系列产品中，选用相同功能的模块。如自卸车与载重汽车，选用同样的变速箱与制动器等通用模块。

下面以微电脑控制全自动洗衣机为例，说明功能原理的设计方法。

由洗衣机的设计任务可知，其总功能原理是将信息化的洗涤过程自动复现，通过波轮搅拌的方法将脏衣服洗涤干净，主要特征是自动化。为了实现此功能，其必须具有洗涤功能，要有一套能将程序转化为波轮和脱水桶运动的控制命令的信息处理功能，要有能在洗涤过程中承受各种作用力、保证几何精度的结构功能。由此得到第一级子功能：洗涤功能、动力功能、控制功能、结构功能。对于洗涤功能，它牵涉衣物、水和洗涤剂三个方面，因此，洗涤子功能的第二级子功能就分别是与衣物、水和洗涤剂相关的功能。对于衣物，要求能够洗涤、脱水，对应的第三级子功能就是盛装衣物、分离脏物和脱水。图 8-3 所示是微电脑控制全自动洗衣机功能树。

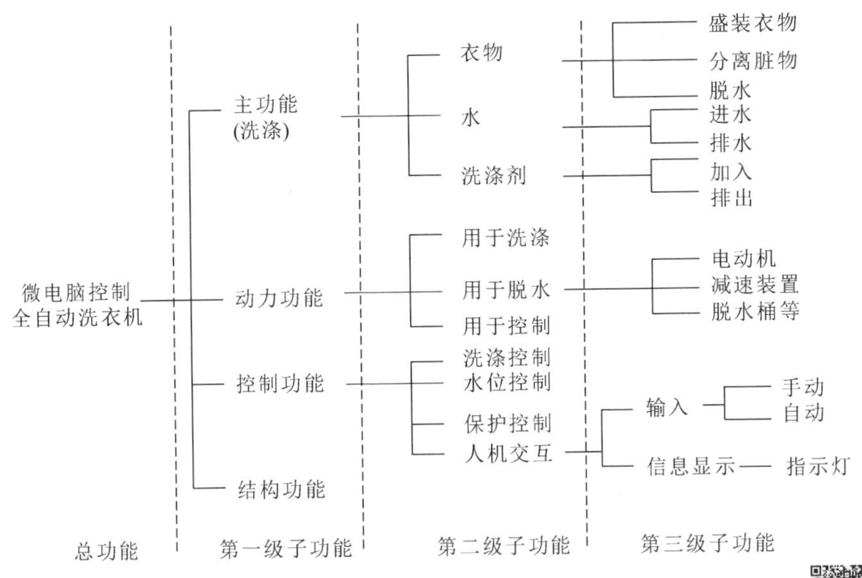

图 8-3　微电脑控制全自动洗衣机功能树

8.1.3　工作原理的选择

工作原理是指实现产品功能的最基本形式，创新设计的核心是原理创新。按新的原理工作的机器、设备、仪器才具有竞争力。机械运动方案与所采用的工作原理密切相关，同一种工作可根据不同的工作原理来实现，相同的工作原理可以用于多种机械产品。设计时根据机械预期实现的功能要求，构思出所有可能的工作原理，加以分析比较，并根据使用要求或工艺要求，从中选出既能很好地满足功能要求，工艺动作又简单的工作原理。

以下的方法常用来构思新的机器工作原理。

1）建立工作原理库

工作原理库把设计过程中所需要的各种可能的工作原理有规律地加以分类、排列、储存，建立目录索引，以便设计者查找、调用。例如不同组分的固体物质的分离原理，可将筛分原理（尺寸大小不同）、离心分离原理（质量不同）、振动分离原理（质量、大小、表面特征不同）、摩擦分离原理（与输送带材料的摩擦因数不同）、风力分离原理（各组分在空气中的悬浮速度不同）、浮力分离原理（各组分在液体中的浮力速度不同）、电磁分离原理（各组分在电场、磁场中的受力不同）等加入工作原理库，并按组分的特征建立索引目录，便于查找。又如：液体的输送常采用各种泵来完成，按原理不同有根据液体体积减小时压力增大、体积增大时压力减小原理工作的容积式泵（柱塞泵、活塞泵、齿轮泵、转子泵、叶片泵等），有根据液体旋转时在离心力作用下离开转动中心原理工作的离心泵，有根据液体与叶轮作用力原理工作的轴流泵。

2）参考、借鉴相关产品或专利的原理

相同的工作原理可以用于多种机械产品，所以多观察、多积累已有相关产品或专利的新颖的工作原理，在进行创新设计时才能得心应手。例如设计层叠薄片分送相关机械时可以借鉴印刷机、点钞机、包装机的分纸原理，如图 8-4 所示。

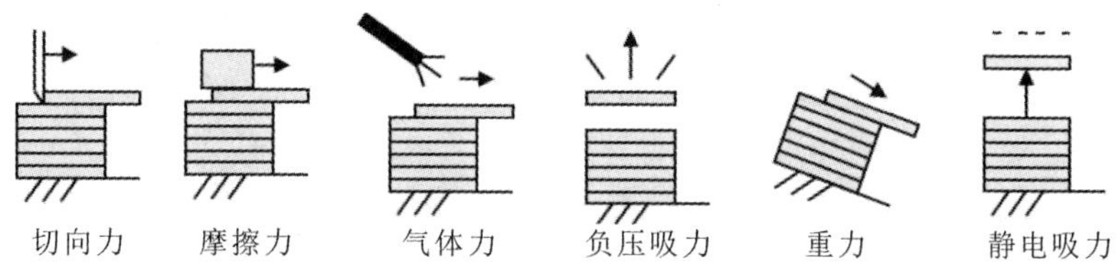

图 8-4　分纸原理

3）利用 TRIZ 的 40 种技术冲突解决方法导出工作原理

TRIZ 是俄语发明问题解决理论（英语标音为 Teoriya Resheniya Izobretatelskikh Zadatch）的缩写，TRIZ 理论由苏联发明家阿奇舒勒（G. S. Altshuller）于 1946 年创立。阿奇舒勒认为不同的发明创造往往遵循共同的规律，TRIZ 理论将这些共同的规律归纳成 40 个创新原理，针对具体的技术矛盾，可以基于这些创新原理，结合工程实际寻求具体的解决方案。应用这 40 个创新原理，可以改变原理创新靠灵感、靠顿悟的难以琢磨的状况，有意识地引导创新的方向，使原理创新有规律可循。例如牙刷的创新，应用 TRIZ 的分割原理，将普通牙刷改进成可折叠的旅行牙刷，继续分割以至于分割到由无穷多小部分组成，最终成为柔性的牙刷（口香糖），进一步分割成为液体牙刷（漱口水），再进一步分割还可成为气体牙刷（口腔雾化剂）。事实上，我国古代发明家沈括已不自觉地应用了分割原理，在活字印刷术发明之前，刻版印刷早已在应用之中，然而，对不同的印刷物，刻版印刷必须重复刻版，有时一字之误，就会使整个刻版都不能使用。活字印刷术可将整块印刷版分割成单个的汉字，使用时重新排版即可，解决了这一技术冲突。

有些资源在当前存在的状态下可被直接应用，称为直接资源；有些资源需要通过某种变换，才能成为可利用资源，称为导出资源。应用系统自身资源时首先将所有的资源集中于最重要的动作或子系统；在特定的空间或时间内，合理、有效地利用资源，避免资源损失、浪费；并与其他子系统分享资源，动态调节这些子系统，通过对资源进行变换，利用其他子系统中损失或浪费的资源。

例如螺栓的螺纹加工，传统的办法是在车床上走刀切削而成（见图 8-5(a)）。按这种工艺方法设计而成的切制某种规格螺纹的专用设备，其结构虽比普通车床简单，但仍需有工件装夹和旋转，刀架的纵、横向进给与快进等动作，结果其结构与普通车床类似而工作效率提高不多。考虑螺纹为圆柱体，且金属材料具有压延性这一有用的物质特性，应用搓丝机原理（见图 8-5(b)），依靠动搓丝板和送料板的往复运动，使机构大大简化，且生产率、工件质量和材料利用率都有所提高。往复运动中回程的时间资源没有充分利用，改进的对辊式搓丝机（见图 8-5(c)）则把往复运动变成单向旋转运动，省掉了往复式搓丝机的空回行程，提高了生产率。但只在两辊之间搓丝，空间资源被浪费，如果将其中一个搓丝辊设计在圆柱体内表面上，制成行星搓丝机（见图 8-5(d)），则充分利用了空间资源，缩小了机械的体积，使工艺动作进一步简化，成倍地提高了生产率。

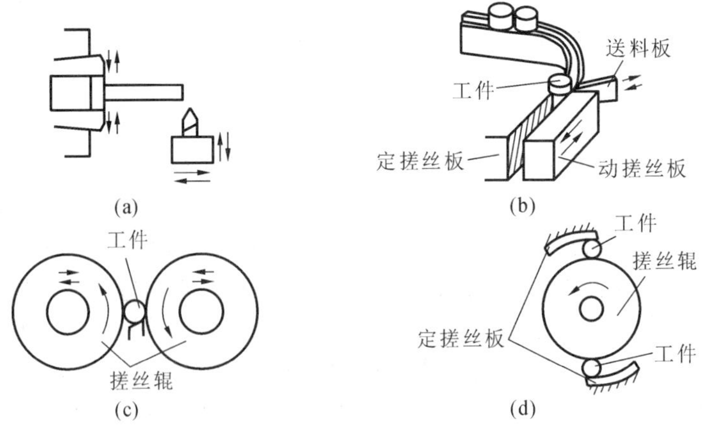

图 8-5　螺纹加工的传动方案

8.2　机构选型

进行运动方案设计时，必须仔细地研究工艺过程提出的动作要求，把复杂的运动分解成若干基本运动，并找出能够实现这些运动、动作的机构。工艺动作的合理性，是机器设计成败的关键。以洗衣机的方案构思为例，如果采用人工搓揉布料的工艺动作设计洗衣机，它将是包括钩爪、手臂和由四杆机构组成的机械手等相当复杂的机构。但当采用旋转运动，利用水流和布料相对运动产生的摩擦，除掉衣料上的污垢时，问题就大大简化。

8.2.1　工艺动作的确定

工艺动作设计得不相同，设计出的机构运动方案也就不相同；而不同的机构可能实现同一工艺动作，满足同样的使用要求，所以运动方案设计中工艺动作的设计是进行创新的重要方法。例如从井中抽水，采用容积的变化引起液体压力的变化，从而使液体从低压处流向高压处这一工作原理，可以采用以下三种工艺动作。

(1) 采用往复移动的工艺动作改变容积，如图 8-6 所示。

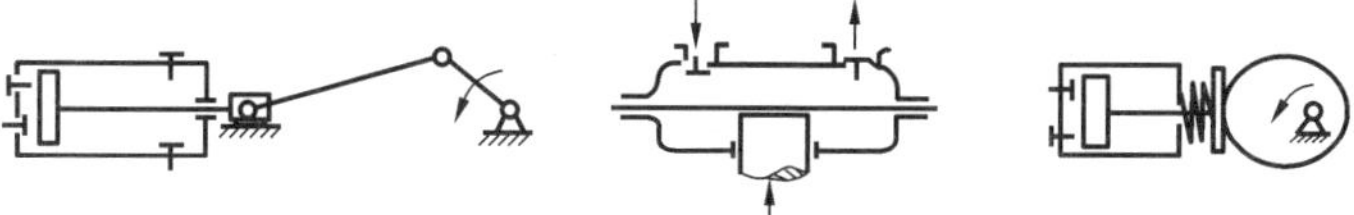

图 8-6　往复移动工艺动作的容积泵

(2) 采用往复摆动的工艺动作改变容积，如图 8-7 所示。

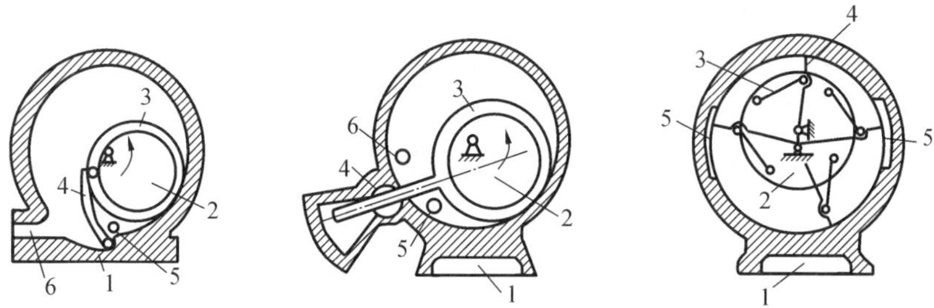

图 8-7　往复摆动工艺动作的容积泵

(3) 采用往复旋转的工艺动作改变容积，如图 8-8 所示。

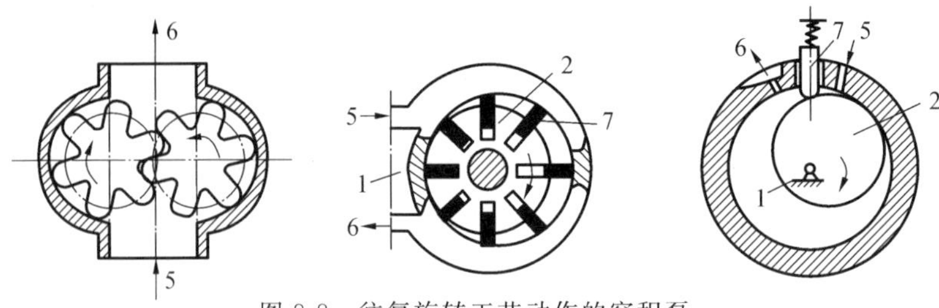

图 8-8 往复旋转工艺动作的容积泵

8.2.2 机构选型

当确定了所需执行构件的工艺动作后，就应选择能够实现各个执行构件运动形式所需的执行机构，这就是通常所称的机构选型。同样的工艺动作可以选用不同的机构实现。如图 8-6 所示，采用往复移动的工艺动作时，可以使用曲柄滑块机构，也可以采用凸轮机构；如图 8-7 所示，采用往复摆动的工艺动作时，可以使用曲柄摇杆机构，也可以采用曲柄摇块机构；如图 8-8 所示，采用往复旋转的工艺动作时，可以使用齿轮机构，也可以采用凸轮机构。要决定采用何种执行机构来灵巧地实现执行动作，不仅要求设计人员对现有的各种各样机构的结构特点、工作原理、设计方法等有比较全面的了解，而且，还要求在进行机构选型过程中，通过推陈出新、创新构思等探索，力求有所突破。

1. 执行构件的运动形式及实现机构

1）执行构件的运动形式

常见的执行构件的运动形式有如下几种。

（1）旋转运动　包括连续旋转运动（如车床的主轴旋转等）、间歇旋转运动（如自动车床工作台的转位机构等的运动）、往复摆动（如钢锭固定式翻斗车的运动、造型机翻转机构的运动等）。

（2）直线运动　包括连续往复移动（如惯性筛的往复移动、插齿刀往复运动）、间歇往复移动（如实现矩形轨迹的自动送料机构中托架的运动、车床横刀架的运动等）、单向间歇直线移动（如车床尾架套筒的慢速进给运动、刨床单向间歇运动）等。

（3）曲线运动　一般指执行构件上某点做特定的曲线运动。如搅拌机，其连杆上安装搅拌头的位置按预定的曲线轨迹运动。

（4）刚体导引运动　一般指机构引导非连架杆的执行构件按给定的位置运动，如摄影车升降机构、万能绘图仪等。

除了上述执行构件的运动形式外，还有其他一些特殊功能的运动形式，如超越、换向、补偿等。

2）实现执行构件运动形式的常用机构

通常能实现某一运动形式的机构有多种形式，在选择的时候，应综合考虑如下多种因素：受力的大小、工艺动作过程的要求、加工难易程度、制造成本高低、使用及维修方便与否等。表8-1列出了能实现执行构件各种运动形式的一些常用机构。

表8-1　实现某种运动形式的常用机构

运动形式	常用机构
连续旋转	双曲柄机构、双转块机构、转动导杆机构、定轴齿轮传动、周转轮系、摩擦轮传动机构、带传动机构、链传动机构、非圆齿轮传动、万向联轴节等
间歇旋转	棘轮机构、槽轮机构、凸轮式间歇运动机构、不完全齿轮机构、超越机构等
连续往复摆动	曲柄摇杆机构、双摇杆机构、摇块机构、摆动导杆机构、摆动从动件凸轮机构、输出运动为摆动的组合机构等
间歇往复摆动	带有休止段轮廓的摆动从动件凸轮机构、输出为间歇往复摆动运动的组合机构等
连续往复移动	曲柄滑块机构、正弦机构、正切机构、移动导杆机构、齿轮齿条机构、移动从动件凸轮机构等
间歇往复移动	带有休止段轮廓的移动从动件凸轮机构、利用连杆曲线的圆弧段来实现间歇运动的平面连杆机构、不完全齿轮-移动导杆机构等
刚体导引运动	铰链四杆机构、曲柄滑块机构、凸轮-连杆机构、齿轮-连杆机构等
沿给定的轨迹运动	利用连杆曲线来实现给定轨迹运动的各种连杆机构、为实现给定轨迹而设计的各种组合机构

2. 机构选型的基本原则

机器的选型包括选择原动件的运动形式及执行构件的运动形式。原动件的运动形式取决于所选的原动机类型。常用的原动机及其输出运动如表8-2所示。由于选用交流或直流电动机作原动机较多，所以一般原动件的运动为连续转动。

表8-2　常用原动机及其输出运动

输出运动形式	常用的原动机
连续转动	异步电动机、直流电动机、滑差电动机、柴油机、汽油机、液压电动机、气动电动机等
往复移动	直线电动机、活塞式气缸、活塞式油缸等
往复摆动	双向电动机、摆动式气缸、摆动式油缸等
步进运动(间歇运动)	步进电动机等

机构选型是否合理，将直接影响到机器的市场竞争能力。为了使设计的新

机器结构简单、动力性能好、便于操作，在机构选型时应当遵循下列基本原则。

1）优先采用低副机构

高副机构容易满足所要求的运动规律，但是高副元素加工制造比较麻烦，而且高副元素容易磨损而造成运动失真，难以满足预定的运动规律的要求。低副机构的低副元素加工容易，加工精度高，且能承受较大的载荷，但低副机构往往只能近似实现所要求的运动规律，并且当构件数目多时将会产生较大的累积误差，设计也比较困难。

高副机构和低副机构各有优缺点，综合比较，应优先采用低副机构，并且最好选用以转动副为主构成的低副机构，尽量少采用易发生楔紧或自锁现象的移动副。高副机构（如凸轮机构）往往在运动控制机构或补偿机构中使用。

2）尽量避免虚约束，但又要注意虚约束在机构中的作用

虚约束在机构中可增加机构的刚度和强度，能够消除运动的不确定性。但在机构中引入虚约束会增加装配上的困难及增加生产成本，且当加工、装配精度达不到要求时，虚约束有可能变成起独立作用的实际约束，此时，构件间会产生楔紧现象。因而，在进行机构设计时，是否要加入虚约束需慎重加以考虑。

3）注意选用能调节、补偿误差的机构

因为机构在制造安装中不可避免地会产生误差，并且有时还需根据生产的实际需要调整有关的参数，以保证满足使用要求，因而所选的机构应有调整环节。

4）结构要简单，执行机构的运动链尽可能短

在保证能够实现机器总功能的前提下，组成机构系统的机构数目应尽可能少；在各执行机构中，从原动件到从动件的运动链，要尽可能短，力求尽量减少运动副的数目，从而减轻重量，减少加工和装配的困难，减小机构的累积误差，从而降低制造成本，提高机器的效率和工作可靠性。

图 8-9(a)所示为曲柄压力机传动系统简图，电动机经一级带传动、两级齿轮传动减速，使曲柄达到预定的转速。改用图 8-9(b)所示的传动方案，通过适当地增加每级的传动比，在保证曲柄转速的前提下，可简化结构，减轻机器的重量。

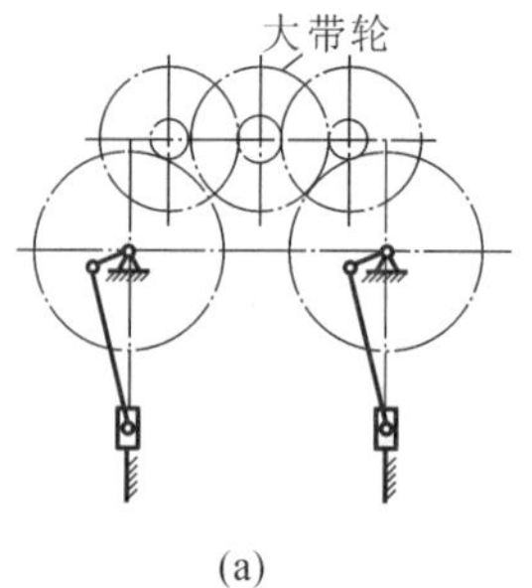

(a)

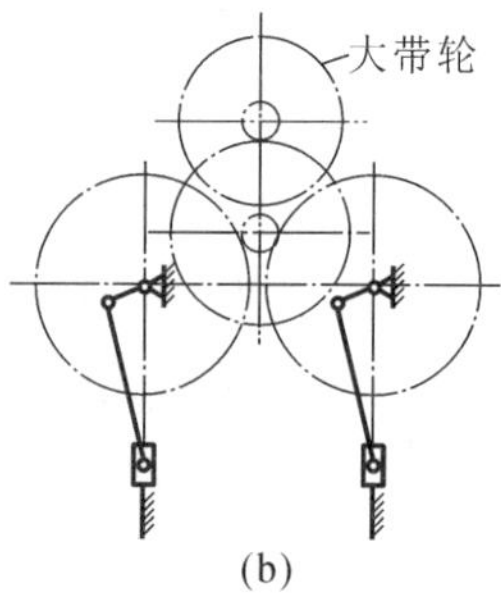

(b)

图 8-9　曲柄压力机传动系统简图

5）合理选择原动件的驱动方式

复杂机器中执行动作较多，由统一驱动改为分别驱动，虽然会增加原动件的数目，但传动链却可以大为简化，功率消耗也可以减小，因而是一种值得考虑的选择。

此外，在只要求实现简单的工作位置变换的机构中，如图8-10(a)所示，如利用曲柄摇杆机构来实现摇杆Ⅰ、Ⅱ两个工作位置的变换，往往要用电动机带动一套减速装置驱动曲柄。为了使曲柄能停在要求的位置，还要加装制动装置。如果采用图8-10(b)所示的方案，改用气缸驱动，则可使结构大为简化。

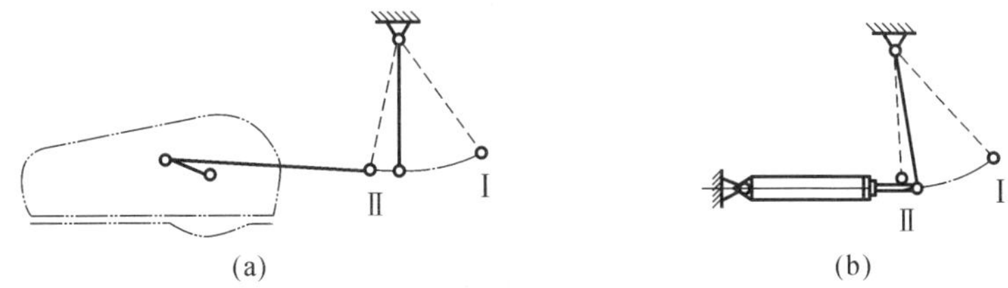

图8-10　曲柄摇杆机构方案

6）机构的动力性能要好

机构是否有好的动力性能对于高速机械或载荷变化大的机构尤其重要。在高速机械中，选型时要尽量考虑其对称性，要考虑平衡惯性质量的措施，以减少运转过程中的动载荷，否则将会引起很大的振动，甚至会影响机构的正常工作。

对于传动大载荷的机构，要减小机构的压力角，增大机构的传动角，防止产生自锁现象，提高机器的效率。对于行程不大但要克服很大生产阻力的机构，可考虑选用“增力”机构。

7）操纵方便，安全耐用

为了保证操作方便，在进行机构运动方案设计时，应适当选用一些开、停、正反转、离合、紧急制动、手动等装置。而且，为了防止因载荷突变而损坏机器，应加设过载保护装置。

8）降低成本，提高经济效益

在选用元器件时，应尽量选用标准化、系列化、通用化的元器件，多用外购件，减少加工工件的数量，以达到最大限度地降低生产成本，提高经济效益。

8.3　机构创新设计

在机构的创新设计工作中，常常需要所设计的机构完成较为复杂的动作。

而常用的基本机构如连杆机构、凸轮机构、齿轮机构、间歇运动机构、含有挠性件的传动机构、螺旋传动机构及这些机构的倒置机构，往往不能满足要求。例如连杆机构难以实现一些特殊的运动规律；凸轮机构虽然可以实现任意的运动规律，但行程小，且行程不可调；齿轮机构虽然有良好的运动与动力特性，但运动形式简单，并且也不适合远距离传动。

机构的组合是指将几个基本机构按一定的原则或规律组合成一个复杂的机构。其目的是改善基本机构的缺点，更好地满足生产发展所提出的新的更高运动和动作要求。机构的组合是机构创新设计的重要途径之一。

按连接方式的不同，机构组合可分为串联组合、并联组合、封闭组合、叠加组合、反馈组合等。

8.3.1 机构串联组合创新设计

机构串联组合是指将两个或两个以上基本机构顺序连接，每一个前置机构的输出为后置机构的输入。串联组合机构的前置机构和后置机构都是单自由度的机构，组合机构除了具有基本机构的特性外，还可实现增程、增力及一些特殊的运动规律，并可改善输出构件的运动与动力特性等。

图 8-11 所示为机构的串联组合示意图，根据参与组合的前后机构连接点的不同，机构串联组合可分为Ⅰ型串联和Ⅱ型串联两种串联组合方法。连接点选在做简单运动的构件上，称为Ⅰ型串联（见图 8-11(a)）；连接点选在做复杂平面运动的构件上，称为Ⅱ型串联（见图 8-11(b)）。

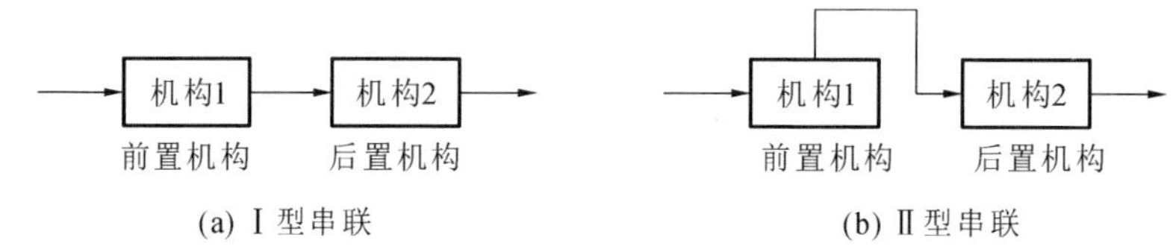

图 8-11 机构的串联组合示意图

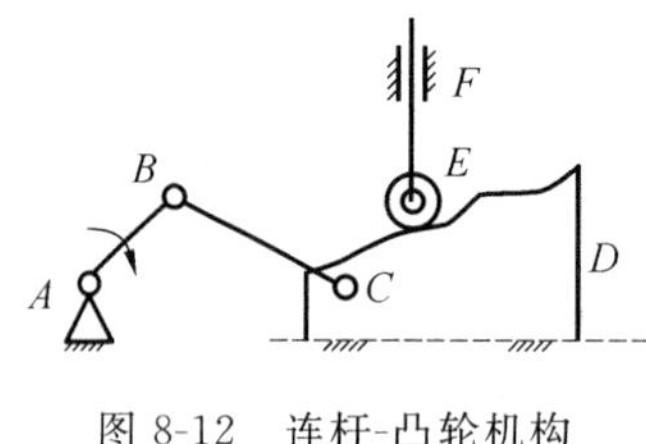

图 8-12 连杆-凸轮机构

图 8-12 所示为连杆-凸轮机构，曲柄滑块机构 $ABCD$ 为前置机构，移动凸轮机构 CDE 为后置机构。前置机构中的输出构件 CD 即为后置机构的输入构件，形成Ⅰ型串联机构。曲柄 AB 为原动件，通过连杆 BC 使移动凸轮做往复直线移动，从而带动滚子从动件上下运动。

图 8-13 所示为压力机主机构，$ABCD$ 为前置机构，DCE 为后置机构。曲柄 1 为原动件，滑块 5 为冲头。当冲压工件时，机

构位置处于 α 和 θ 都很小的位置，当曲柄 1 传给连杆 2 很小的驱动力时，滑块 5 则会输出很大的冲压力，从而使整个机构实现瞬时增力。

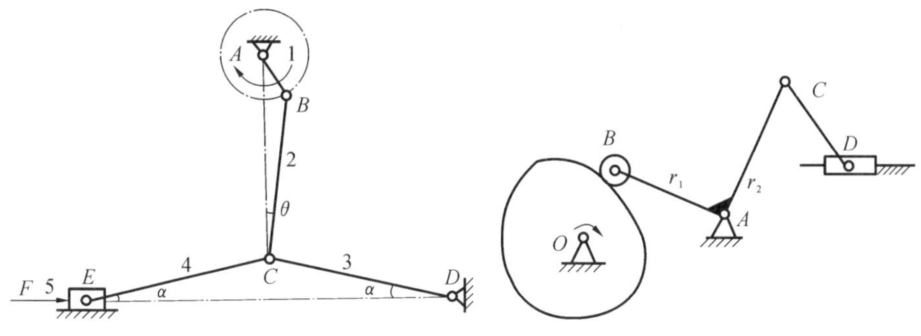

图 8-13　压力机主机构　　　　图 8-14　凸轮-连杆机构

图 8-14 所示为凸轮-连杆机构，凸轮机构 OBA 为前置机构，曲柄滑块机构 ACD 为后置机构。前置机构中输出构件 AB 与后置构件 AC 固接，形成Ⅰ型串联机构。在凸轮-连杆机构中，利用一个输出端半径 r_2 大于输入端半径 r_1 的摇杆 BAC，使 C 点的位移大于 B 点的位移，从而在凸轮尺寸较小的情况下，使滑块获得较大行程。

图 8-15 所示为间歇运动六杆机构，曲柄摇杆机构 $OABD$ 为前置机构，五杆机构 $DBEF$ 为后置机构。前置机构输出构件 AB 与后置机构的输入构件 BE 固接，形成Ⅱ型串联机构。连接点设在连杆的 E 点上，当 E 点运动轨迹为直线时，输出构件实现停歇；当 E 点轨迹为曲线时，输出构件实现摆动。

图 8-16 所示为齿轮-连杆机构，平行四边形机构 $ABCD$ 为前置机构，内齿轮 1、外齿轮 2 组成的内啮合齿轮机构为后置机构。齿轮机构中的内齿轮 1 与做平动的连杆固接，圆心位于连杆的轴线上，并满足 $O_1O_2=AB=CD$，形成Ⅱ型串联机构。当主动杆 AB 转动时，内齿轮做平面运动，并与外齿轮 2 啮合从而将动力输出。

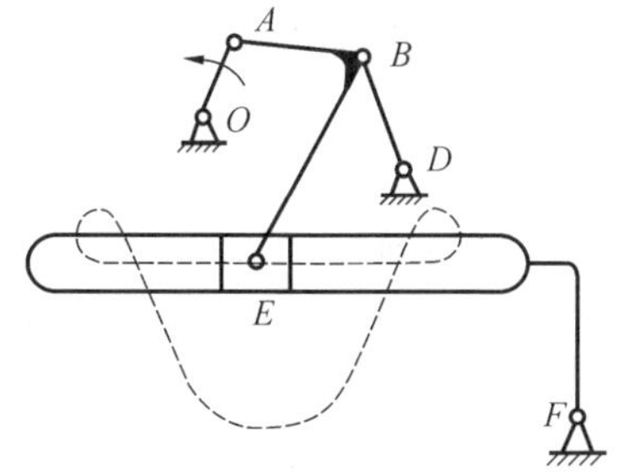

图 8-15　间歇运动六杆机构

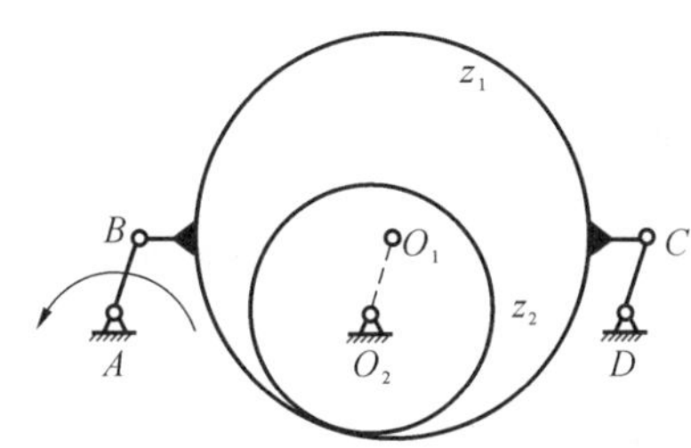

图 8-16　齿轮-连杆机构

串联组合方式所形成的机构系统，其分析的顺序按串联组合示意图由左向右进行，即先分析运动已知的基本机构实现的，再分析与其串联的下一个基本机构。而其设计的顺序则刚好反过来，按串联组合示意图由右向左进行，即先根据工作对输出构件的运动要求设计后一个基本机构，然后再设计前一个基本机构，最终完成整个机构的设计。

串联组合机构整体的运动特性、输出，都是通过前一个基本机构的输出带动后一个基本机构实现的，因此串联组合机构也具有单一输入以及单一输出的特点。

8.3.2 机构并联组合创新设计

机构并联组合是指两个或多个基本机构并列布置，运动并行传递。其特征是各基本机构均是单自由度机构。机构并联组合可实现机构的平衡，改善机构的动力特性，可完成复杂的需要互相配合的动作与运动。

根据并联组合机构输入与输出特性的不同，机构并联组合分为Ⅰ型并联、Ⅱ型并联、Ⅲ型并联三种组合方式。各机构保持不同的输入构件，把输出构件连接在一起的方式，称为Ⅰ型并联；各机构的输入构件和输出构件分别连接在一起的连接方式，称为Ⅱ型并联；各机构的输入构件连接在一起，保持各自输出运动的连接方式，称为Ⅲ型并联。图 8-17 所示为机构并联组合示意图。

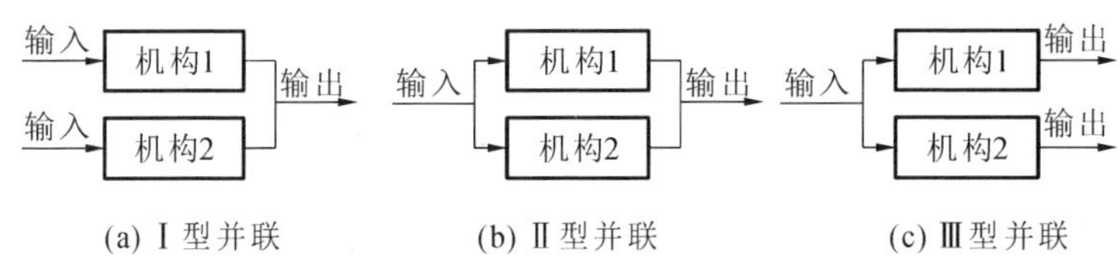

图 8-17 机构并联组合示意图

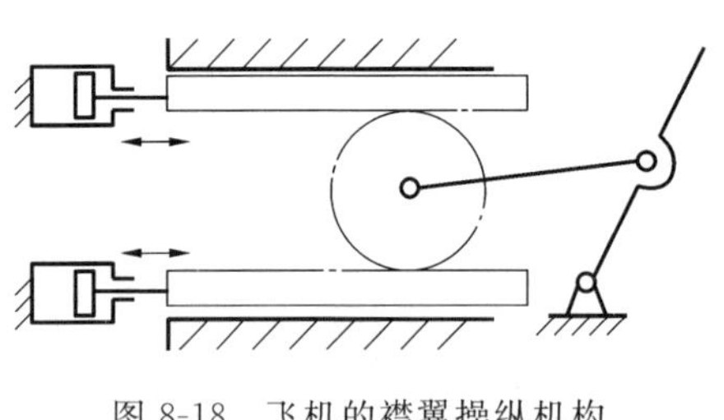

图 8-18 飞机的襟翼操纵机构

图 8-18 所示为某飞机上采用的襟翼操纵机构，它由两个尺寸相同的齿轮齿条机构并联组合而成，两个可移动的齿条分别用两台移动电动机驱动。这种机构设计的创意特点是：两台电动机共同控制襟翼，襟翼的运动反应速度快，而且，当其中一台电动机发生故障时，仍可以用另一台电动机单独驱动襟翼，增大了操纵系统的安全系数，增强了飞机襟翼的可靠性，提高了机构的工作性能。

图 8-19 所示为平板印刷机上的吸纸机构。该机构由自由度为 2 的五杆机构和两个自由度为 1 的摆动从动件凸轮机构组成。两个盘形凸轮固接在同一转轴上，工作时要求吸纸盘 P 按图示点画线所示轨迹运动。当凸轮转动时，推动从动件 2、3 分别按要求的运动规律运动，并带动五杆机构的两个连架杆，使固接在连杆 5 上的吸纸盘 P 按要求的矩形轨迹运动，以完成吸纸和送进等动作。

图 8-20 所示为螺旋杠杆式压力机。其中两个尺寸相同的双滑块机构 ABP 和 CBP' 并联组合，两个滑块均与输入构件 1 组成导程相同、旋向相反的螺旋副。当输入构件 1 转动时，滑块 A 和 C 向内或向外移动，从而使滑块 2 沿导轨上下移动，完成加压动作。由于采用并联组合机构，滑块 2 沿导轨移动时，滑块与导轨之间几乎没有摩擦阻力，提高了机构的工作性能。

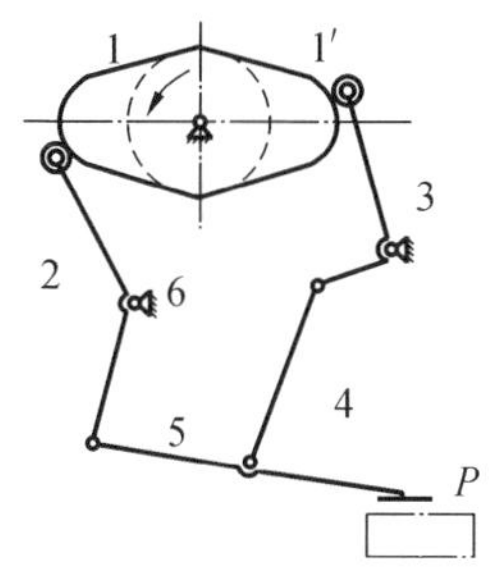

图 8-19　平板印刷机上的吸纸机构

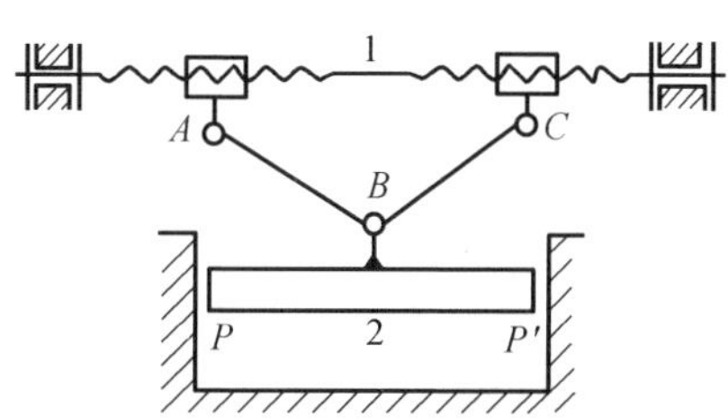

图 8-20　螺旋杠杆式压力机

图 8-21 所示为齿轮杠杆式活塞机。它由两个尺寸与质量相同的曲柄滑块机构 ABE 和 CDE 并联组合而成，曲柄上装了一对相互啮合的齿轮。AB 和 CD 与气缸的轴线夹角相等，并且对称布置，齿轮转动时，活塞沿气缸内壁往复移动。由于两机构的对称性，气缸壁将不会受到因构件的惯性力而引起的动压力，提高了机构的工作性能。

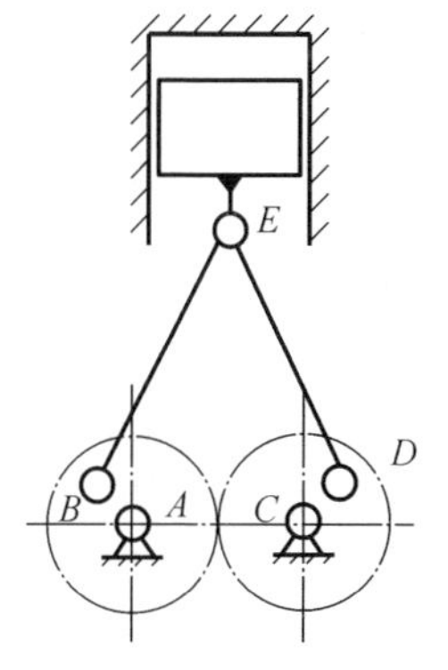

图 8-21　齿轮杠杆式活塞机

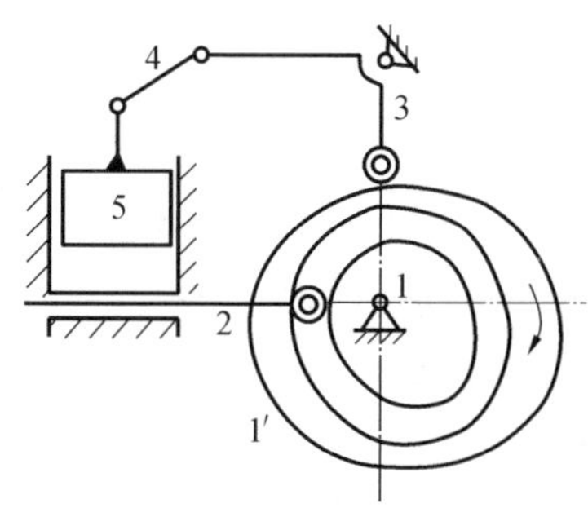

图 8-22　冲压机构

图 8-22 所示为冲压机构。它由摆动从动件盘形凸轮机构与摇杆滑块机构先串联组合，串联的凸轮连杆机构再与推杆盘形凸轮机构进行并联组合。两凸轮机构固接，一起做输入运动，推杆 2 与滑块 5 分别做输出运动。工作时，推杆 2 负责输送工件，滑块 5 完成冲压动作。因此，设计时要特别注意推杆 2 和滑块 5 的动作完成顺序，一般应按照机构运动循环图进行机构的尺寸综合，完成复杂动作的配合。

8.3.3　机构封闭组合创新设计

机构封闭组合是指将一个基础机构与一个附加机构并接在一起，组成一个单自由度的组合机构。其特征是基础机构为二自由度机构，附加机构为单自由度机构。

封闭组合机构一般是不同类型基本机构的组合，如凸轮连杆机构、齿轮连杆机构、齿轮凸轮机构等。其主要功能是实现比较特殊的运动规律，以及实现增程、增力、大速比、运动的合成等。

图 8-23 所示为机构封闭组合示意图。机构封闭组合可分为Ⅰ型封闭组合、Ⅱ型封闭组合、Ⅲ型封闭组合三种形式。一个单自由度的附加机构封闭基础机构的两个输入或输出运动，称为Ⅰ型封闭组合（见图 8-23(a)）；两个单自由度的附加机构封闭基础机构的两个输入或输出运动，称为Ⅱ型封闭组合（见图 8-23(b)）。一个单自由度的附加机构封闭基础机构的一个输入和输出运动，称为Ⅲ型封闭组合（见图 8-23(c)）。

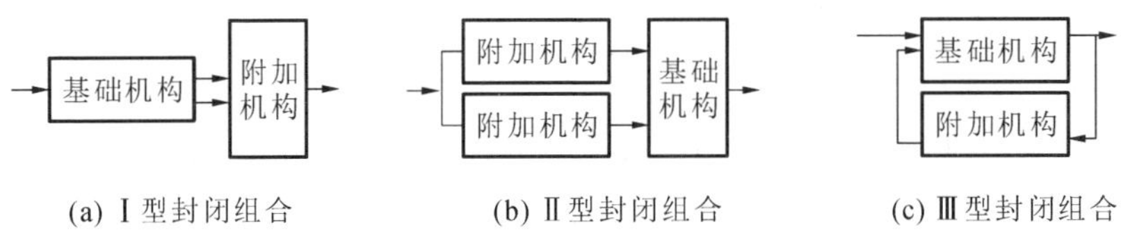

(a) Ⅰ型封闭组合　　(b) Ⅱ型封闭组合　　(c) Ⅲ型封闭组合

图 8-23　机构封闭组合示意图

图 8-24 所示为齿轮凸轮机构。构件 3、4、5 与机架组成了差动齿轮机构，固定凸轮机构 1、2、4 为附加机构。其中行星轮 3 与固定凸轮机构中的浮动杆 2 固连，构件 4 既是固定凸轮机构中的连架杆，又是差动齿轮机构中的系杆。机构中，构件 4 为主动构件，中心轮 5 为输出构件。当构件 4 以等角速度转动时，中心轮 5 则因附加机构凸轮轮廓曲线的形状变化可获得多样化的运动规律，改变凸轮的轮廓曲线的形状，可实现中心轮 5 特定的运动。

图 8-25 所示为增程的连杆凸轮机构。差动连杆机构 $ABCD$ 作为基础机构，附加机构是固定凸轮机构。固定凸轮机构中的浮动杆 BC 与连架杆 AB 也

是差动连杆机构中的浮动杆与连架杆。机构的主动构件为曲柄 AB，输出构件是滑块 D。该机构的特点是，输出构件滑块 D 的行程比简单凸轮机构推杆的行程增大几倍，而凸轮机构的压力角仍可控制在许用值范围内，并且控制固定凸轮机构外轮廓曲线，可实现滑块的规律性运动。

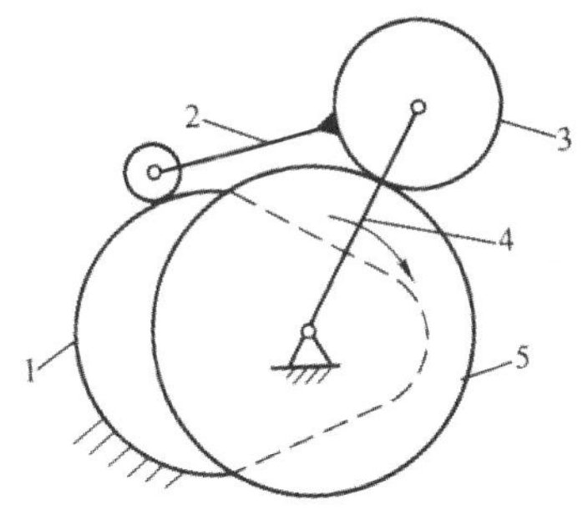

图 8-24　齿轮凸轮机构

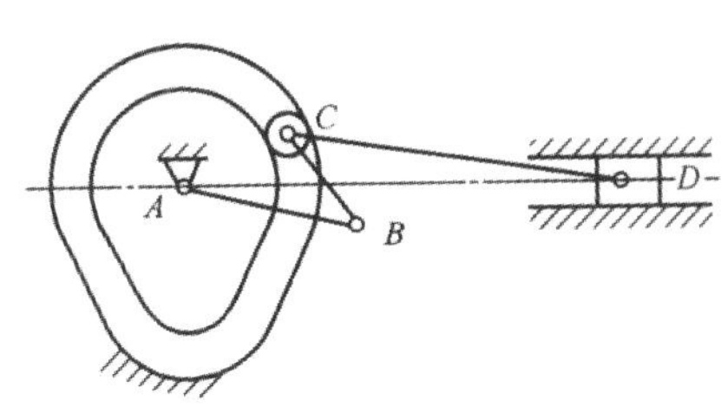

图 8-25　增程的连杆凸轮机构

图 8-26 所示为蜗杆凸轮机构。蜗杆机构是具有二自由度的基础机构，机构中蜗杆轴与机架组成了空间圆柱副，蜗轮与机架组成转动副，凸轮机构是附加机构。凸轮与蜗轮固结，蜗杆轴主动，在输入转动的同时，其因受凸轮轮廓曲线的影响而产生轴向移动。这样传输给蜗轮的运动是转动和移动两个运动的合成。这种机构常用于机床，作为运动误差的补偿。

图 8-27 所示为齿轮连杆机构。差动齿轮机构为 2、3、4、5，附加机构为曲柄摇杆机构。对于普通的曲柄摇杆机构，摇杆的摆角受到限制。若采用图示的封闭组合形式，输出的齿轮 5 的摆角将比摇杆 3 的摆角成倍增加。

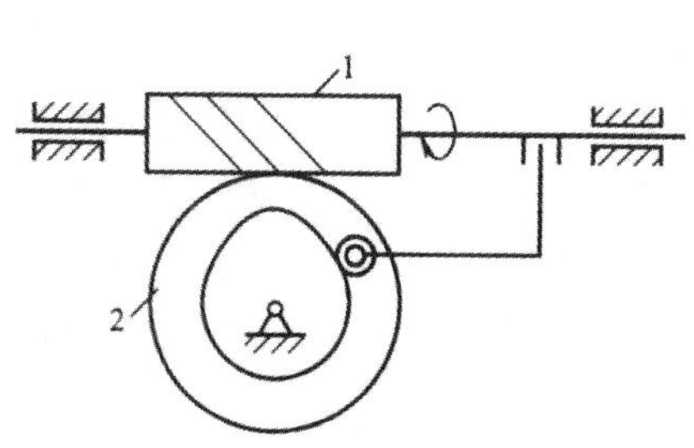

图 8-26　蜗杆凸轮机构

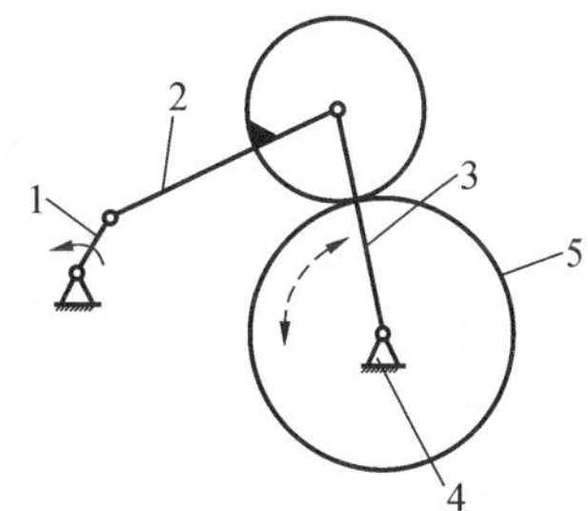

图 8-27　齿轮连杆机构

图 8-28 所示为变曲柄长度的凸轮连杆机构。五连杆机构为具有二自由度的基础机构，固定凸轮机构为附加机构。差动连杆机构中的浮动杆 2 与连架杆 3 也是固定凸轮机构中的浮动杆与连架杆。其中，图 8-28(a)所示的基础机构是具有一个移动副的差动连杆机构，图 8-28(b)所示的基础机构是具有两个移动

副的差动连杆机构。曲柄 1 为原动件，滑块 3 为输出构件。改变凸轮轮廓曲线的形状，可以有规律地调节曲柄 1 的长度，同时连架杆 2 与曲柄 1 的铰接点运动规律及运动轨迹也受凸轮轮廓曲线的影响，最终使输出构件 3 实现工作要求的运动规律与行程。

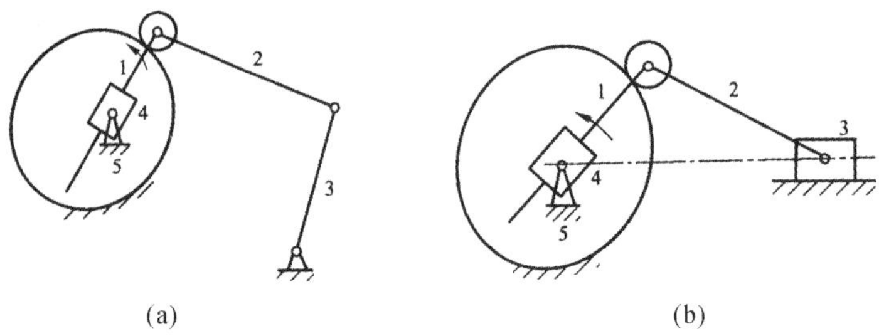

图 8-28　变曲柄长度的凸轮连杆机构

以二自由度的封闭组合机构为例，封闭组合机构的设计思路为：首先，根据工作所要求实现的运动规律或轨迹，恰当地选择一个合适的二自由度机构作为基础机构；然后给定该基础机构一个原动件的运动规律，并使该机构的从动件按照工作要求实现运动规律或轨迹运动，从而找出上述给定运动规律或轨迹的原动件和另一原动件之间的运动关系；最后按此运动关系设计单自由度的附加机构，得到满足工作要求的组合机构。

8.3.4　机构叠加组合创新设计

机构叠加组合是指在一个基本机构的可动构件上再安装一个以上基本机构的组合方式。其输出运动是各机构输出运动的合成。支撑其他机构的基本机构称为基础机构，安装在基础机构可动构件上的机构称为附加机构。

机构叠加组合有两种方法，分别称为Ⅰ型叠加组合方法和Ⅱ型叠加组合方法。附加机构安装在基础机构的可动构件上，同时附加机构的输出构件驱动基础机构的某个构件，称为Ⅰ型叠加组合方法。附加机构和基础机构分别有各自的输入构件，最终由附加机构输出，附加机构安装在基础机构的可动构件上，再由设置在基础机构可动构件上的动力源驱动附加机构运动，称为Ⅱ型叠加组合方法。图 8-29 所示为两种机构叠加组合方法示意图。

图 8-30 所示为电动玩具马的传动机构。附加机构 ABC 为曲柄摇块机构，它装载在基础机构，即两杆机构的运动构件 4 上。工作时，构件 4 和 1 是两个机构各自的输入构件，致使组合机构末端输出构件上马的运动轨迹是旋转运动和平面运动的叠加，使马产生一种飞奔向前的动态效果。

图 8-29　机构叠加组合方法示意图

图 8-31 所示为摇头电扇机构。蜗杆机构为附加机构，双摇杆机构为基础机构，蜗杆机构安装在双摇杆机构的运动构件摇杆上，蜗杆机构中的蜗轮与双摇杆机构中的连杆固接。当蜗杆转动时，除带动风扇转动外，还可使双摇杆机构中安装蜗杆的连架杆摆动，实现风扇的摇头运动。

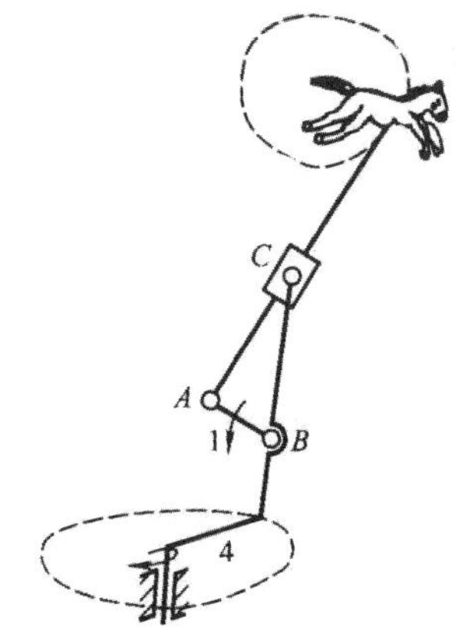

图 8-30　电动玩具马的传动机构

图 8-31　摇头电扇机构

图 8-32 所示为液压挖掘机，它由三套液压摆缸机构叠加组合而成。第一套液压摆缸机构 1-2-3-4 以挖掘机的机身 1 为机架，输出构件为大转臂 4，该基本机构的运动可使大转臂 4 实现仰俯动作；第二套液压摆缸机构 4-5-6-7，安装在第一套机构的大转臂 4 上，该机构的输出构件是小转臂 7，该机构的运动导致小转臂实现伸缩、摇摆；第三套机构是由 7-8-9-10 组成的液压摆缸机构，装载在第二套机构的小转臂 7 上，该机构的运动导致铲斗 10 实现翻转。通过三个输出构件，三个液压缸相互配合，最终使铲斗 10 完成复杂的挖掘动作。

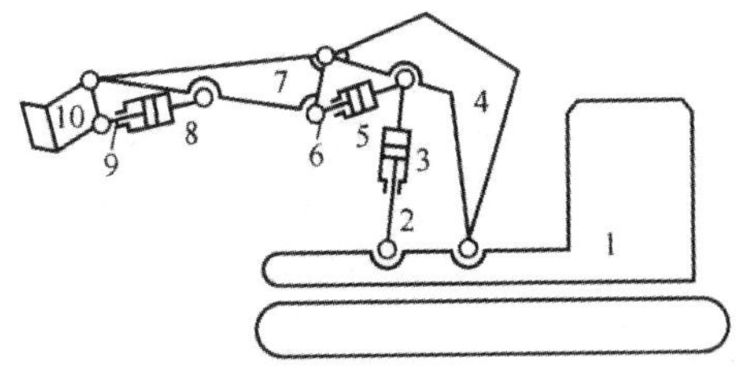

图 8-32　液压挖掘机

8.3.5　机构反馈组合创新设计

机构反馈组合是指一个多自由度基础机构的一个输出运动，经过一个单自由度基础机构转换成为另一个输出运动之后，可以又反馈给原来的那个多自由度基础机构。机构反馈组合可以提高加工精度，是一种广泛运用的方法。图 8-33 所示为机构反馈组合示意图。

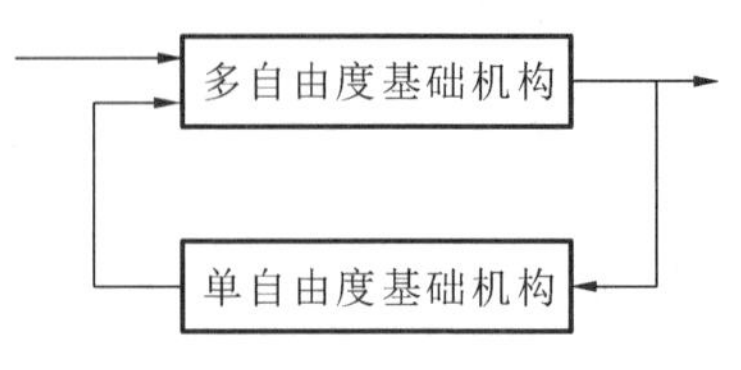

图 8-33　机构反馈组合示意图

如图 8-34 所示为一误差校正机构，基础机构是二自由度的蜗杆机构 1 和 2，凸轮机构 3 和 4 为反馈的附加机构。蜗杆的输入运动带动蜗轮转动，蜗轮与凸轮相固结，通过凸轮从动件推动使蜗杆做轴向移动，使蜗轮产生附加转动，可使误差得到校正，提高机构传动精度。

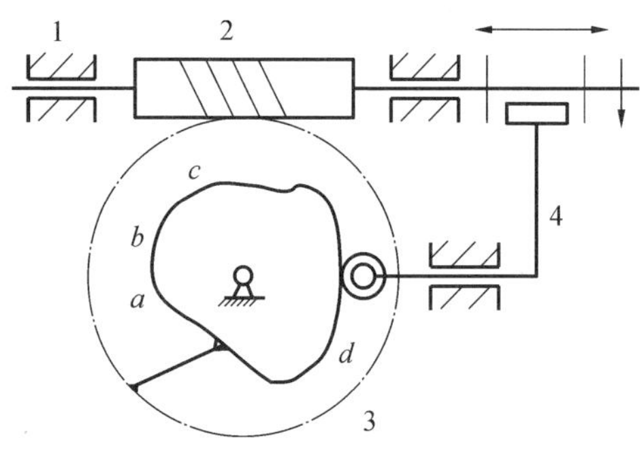

图 8-34　误差校正机构

8.3.6　其他类型的机构组合与创新设计

除以上几种非常典型的机构组合方法之外，还有一些其他机构组合方法。

混合组合机构是指包含两种或两种以上组合方式的机构系统。混合组合是其他组合方法的联合应用，在工程应用的实用机构系统中，经常使用这种方法。如串联组合后再并联组合。

图 8-35 所示为一种印刷机的传动机构。四杆机构 1-2-3-4 是双曲柄机构。当主动件 1 转动时，由双曲柄机构就可以确定点 E 的运动。构件 3 和凸轮固接，凸轮驱动齿条 6，确定齿条 6 的运动。由曲柄滑块机构 3-5-7-4 就可以确定点 F 的运动。齿条 6、齿轮 7 和输出齿条 8 组成了一个二自由度的齿轮齿条机构。齿条 6 和点 F 的运动合成了齿条 8 的往复运动。该机构是由串联和并联组合方式共同组成的混合组合机构。该机构中采用凸轮机构是为了修正齿条 8

的速度，使其能达到近似匀速运动。

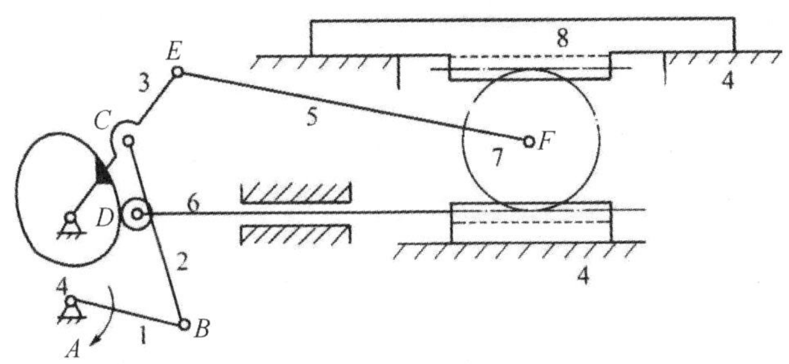

图 8-35　印刷机的传动机构

此外，利用机构的死点位置、机构的自锁原理都可以解决工程中的许多机械设计问题。

8.3.7　机构变异设计

变异设计是通过改变现有设计中的某些参数，创造新的设计方案的创新设计方法。在机构设计工作中，创立全新的机构是很重要的，但是根据工作要求，对已有的机构加以适当的改变，或称为变异，达到使用要求，也是一种重要的设计方法。

机构变异是指在以某个现有机构为原始机构的基础上，进行某些结构的改变或变换，从而演化形成一种功能不同或性能改进的新机构。其中各种性质的改变或变换主要包括：机构各个元素形状和尺寸上的改变，运动形式的变换，运动等效的变换以及组成原理的仿效。

变异的方法可归纳为机架的变异，运动副的变异，构件的变异，机构的等效代换。通过变异获得的新机构被称为变异机构。应用变异设计机构是为了开发新功能，扩展原始机构的功能，改善原始机构的性能，并且也为机构的组合提供了更多的基本机构。

1. 机架变换

一个基本机构中，以不同的构件为机架，可以得到不同功能的机构，这一过程统称为机构的机架变换。按照相对运动原理，机架变换后各构件相对运动关系并不改变，但可以改变输出构件的运动规律，以满足不同的功能要求，还可以简化机构运动分析与动力分析，使机构设计与分析变得简单。

1）平面连杆机构的机架变换

（1）铰链四杆机构的机架变换。

图 8-36 所示为一种全转动副的四连杆机构通过改变机架得到的 4 种连杆

机构。其中,图 8-36(a)和图 8-36(c)所示为曲柄摇杆机构,当曲柄为主动件时,可以把转动运动变成摆动运动;图 8-36(b)所示为双曲柄机构,当曲柄为主动件时,可以实现循环转动运动;图 8-36(d)所示为双摇杆机构,当摇杆为主动件时,可实现双摆动运动。

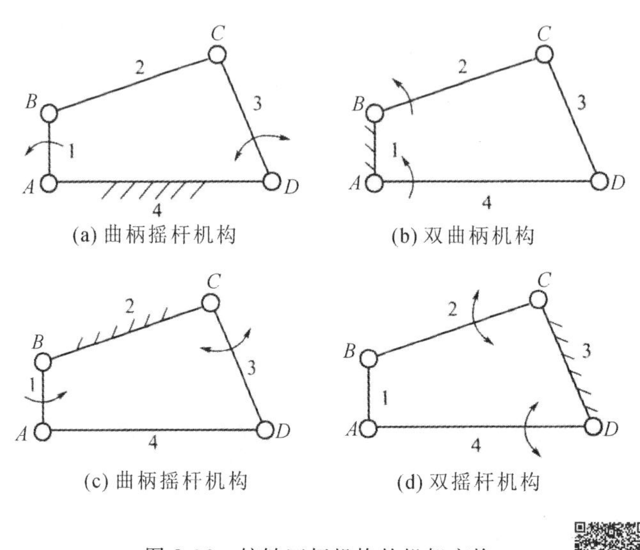

图 8-36　铰链四杆机构的机架变换

(2) 含有一个移动副的四杆机构的机架变换。

图 8-37 所示为含有一个移动副的四杆机构的机架变换。图 8-37(a)所示为曲柄滑块机构,当曲柄为主动件时,可以把回转运动变成直线往复运动。若取曲柄滑块机构中的曲柄作机架,则得到图 8-37(b)所示的转动导杆机构,通常取杆 3 为主动件,杆 1 是导杆,杆 1 和杆 3 均可整周回转。若取曲柄滑块机构中的连杆作机架,则得到图 8-37(c)所示的曲柄摇块机构,杆 2 做整周回转时,杆 1 相对滑块 4 做移动并与滑块一起绕点摆动。若取曲柄滑块机构中的滑块作机架,则得到图 8-37(d)所示的定块机构。

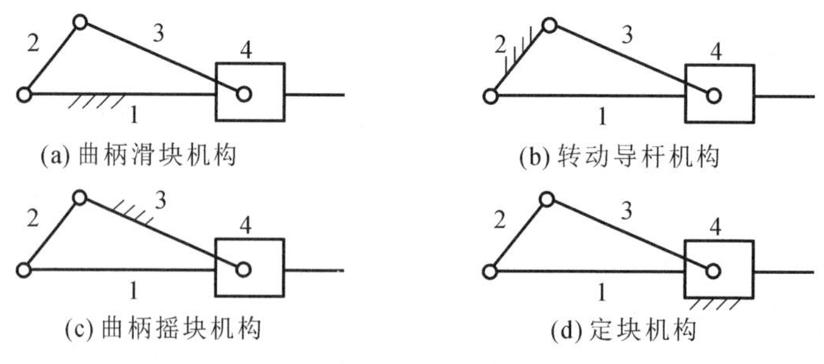

图 8-37　含有一个移动副的四杆机构的机架变换

(3) 双滑块机构的机架变换。

图 8-38 所示为双滑块机构机架变换得到的机构。图 8-38(a)所示为双滑块机构，常用于椭圆画图仪器；图 8-38(b)所示为双转块机构，常用于十字滑块联轴器；图 8-38(c)所示为正弦机构；图 8-38(d)所示为正切机构。

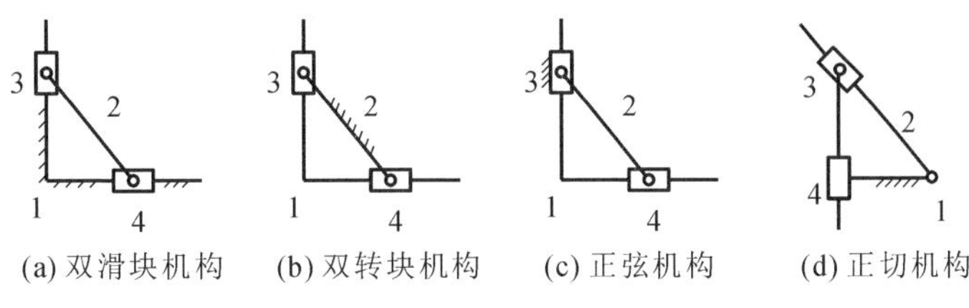

图 8-38　双滑块机构的机架变换

2) 凸轮机构的机架变换

图 8-39 所示为凸轮机构经过机架变换后得到的变异机构。图 8-39(a)所示为凸轮机构，连杆 3 为机架，凸轮 1 为主动件，摆杆 2 从动件；如果对主动件进行变换，将摆杆 2 变为主动件，则为反凸轮机构，如图 8-39(b)所示；如果对机架进行变换，构件 2 为机架，构件 3 为主动件，则生成了浮动凸轮机构，如图 8-39(c)所示；若凸轮固定，构件 2 为主动件，则生成了固定凸轮机构，如图 8-39(d)所示。

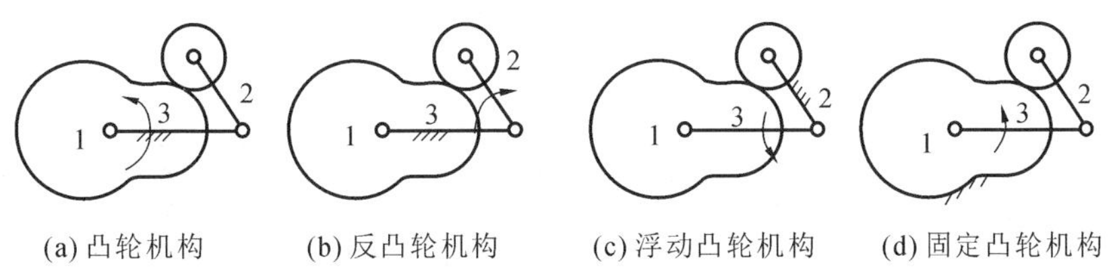

图 8-39　凸轮机构经过机架变换后得到的变异机构

3) 其他机构的机架变换

在机构设计中广泛运用机架变换的方法，如定轴轮系变异成为行星轮系。

图 8-40 所示为齿轮机构经过机架变换后可得的行星轮系机构。图 8-40(a)所示为齿轮直接啮合。图 8-40(b)所示为行星轮系机构，由于齿轮 1 具有公转与自转的特性，该机构的角速度可发生巨大变化。

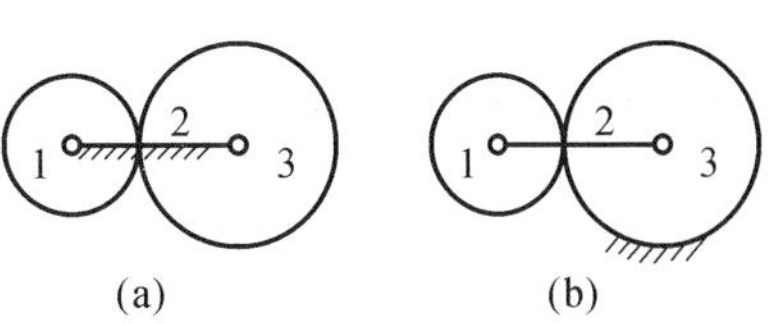

图 8-40　轮系的机架变换

2. 运动副的演化与变异

运动副的变异设计是机械结构设计中的重要创新内容。机构是由运动副把各构件连接起来的具有确定运动的组合体，因此各构件之间的相对运动是由运动副来保证的。运动副是构件与构件之间的可动连接，其作用是传递运动与动力，变换运动的形式。研究运动副的演化、变异对改善原始机构的工作性能，以及开发机构的新功能具有实际意义。

1）转动副尺寸变异

转动副的扩大主要指组成转动副的销轴和销轴孔在直径尺寸上的增大，但各构件之间的相对运动关系并没有发生改变，这种变异机构常用于泵和压缩机等机械装置中。

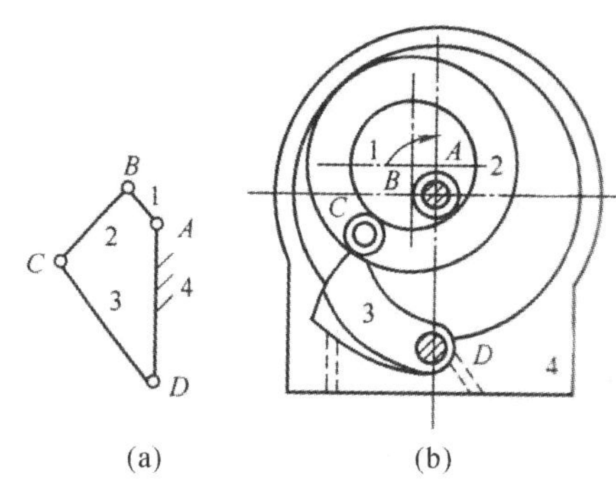

图 8-41　旋转泵机构及其变异机构

图 8-41 所示为旋转泵机构及其变异机构。图 8-41(a)所示为曲柄摇杆机构；图 8-41(b)所示为曲柄摇杆机构中转动副 B 扩大后的机构，其销轴直径增大到包括了转动副 A。此时，曲柄 1 就变成了偏心盘 1，连杆 2 变成了圆环状构件，原始机构演化成了一个旋转泵。该泵的工作原理是，偏心盘 1 为主动件，绕固定铰链 A 做定轴转动；圆环状连杆 2 沿机壳内表面做无间隙的平面运动，它们之间形成了变化的空间，用于流体的吸入与压出；连架杆 3 绕固定铰链 D 做摆动，同时也作为隔板将泵体内的输入腔与输出腔隔离。转动副的扩大导致产生了具有新功能的机构。

2）移动副变异

移动副的变异包括移动副的扩大和移动副的形状变异。移动副的扩大是指组成移动副的滑块与导路的尺寸增大，并且尺寸增大到将机构中其他运动副包含在其中。

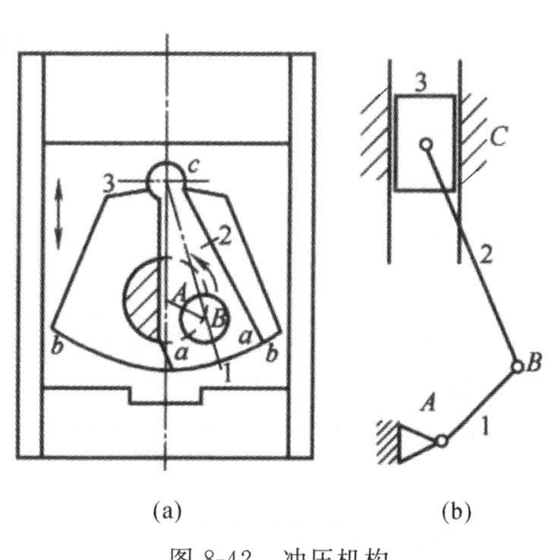

图 8-42　冲压机构

图 8-42(a)所示的冲压机是将曲柄滑块机构(见图 8-42(b))中的移动副 3 扩大，并将转动副 A、B、C 均包含在其中，并且连杆 BC 的端部圆柱面与移动副 3 上的圆柱孔相配合演化成的机构，它们的公共圆心为点 C。当曲柄绕 A 回转时，连杆

使滑块在固定导槽内做往复移动。因滑块质量较大，连杆的刚度也较大，将会产生较大的冲压力，完成冲压动作。

图8-43所示为曲柄滑块机构及其变异。在曲柄滑块机构中，滑块上点B的轨迹是圆弧，将滑块制成扇形结构并置于槽中，机构运动特性并未改变。若将弧形槽半径增至无穷大，则弧形槽就演变为直槽，滑块也变为长方形滑块，转动副也就演化为移动副，实现运动副元素的展直。

图8-43 曲柄滑块机构及其变异

移动副的变异设计多体现在形状与结构上。移动副中，有时需要用滚动摩擦代替滑动摩擦，因此，滚动导轨代替滑动导轨是常见的移动副变异设计。为避免形成移动副的构件发生脱离现象，移动副的变异设计必须考虑虚约束的形状问题。

3）球面副变异

由于低副两元素上对应重合点的运动轨迹是重合的，因此，低副两元素的中空体与插入中空体的实心体位置可以互换，而不影响被连两构件的相对运动关系。利用低副的这个特点，设计者可以更加灵活地开展机构及其结构创新设计。

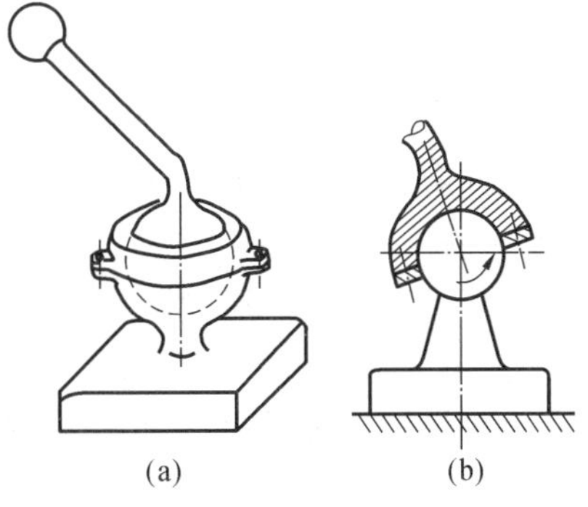

图8-44 球面副及其变异

图8-44所示为球面副及其变异。图8-44(a)所示的可动构件是实心体，而不动构件是中空体，将实心体和中空体的位置互换可得图8-44(b)所示的结构。经过互换后，两运动副虽然结构不同，但运动特性并未改变。

4）其他机构变异

图8-45所示为楔块机构变异。图8-45(a)所示为楔块机构，楔块机构斜面与滑块接触，楔块向前移动，顶起滑块。若在移动平面上进行绕曲，就变成盘形凸轮机构的平面高副，如图8-45(b)所示。此时，盘形凸轮旋转，可实现滑块的向上移动。若在水平平面上绕曲，就演化成螺旋机构的螺旋副，如图8-45(c)所示。螺旋副可以看成由楔块机构的绕曲变异形成，螺旋机构可以实现机构的增力。

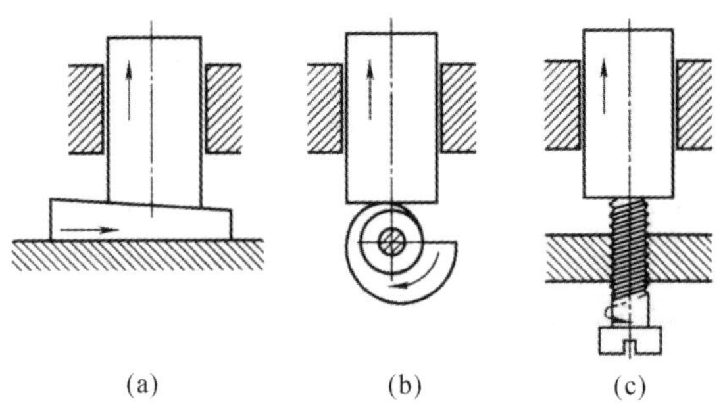

图 8-45 楔块机构变异

3. 构件的演化与变异

随着运动副尺寸与形状的变异，构件形状也发生了相应的变化，以实现新的功能。但在运动副不变化的条件下，仅构件进行变异也可以产生新机构或获得新的功能。

1）构件的拆分与合并

构件的变异与演化指可以通过对机构中的某个构件进行合并与拆分实现新的功能或各种要求。

（1）构件的拆分。

构件的拆分是指当某些构件进行无停歇的往复运动时，可以利用其单程的运动性质，将无停歇的往复运动变为单程的间歇运动。

图 8-46 所示为由摆动导杆机构拆分获得的内外槽轮机构。图 8-46(a)所示为摆动导杆机构，曲柄 AB 转动，由滑块带动导杆 BO 摆动。分析摆动导杆机构的运动就可以发现：当曲柄的转动副处于 B' 位置时，摆杆的摆动方向与曲柄同向；当曲柄的转动副处于 B'' 位置时，摆杆的摆动方向与曲柄反向。若以该垂直位置为分界线，可把导杆的槽拆分成两部分：一部分为外槽轮机构，如图 8-46(c)所示；另一部分为内槽轮机构，如图 8-46(d)所示。

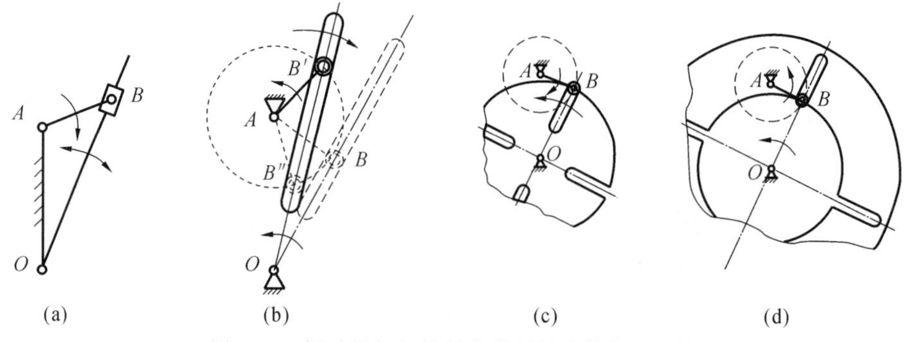

图 8-46 摆动导杆机构拆分获得的内外槽轮机构

(2) 构件的合并。

图 8-47 所示为共轭凸轮。共轭凸轮可以看成由主凸轮与副凸轮合并而构成。其中图 8-47(a)是分开结构，由于受到需要同步驱动装置的限制，以及体积大的影响，一般实际应用很少；图 8-47(b)所示是合并结构，不仅可以实现特殊要求的运动规律，还可以减小安装空间，实际应用较多。

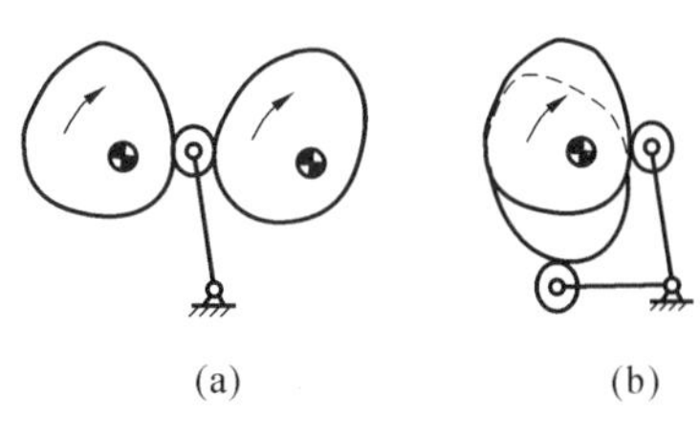

图 8-47　共轭凸轮

2) 改变构件的形状与尺寸

构件形状变异的内容是很丰富的，例如齿轮有圆柱形、椭圆形、扇形等；凸轮有盘形、圆锥形、曲面体等，经过这样的变异过程，新机构就可以实现新的功能。总结构件形状的变异规律，一般是由直线形向圆形、平面曲线形以及空间曲线形变异，以获得新的功能。

图 8-48 所示为十字滑块联轴器的变异过程，它是由双滑块机构(见图 8-48(a))演化而成的，改变两个滑块 1 和 3 的形状，即为两个开有凹槽的半联轴器，改变连杆 2 为带有凸牙的中间盘，就形成了十字滑块联轴器(见图 8-48(b)、(c))。该联轴器因凸牙可在凹槽中滑动，故可补偿安装及运转时两轴间的相对位移。

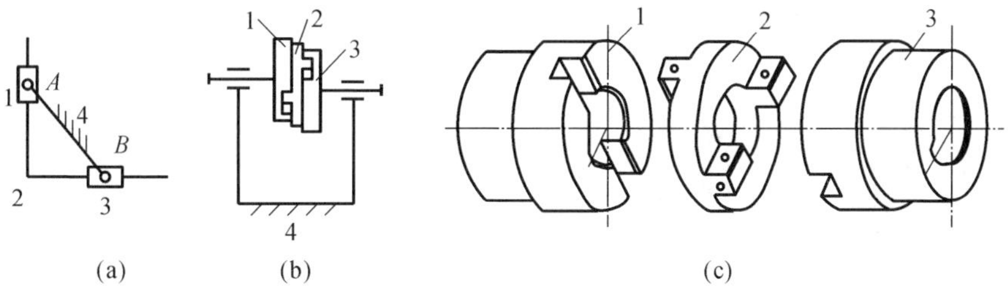

图 8-48　十字滑块联轴器的变异过程

4. 机构的等效代换

机构的等效代换是指两个机构在输入运动相同时，其输出运动也完全相同，这样的两个机构可以互相代换，以满足不同的工作要求。

1) 运动副等效代换

运动副的等效代换是指在不改变运动副自由度的条件下，用平面运动副代替空间运动副，或是低副与高副之间的代换，而不改变运动副的运动特性。运动副的等效代换不仅能使机构实用性增强，还为创造新机构提供了理论基础。

高副与低副的等效代换在工程设计中有广泛的应用。改变机构中一个或多个运动副的形式，可设计创新出不同运动性能的机构。如图 8-49 所示为用低副代替高副的示意图，图中偏心盘凸轮机构就可以用相应的四杆机构代替。图 8-49(a)和图 8-49(b)中的运动等效，图 8-49(c)和图 8-49(d)中的运动等效。

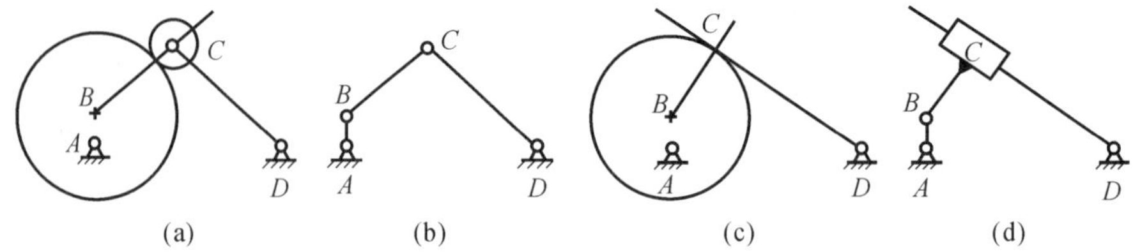

图 8-49　低副代替高副的示意图

用低副代替高副过程中应注意：共轭曲线高副机构是啮合高副机构，这类高副机构可以用低副机构代替；瞬心线高副机构是摩擦高副机构，其连心线与过两曲线接触点的公法线共线，因而不能用相应的低副机构代替。

2) 周转轮系的等效代换

图 8-50 所示为周转轮系的等效代换。图 8-50(a)所示的行星齿轮机构的结构尺寸大，并且内齿轮加工成本高，给使用者带来了诸多不便。保持传动比不变，改内啮合为外啮合，如图 8-50(b)所示；在行星轮 2 上固连一杆，并使 $AB=OA$，如图 8-50(c)所示；将机构进一步简化，如图 8-50(d)所示。该机构常用于有大行程要求的场合。

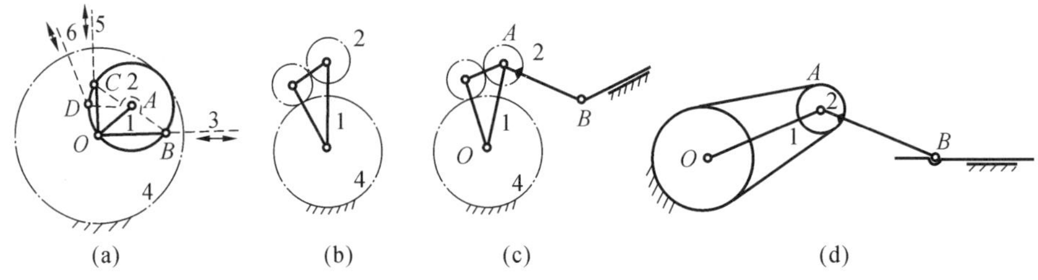

图 8-50　周转轮系的等效代换

8.4　机构的运动协调性设计

8.4.1　执行机构的运动协调性要求

机械的各执行动作应是有序的、相互协调配合的。当根据生产工艺确定了机械的工作原理和各执行机构的运动规律，并确定了各执行机构的形式及驱动方式后，还必须将各执行机构统一于一个整体，形成一个完整的运动系统，使这些机构以一定的次序协调动作，互相配合，以完成机械预定的功能和生产过程。

1）执行机构的动作在时间上要协调配合

有些机械要求各执行构件在运动时间的先后和运动位置的安排上，必须准确协调地相配合。如图 8-51 所示为齿轮范成加工插齿机。它由范成运动Ⅰ（系列齿轮机构）、插齿运动Ⅱ（曲柄滑块机构）、进料运动Ⅲ（曲柄摇杆-棘轮棘爪-凸轮组合机构）、让刀运动Ⅳ（凸轮机构）等工艺动作来实现齿轮的范成加工（见图 8-51(a)）。

根据齿轮范成加工要求，被加工的齿轮是从齿顶逐渐被切削到齿根的，为此进给机构必须推动轮坯逐渐靠近齿轮刀具，使两齿轮中心距逐渐减小，当齿轮加工完成后，被加工齿轮快速退出与刀具的啮合状态。由于刀具切削轮坯时进给机构必须停止，所以进给机构采用曲柄摇杆-棘轮棘爪-凸轮组合机构（见图 8-51(b)）实现间歇运动。该组合机构的动作在时间上必须与插齿动作协调配合，否则时序错乱，如果切削和进给运动同时进行，机器可能因为过载而卡死。

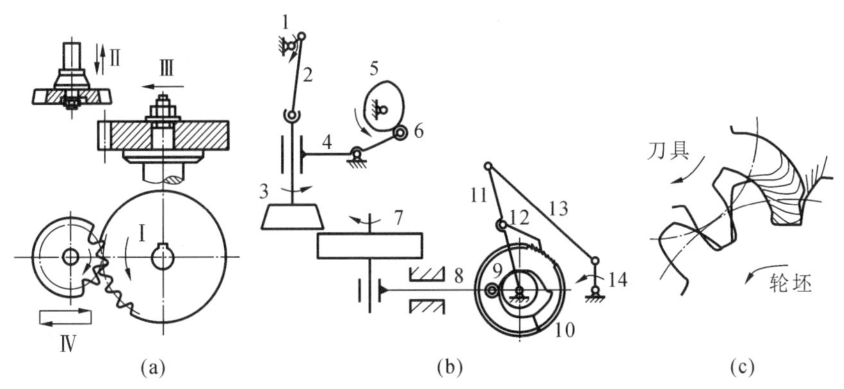

图 8-51　齿轮范成加工插齿机

2）执行机构的动作在空间上要协调配合

在图 8-51 所示齿轮范成加工插齿机中，为了防止插齿刀具返回时与轮坯发生干涉，专门设计了一个让刀运动Ⅳ，刀具在凸轮机构摆动从动件 4 的带动下，离开轮坯 7 微小的距离，防止刀具返回时擦伤轮坯，同时减小刀具返回时的阻力（见图 8-51(b)），通过该工艺动作可以达到空间位置上的协调，即空间同步化。

3）各执行构件运动速度要协调配合

有些机械要求各个执行构件之间必须保持严格的速比关系，例如图 8-51 所示为用范成法加工齿轮的插齿机，刀具和轮坯间的范成运动必须保证预定的传动比，以便刀具的渐开线齿廓在被加工轮坯上包络出与刀具齿廓共轭的渐开线齿廓，如图 8-51(c)所示。

8.4.2　机构运动循环图

1. 机器的运动循环

根据机器完成功能及生产工艺的不同，其运动可分为无循环周期和周期性循环两大类。无周期性循环的机器如起重运输机械、建筑机械、工程机械等，它们的工作往往没有固定的循环周期，随着机器的工作地点、条件的不同而随时改变。周期性循环的机器如包装机、轻工自动机、自动机床等，机器的各执行构件每经过一定的时间间隔后位移、速度和加速度便重复一次，完成一个运动循环。生产中大部分机器都属于具有周期性循环运动的机器。

机器的运动循环(又称工作循环)是指机器完成其功能所需的总时间，用字母 T 表示。机器的运动循环往往与各执行机构的运动循环相一致，因为一般来说执行机构的生产节奏就是整台机器的运动节奏。但是，也有不少机器，从实现某一工艺动作过程要求出发，某些执行机构的运动循环周期与机器的运动循环周期并不相等，机器的一个运动循环内有些执行机构可完成若干个运动循环。机器执行机构中执行构件的运动循环至少包括一个工作行程和一个空回行程，有的执行构件还包括一个或若干个停歇阶段。执行机构的运动循环可表示为

$$T_{执} = T_{工作} + T_{空回} + T_{停歇}$$

2. 机器运动循环图的类型

机器的运动循环图又称工作循环图，它是描述各执行机构之间有序的、既相互制约又相互协调配合的运动关系的示意图。机器的工作循环图反映了生产节奏，可用来核算机器的生产率，作为分析和研究提高机械生产率的依据，可用来确定各个执行机构主动件在主轴上的相位，或者控制各个执行机构主动件的凸轮安装在分配轴上的相位，指导机器中各个执行机构的具体设计、装配和调试，以保证机器的工艺动作过程能顺利实现。通常运动循环图有如下几种。

1) 直线式运动循环图

如图 8-52 所示为四行程内燃机的直线式运动循环图，其横坐标表示定标构件曲轴转角 ϕ，曲柄每转二周为一个运动循环。这种运动循环图把运动循环的各区段时间和顺序按比例绘制在直线坐标轴上。其特点是：它能清楚地表示整个运动循环内各执行机构的执行构件行程之间的相互顺序和时间(或转角)的关系，并且绘制比较简单，但执行构件的运动规律无法显示，因而直观性较差。

活塞	下行(吸气)	上行(压缩)	下行(做功)	上行(排气)	
进气阀门	开启	关闭			开启
排气阀门	开启	关闭		开启	
ϕ	0°	180°	360°	540°	720°

图 8-52　四行程内燃机的直线式运动循环图

2）圆周式运动循环图

图 8-53 所示为四行程内燃机的圆周式运动循环图，它以曲轴作为定标构件。这种运动循环图将运动循环的各运动区间的时间和顺序按比例绘在圆形坐标上，其特点是直观性强。因为机器的运动循环通常是在分配轴转一转的过程中完成，所以通过它能直接看出各个执行机构原动件在分配轴上所处的相位，因而便于凸轮机构的设计、安装、调试。但是，当同心圆太多时，看起来不是很清楚。

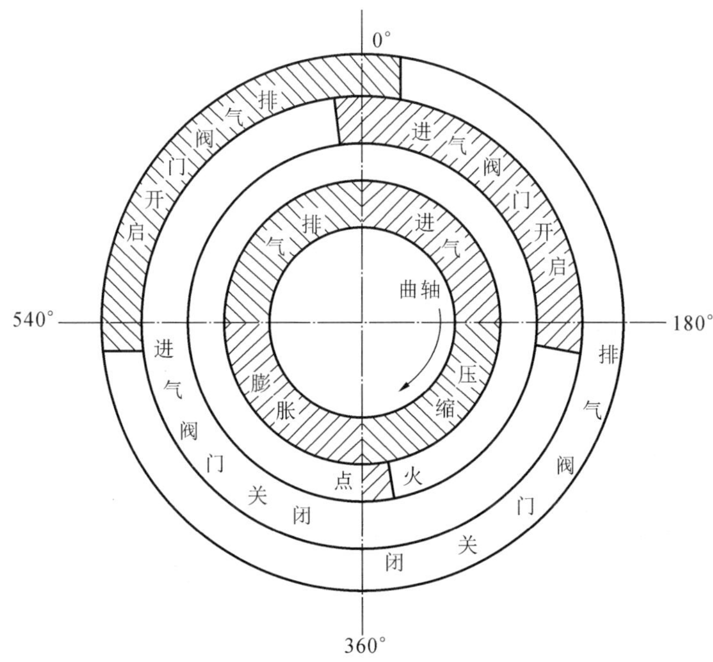

图 8-53　四行程内燃机的圆周式运动循环图

3）直角坐标式运动循环图

图 8-54 所示为四行程内燃机的直角坐标式运动循环图。图中横坐标是定标构件曲轴的运动转角 ϕ，纵坐标表示执行构件的运动位移。这种运动循环图

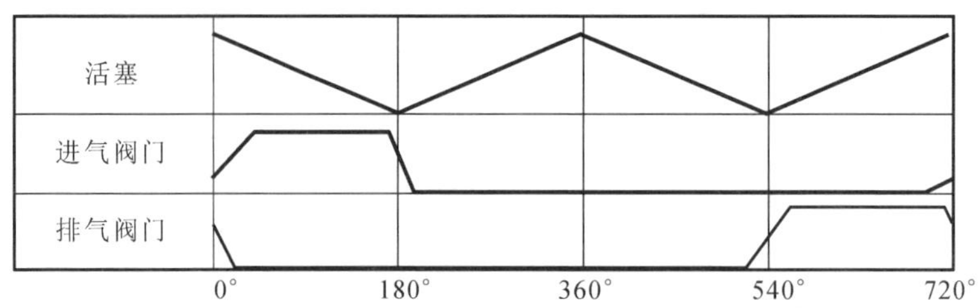

图 8-54　四行程内燃机的直角坐标式运动循环图

将运动循环的各运动区段的时间和顺序按比例绘在直角坐标轴上。实际上它就是执行构件的位移线图，但为了简单起见，通常将工作行程、空回行程、停歇区段分别用上升、下降和水平的直线来表示。其特点是能清楚地看出各执行机构的运动状态及起止时间，并且各执行机构的位移情况及相互关系一目了然，因而便于指导执行机构的几何尺寸设计。

在上述三种类型的运动循环图中，直角坐标式运动循环图不仅能表示出这些执行机构中构件动作的先后顺序，而且还能描述它们的运动规律及运动上的配合关系，直观性强，比其他两种运动循环图更能反映执行机构的运动特征，所以在设计机器时，通常优先采用直角坐标式运动循环图。

3. 机器运动循环图的设计步骤与方法

在设计机器的运动循环图时，通常机器应实现的功能已知，理论生产率已确定，机器的传动方式及执行机构的结构均已初步拟订好，可根据各机构运动时既不干涉而机器完成一个产品所需要的时间又最短的原则，按以下步骤进行：

(1) 确定执行机构的运动循环时间；

(2) 确定组成执行构件运动循环的各个区段；

(3) 初步绘制执行机构执行构件的运动循环图；

(4) 完成执行机构的设计后对初步绘制的运动循环图进行修改；

(5) 进行各执行机构的协调设计(又称同步化设计)；

(6) 画出机器的运动循环图。

习　题

8-1　机构选型应注意哪些问题？机构创新设计方法有哪些？

8-2　运动规律设计不相同，综合出的机构也就完全不相同，那么不同的机构可以实现同一运动规律，满足同样的使用要求吗？试举例说明。

8-3　试展望题 8-3 图所示未来汽车的发展趋势，并举例说明。

题 8-3 图　未来汽车

8-4　门是启闭某种通道的机构，试根据题 8-4 图提示举出 5 种以上不同形式的门，并分析其功能、结构和设计思想。

题 8-4 图　不同的门

8-5　试根据题 8-5 图了解洗衣方法的发展过程，并分析发展过程中每一阶段设计师的思考特点。

题 8-5 图　洗衣方法的发展过程

8-6　试上网查资料分析自动冲压机的结构组成、执行机构运动规律及机器的工艺过程，并画出机构系统运动草图。

8-7　试根据题 8-7 图所示的服务机器人，构思一种能为在医院卧床休养的病人服务的服务机器人机构系统运动方案，画出方案草图。

题 8-7 图　服务机器人

综合复习题

(1) 何谓机械、机器、机构？它们三者之间有何关系？

(2) 什么是构件、零件、运动副、构件的自由度、约束？

(3) 什么是高副、低副、平面运动副、铰链、移动副、运动链？

(4) 做平面运动的自由构件有几个自由度？平面低副和高副分别提供几个约束？在计算平面机构的自由度时，应注意哪些事项？虚约束的作用是什么？

(5) 什么是机架、连架杆、曲柄、摇杆？铰链四杆机构有哪几种形式？对心曲柄滑块机构的演化形式有哪几种？导杆机构是如何演化形成的？

(6) 满足杆长和条件的铰链四杆机构，在什么情况下分别成为什么机构？

(7) 什么是急回特性，是否有无急回特性的机构？

(8) 什么是“死点”位置？存在“死点”位置会使机构出现什么问题？如何消除？“死点”在什么情况下有利，什么情况下有害？

(9) 机构最大压力角出现在何位置，是否有压力角始终为零的机构？

(10) 凸轮机构有哪些类型？分别适用于什么场合？

(11) 什么是凸轮机构的力封闭、几何封闭？常用的几何封闭方法有哪几种？

(12) 什么是凸轮机构的基圆、推程、推程运动角、远休止、远休止角、回程、回程角、近休止、近休止角？

(13) 如何设计凸轮机构？凸轮机构从动件的运动规律有哪几类？各种运动规律会产生什么冲击，分别适用于什么场合？

(14) 凸轮机构基本参数确定的原则是什么，需考虑哪些问题？压力角与基圆的关系是什么？

(15) 齿轮机构作用是什么？什么是齿廓啮合基本定律？渐开线的性质有哪些？齿数多与齿数少的标准齿轮的齿顶厚和齿根厚哪个大？

(16) 一对渐开线齿轮啮合有哪些特性？为何中心距有可分性？

(17) 齿轮有哪些几何尺寸，如何计算？直齿圆柱齿轮的基本参数有哪些？

(18) 渐开线标准直齿圆柱齿轮与变位齿轮有哪些异同？标准齿轮能否与变位齿轮啮合？

(19) 渐开线直齿圆柱齿轮传动正确啮合的条件是什么？根据美国标准生产的齿轮能否与根据中国标准生产的齿轮啮合？

(20) 使一对齿轮以定传动比连续传动的条件是什么？何为重合度？重合

度的大小与齿数、模数、压力角、齿顶高系数、顶隙系数、中心距之间有何关系?

(21) 两齿轮传动无侧隙啮合的条件是什么? 齿轮顶隙的作用是什么?

(22) 当用插齿机加工齿轮时,插刀与轮坯之间的相对运动有哪些? 为什么加工齿轮时应力求避免根切? 避免产生根切的措施有哪些?

(23) 变位齿轮传动有哪几种类型,各有何特点? 变位齿轮的齿顶圆如何计算,在工程实践中有何应用? 如何确定变位系数?

(24) 与直齿轮传动相比较,平行轴斜齿轮传动主要具有哪些优点? 当量齿轮有何作用? 斜齿轮不产生根切的齿数是多少?

(25) 什么是定轴轮系、周转轮系、复合轮系? 如何计算复合轮系的传动比? 轮系的作用有哪些?

(26) 间歇机构的种类及特点有哪些? 槽轮机构运动系数有何含义? 举例说明棘轮机构的应用。

(27) 机构选型应注意哪些问题? 机构创新设计方法有哪些? 方形轮自行车能在地面上骑吗?

(28) 有 10 个玻璃杯排成一行,左边 5 个内装有汽水,右边 5 个是空杯。现在规定只能动两个杯子,使这排杯子变成实杯与空杯交替排列,如何移动两个杯子?

(29) 分析生活用品:伞、眼镜、手套、保温瓶、雨衣、热水袋、铝锅、手表、日光灯、圆珠笔的缺点;试改进其缺点,构思新产品。

(30) 你能否把 10 枚硬币放入同样的 3 个玻璃杯中,并使每个杯子里的硬币都为奇数?

模拟试题

1. 概念题

1）单项选择题

（1）平面运动副按其接触特性，可分成________。

A. 移动副与高副　　B. 低副与高副

C. 转动副与高副　　D. 转动副与移动副

（2）凸轮机构的从动件选用等速运动规律时，其从动件的运动________。

A. 将产生刚性冲击　　B. 将产生柔性冲击

C. 没有冲击　　D. 既有刚性冲击又有柔性冲击

（3）与连杆机构相比，凸轮机构最大的缺点是________。

A. 惯性力难以平衡　　B. 点、线接触，易磨损

C. 设计较为复杂　　D. 不能实现间歇运动

（4）________盘形凸轮机构的压力角恒等于常数。

A. 摆动尖顶推杆　　B. 直动滚子推杆

C. 摆动平底推杆　　D. 摆动滚子推杆

（5）铰链四杆机构的压力角是指在不计摩擦情况下作用于________上的力与该力作用点速度间所夹的锐角。

A. 主动件　　B. 连架杆　　C. 机架　　D. 从动件

（6）铰链四杆机构中，若最短杆与最长杆长度之和小于其余两杆长度之和，则为了获得曲柄摇杆机构，其机架应取________。

A. 最短杆　　B. 最短杆的相邻杆

C. 最短杆的相对杆　　D. 任何一杆

（7）渐开线齿轮的齿廓曲线形状取决于________。

A. 分度圆　　B. 齿顶圆　　C. 齿根圆　　D. 基圆

（8）齿数 $z=42$，压力角 $\alpha=20^\circ$ 的渐开线标准直齿外齿轮，其齿根圆________基圆。

A. 大于　　B. 等于　　C. 小于　　D. 小于且等于

（9）在单向间歇运动机构中，________的间歇回转角在较大的范围内可以调节。

A. 槽轮机构　　B. 不完全齿轮机构

C. 棘轮机构　　D. 凸轮机构

2）判断题（正确的写“Y”，错误的写“N”）

（1）机构的自由度就是构件的自由度。（　　）

（2）在转动副和移动副中都存在复合铰链。（　　）

（3）曲柄摇杆机构的行程速度变化系数 k 不可能等于1。（　　）

（4）曲柄摇杆机构的“死点”发生在从动杆与机架共线的位置。（　　）

（5）已知一滚子摆动从动件盘形凸轮机构，因滚子损坏，更换了一个外径与原滚子不同的新滚子，该凸轮机构更换滚子后从动件运动规律不变。（　　）

（6）滚子从动件盘形凸轮机构的压力角必须在实际轮廓曲线上度量。（　　）

（7）渐开线标准齿轮的齿根圆恒大于基圆。（　　）

（8）渐开线直齿圆柱外齿轮，不管是标准的，还是变位的，其齿顶压力角总比渐开线在齿根部分的压力角大。（　　）

（9）在周转轮系中，凡具有旋转几何轴线的齿轮，就称为中心轮。（　　）

（10）定轴轮系可以把旋转运动转变成直线运动。（　　）

3）简答题（扼要说明理由）

（1）铰链四杆机构成为双曲柄机构的条件是什么，平行四边形机构是否存在急回特性？

（2）设计直动推杆盘形凸轮机构时，在推杆运动规律不变的条件下，若要求减小推程压力角，可采用哪些措施？

（3）一对相啮合的标准齿轮，小齿轮的齿根厚与大齿轮的齿根厚哪个大？

（4）运动规律设计不相同，综合出的机构也就完全不相同，那么不同的机构可以实现同一运动规律，满足同样的使用要求吗？

4）填空题

（1）在机构中采用虚约束的目的是改善机构的运动状况和________。

（2）对于移动从动件凸轮机构，当从动件运动规律不变时，若减小基圆半径，则压力角________。

（3）对于双摇杆机构，最短杆与最长杆长度之和________其余两杆长度之和。

（4）摆动导杆机构的极位夹角与导杆摆角的关系为________。

（5）渐开线齿轮的________圆上的压力角为零，________圆上的压力角最大。

（6）在其他条件相同时，斜齿圆柱齿轮传动的重合度比直齿圆柱齿轮传动重合度________。

（7）在内啮合槽轮机构中，主动拨盘与从动槽轮的转向________。

2. 计算题

(1) 如模拟题图 1 所示，计算图示机构的自由度，指明虚约束、局部自由度、复合铰链；画箭头的构件为主动件。

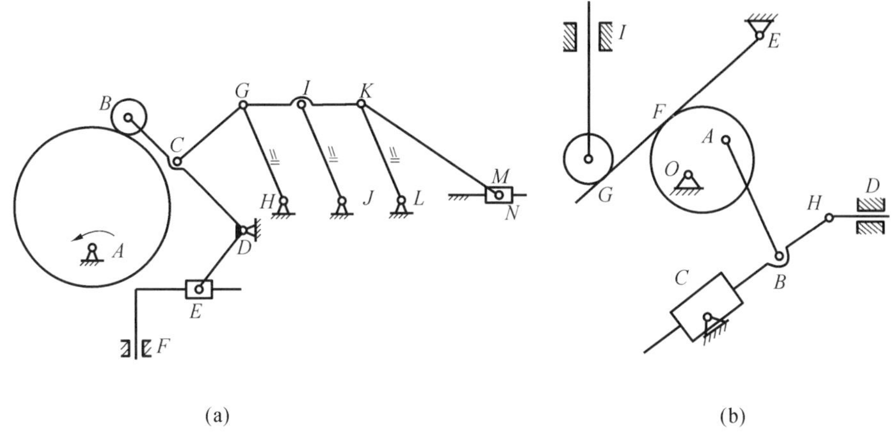

模拟题图 1

(2) 一对渐开线直齿圆柱标准齿轮，已知齿数 $z_1=25$，$z_2=55$，模数 $m=2$ mm，$\alpha=20°$，$h_a^*=1$，$c^*=0.25$。求：

① 齿轮 1 在分度圆上齿廓的曲率半径 ρ；

② 齿轮 2 在齿顶圆上的压力角 α_{a2}；

③ 如果这对齿轮安装后的实际中心距 $a'=81$ mm，求啮合角 α' 和两轮节圆半径 r_1'、r_2'。

(3) 采用标准齿条刀具加工渐开线直齿圆柱齿轮。已知：刀具齿形角 $\alpha=20°$，齿距为 4π mm，加工时刀具移动速度 $v=60$ mm/s，轮坯转动角速度为1 rad/s。

① 试求被加工齿轮的参数：模数 m、压力角 α、齿数 z、分度圆直径 d、基圆直径 d_b；

② 如果刀具中心线与齿轮毛坯轴心的距离 $L=58$ mm，问这样加工的齿轮是正变位还是负变位齿轮，变位系数是多少？

(4) 某产品需配置一对外啮合渐开线直齿圆柱齿轮传动，已知：$m=4$ mm，压力角 $\alpha=20°$，传动比 $i_{12}=2$，齿数和 $z_1+z_2=36$，实际安装中心距 $a'=75$ mm。

① 采用何种类型传动方案最佳？其齿数 z_1、z_2 各为多少？

② 定性说明确定变位系数 χ_1、χ_2 应考虑哪些因素？

(5) 如模拟题图 2 所示，在图示轮系中，已知各轮齿数：$z_1=20$，$z_2=36$，

$z_{2'}=18$，$z_3=60$，$z_{3'}=70$，$z_4=28$，$z_5=14$，$n_A=60$ r/min，$n_B=300$ r/min，方向如图所示。试求轮 5 的转速 n_C 的大小和方向。

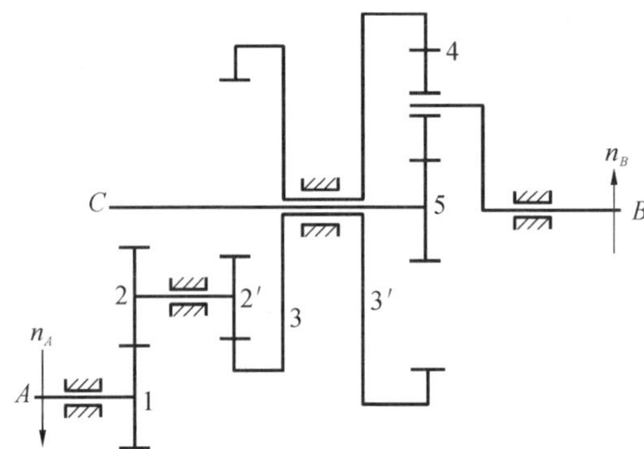

模拟题图 2

3. 设计分析题

(1) 已知如模拟题图 3 所示的平面四杆机构，各构件的长度 $L_{AB}=15$ mm，$L_{BC}=60$ mm，$L_{DC}=30$ mm，$L_{AD}=50$ mm，试判断：

① 该机构为哪种基本机构类型；

② 若构件 L_{AB} 为主动件，此机构是否存在急回特性；

③ 该机构在何种条件下会出现“死点”，画出机构“死点”发生的位置。

(2) 如模拟题图 4 所示的凸轮机构，凸轮的实际轮廓曲线为圆，半径 $R=40$ mm，凸轮逆时针转动。圆心 A 至转轴 O 的距离 $L_{OA}=25$ mm，滚子半径 $r_r=8$ mm。试作图确定：

① 凸轮的理论轮廓曲线；

② 凸轮的基圆半径 r_b。

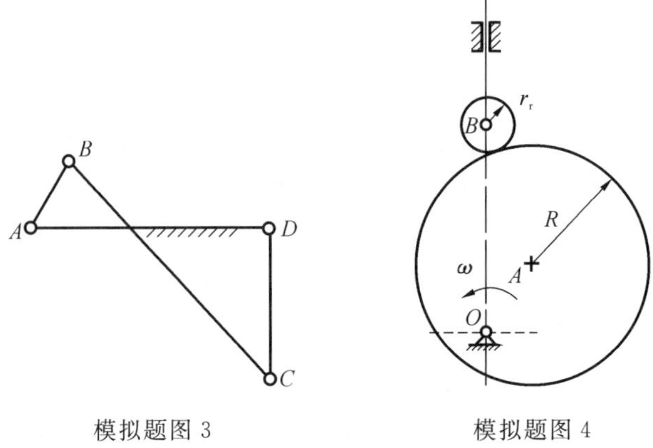

模拟题图 3　　模拟题图 4

(3) 拖布用脏后，人们一般都是在水龙头下冲洗，然后用手拧干拖布，这样既不卫生，又浪费水资源。针对上述存在的缺点，试利用连杆机构运动特性设计一种新型挤水拖布工具，并画出机构方案简图。

(4) 试分析如模拟题图 5 所示水果削皮机是如何工作的，画出其机构草图。

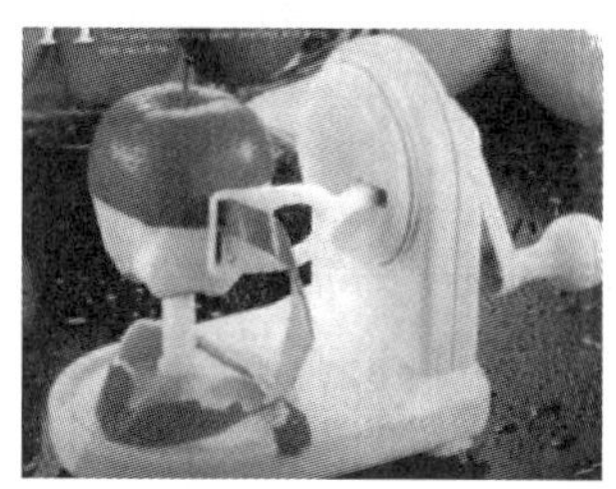
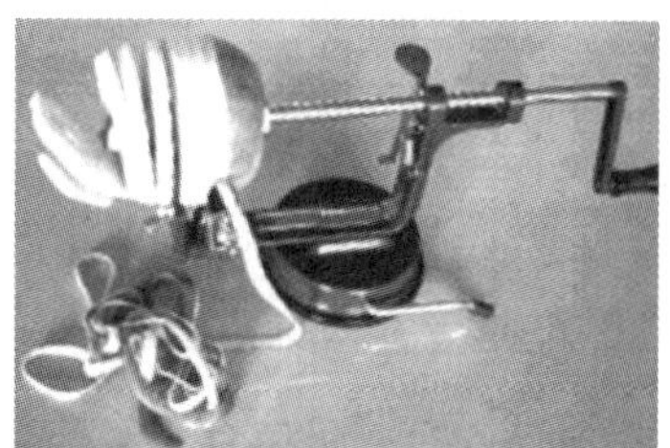

模拟题图 5

(5) 试设想适用于双臂残疾人自动喂饭的服务机器人，你有何奇妙的构思？

参考文献

[1] 杨家军.机械原理[M].2版.武汉:华中科技大学出版社,2014.

[2] 孙桓,陈作模,葛文杰.机械原理[M].8版.北京:高等教育出版社,2013.

[3] 郑文伟,吴克坚.机械原理[M].8版.北京:高等教育出版社,2010.

[4] 张策.机械原理与机械设计[M].北京:机械工业出版社,2004.

[5] 王德伦,高媛.机械原理[M].北京:机械工业出版社,2011.

[6] 申永胜.机械原理[M].北京:清华大学出版社,2005.

[7] 王知行,邓宗全.机械原理[M].2版.北京:高等教育出版社,2006.

[8] 张春林,余跃进.机械原理教学参考书(上、中、下)[M].北京:高等教育出版社,2009.

[9] 申永胜.机械原理辅导与习题[M].北京:清华大学出版社,2006.

[10] 杨家军.机械创新设计技术[M].北京:科学技术出版社,2008.

[11] (美)奇罗尼斯.机械设计实用机构与装置图册[M].邹平,译.北京:机械工业出版社,2007.

[12] 孟宪源.现代机构手册(上、下)[M].北京:机械工业出版社,2004.

[13] 孟宪源,姜琪.机构构型与应用[M].北京:机械工业出版社,2004.

[14] 邹慧君.机械运动方案设计手册[M].上海:上海交通大学出版社,1994.

[15] 洪允楣.机构设计的组合与变异方法[M].北京:机械工业出版社,1982.

[16] 朱龙根,黄雨华.机械系统设计[M].北京:机械工业出版社,1992.

与本书配套的二维码资源使用说明

本书部分课程资源以二维码的形式在书中呈现，读者第一次利用智能手机在微信下扫码成功后提示微信登录，授权后进入注册页面，填写注册信息。按照提示输入手机号后点击获取手机验证码，稍等片刻收到4位数的验证码短信，在提示位置输入验证码成功后，再设置密码，选择相应专业，点击“立即注册”，注册成功。（若手机已经注册，则在“注册”页面底部选择“已有账号？绑定账号”，进入“账号绑定”页面，直接输入手机号和密码登录。）接着提示输入学习码，需刮开教材封底防伪涂层，输入13位学习码（正版图书拥有的一次性使用学习码），输入正确后提示绑定成功，即可查看二维码数字资源。手机第一次登录查看资源成功后，以后在微信端扫码可直接微信登录进入查看。